21 世纪研究生系列教材

胶体与界面化学

Colloid and Interface Chemistry

（第二版）

章莉娟　郑　忠　编著

·广州·

内 容 简 介

本书从物理化学角度、从微观和本质上系统探讨了胶体分散体系的性质和宏观现象。本书共分9章。第1章简要叙述胶体分散体系的特性、胶体化学的研究内容以及胶体的制备和纯化。第2章介绍与胶体动力性质有关的渗透、扩散和沉降现象。第3章介绍光与微粒相互作用的经典光散射理论及其应用。第4章详细介绍双电层结构及其经典理论、ζ-电位理论及一些测试电动参数的近代方法。第5章详细介绍胶体的三大稳定理论，以及电解质、聚合物对胶体的聚沉机理和聚沉动力学。第6章介绍表面活性剂的分类、表面活性剂溶液中的胶团形成及其增溶作用、表面活性剂在液-液界面和固-液界面上的吸附等。第7章从界面物理化学的角度讨论表面张力、毛细现象、表面膜、吸附和润湿等界面现象。第8章主要介绍乳状液和泡沫的稳定机理。第9章简要介绍几种常见流型的流变行为，以及影响胶体、粗悬浮液粘度的因素。

本书可作为本科生及研究生"胶体化学"或"胶体与界面化学"课程的教材，也可供从事化学、化工、环境、食品、轻工、材料等的科研技术人员阅读参考。

图书在版编目(CIP)数据

胶体与界面化学/章莉娟,郑忠编著. —2版. —广州：华南理工大学出版社，2006.2(2017.9重印)

(21世纪研究生系列教材)

ISBN 978-7-5623-1120-1

Ⅰ.①胶… Ⅱ.①章… ②郑… Ⅲ.①胶体化学-研究生-教材 ②表面化学-研究生-教材 Ⅳ.①O648 ②O647.11

中国版本图书馆CIP数据核字(2006)第004898号

胶体与界面化学

章莉娟　郑　忠　主编

出 版 人：	卢家明
出版发行：	华南理工大学出版社
	(广州五山华南理工大学17号楼，邮编510640)
	http://www.scutpress.com.cn　E-mail:scutc13@scut.edu.cn
	营销部电话：020-87113487　87111048 (传真)
责任编辑：	罗月花
印 刷 者：	虎彩印艺股份有限公司
开　　本：	787mm×960mm　1/16　印张：21.5　字数：458千
版　　次：	2006年2月第2版　2017年9月第7次印刷
印　　数：	8501～9000册
定　　价：	39.00元

版权所有　盗版必究　印装差错　负责调换

前　　言

　　本书为《胶体与界面化学》修订版。近年来胶体化学已有很大发展,为适应新形势的要求,这次修订教材时,除保持原书的特色和删去某些内容外,增加了有关表面活性剂的内容,并对全书章节的顺序进行了调整。

　　全书共分9章。第1章简述胶体分散体系的特性、胶体化学的研究内容以及胶体的制备和纯化。第2章从微粒的本质——布朗运动出发,讨论与此密切相关的渗透、扩散和沉降3种不同现象。第3章从光散射的物理角度讨论光与微粒相互作用的理论和应用。第4章讨论双电层及电动理论。详细介绍了双电层的经典理论、ζ-电位理论及一些测试电动参数的近代方法。第5章详细介绍胶体的DLVO理论、空间稳定理论和空缺稳定理论,以及电解质和聚合物对胶体的聚沉机理和聚沉动力学。从微观及亚微观角度出发,通过模型建立和数学推导,定量或半定量地研究了胶体的稳定和聚沉。第6章介绍表面活性剂分类及其特殊的分子结构、表面活性剂溶液中的胶团形成及其增溶作用、表面活性剂在液-液界面和固-液界面上的吸附等。第7章从界面物理化学的角度出发,讨论表面张力、毛细现象、表面膜、吸附和润湿等5种重要界面现象,而不是采用传统的固-液、固-气、固-固和液-气界面的形式进行讨论。这样处理更为精炼内容,突出共性。第8章除介绍乳状液和泡沫的稳定机理外,还引入微乳状液。第9章介绍几种常见流型的流变行为以及粘度这一流变物理量,介绍了影响胶体、粗悬浮液粘度的各种因素。为了便于读者更好地阅读本书,特作以下说明:

　　(1)本书可作为"胶体化学"或"胶体与界面化学"课程的教材,供学完"物理化学"课程的高年级大学本科生及研究生作为必修课或选修课教材使用。教学时数可取40~80学时。根据教师的要求、专业的需要及学生的水平等部分选用或全部采用。此外,本书也可以供从事这方面教学和研究的教师及科技人员作阅读参考。

　　(2)为了便于学生学习和科技人员的参阅,作者在每章开头引入"内容提要",结尾引入"归纳与讨论",并在每章附有习题。同时,作者还注意到各章之间有相对的独立性,每章末附有参考文献。

　　(3)作者在编写本书过程中着重讨论本学科的共性;从微观、本质去说明宏观现象;用定量、半定量的数学处理方法及其物理含义说明问题;注意引入新观点、新技术与新理论;注意深入浅出,由浅入深。

　　(4)胶体与界面现象密切相关。因为任何一相的存在都伴随着界面的出现,而胶体是一高分散度的多相体系,具有巨大比表面,因而界面相的性质对整个体系的性质起到主导作用。透彻地研究界面的物理化学性质及界面现象对一切高分散体系来说都是非常重要的。很难想像不研究界面的性质而能把胶体化学研究得比较深入。由于近代研究方法的发展，使本学科的研究从现象到本质，从宏观到微观，从定性到定量，而且远远超出化学范围，它已涉及物理学、电学、电化学、光学、量子力学、统计热力学、流体力学和流变学等许多学科，成为一门更为完整的学科——胶体科学。

（5）表面活性剂是一大类化合物，具有在界面上富集、显著改变界面性质的特点。表面活性剂还能够在溶液中形成缔合胶体。因此在胶体分散体系、粗分散体系的形成和稳定方面以及在胶体化学的实践应用中起着重要作用。本次修订主要增加了这方面的内容。

（6）高分子溶液与胶体分散体系有许多共同的特征，高分子化合物还能强烈影响胶体的稳定和絮凝以及流变性等。因此，胶体化学也常将高分子溶液作为研究的内容之一。鉴于篇幅有限，没有将高分子溶液列入本书中。如读者需要，可参考有关专著。

本书在编写和修改过程中曾得到全国工科物理化学课程指导小组誉文德教授、李吕辉教授、胡英教授以及美国麻省理工大学化学系主任、国际胶体科学丛书主编之一 Rowell R L 教授的支持和鼓励。本书第一稿《胶体科学导论》的主审吴树胜教授提出了许多宝贵意见。在 1997 年该书的编写修改过程中，胡纪华副教授、杨兆禧副教授做了大量工作。此次修订和出版得到国家自然科学基金（20476033，20225620）和华南理工大学研究生教材建设项目的资助。在此表示衷心的谢意。

本书稿虽经多次修改、使用，但限于作者水平，疏漏和错误之处，敬请读者批评、指正。

编　者
2005 年 5 月于广州

目　　录

1 绪论 …………………………………………………………………… (1)
　1.1 胶体分散体系 …………………………………………………… (1)
　1.2 胶体化学的研究内容 …………………………………………… (3)
　1.3 胶体的制备和纯化 ……………………………………………… (4)
　1.4 凝聚法原理 ……………………………………………………… (5)
　1.5 溶胶的净化 ……………………………………………………… (6)
　归纳与讨论 …………………………………………………………… (7)
　习题 …………………………………………………………………… (8)
　参考文献 ……………………………………………………………… (8)

2 渗透、扩散与沉降 …………………………………………………… (9)
　2.1 布朗运动 ………………………………………………………… (9)
　2.2 渗透压与 Donnan 平衡 ………………………………………… (12)
　2.3 扩散 ……………………………………………………………… (17)
　2.4 沉降 ……………………………………………………………… (26)
　归纳与讨论 …………………………………………………………… (33)
　习题 …………………………………………………………………… (34)
　参考文献 ……………………………………………………………… (35)

3 光散射 ………………………………………………………………… (36)
　3.1 导言 ……………………………………………………………… (36)
　3.2 Rayleigh 光散射理论 …………………………………………… (43)
　3.3 溶液光散射——Debye 理论 …………………………………… (46)
　3.4 RGD 光散射理论及其应用 ……………………………………… (49)
　归纳与讨论 …………………………………………………………… (59)
　习题 …………………………………………………………………… (59)
　参考文献 ……………………………………………………………… (62)

4 双电层及电动理论 …………………………………………………… (63)
　4.1 固体表面带电的原因 …………………………………………… (63)
　4.2 扩散双电层的经典理论 ………………………………………… (66)
　4.3 Stern 双电层理论 ………………………………………………… (73)

4.4　电泳与 ζ - 电位理论 ··(76)
　　4.5　电渗与流动电位 ··(85)
　　4.6　电渗参数的测量 ··(89)
　　归纳与讨论 ··(97)
　　习题 ···(98)
　　参考文献 ··(100)

5　胶体分散体系的稳定与聚沉 ··(101)
　　5.1　经典稳定理论——DLVO 理论 ···(101)
　　5.2　吸附高聚物对胶体的稳定——空间稳定理论 ··(120)
　　5.3　自由高聚物对胶体的稳定——空位稳定理论 ··(130)
　　5.4　胶体分散体系的聚沉 ···(137)
　　归纳与讨论 ··(150)
　　习题 ···(153)
　　参考文献 ··(156)

6　表面活性物质 ···(157)
　　6.1　表面活性物质概述 ··(157)
　　6.2　表面活性剂的分类 ··(158)
　　6.3　表面活性剂的 HLB 值 ··(163)
　　6.4　胶团与临界胶团浓度 ···(167)
　　6.5　表面活性剂的增溶作用 ···(180)
　　6.6　表面活性剂在界面上的吸附 ··(183)
　　6.7　反胶团 ···(190)
　　6.8　囊泡 ···(192)
　　归纳与讨论 ··(194)
　　习题 ···(195)
　　参考文献 ··(195)

7　界面物理化学 ···(196)
　　7.1　表面张力及其测定 ··(196)
　　7.2　毛细现象 ··(216)
　　7.3　表面膜 ···(223)
　　7.4　吸附 ···(231)
　　7.5　润湿 ···(247)
　　归纳与讨论 ··(257)
　　习题 ···(259)
　　参考文献 ··(263)

8 乳状液和泡沫 (264)
8.1 乳状液的稳定 (264)
8.2 乳化剂的选择 (272)
8.3 乳状液的转换 (278)
8.4 乳状液的去乳化作用 (282)
8.5 微乳状液 (286)
8.6 泡沫的形成及其结构 (291)
8.7 泡沫的渗出作用 (293)
8.8 泡沫的稳定及其影响因素 (295)
8.9 消泡 (298)
归纳与讨论 (299)
习题 (299)
参考文献 (300)

9 流变学基础 (301)
9.1 流型 (301)
9.2 粘度及其测定 (309)
9.3 胶体、悬浮液的粘度 (319)
9.4 高聚物溶液的粘度及其摩尔质量 (328)
归纳与讨论 (331)
习题 (332)
参考文献 (335)

1 绪 论

内 容 提 要

本章包括：(1)胶体分散体系及其分类；(2)胶体化学研究内容；(3)胶体的制备、形成机理以及净化。

1.1 胶体分散体系

"胶体"这个名词是英国化学家 T. Graham 于 1861 年提出的。当时他在研究溶液中溶质分子的扩散时发现，一些物质，如无机盐可以透过半透膜，且扩散速率很快。当蒸发溶剂时，这些物质易形成晶体析出。另一类物质，如明胶、蛋白质、氢氧化铝等，扩散速率缓慢，且很难甚至不能透过半透膜。蒸发溶剂时，这类物质不形成晶体，而是成黏稠的胶态。因此，根据此现象，Graham 把物质分为两类：前一类称为类晶质(crystalloid)，后一类称为胶体(colloid)。随着科学的发展，人们发现这种分类并不合适。许多晶体物质在适当的介质中，也能制成具有胶体特征的体系。例如，把氯化钠分散在酒精中形成的分散体，就具有缓慢扩散、不能透过半透膜等性质。因此，胶体不是某一类物质固有的特性，而应看成是在一定分散范围内物质存在的一种状态，它的一相或多相以一定大小(通常在 $10^{-7} \sim 10^{-9}$m 范围)分散于另一连续相中，形成具有高度分散的多相分散体系。被分散的物质称为分散相，另一种物质称为分散介质。

物质的分散程度常用单位体积(或质量)物体的表面积，即比表面积来表示。分散的粒子越小，即分散程度越高，比表面积越大，体系的表面能越大，体系也就越不稳定。当分散粒子成胶体粒子大小时，其比表面积和表面能激增，体系的表面特性如吸附、双电层效应、化学反应能力等变得甚为明显，并且直接影响整个体系的物理化学性质。表 1-1 以半径为 1.0cm 的球形水滴分割为例。从表中可以看到，当粒子半径为 10^{-9}m，总表面积已达 $1.26 \times 10^4 m^2$，体系的表面能为 907J。显然，这样大的表面能，必然会对体系的物理化学性质起到极其重要的作用。

若将粒子分割到分子大小(10^{-10}m)时，则粒子以分子形式存在，界面也随之消失，体系变成均相、热力学稳定体系，也就不存在分散程度对体系物性的影响。

表1-1 水滴不断分割时比表面积和表面能的变化

半径/m	粒子个数	总表面积/m²	总比表面积/m²	总表面能/J
1×10^{-2}	1	1.26×10^{-3}	3.01×10^{2}	9.07×10^{-5}
1×10^{-3}	1×10^{3}	1.26×10^{-2}	3.01×10^{2}	9.07×10^{-4}
1×10^{-4}	1×10^{6}	1.26×10^{-1}	3.01×10^{4}	9.07×10^{-3}
1×10^{-5}	1×10^{9}	1.26	3.01×10^{5}	9.07×10^{-2}
1×10^{-6}	1×10^{12}	1.26×10	3.01×10^{6}	9.07×10^{-1}
1×10^{-7}	1×10^{15}	1.26×10^{2}	3.01×10^{7}	9.07
1×10^{-8}	1×10^{18}	1.26×10^{3}	3.01×10^{8}	9.07×10
1×10^{-9}	1×10^{21}	1.26×10^{4}	3.01×10^{9}	9.07×10^{2}

以上分析可知,分散程度的高低直接影响分散体系的特性。所以通常可以按分散程度的不同,把分散体系分成三类:分子分散体系、胶体分散体系和粗分散体系,见表1-2。

表1-2 按分散相粒子大小对分散体系的分类

分散体系	粒子大小	特 性	举 例
分子分散体系（溶液）	$<10^{-9}$ m	热力学稳定的均相体系;扩散快,能透过半透膜;超显微镜下观察不到	氯化钠、蔗糖等水溶液
胶体分散体系（溶胶）	$10^{-9} \sim 10^{-7}$ m	热力学不稳定的多相体系;扩散慢,不能透过半透膜,超显微镜下可观察到	金溶胶、硫砷溶胶等
粗分散体系	$>10^{-7}$ m	热力学和动力学都不稳定的多相体系;不扩散,不能透过半透膜,普通显微镜下可观察到	牛奶、豆浆、雾、烟、尘埃等

这种分类法在讨论体系粒子大小时非常方便,但描述实际体系的状态时比较含糊。这种分类法也难以对高分子溶液进行归类。另外,将真溶液作为分子分散体系也不合理,因为它不存在界面,与多相体系存在本质差别:(1)胶体是热力学不稳定体系,有自发聚沉的倾向。真溶液是热力学稳定体系。(2)胶体是不均匀的多相分散体系,是一相或多相(分散相)分散于另一连续相(分散介质)之中,分散相与分散介质存在物理界面。而真溶液是热力学稳定的均匀物系,不存在物理界面。(3)胶体粒子是由大量原子、分子或离子所组成,胶团量可以是几千、几万甚至几百万。在一个胶体体系中,胶粒的大小或胶团量是不完全相同的,可以用平均胶团量和其分布曲线来描述。而真溶液中同一种溶质有固定大小及相对分子质量。(4)胶体粒子没有确定的组成和结构,受温度或外来添加物等的影响很大,而且它可以分裂,分裂后在化学组成上仍保持原来的性质。而真溶液中的溶质分子都有固定的组成和结构,也不能再分裂。由此可见,热力学不稳定性、多相不均匀性、多分散性、结构和组成的不确定性构成了胶体的四大特性。

分散体系也可以按分散相和分散介质的聚集状态的不同来分类,见表1-3。有的体系在胶体化学中很少研究,甚至不予研究,研究最多的是溶胶、乳状液和悬浮液。

表1-3 按分散相和分散介质的聚集状态对分散体系的分类

分散介质	分散相	名　　称	例　　子
液	气 液 固	泡沫 乳状液 溶胶、悬浮液	洗衣泡沫、灭火泡沫 牛奶、豆浆 金溶胶、油漆、牙膏
固	气 液 固	凝胶（固态泡沫） 凝胶（固态乳状液） 凝胶（固态悬浮液）	泡沫塑料、面包 珍珠 合金、有色玻璃
气	液 固	气液溶胶 气固溶胶	雾 烟、尘

20世纪初，人们把胶体分为两类：亲液胶体(lyophilic colloid)和憎液胶体(lyophobic colloid)。明胶、蛋白质等容易与水形成胶体的溶液叫做亲液胶体；而那些本质上不溶于介质的物质，必须经过适当处理后才能将它们分散于某种介质中的叫做憎液胶体，如金溶胶、氢氧化铝溶胶等。亲液胶体与憎液胶体有着本质的区别，前者是热力学稳定体系，后者是热力学不稳定体系。现通常把亲液胶体称为大分子或(高分子)溶液，把憎液胶体称为胶体分散体系(常简称为胶体)或溶胶。

1.2　胶体化学的研究内容

胶体粒子大小处于粗分散体系和分子、原子之间的亚微观范畴，具有热力学不稳定性、多相不均匀性、多分散性、结构和组成的不确定性等特征，因而具有独特的性质。胶体化学主要结合微观和宏观的理论，研究胶体分散体系的动力、光学和电学三大性质，以及胶体稳定和聚沉的有关理论。

高分子溶液与胶体分散体系有许多共同的特征。高分子大小与胶体颗粒大小有着相同的数量级，也具有多分散性和组成不确定性，这导致它们有许多共同性质。高分子化合物还能强烈影响胶体的稳定和絮凝以及流变性等。因此，胶体化学也常将高分子溶液作为研究的内容之一。由于高分子合成工业的发展，高分子溶液理论的内容愈来愈丰富。尤其是近年来分子生物的发展，在研究蛋白质、核糖核酸等天然生物物质方面，运用胶体化学的理论和方法，取得了很大的成功。高分子溶液也逐渐发展成为一门独立的学科分支。鉴于篇幅所限，本书中未详细介绍高分子溶液的有关内容。

悬浮液、(宏)乳状液、泡沫属于粗分散体系，其分散相粒子大于10^{-7}m，不在胶体范畴，但它们具有许多与胶体相同或相似的性质。当然，某些物性也存在极大差别。因此，本书将它们与胶体体系分开作为单独章节进行讨论。

胶体化学与界面(表面)现象密切相关。所谓界面是指相互接触的两个不同相的边界面。界面可分为液-气、液-液、固-气、固-液、固-固界面。如果其中一相是气相或蒸气相,则通常称为表面。由于胶体分散体系具有巨大的比表面,因而界面相的性质对整个体系的性质起着主导作用。所以对界面现象的研究就成为胶体化学的主要内容之一。

由于胶体体系的性质除受到分散相和介质本身性质的影响外,还受粒子大小、形状、挠曲度、表面性质,以及粒子间相互作用、粒子与溶剂间相互作用等因素的影响,所以通常不能像物理化学的某些分支那样精确地去处理。过去只是以胶体现象的描述及定性解释为主。随着一些研究方法的发展,特别是激光技术的发展,应用物理、化学的一些基本原理,现在可以用模型、公式作定量或半定量的研究,尽管这些公式和模型还存在许多变数,有一定的局限性,但是它已将胶体化学的研究大大向前推进了,使胶体化学这门学科远远超出了化学的范畴。本书力图通过简化模式对胶体化学进行定量的描述,以便对它作更为深刻的理解。

1.3 胶体的制备和纯化

胶体是指分散相颗粒线度在 $1\sim 100nm$ 范围的高度分散体系。粒子大小处于粗分散粒子和原子、分子的大小之间,因此,原则上有两种途径可以获得胶体:一是分散法,即通过机械、声、电等方法将粗颗粒分裂成细小的胶体粒子;二是凝聚法,它是将原子、离子或分子聚结成一定尺寸大小的聚集体,即胶体粒子。

1. 分散法

分散法有机械粉碎、电分散、超声分散和胶溶等多种方法。机械粉碎比较简单,各种机械粉碎设备,如球磨机、胶体磨、气流粉碎机等在工业上应用广泛。胶体磨中两片靠得很近的磨盘或磨刀是用坚硬而耐磨的钨合金制成。当磨盘或磨刀以高速反向转动时(转速一般为 $5000\sim 10000r\cdot min^{-1}$),粗颗粒在其间被磨细。滚筒式球磨机是在滚筒中装入许多用刚性材料制成的不同大小的圆球。将需要粉碎的物料装入筒中,当滚筒转动时,利用圆球和物料间的不断碰撞和摩擦,将物料磨细。机械粉碎法获得的粒子一般在 $1\mu m$ 左右。在研磨到一定程度后,由于颗粒比表面积增大,体系表面能升高,颗粒有聚集变大的倾向。要提高研磨效率,防止颗粒聚集长大,通常加入溶剂稀释,或加入稳定剂吸附在粒子表面,起到稳定和保护作用。工业上常加一些表面活性剂作为稳定剂,例如研磨色料时加入金属皂盐。

电分散法主要用于制备金属 Au、Ag、Hg 等水溶胶。将金属制成电极,正、负两极端部靠得很近。通以直流电,使得电极间产生电弧。在电弧作用下,电极表面的金属气化,遇水冷却后形成胶体粒子,分散在水中形成金属溶胶。

实验室常用超声波法制备胶体,使用的超声发生器的频率一般为 $1MHz$ 左右。将此频率的高压电加在两个电极上,石英片产生相同频率的机械振荡波,高频机械波传入容器后,即在容器中产生相同频率的疏密交替波,对被分散的物质产生很大的撕碎力,从而使分散相均匀分散。

胶溶法是在某些新生成的沉淀中加入一些胶溶剂,如适当量的电解质,使沉淀重新分散成溶胶。例如,在新生成的经过洗涤的$Fe(OH)_3$沉淀中,加入少量稀$FeCl_3$溶液,经过搅拌后,沉淀就转化为红棕色$Fe(OH)_3$溶胶。

2. 凝聚法

凝聚法又可分为化学凝聚和物理凝聚两大类。原则上是利用形成分子分散的过饱和溶液,然后从此溶液中沉淀出胶体大小的物质。高度分散的憎液溶胶一般采用凝聚法得到。

溶剂置换法是一种物理凝聚法,它是利用物质在不同溶剂中溶解度相差悬殊的特性制备溶胶的方法。例如,搅拌下将10%松香乙醇溶液滴入水中,由于松香在水中的溶解度很低,溶质就从溶液中析出,形成带负电荷的松香溶胶。

化学凝聚法是利用化学反应造成物质的过饱和状态而形成溶胶。例如,还原反应制备金溶胶:

$$2HAuCl_4 + 3HCHO(还原剂) + 11KOH \rightleftharpoons 2Au(溶胶) + 3HCOOK + 8KCl + 8H_2O$$

水解反应制备氢氧化铁溶胶:

$$FeCl_3 + 3H_2O \xrightleftharpoons{沸腾} Fe(OH)_3(溶胶) + 3HCl$$

置换反应制备亚铁氰化铜溶胶:

$$2CuSO_4 + K_4[Fe(CN)_6] \rightleftharpoons Cu_2[Fe(CN)_6](溶胶) + 2K_2SO_4$$

1.4　凝聚法原理

物质在凝聚过程中,一个新相的形成与结晶过程相似,要经历两个阶段:晶核的形成和晶体的长大。如果晶核形成很快,而晶体的生长速度很慢或停止生长,就可得到分散度高的溶胶。反之,只能得到颗粒很粗的溶胶,甚至沉淀。

Von Weimarn 认为主要有两个因素影响晶核的形成速率 v_1。一是固体从溶液中析出来的速率。若为过饱和溶液,其浓度为 c,溶质的溶解度为 S,则溶质的析出速率正比于溶液的过饱和程度 $(c-S)$。二是固体的溶解速率,即已析出的固体又溶解进入溶液的速率,它取决于 S。因此,晶核形成速率 v_1 表示为

$$v_1 = k(c-S)/S \tag{1-1}$$

式中,k 为特征参数。此式表明单位时间形成的晶核数目与溶液的相对过饱和程度成正比。

当晶核形成后,溶质可以在其表面沉积,逐渐长大。晶核的生长速率 v_2 为

$$v_2 = DA(c-S)/\delta \tag{1-2}$$

式中,D 是溶质的扩散系数,δ 为扩散路程,A 是晶核的表面积。由此可见,晶核生长速率 v_2 也与溶液过饱和程度 $(c-S)$ 成正比,但 v_2 受 $(c-S)$ 的影响较 v_1 小。在凝聚过程中,如

果$(c-S)/S$值很大,形成的晶核很多,当大量晶核形成时,$(c-S)$迅速减小,从而晶核生长也减慢,这有利于形成高分散的溶胶。当$(c-S)/S$值较小时,形成的晶核少,$(c-S)$下降不多,因此晶核生长快些,有利于形成大颗粒的溶胶或沉淀。如果$(c-S)/S$值极小,形成的晶核数目虽然少,但晶核的生长也很慢,这种情况也有利于溶胶的形成。但是必须注意,在c值很大的情况下,由于形成的颗粒太多,粒子间距离又很近,容易发生胶凝现象,生成凝胶。

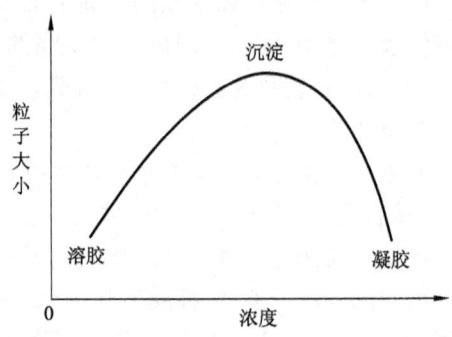

图1-1 颗粒大小与反应物浓度的关系

Weimarn曾研究过$Ba(SCN)_2$和$MgSO_4$在乙醇-水混合液中形成$BaSO_4$沉淀,其颗粒大小和反应物浓度的关系,结果见图1-1。生成$BaSO_4$沉淀的化学反应式为:

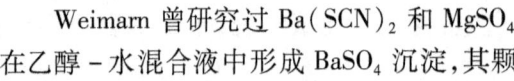

在浓度很低时$(10^{-4} \sim 10^{-3} mol \cdot dm^{-3})$,过饱和溶液的浓度已满足晶核形成,但又能防止晶粒迅速生长,可得到稳定的溶胶。如果浓度范围为$10^{-2} \sim 10^{-1} mol \cdot dm^{-3}$,由于形成晶核的溶质不多,有更多的溶质用于晶核的生长,得到粗颗粒沉淀。当浓度高达$2 \sim 3\ mol \cdot dm^{-3}$时产生大量晶核,引起晶粒间相互粘连,变成半透明、半固体状的凝胶。所以,必须控制反应物的浓度在适当的范围内才能形成溶胶。

Weimarn理论上探讨了固体析出速率和固体再溶解速率对溶胶形成的影响,有助于选择溶胶形成的适宜条件。但应看到这个理论是不够成熟的,晶核的形成和生长速率还与温度、杂质的吸附作用、溶液的pH值等因素有关。

1.5 溶胶的净化

从化学反应制得的溶胶都含有较多的电解质。适量的电解质对溶胶具有稳定作用,但浓度过高,又会对胶体的稳定不利。要使溶胶稳定,必须除去多余的电解质,即对溶胶进行净化,一般采用渗析和超过滤法。

渗析是利用火棉胶或羊皮纸制成的半透膜,除去溶胶中可溶性小分子和离子等。火棉胶膜的制备是将硝化纤维溶于乙醇和乙醚的混合液中,将此溶液均匀涂成薄膜,溶剂挥发后即得。半透膜的孔径可以根据需要阻挡的颗粒的大小人为地进行控制。将溶胶装入半透膜袋中,将整个袋子浸入水中,由于膜内外电解质的浓度不同,膜内小分子和离子向膜外转移。为了提高渗析效率,可适当加热和搅拌。利用外电场可增加离子迁移速率,对去除电解质杂质非常有效,这种方法称为电渗析法。图1-2电渗析装置示意图。

超过滤法是利用孔径细小的多孔超过滤膜使胶粒与介质分离的方法。有时在过滤膜

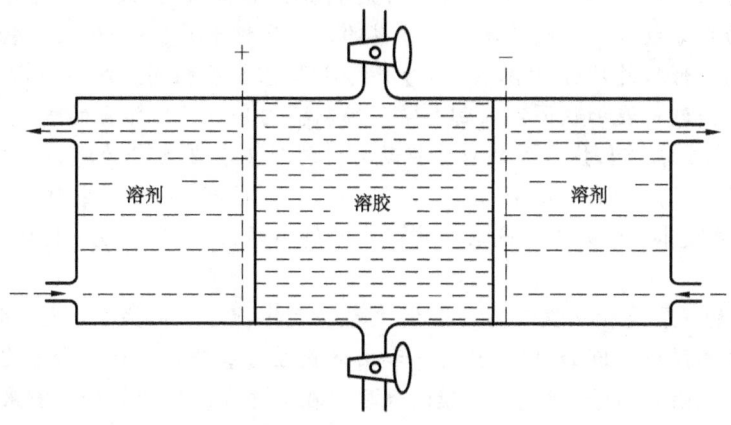

图1-2 电渗析装置示意图

两侧配上电极,通以直流电,使超过滤与电渗析结合起来。在电压不太高(~40V·cm^{-1})、压差不太大的情况下,就能获得较好的效果。

渗析和超过滤在生物化学和医学药物等方面得到广泛应用。在生物化学中,常用超过滤法测定蛋白质和酶分子的大小,根据开始能阻拦粒子通过的微孔直径来判断粒子的大小。中草药的提取液中往往有很多诸如植物蛋白、淀粉、树胶等高分子杂质,就是利用它们不能透过半透膜而被除去。电渗法在工业上还广泛用于污水处理、海水淡化和纯水制备等。

归纳与讨论

(1)胶体不是物质的一种聚集状态,而是一相或多相以一定大小分散于另一相中的多相分散体系,是处于宏观体系和微观体系之间的亚微观体系,这给定量研究胶体体系带来困难。但另一方面,由于它处于二者之间,往往可以把宏观的一些理论,如流体力学理论运用到胶体中;同时也可以把微观上的一些理论,如键力理论运用到胶体中。这是胶体化学研究的一个特点。

(2)物体的性质应该是由其体相性质和表面性质共同决定的。对于一般相来说,比表面积小,物体性质主要由其体相性质决定,表面性质可以不予考虑。但对于高分散相来说,比表面积很大,物体表面的性质对物体整体性质影响很大,不能不予考虑。这就是为什么胶体化学与界面化学不可分割的原因。

(3)将一个粒子分割成几个、几十个,其性质并不发生明显变化,但若将它分割成千万个,达到胶体粒子大小,其性质就会发生显著的变化。这就是从量变到质变的必然结果。

(4)胶体体系分散相处于粗分散粒子和原子、分子之间,因此胶体的制备方法通常有两种:分散法和凝聚法。传统的制备方法获得的溶胶是多分散的聚集体,颗粒尺寸相差十分悬殊。但是在严格控制的条件下,是有可能制备出形状相同、尺寸接近的胶体颗粒的,这种体系称为均分散体系。制备均分散体系的方法多种多样,不同的化合物,甚至同一化合物的不同颗粒形状的均分散体系,其形成的条件也各不相同。溶胶-凝聚法、相转变法、共沉淀法、微乳状液和胶团法等都是常用的制备均分散胶体体系的方法。

(5) 社会的需求是科技发展的重要推动力。现代工农业生产为胶体化学的发展提供了广阔的前景。石油开采和炼制、油漆、印染、日用品、选矿,甚至土壤改良、三废治理、人工降雨,都需要胶体化学知识。而实践中提出来的问题,又推动着胶体化学学科理论的发展。

(6) 学科的发展是相互推动的。近代化学和近代物理上的成就,进一步促进胶体化学中某些理论的探讨。例如,以量子力学和固体物理为基础研究吸附和催化现象;用示踪原子验证某些吸附动力学过程、两维膜的性质。在这些方面取得的研究成果,开拓了胶体化学的新领域。纳米材料的出现和发展过程中,吸取了胶体制备的方法和理论,同时也丰富和充实了胶体化学。

(7) 现代科学仪器的发展为胶体化学的深入研究提供了有力的手段和支持。例如,激光光散射、红外、核磁共振、电子能谱、拉曼光谱、电子显微技术等的发展,对固体表面的结构、吸附机理、分子聚集状态以及结构和性能的本质关系,有了更深入的了解。计算机的发展也积极推进了胶体化学的发展,利用计算机不仅可以解决一些复杂的数学问题,还可以利用各种软件模拟一些过程,如吸附过程、胶粒生长过程等。

习　题

1. 若将一个立方体分成 1000 个小立方体,问:(1) 小立方体的面积比原来立方体面积小多少? (2) 小立方体的总面积比原来大多少倍?

2. 测得从某城市上空收集的尘粒的比表面积为 $5.61 m^2 \cdot g^{-1}$,求尘粒的半径。设尘粒是由密度为 $2.2 \times 10^3 kg \cdot m^{-3}$ 的均一球体所组成。

3. 25℃时把半径为 10^{-3} m 的水滴分散成半径为 10^{-9} m 的小水滴,问比表面积增加多少倍? 表面吉布斯函数增加多少? 完成该变化时环境最少要做多少功?

4. 试从下面几种核化和增长速度的相对关系预言所得的晶粒大小和数量的关系。
(1) 快速核化和快速增长;
(2) 慢速核化和快速增长;
(3) 快速核化和慢速增长;
(4) 慢速核化和慢速增长。

参 考 文 献

1　陈宗淇,王光信,徐桂英. 胶体与界面化学. 北京:高等教育出版社,2003.
2　郑忠. 胶体科学导论. 北京:高等教育出版社,1989.

2 渗透、扩散与沉降

内 容 提 要

本章主要讨论微粒在液相分散介质中的热运动和在重力场或离心力场作用下的运动规律。热运动在亚微观上表现出来的是布朗运动,而在宏观性质上表现出来的是扩散和渗透。布朗运动是本质,扩散与渗透是同一本质表现出来的两种不同的现象。研究它们的理论及规律是本章一部分内容。另一部分内容是研究微粒在重力或离心力的作用下的运动——沉降。重力或离心力是沉降过程的推动力。

2.1 布朗运动

直径约小于 $4\mu m$ 的粒子在分散介质中都呈现出连续不断的、无规则的运动。这就是布朗运动。

处在分散介质中的粒子之所以能不断地运动,是由于周围介质分子的热运动不断撞击这些粒子的缘故。在任一分散介质中比较大的粒子每秒钟可以在各个方向受到几百万次的撞击。以统计学的观点来看,这些撞击在各个方向上都是均等的,都可以互相抵消。而且一个较大的粒子在同一方向上受到多次撞击后,由于它们的质量较大,也难以发生位移。但是如果粒子足够小,则它们所受到分子热运动的撞击次数就要少得多。因此各个方向的撞击彼此完全抵消的可能性很小,它们在某一瞬间从某一方向得到冲量。故各个小粒子就发生了不断改变着方向的、无规则的运动。由此可见,布朗运动是分子热运动的必然结果。可以认为,布朗运动是远较分子大的粒子所具有的热运动。从运动性质来看,真溶液与胶体溶液之间并无原则上的区别,所不同的仅是真溶液是单个分子的热运动,而胶体溶液中胶粒的热运动是许许多多分子热运动冲击的综合结果。

布朗运动是在 1826 年发现的,但是到了 1905 年 Einstein 及 Smoluchowski 由分子运动观点分别提出了布朗运动的理论。下面介绍 Einstein 的推导方法。

推导所根据的基本概念是:热运动的本质是分子的不规则运动,它使粒子从高浓度区向低浓度区移动,而最后趋于均匀。假设圆柱体中有一个平面 AB,截面为单位面积,将浓度分别为 c_1 和 c_2 的两个区域分隔开来,如图 2-1 所示。

设在 t 时间内粒子沿 x 轴横过 AB 平面的平均位移为 $\bar{x}$。c_1 区域内,粒子在 t 时间内只有一半通过 AB 平面,另一半则向反方向移动。这是因为粒子不规则布朗运动的结果。即在 t 时间内有 $\frac{1}{2}c_1\bar{x}$ 的粒子自左方区域移入右方区域;与此同时,应有 $\frac{1}{2}c_2\bar{x}$ 的粒子自右方区域移入左方区域,所以,右方区域净得移入量 m 为

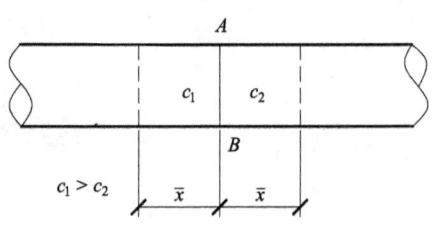

图 2-1 溶胶扩散示意图

$$m = \frac{1}{2}\bar{x}(c_1 - c_2) \tag{2-1}$$

因为 $c_1 > c_2$,粒子从高浓度区移入低浓度区,这就是扩散。

如果 $\bar{x}$ 很小,则可用微分表示,式(2-1)可写成

$$m = \frac{1}{2}\bar{x}(c_1 - c_2) = \frac{1}{2}\frac{(c_1 - c_2)}{\bar{x}}\bar{x}^2 = -\frac{1}{2}\frac{dc}{dx}\bar{x}^2 \tag{2-2}$$

式中负号表示浓度沿 x 轴方向减小,即 $dc = c_2 - c_1$。

按 Fick 第一扩散定律

$$m = -D\frac{dc}{dx}t \tag{2-3}$$

将式(2-3)代入式(2-2)得

$$\bar{x} = \sqrt{2Dt} \tag{2-4}$$

式中,D 为扩散系数。按 Einstein 扩散定律可求得球形粒子的扩散系数为

$$D = \frac{RT}{N_A} \cdot \frac{1}{6\pi\eta a} \tag{2-5}$$

式中 N_A —— Avogadro 常数;
    R ——摩尔气体常数;
    η ——介质粘度;
    T ——绝对温度;
    a ——粒子半径。

故半径为 a 的粒子在 t 时间内沿一定方向的平均位移 $\bar{x}$ 为

$$\bar{x} = \sqrt{\frac{RT}{N_A 3\pi\eta a}} \cdot \sqrt{t} \tag{2-6}$$

这就是 Einstein 布朗位移公式。这一公式的正确性后来由 Perrin 所证实。他利用藤黄粒子的布朗运动多次测定 N_A 值,其中一组实验数据如下:

观察的粒子数 = 50 个
$a = 0.212\mu m$
$T = 287K$

$$\eta = 0.0012 \text{Pa} \cdot \text{s}$$
$$t = 120\text{s}$$
$$观察的位移次数 = 50 \text{ 次}$$
$$测得平均位移 \bar{x} = 13.96 \mu\text{m}$$

将这些数据代入式(2-6),计算得 $N_A = 6.12 \times 10^{23}$,这一计算值与公认值 6.023×10^{23} 极为接近。

从布朗位移公式可以看到:

(1)在一定时间 t 内,粒子越大,介质的粘度越大,会导致粒子位移减少;又若温度升高,则导致粒子位移增大。这就是分子热运动的证明。

(2)当体系的温度 T、介质的粘度 η 及粒子的半径 a 都固定时,则方程式(2-6)就可以写成

$$\bar{x} = K\sqrt{t}$$

式中,K 为常数。该方程式描述了粒子平均位移 $\bar{x}$ 与相应位移时间 t 的关系,常称为"时间定律",这一关系已为实验所证实。

(3)通过位移公式,实验测定某些数据,可以确定粒子半径 a 值,或 Avogadro 常数 N_A。

(4)位移公式得到了验证,有力地证明了分子运动论完全可以应用于粗分散体系和胶体分散体系,证明了分子的客观存在。

除了平移的布朗运动以外,还有转动的布朗运动,它是悬浮粒子绕着自己的轴作不规则的转动。1908年 Langevin 根据粒子运动公式导出了转动布朗运动公式

$$\bar{\alpha}^2 = 2Dt$$

所以

$$D = \frac{RT}{N_A} \frac{1}{8\pi\eta a}$$

$$\bar{\alpha}^2 = \frac{RT}{N_A} \frac{1}{4\pi\eta a} \cdot t \tag{2-7}$$

式中,$\bar{\alpha}$ 是粒子平均转动的角度。

例 试计算25℃下分散在水中的半径为 10^{-7}m 的球形粒子在1min内沿指定轴方向布朗运动的平均位移距离。已知在该温度下水的粘度为 8.9×10^{-4}Pa·s。

解 因为是球形粒子,故选用方程式(2-6)进行计算。取 $R = 8.314 \text{J} \cdot \text{K}^{-1} \cdot \text{mol}^{-1}$,$T = 298\text{K}$,$N_A = 6.023 \times 10^{23} \text{mol}^{-1}$,$\eta = 8.9 \times 10^{-4}\text{Pa} \cdot \text{s}$,$a = 1 \times 10^{-7}$m 以及 $t = 60\text{s}$,将上述数据代入式(2-6)可得

$$\bar{x} = \sqrt{\frac{8.314 \times 298 \times 60}{6.023 \times 10^{23} \times 3\pi \times 8.9 \times 10^{-4} \times 1 \times 10^{-7}}} \text{m} = 1.7 \times 10^{-5} \text{m}$$

该粒子布朗运动平均距离为 1.7×10^{-5}m。

2.2 渗透压与 Donnan 平衡

2.2.1 渗透压的产生

当不挥发的溶质加入溶剂中组成稀溶液时,由于溶质的加入会使溶液中溶剂的蒸气压较纯溶剂时低,这种现象称为蒸气压降低。由于蒸气压的降低,往往导致溶液的沸点升高、冰点下降和产生渗透压。稀溶液的这四种性质是互相关联的,只要知道其中一个热力学方程就可以推导出其他三个方程。也就是说,只要知道其中一个物理量,就可以推知其他三个物理量。同时,这四种性质都由稀溶液中所含溶质的分子数来确定,而与溶质的本性无关,故称为依数性。

在这里只讨论渗透压,因为它是与分子的热运动密切相关的,是胶体动力学性质的一种表现形式。如果用一张只允许溶剂分子通过而不允许溶质分子通过的半透膜,将溶液与纯溶剂分隔开,如图 2-2 所示。这时就会发现,在右方纯溶剂一侧上的液柱下降;而左方溶液一侧液柱上升,最后高出一定高度而达到平衡。这时高出液柱所产生的压力在数值上等于渗透压力。为何会出现这种现象呢?这是分子热运动表现出来的必然结果。由于半透膜只允许溶剂分子通过,故左、右两边的溶剂分子靠热运动都能自由通过,但是纯溶剂一侧通过半透膜进入溶液的溶剂分子数要比溶液一侧进入纯溶剂中的溶剂分子数多。这是由于半透膜两侧溶剂分子的溶度差异所造成的。净数量的溶剂分子进入到溶液中最后会使溶液的液柱升高。当液柱升到一定高度,它所产生的附加压力足以减缓纯溶剂一侧中的溶剂分子进入溶液中的速度,从而使得通过膜向两侧运动的溶剂分子数相等,达到了动态平衡,溶液一侧的液柱不再上升。

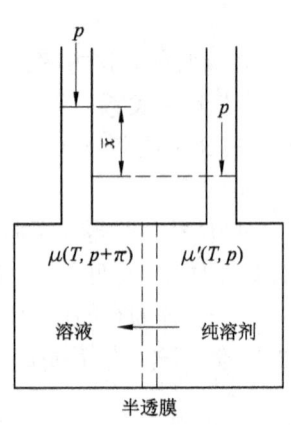

图 2-2 溶液渗透池示意图

2.2.2 渗透压理论

为了定量地描述渗透压的数值,必须先描述溶液及溶剂的化学位。稀溶液中溶剂的化学位可表示为

$$\mu_1 = \mu_1^*(T,p) + RT\ln x_1 \tag{2-8}$$

式中 μ_1^*——纯溶剂在温度为 T,压力为 p 时的化学位;
x_1——溶液中溶剂的摩尔分数;
R——摩尔气体常数。

半透膜左边溶液中溶剂的化学位为

$$\mu_{左} = \mu_1 + \mu_1' \tag{2-9}$$

式中，μ_1' 是由于渗透压 π 对它产生的附加化学位。根据热力学关系式 $\left(\dfrac{\partial \mu_i}{\partial p}\right)_{T,n} = \overline{V}_i$，故有

$$\mu_1' = \int_p^{p+\pi} \overline{V}_1 \mathrm{d}p \tag{2-10}$$

假设稀溶液的偏摩尔体积 $\overline{V}_1$ 为常数，则式(2-10)可写作

$$\mu_1' = \pi \overline{V}_1 \tag{2-11}$$

将方程式(2-8)及式(2-11)代入式(2-9)得

$$\mu_{左} = \mu_1^* + RT\ln x_1 + \pi \overline{V}_1 \tag{2-12}$$

另一方面，在半透膜右边溶剂化学位实际上为纯溶剂的化学位，故有

$$\mu_{右} = \mu_1^* \tag{2-13}$$

按照相平衡原理，当达到平衡以后应有

$$\mu_{左} = \mu_{右} \tag{2-14}$$

将方程式(2-12)及式(2-13)代入式(2-14)并整理得

$$RT\ln x_1 = -\pi \overline{V}_1 \tag{2-15}$$

若再将方程式(2-8)代入式(2-15)，可得

$$\mu_1 = \mu_1^* - \pi \overline{V}_1 \tag{2-16}$$

方程式(2-16)表示了渗透压的产生是来自溶液中溶剂的化学位与纯溶剂的化学位之差。而方程式(2-15)描述了渗透压与稀溶液浓度的关系。由于是稀溶液，故有 $\ln x_1 \approx -x_2$。将它代入方程式(2-15)得

$$RTx_2 = \pi \overline{V}_1 \tag{2-17}$$

式中，x_2 是溶质的摩尔分数。也正是由于稀溶液，可近似地把溶剂的偏摩尔体积视作为其摩尔体积，即 $\overline{V}_1 \approx V_1$，且有 $x_2 \approx \dfrac{n_2}{n_1} \approx \dfrac{cV_1}{M}$。其中，$c$ 为溶质的质量浓度($\mathrm{kg \cdot m^{-3}}$)；M 为溶质的摩尔质量($\mathrm{kg \cdot mol^{-1}}$)。若将该式 x_2 值代入方程式(2-17)中，可得

$$\pi = c\frac{RT}{M} \quad \text{或} \quad \frac{\pi}{c} = \frac{RT}{M} \tag{2-18}$$

这就是 Van't Hoff 渗透压方程。下面对它进行讨论。

(1) 这一方程式相似于理想气体方程式。也像理想气体方程一样，是个极限定律。只有当浓度趋于零的情况下，它才是准确的，即

$$\left(\frac{\pi}{c}\right)_{c \to 0} = \frac{RT}{M} \quad \text{或} \quad M = \left(\frac{RT}{\pi/c}\right)_{c \to 0} \tag{2-19}$$

(2) 从 Van't Hoff 方程式可见，在一定温度下溶液的渗透压只与溶液浓度有关，即只与溶质的粒子数有关，而与其大小及溶剂的性质无关。因此该方程同样可用于胶体溶液。

(3)温度升高,渗透压加大。这又一次证实了渗透压是分子热运动的必然结果。因为温度升高,分子热运动加剧而导致渗透压加大。

(4)按照 Van't Hoff 方程,只要实验测得不同浓度下的渗透压值,然后以 $\frac{\pi}{c}$ 对 c 作图,用外推法可以找出 $\left(\frac{\pi}{c}\right)_{c\to 0}$ 的数值,从而求得溶质的相对分子质量或胶团量。

2.2.3 非理想溶液的渗透压

Van't Hoff 方程只适用于无限稀释的溶液,而对实际溶液来说,尽管温度恒定,$\frac{\pi}{c}$ 也不是常数,而是随着浓度变化而变化。此时可以用维利(Virial)方程式来表示它们之间的关系

$$\frac{\pi}{c} = RT\left(\frac{1}{M} + A_2 c + A_3 c^2 + \cdots\right) \qquad (2-20)$$

式中,常数 $A_2, A_3, \cdots$ 称维利系数。

真实溶液的渗透压与 Van't Hoff 方程表示的渗透压发生偏差的原因是因为在实际情况中,渗透压与胶粒的溶剂化及其形态有关,特别是与溶剂和溶质的相互作用力有关。在实际溶液中,存在着溶剂与溶剂、溶质与溶质及溶质与溶剂之间的相互作用。第一项的作用在半透膜的两边是相同的,而第二项的作用对稀溶液来说不太重要,所以实际上只需要考虑溶剂与溶质之间的相互作用。利用维利系数来校正 Van't Hoff 方程,这正是维利方程的出发点。维利系数 A_2, A_3 等数值就是表示溶剂-溶质相互作用的特性。A_2 数值尤为

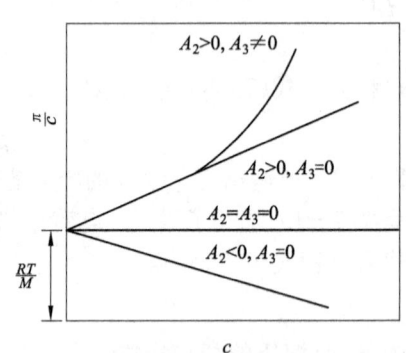

图 2-3 溶液的 $\frac{\pi}{c}$-c 关系图

反映溶剂和溶质分子相互吸引力的强弱。若以方程式(2-20)中的 $\frac{\pi}{c}$ 对 c 作图得图 2-3 所示。这里有几种情况:

(1)当 $A_2 = 0, A_3 = 0$ 时,维利方程还原为 Van't Hoff 方程,溶液为理想溶液。$\frac{\pi}{c}$ 不受浓度变化的影响,即 $\frac{\pi}{c}$-c 图成一水平直线。

(2)$A_3 = 0$,而 $A_2 > 0$,则维利方程变为 $\frac{\pi}{c} = RT\left(\frac{1}{M} + A_2 c\right)$。因为 $A_2 > 0$,故实际溶液的渗透压比理想溶液的渗透压大,$\frac{\pi}{c}$-c 图为一直线,且在水平线的上方,$\frac{\pi}{c}$ 随浓度 c 增大而

增大。

（3）$A_3 = 0$，但 $A_2 < 0$，这种情况与上述情况相反，$\frac{\pi}{c}-c$ 图仍为直线，但是在水平线之下，直线斜率为负值。

（4）$A_3 \neq 0, A_2 > 0$，从方程式(2-20)可见 $\frac{\pi}{c}-c$ 图必为曲线。曲线的斜率 $= \frac{\mathrm{d}(\pi/c)}{\mathrm{d}c} = A_2 + 2A_3 c$，因 $A_2 > 0$，故斜率为正值；曲线的凹向，可由其二阶微分确定，$\frac{\mathrm{d}^2(\pi/c)}{\mathrm{d}c^2} = 2A_3$。若 $A_3 > 0$，则曲线凹向上；若 $A_3 < 0$，则曲线凹向下。

通常溶液浓度不是太大，则维利方程可以写成这样的形式

$$\frac{\pi}{c} = \frac{RT}{M} + Bc \tag{2-21}$$

若以 $\frac{\pi}{c}$ 对 c 作图应得一直线。相对分子质量 M 及第二维利系数 A_2 可由直线截距及斜率求得：

$$截距 = \frac{RT}{M}$$

$$斜率 = B = RTA_2$$

下面是由渗透压测定摩尔质量的两个例子。图 2-4a 是不同醋酸纤维素溶于丙酮组成的溶液的 $\frac{\pi}{RTc}-c$ 图。图 2-4b 是硝基纤维素分别溶于丙酮、甲醇及硝基苯所组成的溶液的 $\frac{\pi}{RTc}-c$ 图。从图 2-4a 可见，4 条直线的斜率基本相同，所不同的仅是截距。说明它们的摩尔质量是不相同的，其值在 52 000～126 000 g·mol^{-1} 之间；但是第二维利系数 A_2 值却相同，即各种醋酸纤维素与丙酮分子间作用力一样。而图 2-4b 则不同，同一硝基纤维素溶于 3 种不同溶剂中，相应的 3 条 $\frac{\pi}{RTc}-c$ 直线的斜率不同，但截距相同。这说明硝基纤维素在 3 种不同溶剂中具有相同的相对分子质量 1.11×10^5；但是它们的 A_2 值却不相同，即硝基纤维素分子与 3 种溶剂分子相互吸引力并不相同。在丙酮及甲醇中，它们的吸引力很大，$A_2 > 0$；而在硝基苯中 $A_2 < 0$，它们的吸引力很弱，即溶剂的溶解能力很弱。

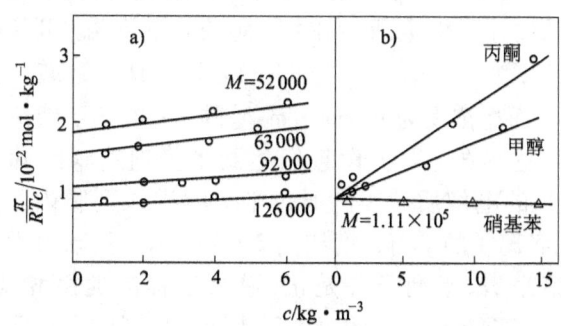

图 2-4 两种试样的 $\frac{\pi}{RTc}-c$ 图

a) 不同醋酸纤维素的丙酮溶液
b) 硝基纤维素与 3 种不同溶剂组成的溶液

在测定带电胶体溶液的渗透压时,往往发现其渗透压偏高。带电胶粒的溶胶比不带电的复杂,因为它除了不能通过半透膜的带电胶粒外,还有能通过半透膜的平衡离子。这类离子也会产生渗透压效应。这个问题自从应用了 Donnan 膜平衡理论以后,才获得基本解决。

2.2.4 Donnan 平衡

胶粒不带电时,其稀溶液的渗透压为:$\pi_1 = c\dfrac{RT}{M}$。但是如果胶粒或高分子本身是电解质,会发生如下电离:

$$PX_Z \longrightarrow P^{Z+} + ZX^-$$

由于单位体积中粒子数增加而增加了渗透压,其值为

$$\pi_2 = (Z+1)c\frac{RT}{M} \tag{2-22}$$

如果半透膜的内侧是胶体电解质 PX_Z 溶液,膜的外侧为外界电解质溶液 BX。膜内外溶液的体积相等,并且都看作全部电离。P^{Z+} 为不能通过半透膜的带电胶粒;而 B^+,X^- 是能够通过半透膜的电解质离子。由于离子电荷的相互作用,膜的两侧经常保持电中性,且由于不能通过半透膜的带电胶粒存在,使得平衡时膜两侧的电解质浓度并不相等,而存在着一定的分布关系。开始时把浓度为 $a[\mathrm{mol\cdot m^{-3}}]$ 的 PX_Z 溶液放在半透膜内(1),而将浓度为 $b[\mathrm{mol\cdot m^{-3}}]$ 的 BX 电解质溶液放在半透膜外(2)。设它们达到平衡时有 $x[\mathrm{mol\cdot m^{-3}}]$ 的电解质从膜外通过半透膜进入到膜内。此时,各离子的平衡浓度如图 2-5 所示。从动力学的观点来看,平衡条件是正、逆两过程的速度相等。B^+,X^- 穿过半透膜的速度正比于它们同时到达膜表面的几率,而这一几率正比于 B^+ 与 X^- 离子浓度(准确来说应为活度)的乘积。因此:

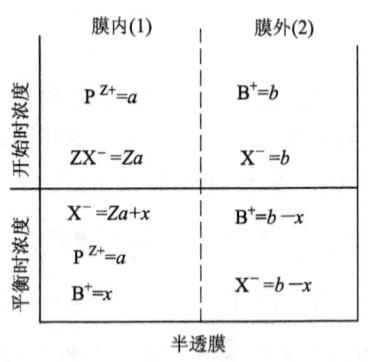

图 2-5 Donnan 膜平衡

(1)→(2)透过半透膜的速度为

$$v_1 = k(Za+x)x$$

(2)→(1)透过半透膜的速度为

$$v_2 = k(b-x)^2$$

平衡时有:$(Za+x)x = (b-x)^2$。因为两个过程都是 B^+,X^- 离子扩散,故它们的 k 值相同。

所以

$$x = \frac{b^2}{Za + 2b} \tag{2-23}$$

由此可见,膜两边电解质离子的平衡浓度是不相等的。因渗透压与半透膜两侧溶质浓度差成正比例,故得

$$\begin{aligned}\pi_3 &= (左边浓度 - 右边浓度)RT \\ &= [(a + Za + x + x) - (b - x + b - x)]RT \\ &= (a + Za - 2b + 4x)RT\end{aligned} \tag{2-24}$$

式中,浓度单位为 $\mathrm{mol \cdot m^{-3}}$,若换为 $c[\mathrm{kg \cdot m^{-3}}]$,则可用 $\frac{c}{M}$ 项代替式(2-24)中浓度项。

将式(2-23)代入式(2-24)并整理得

$$\pi_3 = \left(\frac{Za^2 + 2ab + Z^2a^2}{Za + 2b}\right)RT \tag{2-25}$$

若 $b \ll Za$,即溶液电解质浓度远低于带电胶粒的浓度,则有

$$\pi_3 \approx \frac{Za^2 + Z^2a^2}{Za}RT = (Z + 1)aRT$$

$$= (Z + 1)\frac{c}{M}RT = \pi_2$$

若 $b \gg Za$,即溶液电解质浓度远大于带电胶粒的浓度,则有

$$\pi_3 \approx \frac{2ab}{2b}RT = aRT = \frac{c}{M}RT = \pi_1$$

由此可见,加入电解质时使得溶胶的渗透压 π_3 在 $\pi_1 \sim \pi_2$ 之间变化,即 $\pi_1 < \pi_3 < \pi_2$。Donnan 膜平衡理论在许多方面均具有重要的意义。如离子交换机理,胶体的渗析净化,渗透压的测定原理,特别对生物学、医学等研究电解质在液体中的分配都有很大意义。

2.3 扩　　散

2.3.1 扩散与 Fick 扩散定律

扩散是分子热运动的必然结果。分子的热运动或胶粒的布朗运动并不需要存在着浓度差才能发生,但是当有浓度差存在下,分子从高浓度向低浓度迁移的数目大于从低浓度向高浓度迁移的数目。总的结果使体系呈现出从高浓度向低浓度的净迁移,这就是扩散。所以扩散过程的本质是分子热运动,而扩散过程的推动力是浓度梯度。下面就扩散量、扩散速度和扩散推动力之间的关系进行讨论。

设两种不同浓度的溶液由一个没有厚度的多孔膜分隔开来,如图 2-6a 所示。设 Q 为通过截面积 A 的物质总量。Q/A 的变化率为物质通过界面的通量 J,即

$$J = \frac{\mathrm{d}(Q/A)}{\mathrm{d}t} \tag{2-26}$$

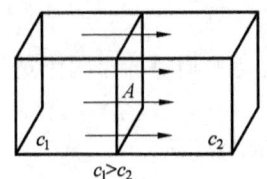
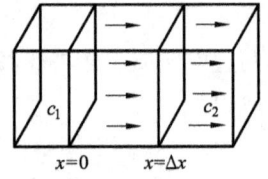

a) 多孔分隔膜厚度为零　　　　b) 多孔分隔膜厚度为 Δx

图 2-6　体系扩散示意图

在稳定的扩散流情况下,上式积分得

$$Q = AJ\Delta t \tag{2-27}$$

由于扩散过程的推动力是浓度梯度,显然推动力越大,在单位时间内通过单位面积的扩散量也就越大,也就是说扩散通量与浓度梯度成正比例。所以

$$J = -D\frac{\partial c}{\partial x} \tag{2-28}$$

式中,D 为比例系数,称为溶质的扩散系数。其物理意义为:当扩散通过的横截面积为单位面积,而浓度梯度也为单位浓度梯度时的扩散速度。其单位为 $m^2 \cdot s^{-1}$。方程式中的负号表示扩散方向与浓度增加方向相反。方程式(2-28)称为 Fick 第一扩散定律。

考虑到厚度为 Δx、横截面为 A 的区间内浓度的变化,如图 2-6b,在这一区间内物质总数量的变化等于进入这一区间的物质数量 Q_1 减去离开这一区间的物质数量 Q_2,即

$$\Delta Q = Q_1 - Q_2 = (J_1 - J_2)A\Delta t \tag{2-29}$$

同时,ΔQ 也应等于这一区间的体积乘上这一区间内浓度的变化,即

$$\Delta Q = A\Delta x \Delta c \tag{2-30}$$

方程式(2-29)与式(2-30)相等,故得

$$-\frac{J_2 - J_1}{\Delta x} = \frac{\Delta c}{\Delta t} \tag{2-31}$$

将 Fick 第一扩散定律代入方程式(2-31)得

$$D\left[\frac{\left(\frac{\partial c}{\partial x}\right)_2 - \left(\frac{\partial c}{\partial x}\right)_1}{\Delta x}\right] = \frac{\Delta c}{\Delta t} \tag{2-32}$$

当 Δx,Δt 都趋于微小变化时,方程式(2-32)的极限形式可以写成

$$\left(\frac{\partial c}{\partial t}\right) = D\frac{\partial^2 c}{\partial x^2} \tag{2-33}$$

这就是 Fick 第二扩散定律。这是个二阶微分方程,其解依赖于边界条件的选择及 D 值。它描述了体系浓度与时间和位置间的关系。

为了说明 Fick 扩散定律的意义,将它应用在以下几种简单情况中(图 2-7 描述了这几种情况中 c、$\frac{\partial c}{\partial x}$ 及 $\frac{\partial^2 c}{\partial x^2}$ 随 x 的变化,图中通过某一横截面流量的方向、大小用水平箭头及

其长度来表示）：

图 2-7a 描述了一个浓度不变的体系。由于 $\frac{\partial c}{\partial x}$ 及 $\frac{\partial^2 c}{\partial x^2}$ 都为零，观察不到扩散的发生，流量也为零。

图 2-7b 描述了浓度稳步增加的体系。$\frac{\partial c}{\partial x}$ 为一常数，而 $\frac{\partial^2 c}{\partial x^2}$ 为零，扩散发生，流量是稳定的。由扩散而进入体系某一空间的物质等于由该空间扩散出去的数量，因此在该空间的浓度不变。

图 2-7c 描述了浓度梯度发生变化的体系，此时 $\frac{\partial c}{\partial x}$ 出现两个可能的数值。$\frac{\partial^2 c}{\partial x^2}$ 除了在浓度梯度转折点外都为零，而在浓度转折点上它出现一个峰值。扩散发生时，流量在不同位置上出现两个不同的数值。在转折点处，扩散进入的溶质比它扩散走的更多，因而浓度增大，浓度梯度也增大。

图 2-7d 与图 2-7c 情况相似，只是浓度梯度的变化情况相反。

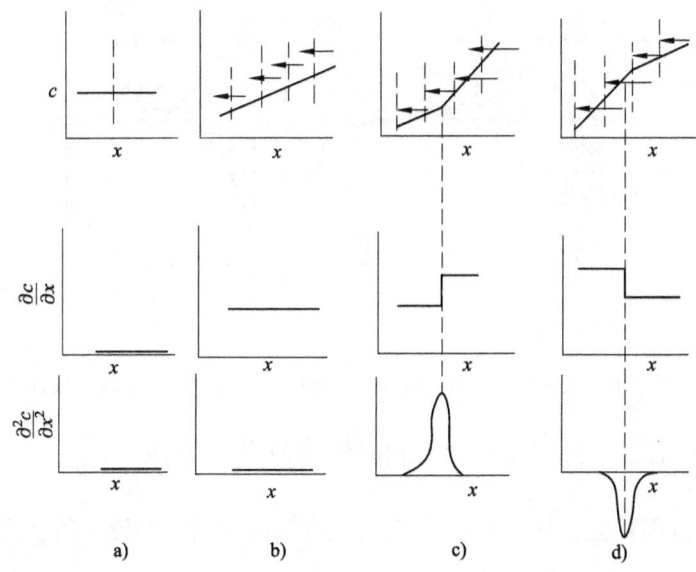

图 2-7　Fick 扩散定律在几种简单情况的应用

2.3.2　扩散系数的测定

1. 自由界面法

为了使两种不同浓度的溶液之间产生一个清晰的界面，可用如图 2-8 所描述的剪切法。

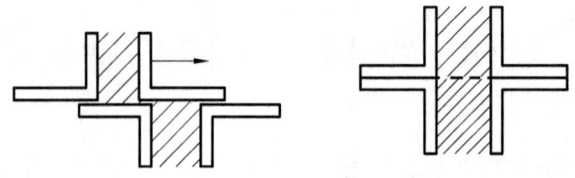

图 2-8 能形成两液相清晰界面的剪切法

实验开始前在上池装入溶剂,下池装入溶液。为了防止在实验过程中出现的对流和外界干扰,两池应严格恒温并避免任何震动。实验开始时将上下两池对齐,这时在它们的接触处出现清晰的界面。随着时间的进行,溶质从下池不断向上池扩散。实验可以用光吸收或光折射等方法测定不同时间 t,不同距离 x(以界面处 $x=0$ 计算)处的浓度 c 及浓度梯度 $\dfrac{\mathrm{d}c}{\mathrm{d}x}$。然后以 x 对 c 及 $\dfrac{\mathrm{d}c}{\mathrm{d}x}$ 作图得到如图 2-9 所示的分布曲线。

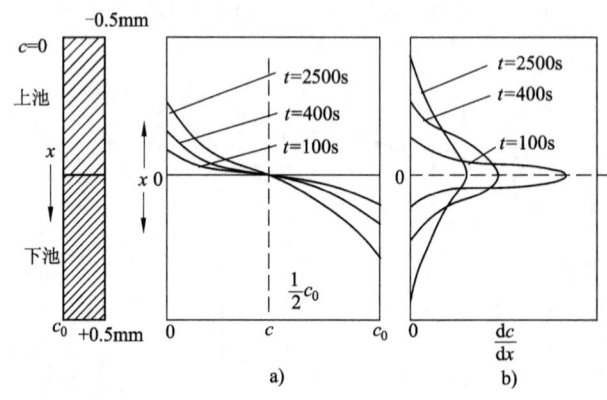

图 2-9 自由扩散时,在不同时间下浓度的分布曲线 a 及浓度梯度曲线 b

从图 2-9a 可见浓度分布曲线在任何时候,$x=0$ 处的浓度 $c=\dfrac{1}{2}c_0$;而且随时间的延长,浓度变化的范围扩大。从图 2-9b 可见,浓度梯度 $\dfrac{\mathrm{d}c}{\mathrm{d}x}$ 曲线的极大值是位于 $x=0$ 处;而且随着时间的延长,峰值下降且变得越来越扁平。

为了简化理论处理,假设扩散系数 D 不随浓度而改变,且液柱极长,以致在实验时间范围内柱底的浓度始终为 c_0,而柱顶的浓度始终为 0。对于这样一个长圆柱,线性自由扩散的边界条件为:$t=0$ 时,清晰的界面在 $x=0$ 处;在 $x<0$ 区域,$c=0$;而在 $x>0$ 区域,$c=c_0$。在这一边界条件下,方程式(2-33)的解为

$$c = \frac{c_0}{2}\left[1 - \frac{2}{\sqrt{\pi}}\int_0^y \exp(-y^2)\,\mathrm{d}y\right] \tag{2-34}$$

式中,$y \equiv \frac{x}{\sqrt{Dt}}$。如果实验测得一定 t 及 x 下的浓度 c,则可以利用式(2-34)求得其扩散系数 D。因为式(2-34)括号中的第二项是几率积分,可表示为 $\psi\left(\frac{x}{2\sqrt{Dt}}\right)$,则

$$c = \frac{c_0}{2}\left[1 - \psi\left(\frac{x}{2\sqrt{Dt}}\right)\right] \quad (2-35)$$

利用几率积分表及实验测得的 x,t 和 c 值,则可按下式求得扩散系数 D 值。

$$D = \frac{x^2}{4t}\left[\frac{1}{\psi^*\left(1 - \frac{2c}{c_0}\right)}\right]^2 \quad (2-36)$$

式中,$\psi^*\left(1 - \frac{2c}{c_0}\right)$ 为几率积分的反函数。

若将方程式(2-35)对 x 微分可得

$$\frac{dc}{dx} = \frac{c_0}{2\sqrt{\pi Dt}}\exp\left(-\frac{x^2}{4Dt}\right) \quad (2-37)$$

该方程式描述了在一定时间 t 及不同距离 x 下的浓度梯度 $\frac{dc}{dx}$ 值。如果实验测得两界面接触处,即 $x = 0$ 处的浓度梯度 $\left(\frac{dc}{dx}\right)_{x=0}$,此值为该时间 t 下的最大值。令 $\left(\frac{dc}{dx}\right)_{x=0} = M$,则由式(2-37)可得

$$M = \frac{c_0}{2\sqrt{\pi Dt}}$$

所以

$$D = \frac{c_0^2}{4\pi t M^2} \quad (2-38)$$

根据图 2-9 选取不同时间 t 及其相应的峰值 M,代入方程式(2-38),即可求得扩散系数 D 值。一般高分子化合物的 D 值范围为 $10^{-10} \sim 10^{-12} \mathrm{m}^2 \cdot \mathrm{s}^{-1}$,而低分子化合物的 D 值一般等于或大于 $10^{-9} \mathrm{m}^2 \cdot \mathrm{s}^{-1}$。

2. 多孔隔膜法

两种液体用孔径为 $5 \sim 15 \mu\mathrm{m}$ 的多孔烧结片隔开。孔径太大则发生液体流动;孔径太小或成半透膜则大大减低扩散速度,都不合用。较浓的溶液在多孔塞之上。两种液体保持搅拌,但是多孔塞中液体不受外面搅动的影响,不会发生流动。溶质通过小孔中液体单独扩散迁移。因此在两溶液中的浓度是均匀的,只在多孔塞处出现了浓度梯度。这种方法的浓度及浓度梯度分布曲线如图 2-10 所示。随着时间的迁移,两液体浓度愈来愈接近,浓度梯度越来越小,最后达到浓度均一。

根据 Fick 第一扩散定律,这里讨论的扩散过程可写成

$$\frac{dQ}{dt} = \frac{-AD(c_2 - c_1)}{l} \tag{2-39}$$

式中，A 为小孔的平均横截面积；l 为小孔的有效长度。A/l 称为仪器常数，可以先用已知扩散系数的物质校准测定，然后用已知仪器常数 A/l 的该仪器测定待测试样的 t, Q, c_1 及 c_2 值，从而利用方程式(2-39)求得其扩散系数 D。

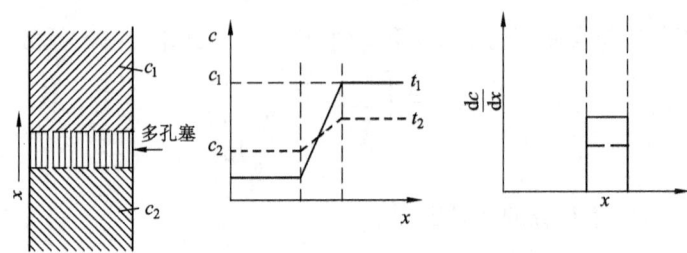

图 2-10 多孔隔膜法以及 $c, \dfrac{dc}{dx}$ 分布曲线

多孔隔膜法的优点是不受振动对流等影响。而且由于多孔隔膜中有相当高的浓度梯度，扩散所需时间大为缩短。但是它不是一种绝对方法，因为 A 及 l 均不能直接精确测定，而是用一个已知扩散系数的校正溶液如 KCl 测定仪器常数 A/l。由于相对分子质量及分子形状不同，所得仪器常数对于测液来说未必正确。同时隔膜中会吸附小气泡或扩散分子而导致实验结果产生误差。

测定扩散系数 D 对于粒子大小（粒子量）、粒子的形状和阻力系数 f 的测定都有重要的意义，这将在以下有关章节中叙述。

影响扩散系数的因素主要是溶液浓度及其分散度。D 值通常随着浓度变化而变化。对于球形粒子或分子，这一影响并不显著；但是对于长形粒子或线型分子，这一影响非常明显。例如，有些线型高分子由于互相缠结对其运动发生阻挠效应，则扩散系数将随溶液的稀释而增大；相反，有些溶液由于其渗透压分布效应使得其扩散系数随稀释度的增加而减少。溶液中粒子的分散度是影响 D 值的另一个重要因素。方程式(2-37)是个正常的 Gauss 分布曲线，它只适用于单分散的稀溶液，即只适用于粒子大小均匀且粒子间无相互作用的体系。如果体系是多级分散的，则 $\dfrac{dc}{dx} - x$ 的实验曲线虽然仍是对称的，但却是非 Gauss 型的，其极大值发生偏离。它实际上是由体系中各组分彼此独立扩散的综合，是多种 Gauss 分布曲线的组合。实验测得 D 值实为质均扩散系数。

此外，还有一种新的先进的测试 D 值方法，就是用动力光散射光谱法测定其绝对值。这将在第 3 章中详细叙述。

2.3.3 Einstein 扩散定律

当溶质在溶剂中发生扩散时，溶质粒子必然受到两种力的作用。一种是扩散过程的推动力,以扩散系数 D 表现出来;另一种是在运动过程中所受到的粘滞阻力,以摩擦系数 f 表现出来。Einstein 扩散定律就是描述 D 与 f 两者之间的关系。

从热力学知道,体系的自发过程必然是体系从高化学位状态转变成低化学位状态。体系化学位梯度即为自发过程的推动力。每一个粒子在扩散过程中的推动力为

$$F = -\frac{1}{N_A}\frac{d\mu}{dx} \quad (2-40)$$

式中的负号表示化学位随过程而减小;N_A 为 Avogadro 常数。对于稀溶液,溶质的化学位可表示为

$$\mu = \mu^*(T,p) + RT\ln c \quad (2-41)$$

式中 $\mu^*(T,p)$ 是指 $c=1$ 且服从亨利定律的那一状态的化学位,即标准态化学位;c 为溶液的浓度。将式(2-41)代入式(2-40)得

$$F = -kT\frac{d\ln c}{dx} = -\frac{kT}{c}\frac{dc}{dx} \quad (2-42)$$

式中,$k = \frac{R}{N_A}$ 为 Boltzmann 常数。

粒子除了受到扩散推动力以外还受到粘滞阻力 F_v,这一阻力的大小随着粒子运动速度加速而增大。

$$F_v = fv = f\frac{dx}{dt} \quad (2-43)$$

比例系数 f 称为摩擦系数。当这两种反向力相等时,体系达到稳态,即粒子运动速度恒定。此时有

$$F = F_v$$

所以

$$\frac{dx}{dt} = \frac{-kT}{fc}\frac{dc}{dx} \quad (2-44)$$

又根据质量守恒定律:物质通过单位横截面积的扩散通量 J 等于其浓度乘以扩散速度,即

$$J = c\frac{dx}{dt} \quad (2-45)$$

比较方程式(2-45)及式(2-28)得

$$c\frac{dx}{dt} = -D\frac{dc}{dx} \quad (2-46)$$

将方程式(2-46)代回到方程式(2-44)得

$$Df = kT \quad (2-47)$$

这就是 Einstein 扩散定律,它对粒子形状并无任何限制。

对于比溶剂分子大很多的球形粒子,可将 Stokes 方程式 $f = 6\pi\eta a$ 引入式(2-47)中

得

$$D = kT \frac{1}{6\pi\eta a} \tag{2-48}$$

这就是 Einstein – Stokes 方程式。它表明了扩散系数受温度、溶剂粘度以及粒子大小的影响。粒子越大，扩散系数越小。若球形粒子半径增大 10 倍，则其扩散系数减至 1/10。对 20℃水溶液来说

$$D \approx 2.15 \times 10^{-19}/a$$

使用 Einstein – Stokes 方程可以确定粒子半径 a 及胶团量或摩尔质量 M

$$M = \frac{4}{3}\pi a^3 \rho N_A = \frac{\rho}{162(N_A\pi)^2}\left(\frac{RT}{\eta D}\right)^3 \tag{2-49}$$

式中　ρ——粒子的密度；
　　　η——介质的粘度。

实验测得粒子的扩散系数便可求得其胶团量 M。

Einstein – Stokes 方程式使用的条件是：①球形粒子；②稀溶液，粒子间作用可以忽略；③粒子体积比分散介质的分子大得多，因而分散介质认为是连续的；④均相分散，即只有一种大小粒子。

粒子半径大小对扩散系数及平均布朗位移的关系如表 2-1 所示。表中数据与式 (2-48) 算得 D 值及式 (2-6) 算得 t 值十分吻合。

表 2-1　不同大小粒子的水溶胶在 25℃时的扩散系数及平均布朗位移所需时间

a/m	$D/m^2 \cdot s^{-1}$	布朗位移下列距离所耗时间		
		$10^{-3} m$	$10^{-6} m$	1 个粒子半径
10^{-3}	2.15×10^{-16}	73 年	40 分	73 年
10^{-4}	2.15×10^{-15}	7.3 年	4 分	27 天
10^{-5}	2.15×10^{-14}	9 个月	23 秒	40 分
10^{-6}	2.15×10^{-13}	27 天	2.3 秒	2.3 秒
10^{-7}	2.15×10^{-12}	2.7 天	0.23 秒	2.3×10^{-3} 秒
10^{-8}	2.15×10^{-11}	6.5 小时	2.3×10^{-2} 秒	2.3×10^{-6} 秒
10^{-9}	2.15×10^{-10}	40 分	2.3×10^{-3} 秒	2.3×10^{-9} 秒

对非球形粒子也有着类似的情况。设球形粒子或无溶剂化的粒子的扩散系数为 D_0，摩擦系数为 f_0；非球形粒子或已溶剂化的粒子的扩散系数为 D，摩擦系数为 f。从式（2-47）可见 $\frac{D}{D_0} = \frac{1}{f/f_0}$，$f/f_0$ 称为摩擦系数率。在一般情况下 $f > f_0$，因为在移动过程中非球形粒子具有更大的水力半径，因而其运动阻力比球形粒子更大。已溶剂化的粒子由于体积增大，故其运动阻力也增大，相应扩散系数减小，即 $D < D_0$。由此可见，f/f_0 可作为粒子溶

剂化程度及其不对称性二者之和的量度。若这一比值越大,则粒子的溶剂化程度越大,或粒子的不对称性越大,亦即它与无溶剂化的球形粒子偏差越大。对于无溶剂化的球形粒子则 $f/f_0 = 1$。下面分别讨论溶剂化效应及不对称效应。

(1) 溶剂化效应对 f/f_0 的影响。假设粒子为球形粒子,无溶剂化时的体积为 V_2,溶剂化以后的体积为

$$V_2 + V' = V_2\left(1 + \frac{V'}{V_2}\right) = V_2\left(1 + \frac{m'}{m_2} \cdot \frac{\rho_2}{\rho_1}\right) \tag{2-50}$$

式中　m'——粒子溶剂化膜的质量;

　　　m_2——粒子的质量;

　　　ρ_1, ρ_2——分别为纯溶剂及粒子的密度。

由于摩擦系数与粒子大小成正比,故有

$$f/f_0 = \frac{6\pi\eta a}{6\pi\eta a_0} = \left(\frac{V_2 + V'}{V_2}\right)^{1/3} = \left(1 + \frac{m'\rho_2}{m_2\rho_1}\right)^{1/3} \tag{2-51}$$

式中　a——已溶剂化球粒半径;

　　　a_0——未溶剂化球粒半径;

　　　m'/m_2——单位质量溶质有多少溶剂化的溶剂,它是描述粒子溶剂化程度的一个量。

(2) 粒子不对称性对 f/f_0 的影响。P. Perrin 推导出椭圆旋转体的不对称性对 f/f_0 的影响。椭圆旋转体的不对称性可用其半径 a 以及垂直于它的旋转轴半径 b 的比率 b/a 来表示。它们之间的关系为:

对于扁长椭球体,$b/a < 1$,即 $a > b$,则有

$$f/f_0 = \frac{\left[1 - \left(\frac{b}{a}\right)^2\right]^{1/2}}{\left(\frac{b}{a}\right)^{2/3} \ln\frac{1 + \left[1 - (b/a)^2\right]^{1/2}}{b/a}} \tag{2-52}$$

对于扁圆椭球体,$b/a > 1$,即 $a < b$,则有

$$f/f_0 = \frac{\left[\left(\frac{b}{a}\right)^2 - 1\right]^{1/2}}{\left(\frac{b}{a}\right)^{2/3} \arctan\left[\left(\frac{b}{a}\right)^2 - 1\right]^{1/2}} \tag{2-53}$$

例　在 20℃,测得人血朊水溶液中人血朊的扩散系数 $D = 6.9 \times 10^{-11} \text{m}^2 \cdot \text{s}^{-1}$,密度 $\rho_2 = 1.34 \times 10^3 \text{kg} \cdot \text{m}^{-3}$,摩尔质量 $M = 62.3 \text{kg} \cdot \text{mol}^{-1}$。求其水化程度及不对称性。

解　利用方程式(2-47)求摩擦系数 f

$$f = \frac{kT}{D} = \frac{1.38 \times 10^{-23} \times 293}{6.9 \times 10^{-11}} \text{kg} \cdot \text{s}^{-1} = 5.86 \times 10^{-11} \text{kg} \cdot \text{s}^{-1}$$

为了求得 f_0,先求一个分子的体积 V

$$V = \frac{M}{N_A}\frac{1}{\rho} = \frac{62.3}{6.023 \times 10^{23} \times 1.34 \times 10^3} \text{m}^3 = 7.72 \times 10^{-26} \text{m}^3$$

人血朊分子的等当半径 a 为

$$a = \left(\frac{3V}{4\pi}\right)^{1/3} = \left(\frac{3 \times 7.72 \times 10^{-26}}{4 \times 3.1416}\right)^{1/3} \text{m} = 2.64 \times 10^{-9} \text{m}$$

将 a 值及水在20℃下的粘度 $\eta = 1.009 \times 10^{-3}$ Pa·s 代入 Stokes 方程式,求得 f_0 的值

$$f_0 = 6\pi\eta a = 6 \times 3.1416 \times 1.009 \times 10^{-3} \times 2.64 \times 10^{-9} \text{kg} \cdot \text{s}^{-1}$$
$$= 5.02 \times 10^{-11} \text{kg} \cdot \text{s}^{-1}$$

计算摩擦系数率 f/f_0

$$f/f_0 = \frac{5.86 \times 10^{-11}}{5.02 \times 10^{-11}} = 1.17$$

以 f/f_0 值分别代入方程式(2-51)、式(2-52)及式(2-53)中,则可求得:$m'/m_2 = 0.49$kg(H$_2$O)/kg(溶质)(设为球形粒子);未溶剂化扁长椭球 $a/b = 4.0$ 及未溶剂化扁圆椭球 $a/b = 0.24$。由此可见,$a/b = 4.0$ 及 $a/b = 0.24$ 的椭球具有同样的 f/f_0 值。这说明它们具有同样的不对称性。

椭球粒子的不对称性 a/b,溶剂化程度(每克溶质中溶剂化的溶剂克数)m'/m_2 及 f/f_0 三者之间的关系可用图 2-11 表示。从图中可见:① 任何一对 a/b 及 m'/m_2 数值都对应一 f/f_0 值,但是任一对 f/f_0 及 m'/m_2 值一般对应着两组 a/b 值。② 粒子的不对称性越大,即 a/b 值越偏离 1.0 数值,以及粒子水化程度越大,即 m'/m_2 值越大,则摩擦系数率 f/f_0 也越大。

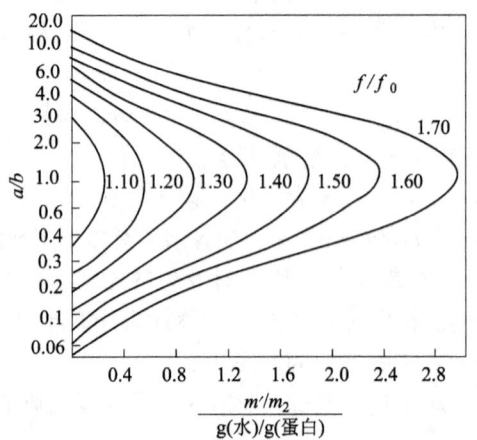

图 2-11　在蛋白质分散体系中,f/f_0 随其不对称性及水化程度的变化

2.4 沉　　降

沉降是研究粒子在重力场或离心力场作用下的运动规律。对于较大质量的粒子来说,重力起到主要作用,粒子会在重力场作用下向容器的底部沉降。但是如果粒子足够小,布朗运动又会使它分散,这两种相反的力会使体系达到平衡状态,而出现沉降平衡。虽然粒子在介质中所受到的作用力是复杂的,但是可以通过力的分析来研究粒子在介质中的运动规律,并且利用这一规律来说明体系的性质,测定粒子的大小分布和胶团量。这些对胶体分散体系及粗分散体系都具有十分重要的意义。

2.4.1 在重力场中的沉降速度

设一个不带电的粒子体积为 V,密度为 ρ_2,处于密度为 ρ_1 的液体介质之中。这些粒子在重力场作用下受到两种力的作用:沉降力和运动阻力即粘滞力。

沉降力包含两种力,一为粒子所受到的重力 F_g,另一为粒子所受到的浮力 F_b。净的合力,即沉降力为这二者之差

$$F = F_g - F_b = V(\rho_2 - \rho_1)g \tag{2-54}$$

式中,g 为重力加速度。如果 $\rho_2 > \rho_1$,则这一力会使粒子下沉;相反,若 $\rho_1 > \rho_2$,则粒子向上浮起。这些力的作用情况如图 2-12a 所示。

运动阻力是当粒子受到 F 力的作用后产生一加速度,随着粒子的运动必然受到一个反方向的阻力,它阻碍着粒子的移动,而且随着粒子运动速度的增加而增大。这些力的作用情况如图 2-12b 所示。在稳态条件和粒子运动速度较小的情况下,这一阻力 F_v 正比于粒子移动速度 v,即服从式(2-43)。

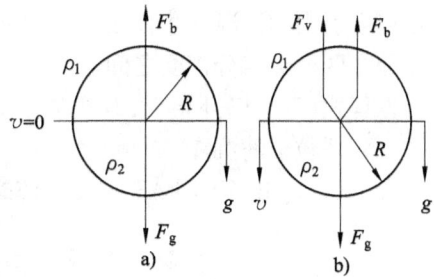

图 2-12 球形粒子受力分析
a) 只受重力和浮力作用;
b) 粒子还受介质粘滞力作用($\rho_2 > \rho_1$)

若考虑到 Stokes 方程 $f = 6\pi\eta a$,则式(2-43)可以写作

$$F_v = 6\pi\eta av \tag{2-55}$$

由于 F_v 正比于 v,所以随着速度的增加阻力也增大,最后达到阻力与沉降力相等,即体系处于稳态平衡。此时方程式(2-43)与式(2-54)相等,得到任意形状粒子的沉降方程

$$V(\rho_2 - \rho_1)g = fv_0 \tag{2-56}$$

另外,方程式(2-54)与式(2-55)相等,得到球形粒子的沉降方程

$$V(\rho_2 - \rho_1)g = 6\pi\eta av_0 \tag{2-57}$$

式中,v_0 为粒子的稳态沉降速度。在实际沉降过程中,稳态条件很快就会达到。当考虑到单个球形粒子时 $V = \frac{4}{3}\pi a^3$,故方程式(2-57)可以写成

$$\frac{4}{3}\pi a^3(\rho_2 - \rho_1)g = 6\pi\eta av_0$$

$$v_0 = \frac{2}{9}\frac{(\rho_2 - \rho_1)}{\eta}ga^2 \tag{2-58}$$

这就是 Stokes 沉降方程式。它描述了 a,v_0,η 和 $\Delta\rho$ 4 个变量之间的相互关系。只要通过实验测得 3 个,则第四个变量就可以通过沉降方程式计算确定。另外,从这个公式也可看到沉降速度与粒子半径 a 的平方成正比,即半径大一倍的粒子其沉降速度为原来的

4倍。这对于沉降的研究来说是一个非常重要的概念。

如果从实验测得 v_0, η 及 $(\rho_2-\rho_1)$，则可以根据式(2-58)求出粒子半径 a。若粒子为不对称形状，则所算得的 a 实为水力半径，即与半径为 a 的球形粒子的沉降速度相等的不对称粒子的等当半径。

必须注意式(2-58)的几个适用条件：①球形粒子的运动是非常缓慢的。②溶液要很稀。③与粒子大小比较，介质是连续的。这一假设对胶体粒子的运动是相符的，但对小分子或离子来说就不相符，因为其大小与介质分子大小相当。④溶液中粒子的密度 ρ_2 等于该纯物质的密度，即粒子无溶剂化现象。这只有当连续相的分子和分散相的粒子之间无任何吸引力的情况下才存在。事实上，粒子往往发生絮凝及溶剂化而使得沉降粒子的密度处在两个纯组分密度之间。

方程式(2-58)还指出，改变粒子和介质的密度差、介质的粘度、粒子的大小都能够促进或延缓粒子的沉降。

表2-2列出了不同 $\Delta\rho/\eta$ 及 a 值时的沉降速度。

表2-2 不同 $\Delta\rho/\eta$ 及 a 的沉降速度(m·s^{-1})

a/m	$\dfrac{\Delta\rho}{\eta}/[\mathrm{kg\cdot m^{-3}\cdot(Pa\cdot s)^{-1}}]$		
	3.4×10^5	1.0×10^6	4.76×10^6
10^{-6}	7.40×10^{-7}	2.18×10^{-6}	1.02×10^{-5}
10^{-7}	7.40×10^{-9}	2.18×10^{-8}	1.02×10^{-7}
10^{-8}	7.40×10^{-11}	2.18×10^{-10}	1.02×10^{-9}
10^{-9}	7.40×10^{-13}	2.18×10^{-12}	1.02×10^{-11}
在25℃水中的粒子类型	蛋白质	硫($v>0$) 气泡($v<0$)	AgI

2.4.2 在超离心力场中的沉降速度

从表2-2的数据可见，$a=1\mu\mathrm{m}$ 的粒子在重力场中沉降速度已相当缓慢。而且这些粒子有较明显的布朗运动。为了加强沉降效果，可以采用高转速的超离心机。粒子在离心力场作用下与重力作用下的情况相似。在离心力场中粒子受到离心力、浮力和粒子移动时阻力的作用。图2-13显示出扇形池子在一转头中绕 A 轴以角速度 ω 旋转时，粒子受到向外的离心力 F_c 和反方向的浮力 F_b 及摩擦阻力 F_v 作用的情况。由于摩擦阻力随粒子运动的速度增加而增大，所以当粒子在离心力作用下速度增加到一定值时，这3种力达到平衡，体系处于稳态。此时有

$$F_c + F_b + F_v = 0 \qquad (2-59)$$

若一个质量为 m，比容为 ν 的粒子，当它处在密度为 ρ 的溶剂中，轴距 x 的角速度为 ω，则

$$F_c = mx\omega^2 \qquad (2-60)$$

$$F_b = -mx\nu\rho\omega^2 \qquad (2-61)$$

$$F_v = -fv \qquad (2-62)$$

方程式(2-61)和式(2-62)中的负号表示浮力及阻力与离心力方向相反。将式(2-60)、式(2-61)及式(2-62)代入式(2-59)并考虑到 Einstein 扩散方程 $fD = kT$，则有

$$mx\omega^2 - mx\nu\rho\omega^2 - \frac{kT}{D}v = 0 \qquad (2-63)$$

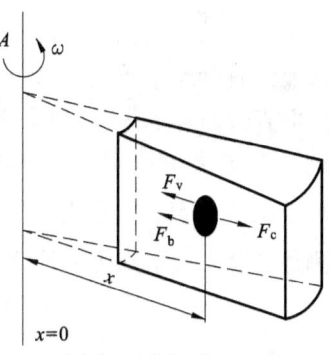

图 2-13 超离心力场中粒子的沉降

整理得

$$v = \frac{mD(1-\nu\rho)\omega^2 x}{kT} \qquad (2-64)$$

若考虑到 1mol 的粒子，则式(2-64)可写成

$$v = \frac{MD(1-\nu\rho)x\omega^2}{RT} \qquad (2-65)$$

式中 M——粒子量，即 1mol 粒子的质量；

R——摩尔气体常数。

令

$$S \equiv \frac{v}{x\omega^2} = \frac{dx/dt}{x\omega^2} \qquad (2-66)$$

S 称为沉降系数，它表示在单位离心力作用下的沉降速度。式(2-66)的积分形式为

$$S = \frac{\ln(x_2/x_1)}{(t_2-t_1)\omega^2} \qquad (2-67)$$

S 值可以在时间间隔 t_1, t_2 下分别测定界面的位置 x_1, x_2 来求得。将式(2-66)代入式(2-65)得

$$M = \frac{RTS}{D(1-\nu\rho)} \qquad (2-68)$$

沉降系数 S 的单位为 s。胶体的 S 值范围一般在 $2 \times 10^{-13} \sim 150 \times 10^{-13}$ s，习惯上常用 $S = 1 \times 10^{-13}$ s 作为其使用单位。根据式(2-68)，若测定了 S 和 D 值，即可计算出 1mol 粒子的质量 M。

例 实验测得人血红朊在 20℃ 水溶液中的沉降系数 $S = 4.48 \times 10^{-13}$ s，扩散系数 $D = 6.9 \times 10^{-11} \mathrm{m^2 \cdot s^{-1}}$，已知该物质的密度 $\rho = 1.34 \times 10^3 \mathrm{kg \cdot m^{-3}}$，求其摩尔质量 M。

解 取 $R = 8.314 \mathrm{J \cdot K^{-1} \cdot mol^{-1}}$，水的密度 $\rho = 1 \times 10^3 \mathrm{kg \cdot m^{-3}}$。将这些数据及题给出的数据代入方程式(2-68)中得

$$M = \frac{8.314 \times 293 \times 4.48 \times 10^{-13}}{6.9 \times 10^{-11} \times (1 - 1.0/1.34)} \text{kg} \cdot \text{mol}^{-1} = 62.3 \text{kg} \cdot \text{mol}^{-1}$$

即人血红朊的摩尔质量为 62.3 kg·mol⁻¹。

对多分散体系来说，用沉降速度法测得的摩尔质量在性质上与渗透压法所得的摩尔质量不同，前者起决定作用的是粒子的质量，而后者则是粒子的数目，所以前者测得的为质均摩尔质量 $\overline{M}_m$，而渗透压法所得的为数均摩尔质量 $\overline{M}_n$。下一节所介绍的沉降平衡法所测得的摩尔质量则为 Z 均摩尔质量 $\overline{M}_z$。一些物质水溶液的动力数据如表 2-3 所示。

表 2-3　一些物质在水溶液中的动力数据

物　质	$\dfrac{S \times 10^{13}}{\text{s}}$	$\dfrac{D_{20} \times 10^{11}}{\text{m}^2 \cdot \text{s}^{-1}}$	$\dfrac{v_{29} \times 10^3}{\text{m}^3 \cdot \text{kg}^{-1}}$	$\overline{M}_m$ (沉降法)	$\overline{M}_z$ (沉降平衡法)	$\overline{M}_n$ (渗透压法)	f/f_0
肌红朊	2.04	11.3	0.741	16 900	17 500	17 000	1.11
β-乳球朊	3.10	7.3	0.751	41 000	38 000	35 000	1.26
卵白朊	3.55	7.8	0.749	44 000	40 500	45 000	1.16
白红朊	4.48	6.3	0.749	68 000	68 000	67 000	1.24
血清白朊	4.46	6.1	0.748	70 000	68 000	73 000	1.27
血清球朊	7.10	4.0	0.745	167 000	150 000	175 000	1.4

注：$\overline{M}_m$、$\overline{M}_z$、$\overline{M}_n$ 的单位均为 g·mol⁻¹。

2.4.3　沉降-扩散平衡

沉降与扩散过程是相反的过程。前者是粒子在外力场作用下的聚沉，而后者是粒子在分子热运动作用下的分散。在一定条件下它们会达到平衡。为了讨论这两者的关系，取图 2-14 所示的一长方柱。柱中粒子受到两种力的作用：沉降力和扩散力。粒子受重力作用下沉，这样促使体系浓度梯度增大，而体系浓度梯度增大会促进粒子扩散的进行。当达到某一浓度梯度时，扩散与沉降的速度相同。也就是说越过横截面向下沉降的粒子数等于越过它向上扩散的粒子数，即它们达到动态平衡。

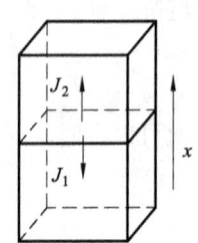

图 2-14　沉降通量 J_1 与扩散通量 J_2 间的关系

所以

$$J_1 = J_2 \tag{2-69}$$

式中，J_1 为沉降通量；J_2 为扩散通量。按 Fick 第一扩散定律，$J_2 = -D\dfrac{\text{d}c}{\text{d}x}$，而沉降通量 $J_1 = vc$，其中 v 为沉降速度，c 为在横截面处体系的浓度。将它们代入式（2-69）得

$$vc = -D\frac{dc}{dx} \quad (2-70)$$

考虑到方程式(2-56)及 $V = \frac{m}{\rho_2}$,则方程式(2-70)可写成

$$\frac{m}{f}\left(1 - \frac{\rho_1}{\rho_2}\right)g = -D\frac{dc}{dx} \cdot \frac{1}{c} \quad (2-71)$$

在 x_1 和 x_2 的位置上平衡浓度相应为 c_1 和 c_2。在这一条件下,对式(2-71)进行积分,得

$$\frac{m}{fD}\left(1 - \frac{\rho_1}{\rho_2}\right)g(x_2 - x_1) = -\ln\frac{c_2}{c_1} \quad (2-72)$$

如果进行不定积分则可得到

$$\ln c = -\frac{m}{fD}\left(1 - \frac{\rho_1}{\rho_2}\right)gx + B \quad (2-73)$$

式中,B 为积分常数。从方程式(2-72)及式(2-73)可以确定粒子的质量而不需要对粒子的形状作出任何假设。如果考虑到 Einstein 扩散方程 $fD = kT$ 以及摩尔质量 $M = mN_A$,则式(2-73)可以写为

$$\ln c = -\frac{M}{RT}\left(1 - \frac{\rho_1}{\rho_2}\right)gx + B \quad (2-74)$$

若以高度 x 作纵坐标,而以相应的平衡浓度的对数 $\ln c$ 为横坐标作图,则得一直线。该直线的斜率为 $\left[-\frac{M}{RT}\left(1 - \frac{\rho_1}{\rho_2}\right)g\right]^{-1}$,从而可以求得粒子量 M。但必须注意,在公式推导过程中是假设为单分散体系。若对多分散体系,则 $x - \ln c$ 图不呈直线关系,但这不影响其粒子量的测定。图 2-15 描述了单分散及多分散体系的 $x - \ln c$ 图。虽然对多分散体系来说,$x - \ln c$ 为曲线,但在任一浓度或高度下,可通过相应于曲线上的点作切线,求出该切线的斜率,即求得该高度下分散相的平均粒子量。

若将方程式(2-74)应用到大气层中,气体分子代替悬浮粒子;浓度比等于压力比,即 $\frac{c_2}{c_1} = \frac{p_2}{p_1}$;气体分子并不需要浮力的校正,即 $1 - \frac{\rho_1}{\rho_2} = 1$,将这些条件代入方程式(2-74),得

$$\ln p = -\frac{Mg}{RT}x + B' \quad (2-75)$$

这就是气压分布公式,描述气体压力随高

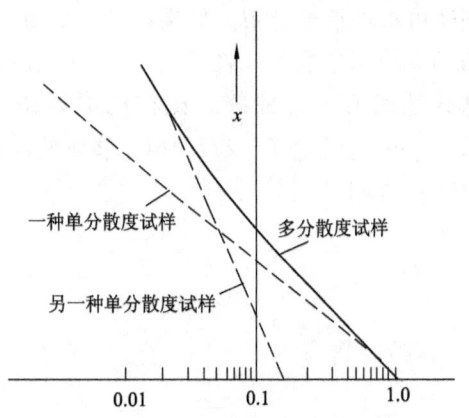

图 2-15 单分散度和多分散度体系的 $x - \ln c$ 图

度的变化。如果采用定积分的形式,则式(2-75)可写作

$$\ln\frac{p_1}{p_2} = \frac{Mg(x_2-x_1)}{RT} \qquad (2-76)$$

由于气体压力的本质是气体分子对容器壁碰撞的量度,当温度、容积恒定时,气体的压力与其分子数成正比,故方程式(2-76)又可写为

$$RT\ln\frac{n_1}{n_2} = \frac{Mg(x_2-x_1)}{RT} \qquad (2-77)$$

这就是高度分布定律。离地面越高,气体的分子数越小。除了重力沉降平衡以外,在超离心力沉降过程中也会出现沉降-扩散平衡。在这种情况下,粒子所受到的不是重力 g 的作用,而是离心力 $\omega^2 x$ 的作用。但重力的方向是指向地心的,越高则重力越小;而离心力的方向是背离轴心的,越远离心力越大,故应以 $(-\omega^2 x)$ 代替 g,则方程式(2-71)可写成

$$\frac{m}{f}\left(1-\frac{\rho_1}{\rho_2}\right)\omega^2 x = D\frac{dc}{dx}\frac{1}{c} \qquad (2-78)$$

将方程式(2-78)移项,并在 $c_2(x_2)$ 及 $c_1(x_1)$ 的范围内积分,得

$$\ln\frac{c_2}{c_1} = \frac{m}{2fD}\left(1-\frac{\rho_1}{\rho_2}\right)\omega^2(x_2^2-x_1^2) \qquad (2-79)$$

将 Einstein 扩散方程 $fD = kT$ 及 $M = mN_A$ 代入式(2-79),可得

$$\ln\frac{c_2}{c_1} = \frac{M}{2RT}\left(1-\frac{\rho_1}{\rho_2}\right)\omega^2(x_2^2-x_1^2) \qquad (2-80)$$

它也可以写成不定积分的形式

$$\ln c = \frac{M}{2RT}\left(1-\frac{\rho_1}{\rho_2}\right)\omega^2 x^2 + B \qquad (2-81)$$

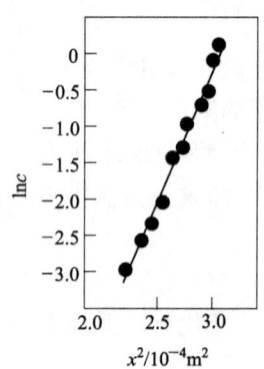

式(2-80)及式(2-81)都为超离心力沉降平衡方程式。若以 $\ln c - x^2$ 作图,应得一直线,从直线的斜率可求得粒子量 M。如果粒子为大分子,则可求得相应的摩尔质量。图2-16是一大肠杆菌核糖体的超离心沉降曲线。试样的原始浓度 $c_0 = 0.35\text{kg}\cdot\text{m}^{-3}$,温度 $T = 277.16\text{K}$,求得的摩尔质量为 $900\text{kg}\cdot\text{mol}^{-1}$。

图2-16 一种核糖体的沉降平衡曲线

归纳与讨论

(1) 本章包括两个主要内容，一是以气体分子热运动为本质的布朗运动，以及由此使体系呈现出扩散和渗透的性质；二是粒子在外力场作用下的运动规律。

(2) 扩散和渗透虽然都是分子热运动呈现出来的性质，但是其表现方式并不相同。从热力学知道 $\mu_i = \mu_i^* + RT\ln a_i$，而化学位之差就是过程的推动力，故在其他条件相同的情况下，体系可用其活度差(稀溶液即为浓度差)描述过程的推动力。扩散和渗透都是在浓度差推动力作用下，使粒子向趋于平衡的方向位移，最后达到化学位相等的平衡状态。

但是它们的表现方式是不相同的，扩散是在高、低浓度区之间进行，并无半透膜，溶质分子直接从高浓度区向低浓度区迁移，最后达到浓度相等的平衡态。而渗透则是在高、低浓度区之间有半透膜存在下进行，溶剂分子从低浓度区穿过半透膜向高浓度区迁移，最后使得高浓度区的液面上升，直到两边的化学位相等(注意此时两边的浓度并不相同)。扩散和渗透方向相反，但前者是溶质分子逃逸倾向的表现，而后者却是溶剂分子逃逸倾向的表现。

(3) 分子的热运动总是存在的(除非是在绝对零度。在绝对零度也还存在着分子的振动)，只要有浓度差存在，则扩散总会发生。另一方面，地球的重力场总是存在的，在地球上的所有体系必然受地心引力的作用，这就使粒子沉降。扩散靠的是分子本身热运动，使体系浓度分布均匀，化学位降至最低，熵增至最大，整个体系处于相对稳定状态。这就是胶体体系的动力稳定性。沉降靠地心引力(或其他外力)，使粒子下沉，位能降低，体系处于稳定状态。其结果是使体系从较分散状态变成聚沉状态，从浓度差较小状态变成浓度差较大的状态，与扩散过程刚好相反。

胶体是多分散体系，具有极大的比表面和表面能。从热力学的角度来说，它是热力学不稳定系统。粒子间的聚结(由小粒子变成大粒子)，降低其表面能是自发过程的必然趋向。这就是胶体聚结不稳定的根本原因。

(4) 既然胶体是热力学上的不稳定体系，为何它往往能在一个相当长时间内稳定地存在？这是因为胶体具有动力稳定性、电力稳定性和其他稳定因素及溶剂化层的稳定作用。动力稳定性是来自粒子的布朗运动。粒子越细，密度越接近分散介质的密度，介质的粘度越大，越利于动力稳定性的提高。温度升高会使布朗运动速度加快，有利于分散，但同时由于布朗运动加剧而促进粒子的碰撞聚结。特别是在较高的温度下会增加胶体的聚结不稳定性。其他的稳定因素将在后续章节中讨论。

(5) 在处理平衡问题时都可以从两个方面考虑。一是热力学处理方法，即利用同一物质在平衡的两相中化学位相等 $\mu_i^\alpha = \mu_i^\beta$ 来处理问题。读者可以试用这一方法处理 Donnan 平衡，同样可以得到式(2-23)。另一是动力学处理方法，即利用在平衡相中迁入或迁出物质的速度相等，即 $v_+ = v_-$ 来处理问题。本文在处理 Donnan 平衡时就是采用这种方法。

习 题

(1) 假设球形粒子直径为 2×10^{-7} m,在 25℃下,分散在水介质中(其粘度为 8.9×10^{-4} Pa·s)。计算粒子由于布朗运动移动 2×10^{-4} m 距离所需要的时间。(玻耳兹曼常数 $k = 1.38 \times 10^{-23}$ J·K^{-1})

(2) 测得 25℃下,聚异丁烯溶于苯所成溶液的渗透压数据如下:

浓度/kg·m^{-3}	5.0	10.0	15.0	20.0
渗透压/Pa	103	210	322	439

已知在各种情况下溶液的密度均为 880 kg·m^{-3},求相对平均摩尔质量。

(3) 测得 25℃聚异丙基丙烯酯溶液的渗透压如下:

渗透压 π/N·m^{-2}	136.4	241.3	412.0	630.6
浓度 c/kg·m^{-3}	4.7	6.91	10.5	13.6

(a) 作出 $\pi/c - c$ 图并求出 $(\pi/c)_0$ 值。

(b) 计算出该体系的 M, A_2 值。

(4) 测得 25℃聚苯乙烯分别溶在二氧杂环己烷及氯苯中所成溶液的渗透压数据如下:

氯苯	$c \times 10^{-3}$/kg·m^{-3}	0.282	0.468	0.498	0.616	0.953	1.638	2.770
	$\pi/c \times 10^2$/m^3·s^{-2}	2.90	3.20	3.44	3.49	4.05	5.28	7.75
二氧杂环己烷	$c \times 10^{-3}$/kg·m^{-3}	0.502	0.691	0.983	1.007	1.416	1.976	3.094
	$\pi/c \times 10^2$/m^3·s^{-2}	3.08	3.13	3.42	3.33	3.89	4.24	7.29

计算聚苯乙烯的摩尔质量 M 及在两种不同溶剂中的 A_2 值。对聚苯乙烯来说,哪种溶剂更好?

(5) 浓度为 a[mol·m^{-3}] 的胶体电解质[MR]的水溶液(其电离度为 α)处在半透膜的一侧;另一侧放入浓度为 b[mol·m^{-3}] 等体积的强电解质 MCl_2 水溶液。问 Donnan 平衡建立后有多少 MCl_2 扩散到胶体电解质一侧?

(6) 温度为 25℃,浓度为 10 mol·m^{-3} 的胶体电解质($Na_{15}X$)的水溶液放在半透膜的一侧,而半透膜的另一侧放入浓度为 50 mol·m^{-3} 等体积的 NaCl 水溶液,当 Donnan 平衡建立以后,问:

(a) 有多少 NaCl 扩散到胶体电解质一侧?

(b) 膜两边溶液中各种离子浓度各为多少?

(c) 渗透压为多少?

(7) 密度为 1.5×10^3 kg·m^{-3},半径为 5×10^{-7} m 的固体粒子,25℃下在水中沉降。问沉降 1×10^{-2} m 距离需要花多少时间? 已知水在 25℃时粘度为 8.9×10^{-4} Pa·s。

(8) 浓度保持在 100 kg·m^{-3} 的糖溶液,通过半径为 2×10^{-2} m,厚度为 3×10^{-3} m 的烧结玻璃片向纯

水扩散。问扩散 1×10^{-3} kg 的蔗糖需多少时间？假设烧结玻璃片的有效扩散面积只有 25%，蔗糖水溶液的扩散系数 $D = 4.7 \times 10^{-10}$ m$^2 \cdot$ s^{-1}。

(9) 球蛋白稀溶液在 20℃时的沉降系数 S 和扩散系数 D 分别为 2.04×10^{-13} s 和 1.13×10^{-10} m$^2 \cdot$ s^{-1}。粒子的比容 ν 为 7.41×10^{-4} m$^3 \cdot$ kg^{-1}，溶液的密度 ρ 为 1×10^3 kg $\cdot$ m^{-3}，溶液粘度为 1.0×10^{-3} Pa $\cdot$ s，求：

(a) 摩尔质量。

(b) 该球蛋白的摩擦比率 f/f_0，并估计该分子可能的形状。

(10) 在研究牛血清蛋白的沉降时获得下列数据：

$t/$s	700	3580	4540	5020
x/x_0	1.012 9	1.067 9	1.087 1	1.096 5

转头速度为 59 780r $\cdot$ min^{-1}。求沉降系数 S 为多少？

(11) 在 25℃下测得牛血清蛋白水溶液有关数据如下：
$$S = 5.01 \times 10^{-13} \text{s}$$
$$D = 6.97 \times 10^{-11} \text{m}^2 \cdot \text{s}^{-1}$$
$$\nu = 0.734 \times 10^{-3} \text{m}^3 \cdot \text{kg}^{-1}$$

假定分子是无水合的长形椭球，计算 $M, f/f_0$。并根据图 2-11 确定其轴率。牛血清蛋白水溶液密度近似看作水的密度，水粘度约 8.9×10^{-4} Pa $\cdot$ s。

(12) 20℃时，某球粒在 24 小时内扩散距离（布朗运动位移距离）等于它在 $\rho = 10^3$ kg $\cdot$ m^{-3}, $\eta = 9 \times 10^{-4}$ Pa $\cdot$ s 的介质中相同时间内沉降距离的 1%。求该球粒半径大小。设该球粒的密度为 4×10^3 kg $\cdot$ m^{-3}。

(13) 测得在 25℃下金溶胶粒子数 n 与表面以下深度的重力平衡数据如下：

深度 $\times 10^3$/m	4.44	5.00	5.67	6.30	6.90	7.53	8.15	8.65
lg$n$	10.36	10.51	10.63	10.75	10.89	11.05	11.22	11.39

求金($\rho = 19.3 \times 10^3$ kg $\cdot$ m^{-3})粒子的水力半径。

(14) 磷脂胆碱胶团是球形粒子，摩尔质量为 9.70kg $\cdot$ mol^{-1}。设其密度为 1.018×10^3 kg $\cdot$ m^{-3}。求粒子半径及在 20℃水中的扩散系数。

(15) 当沉降平衡达到以后，发现水溶胶在距转轴 0.1m 处的浓度为距轴 6×10^{-2} m 处的 1.90 倍。已知转速为 6 000r $\cdot$ min^{-1}，温度为 25℃，分散相密度为 1.20×10^3 kg $\cdot$ m^{-3}。求其粒子量。

参 考 文 献

1　PaulA C. Hiemenz. Principles of Colloid and Surface Chemistry. Marcel Dekker, Inc. ,1977.

2　Shaw D J. Introductions to Colloid and Surface Chemistry. Cox and Wyman Ltd. ,1978.

3　Karol Z. Mysele. Introduction to Colloid Chemistry,1959.

4　Sheludko A. Colloid Chemistry,1960.

5　K. B. 范霍尔德著. 物理生物化学. 科学出版社,1978.

3 光 散 射

内 容 提 要

光波与小于光波波长尺寸的粒子相互作用就发生光散射。因此光散射与高分散体系、大分子溶液等密切相关,光散射已成为研究它们的一个重要手段,而它本身也成为物理光学的一个重要分支。

本章主要内容:①经典光散射理论,包括 Rayleigh 光散射理论,Debye 光散射理论及RGD 理论;②介绍了利用光散射测定微粒的静态性质,如粒子大小、形状、摩尔质量、旋转半径等以及粒子的动力性质,如移动扩散系统、水力半径等。

3.1 导　　言

3.1.1 光与物质的相互作用

光散射是光与物质相互作用的多种形式中之一种。当光照射到分散体系时,它们之间通常发生三种作用:光吸收、光反射和光散射。当然也可能完全不发生相互作用——透过。当入射光的频率与分子的固有频率相同时则发生吸收。若粒子的尺寸大于入射光波的波长,则发生反射,服从光反射定律,即入射角等于反射角。但由于各个粒子的反射面不一样,所以形成漫反射,呈现出浑浊。相反,若粒子的尺寸小于入射光波的波长,则发生光散射。胶体的乳光现象就是光散射的结果。图 3-1 描述了各种相互作用情况及其应用。

经典光散射的理论基础是"偶极振子模型"(The dipole oscillator model)。入射光可以看作为电磁波,其振动频率高达 10^{15} Hz 的数量级。当光照射到微粒上,就相当于电磁场作用在微粒上,使分子极化并以同样的频率发生振动。分子的极化是由分子中电子的极化所贡献,因为在 10^{15} Hz 频率振动下,原子核已无法跟上这一频率而发生振动。这样分子便以一个次级光源的形式向各个方向辐射出与入射光相同频率的次级光——散射光。

当粒子的尺寸小于入射光波的波长时,除了吸收和透过光以外就只剩下散射光。图 3-2 描述了此时它们相互作用的情况。尽管粒子小于入射光的波长,但是如果它仍有足

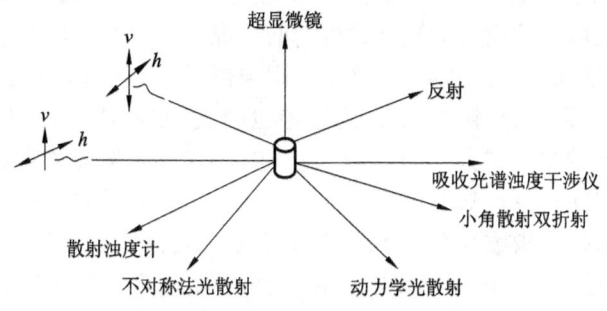

图 3-1　光与物质各种相互作用情况及其应用

够大的话,比如说其直径大于 $\lambda/10$ 时,则同一个粒子不同部位产生出来的散射光由于有光程差而发生干涉。这种干涉称为"内干涉"。另外,当粒子浓度足够高,即彼此靠得很近时,每个粒子所产生的散射光也会互相干涉。这种干涉称为"外干涉"。如果内干涉和外干涉同时出现,则会使散射光变得复杂。因此粒子的大小及浓度是影响散射光的两个重要因素。第三个影响因素是粒子的相对折光指数(相对于介质的折光指数)。不同的光散射理论是根据这 3 个条件的差异而建立起来的。

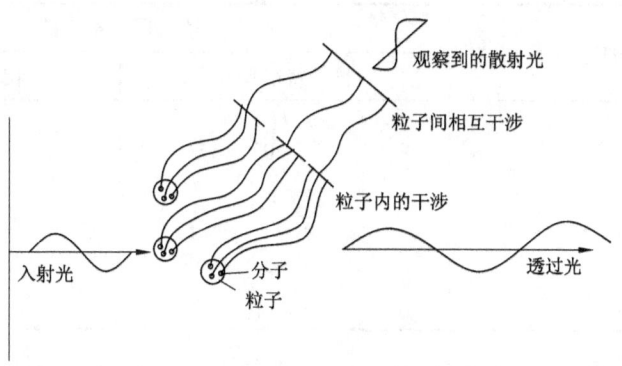

图 3-2　光电磁波与小于光波波长粒子相互作用的示意图

3.1.2　经典光散射理论分类及角散射花式

1871 年,Rayleigh 应用电磁波理论推导出稀浓度气体的光散射公式,得出稀气溶胶的散射光强度与入射光波长的 4 次方成反比,解释了 Tyndall 效应。Rayleigh 光散射理论是基于下面几点而建立起来的:第一是粒子的尺寸远小于入射光波的波长,这样粒子可以看作为质点,看作为散射光的一个点光源,因此粒子内干涉现象可以不予考虑。第二是低浓度,当浓度足够低时,粒子散射光的外干涉现象可以不予考虑。第三是粒子的折光指数较低。Rayleigh 光散射理论虽然是从研究气溶胶得到的,但 Debye 把它推广到稀溶液中去,并且利用光散射来测定溶质的摩尔质量。随着粒子尺寸的增大(当然其尺寸还是小于入射光的波长),就可能出现内干涉现象。RGD 理论(Rayleigh-Gans-Debye Theory)就是考虑到内干涉,并且在粒子的相对折光指数很低的情况下建立起来的光散射理论。RGD 理论引入一个校正因素,称为"形状因素"$P(\theta)$,用来校正 Debye 光散射公式,使它适合于有内干涉的光散射。可以推想:粒子越大,内干涉也越大;散射角越大,内干涉也趋增大,即校正因子 $P(\theta)$ 与 1 偏差也越大。当散射角 $\theta=0$,即对准入射光方向的内干涉现象不存在,此时校正因素 $P(\theta)=1$。随着粒子的进一步增大及折光指数增大,以致粒子尺寸达到光波长的大小,相对折光指数远大于 1,此时散射基元之间不仅无固定空间位置的关系,而且电场的振幅受粒子位置的强烈影响。在这种情况下,上述的光散射理论已不能适用。1908 年 Mie 提出了他的理论。他的理论要得到完整的解还存在着许多问题,只有在特殊情况下(球形粒子)才能得到较满意的结果。对于粒子和其相对折光指数都较大的情况,则采用 Fraunhofer 的光衍射理论。综合上述各种光散射理论及其适用条件可列成表 3-1。表中,d 为粒子的特征尺寸;λ 为入射光在介质中的波长;$p = \dfrac{2\pi d(m-1)}{\lambda}$,$m$ 为粒子相对折光指数,即 $m = \dfrac{粒子折光指数}{介质折光指数}$。

表 3-1　各种光散射理论及其适用条件

光散射理论	适用条件	
	粒子特征尺寸	相对折光指数
Rayleigh,Debye 理论	$d \leq \dfrac{1}{20}\lambda$	$p < 0.3$
RGD 理论	$d > \dfrac{1}{10}\lambda$	$p \ll 1$
Mie 理论	$d \approx \lambda$	$p \geq 1$
Fraunhofer 衍射理论	$d > 4\lambda$	$p > 30$

必须注意:从光学性质来看,粒子可分为两种类型,一种是光学各向同性;另一种是光学各向异性。前者的光学性质在各个不同方向上是相同的,而后者则随不同的方向而异。尽管现在讨论的是光学各向同性的粒子,也不要以为在各个方向上散射光的强度是相同的。事实证明,粒子散射光的强度与散射角有关,与粒子的大小有关,还与光的性质有关。采用垂直偏振光、水平偏振光或自然光(可看作是由垂直与水平偏振光所构成),在同一粒子、同一方向上所得的散射光强度也是不相同的。图 3-3 描述了不同大小粒子的垂直偏振光、水平偏振光和自然光的角散射花式。

与图 3-3 角散射花式相对应的一些具体数字,如粒子大小参数 $\alpha = \dfrac{2\pi a}{\lambda}$,粒子半径 a,以及散射光在散射角为 0°及 180°时的强度 $I(0°)$ 和 $I(180°)$ 等之间的关系可参阅表 3-2。

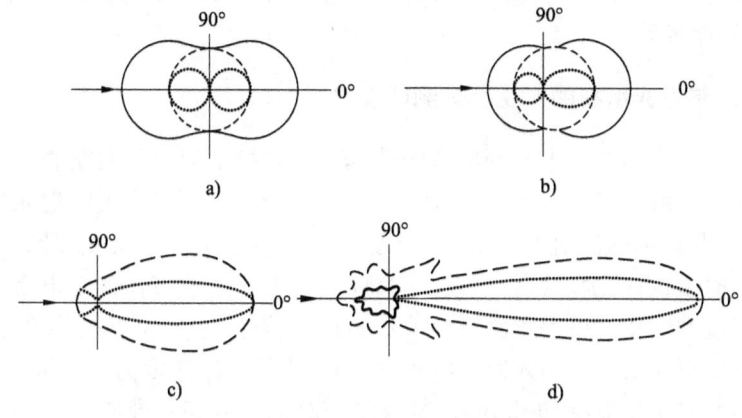

图3-3 不同大小粒子的角散射花式
（线段长短表示散射光强度，但图中尺寸不按比例）
…… 散射光垂直极化强度 H_h；- - - 散射光水平极化强度 V_v；—— 总散射光强度 I

表3-2 角散射花式各参数之间的关系*

图号	α	a	$I(0°)/I(180°)$	适用光散射理论
a)	<0.3	$<\frac{1}{20}\lambda$	~1	Rayleigh 光散射理论
b)	1	$\frac{1}{6.3}\lambda$	0.05/0.02=2.5	RGD 光散射理论
c)	2	$\frac{1}{3.1}\lambda$	3.9/0.044=89	RGD 光散射理论
d)	5	$\frac{1}{1.26}\lambda$	586/2.16=271	Mie 光散射理论

注：* 相对折光指数 $m=1.33$。

由图3-3及表3-2可见：

(1) 粒子的散射光强度在各个方向上是不相同的。

(2) 粒子越小，散射光强度的对称性越高；粒子越大，散射光强度的对称性越低。

(3) 小角区（即 θ 值较小）的散射光强度要比大角区的散射光强度大，这仅仅是一般情况。有时会在具体某一位置出现较低的散射强度。它们具体的变化由实验所测得的角散射花式图来确定。

(4) 散射光的水平极化强度 V_v 在任何情况下都比其垂直极化强度 H_h 大。而总的散射光强度等于二者之和。

根据经典的光散射理论，通过研究散射光强度与散射角的关系，不对称性以及其极化率等就可以确定粒子的许多静态性质,如粒子的大小、形状参数、摩尔质量或粒子量、第二维利系数、旋转半径等。

3.1.3 准弹性光散射的产生及其测试技术

经典光散射理论的两个重要物理基础是:第一,它把散射光强度看作是与时间无关。也就是说所测得的散射光强度是"平均时间散射光强度"。而事实上散射光出现"时间相关起伏"。起伏是影响光散射的一个重要因素。由于粒子的热运动使在同一空间位置出现的粒子数有时多,有时少。这就是粒子的热起伏,由它造成液体的介电常数起伏,而影响到散射光强度的变化。另一方面更为重要的是:实际上不是静止粒子的光散射而是热运动着的粒子进行光散射。当入射光以频率为 ω_1 作用在以速度为 v 运动的散射中心上,所产生的散射光必发生频率漂移 $\Delta\omega$。这就是著名的"Doppler 效应"。两列火车相向运行时声音变得尖锐以及相背运行时声音变得迟钝就是这个效应的一个普通例子。所发生的频率漂移可用下面经过简化处理的方程来表示

$$\Delta\omega \approx \omega_I \left(\frac{v}{c}\right) 2\sin\frac{\theta}{2} \qquad (3-1)$$

式中,v 为光速;θ 为散射角。这一公式的适用条件是 $v/c \ll 1$。因光速很大,每秒达 3×10^5 km,而通常所遇到的散射中心移动速度都远小于它,所以这一条件是适用的。例如,由于液体分子的热运动所产生的热声波(thermal sound wave)的速度达 10^5 cm·s^{-1},则其散射光频率产生的 Doppler 漂移在 $0(\theta=0°)$ 到 10^{10} Hz($\theta=\pi$)之间。这就是说原来 Rayleigh 谱线的中心频率由于 Doppler 效应而漂移到某一位置。当热声波的传播与入射光的传播方向相同,则频率谱线发生正向漂移;反之,则发生负向漂移。这就构成了"Brillouin 谱线"。图 3-4 描述了由于热起伏导致液体苯的 Brillouin 谱线出现的情况。从图可

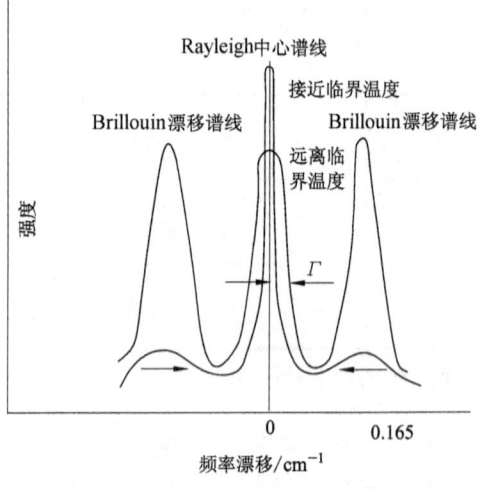

图 3-4 液体苯的 Rayleigh 精细结构谱线图

见,它除了中心 Rayleigh 线以外,左右两边还有频率漂移了 0.165 cm^{-1} 的两条 Brillouin 线。当温度远离临界温度时,三条散射光谱线都较宽,而且有一定强度;当温度接近临界温度时,则 Brillouin 线强度大大下降,并压向中心组分,而 Rayleigh 谱线变得更高更狭。这一点构成了用光散射研究"临界乳光现象"及"相转变"的基础。

第二,经典光散射理论是基于弹性碰撞光散射,即光量子与粒子发生弹性碰撞,碰撞

后并不会发生能量的改变。也就是通常所观察到的入射光的频率与散射光的频率相同。另外还有两种光散射:一种是"非弹性碰撞光散射";另一种是"准弹性碰撞光散射"(简称为 QELS,全称为 Quasi – Elastic Light Scattering)。前者光量子与分子相碰失去或获得较大的能量,分子在光子的激发下产生转动或振动。通常转动的频率漂移(以波数表示)范围 $<100cm^{-1}$,而振动的频率漂移范围却在 $100\sim4\,500cm^{-1}$。这就是 1928 年由 Raman 首先发现的,并被后人称为 Raman 散射。Raman 散射光谱由于有巨大的频率漂移,所以用传统的光谱分析仪便能分辨。至于 QELS 则由于光子与分子碰撞时发生很小的能量交换,相应散射光的频率也发生微小漂移,使原来认为是单一条的 Rayleigh 谱线实际上是由好些谱线所组成,成为具有一定宽度的谱线。这就是 Rayleigh 谱线的精细结构。谱线的宽度常用半峰高半波宽 Γ 来表示,意即为在谱线峰值一半的高度上,宽度的一半。如图 3-4 所示。由于 Γ 与分子的一些动力性质有关,因而可能通过它的测定来确定分子的动力性质。

通常入射光的频率约为 $5\times10^{14}Hz$,而准弹性光散射引起频率微小漂移所对应的 Γ 值只有 $\sim10^{3}Hz$。要测定 Γ 值,光谱仪的分辨率必须很高,以便能够从 $\sim10^{15}Hz$ 中分辨出 $10^{3}Hz$ 的变化。这就相当于称量一万吨($10^{12}g$)重物要称准确到 0.1g 一样。所以用传统的光散射分析技术是无法做到的。只有采用激光光源及一种新的光谱技术——光拍频光谱(Light – Beating Spectroscope)或称光混合光谱技术(Light Mixing Spectroscope)以后,才能精确测定出在 $10^{15}Hz$ 的频率谱线中发生了 $10^{3}Hz$ 的谱线漂移。现在最好的光拍频光谱技术能测出 2Hz 的频率变化。

光拍频光谱技术可以分为两种:一种是差拍技术(Heterodyne Technique),另一种是零拍技术(Homodyne Technique)。它们与传统光散射分析技术的不同之处在于对散射光的处理方法不一样。图 3-5 描述了这三种不同的处理方法。

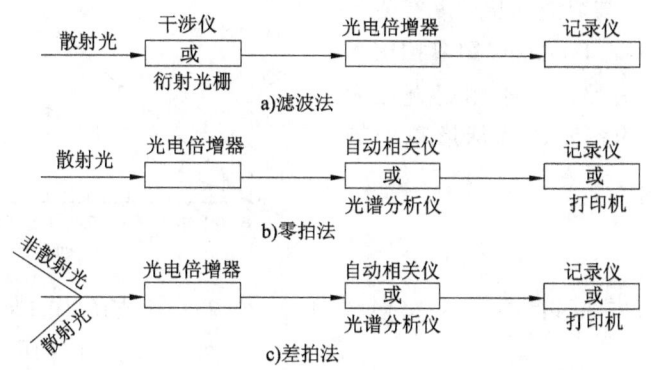

图 3-5 应用于光散射的三种技术的说明

在传统光散射分析技术中,干涉仪放在散射光和光电倍增器之间,它实际上起到滤波作用,使散射光得到单一频率,故称滤波法。在零拍法中,出来的散射光首先进入光电倍增器,然后在那里本身发生"差拍";而差拍法则是利用外来非散射光与散射光混合进入光电倍增器发生"差拍",因此前者又称"自差拍技术",后者又称"他差拍技术"。经"差拍"以后光电倍增器以阳极信号输出到光谱分析仪。

测定高分子在溶液中的动力性质是动力光散射常见的一种应用。如果采用差拍法,则有 $\Gamma = DK^2$。可以从测得的半峰高半波宽 Γ,计算出高分子的移动扩散系数 D,再根据 Stokes-Einstein 公式,就可求得其水力半径 R_h

$$R_h = \frac{kT}{6\pi\eta D} \quad (3-2)$$

式中　k——Boltzman 常数;
　　　η——介质的粘度;
　　　T——绝对温度;
　　　R_h——水力半径。

所谓水力半径是指形状复杂的非球形粒子在水中所受到的阻力等于某一假想球形粒子的阻力时,该球形粒子的半径即为它的水力半径。所以,由沉降分析所得到的粒子半径均为水力半径。它虽然是个假想的粒子半径,但却真实地反映了粒子的水力运动性质。

此外,如果应用 Ford 的经验公式,也可以求得高聚物的摩尔质量 M

$$D_0 = K_D M^{-b} \quad (3-3)$$

式中　D_0——浓度为零时高分子的移动扩散系数,它可以由 $D-c$(浓度)图用外推法求得;
　　　K_D 和 b——常数,依赖于高聚物和溶剂的性质及温度,b 与溶液本身粘度有关。

图 3-6 是 H. Z. Cummins 用零拍法和差拍法两种光差拍光谱技术测定直径为 $0.126 \pm 0.004 \mu m$ 的聚苯乙烯球形粒子的 $\Gamma - \sin^2\frac{\theta}{2}$ 关系图。

对零拍法

$$\Gamma = 2DK^2 = D\frac{32\pi^2}{\lambda^2}\sin^2\frac{\theta}{2} \quad (3-4)$$

对差拍法

$$\Gamma = DK^2 = D\frac{16\pi^2}{\lambda^2}\sin^2\frac{\theta}{2} \quad (3-5)$$

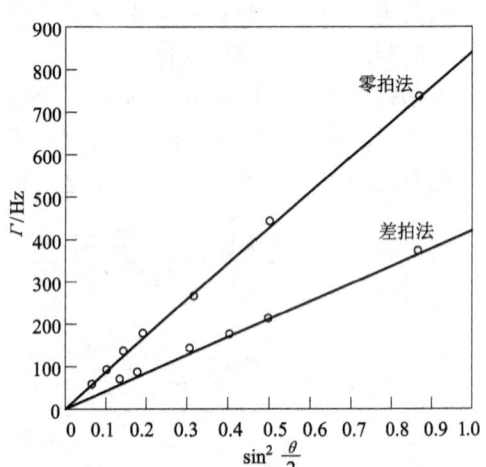

图 3-6　25℃下,直径为 $0.126 \pm 0.004 \mu m$,浓度为 $0.01 kg \cdot m^{-3}$ 的聚苯乙烯球形粒子水溶液,采用零拍法及差拍法求得的 $\Gamma - \sin^2\frac{\theta}{2}$ 直线

因此 $\Gamma - \sin^2\frac{\theta}{2}$ 图均为直线,从直线斜率可以求得粒子移动扩散系数 D。用零拍法求得的 D 与用差拍法求得的 D 值是相同的,即 $D = (0.341 \pm 0.005) \times 10^{-11} \mathrm{m}^2 \cdot \mathrm{s}^{-1}$。而用式(3-2),直接用粒子半径代入,求得 $D = (0.338 \pm 0.01) \times 10^{-11} \mathrm{m}^2 \cdot \mathrm{s}^{-1}$。可见它们是吻合的。

3.2 Rayleigh 光散射理论

1869 年,Tyndall 发现当一束光线通过透明的胶体时,从侧面可以看到一条光柱。就像是被透过的胶体部分成了光源、向外辐射光那样。这就是"Tyndall 效应",也称"乳光现象"。但直到 1871 年 Rayleigh 应用光的电磁波理论才定量地解决了散射光强度与入射光性质之间的关系,从而确立了第一个光散射理论,为以后的各种光散射理论打下了基础。

先讨论一个尺寸远小于入射光波长的粒子的光散射。设入射光为单色偏振光。光沿着图 3-7 的 x 轴方向传播。电矢量 E 沿 z 轴方向偏振,而磁矢量 H 则沿 x 轴方向偏振。由于光波电磁场中的磁场与分子中电子的作用远小于电场与电子的作用,故在实际中可以忽略它而只需考虑电场的作用。

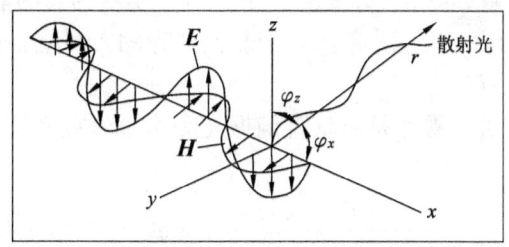

图 3-7 光电磁场与粒子光散射坐标关系

根据光的电磁场理论,入射光的电场强度 E 可以表示为

$$E = E_0 \cos 2\pi \left(\nu t - \frac{x}{\lambda} \right) \tag{3-6}$$

式中　E_0——最大电场强度;
　　　λ——入射光波长;
　　　ν——入射光频率;
　　　x——沿 x 轴方向传播的距离;
　　　t——传播的时间。

当粒子中的分子受到入射光电场的作用而发生极化,随着电场振荡,偶极矩也发生同样频率的振荡,以次级光源的形式辐射出散射光。在距原点为 r,与入射光偏振方向成 φ_z 角处,散射光的电场强度为

$$E_r = \left(\frac{4\pi^2 \alpha E_0 \sin\varphi_z}{\lambda^2 r}\right)\cos 2\pi\left(\nu t - \frac{r}{\lambda}\right) \tag{3-7}$$

式中 α——极化率。

另外,光强度是与电矢量的振幅的平方成正比。所以上述位置的散射光强度应为

$$i \propto \frac{16\pi^4 \alpha^2 E_0^2 \sin^2\varphi_z}{\lambda^4 r^2} \tag{3-8}$$

同样对于入射光强度 I_0 也有

$$I_0 \propto E_0^2 \tag{3-9}$$

对同一物质、同一光源来说,这两个方程式的比例系数相同。若垂直偏振光的强度用下标 v 表示,则式(3-8)与式(3-9)之比为

$$\frac{i_v}{I_{0,v}} = \frac{16\pi^4 \alpha^2 \sin^2\varphi_z}{\lambda^4 r^2} \tag{3-10}$$

同样,对于水平偏振光的强度用下标 h 表示,散射光强度与入射光强度之比为

$$\frac{i_h}{I_{0,h}} = \frac{16\pi^4 \alpha^2 \sin^2\varphi_y}{\lambda^4 r^2} \tag{3-11}$$

比较式(3-10)和式(3-11)可见,它们的差别仅在于角度不同而已。如果将 i_v 和 i_h 在 xy 平面上投影,则得到如图 3-3a 的虚线和点线。实线为总的散射光强度 i,亦即非偏振光的散射强度,它等于 i_v 和 i_h 之和。对于非偏振光的入射光强度 $I_{0,u}$ 可看作是由两个偏振光所组成,即 $I_{0,u} = 2I_0$。

因为事实上自然光可以看作是由垂直偏振光和水平偏振光所组成,且它们的强度相等。所以

$$\frac{i}{I_{0,u}} = \frac{i_v + i_h}{2I_0} = \frac{8\pi^4 \alpha^2}{\lambda^4 r^2}(\sin^2\varphi_y + \sin^2\varphi_z) \tag{3-12}$$

从图 3-7 的几何关系可得到

$$\cos^2\varphi_x + \cos^2\varphi_y + \cos^2\varphi_z = 1 \tag{3-13}$$

引入三角函数式 $\cos^2\varphi = 1 - \sin^2\varphi$,代入式(3-13),并整理,可得

$$\sin^2\varphi_y + \sin^2\varphi_z = 1 + \cos^2\varphi_x \tag{3-14}$$

将方程式(3-14)代入式(3-12),得

$$\frac{i}{I_{0,u}} = \frac{8\pi^4 \alpha^2}{\lambda^4 r^2}(1 + \cos^2\varphi_x) \tag{3-15}$$

式(3-15)描述了散射光总强度与 φ_x 之间的关系,若按方程式(3-15),则可描成图 3-3a 实线所示的曲线。显然,当 $\varphi_x = 0°$ 及 180°时,散射光强度最大,且 $i_v = i_h$,散射光为非偏振光;在 $\varphi_x = 90°$ 处,散射光强度最小,它仅为最大值的一半,且散射光仅由水平偏振光所组成,垂直偏振光此时为零。散射角偏离 0°或 180°越大,散射光的偏振程度也越大。

方程式(3-15)仅描述了单个粒子的散射光强度。但试样是由许许多多个粒子所组

成的,因此必须将式(3-15)加以校正。假设体系是稀薄的气溶胶,粒子之间相互距离很远。这样可以把每个粒子看作为独立的散射光源。体系的散射光强度具有加和性。设体系的密度为 ρ,粒子量为 M,则单位体积的粒子数为 $\dfrac{N_A\rho}{M}$,N_A 为 Avogadro 常数。单位体积试样的相对散射光强度为

$$\frac{i}{I_{0,u}} = \left(\frac{8\pi^4\alpha^2}{\lambda^4 r^2}\right)\left(\frac{N_A\rho}{M}\right)(1+\cos^2\varphi_x) \qquad (3-16)$$

Lorentz 方程

$$\frac{n^2-1}{n^2+2}\frac{M}{\rho} = \frac{4}{3}\pi N_A \alpha \qquad (3-17)$$

或

$$\alpha = \frac{3M}{4\pi N_A \rho}\left(\frac{n^2-1}{n^2+2}\right) \qquad (3-18)$$

式中,n 为粒子的折光指数;α 为极化率。将式(3-18)代入式(3-16)则得

$$\frac{i}{I_{0,u}} = \frac{9\pi^2 M}{2N_A\rho\lambda^4 r^2}\left(\frac{n^2-1}{n^2+2}\right)^2(1+\cos^2\varphi_x) \qquad (3-19)$$

当粒子的折光指数 $n\approx 1$ 时,$\dfrac{n^2-1}{n^2+2}\approx \dfrac{2}{3}(n-1)$,则(3-18)式可以简化为

$$\alpha \approx \frac{M}{2\pi N_A\rho}(n-1) \qquad (3-20)$$

将式(3-20)代入式(3-16),得

$$\frac{i}{I_{0,u}} \approx \frac{2\pi^2 M}{N_A\rho\lambda^4 r^2}(n-1)^2(1+\cos^2\varphi_x) \qquad (3-21)$$

方程式(3-16)、式(3-19)和式(3-21)都是 Rayleigh 方程式。要注意的是,这里所采用的入射光为非偏振光而不是偏振光。从 Rayleigh 方程式可见:

(1)光散射的强度与入射光波长的 4 次方成反比。故蓝光的散射强度比红光强得多,若用白光照射到胶体体系中,看到的散射光为蓝紫色,而看到的透过光为橙红色。

(2)粒子的折光指数越大,散射光强度也越大。

(3)单位体积的粒子数 $N_A\rho/M$ 越多,即浓度越大,散射光强度也越大。

Rayleigh 方程式还有其他的一些表示形式,但是不管哪种形式,它都作了共同的假设。这就是 Rayleigh 方程的限制使用条件:

(1)粒子半径远小于入射光波长,即 $a<\dfrac{\lambda}{20}$。此时粒子可看作为点散射光源,不用考虑内干涉的影响。

(2)粒子不导电。

(3)粒子间距离较远,不发生外干涉现象。这对于稀浓度的体系来说是合适的。

3.3 溶液光散射——Debye 理论

Debye 理论是将 Rayleigh 在气体中的光散射理论推广应用到溶液中去。设溶液为二元理想溶液,仍应用 Lorentz 方程式,但作 $n\rightarrow 1$ 时的简化处理。此时式(3-17)可写作为

$$n^2 - 1 = \frac{4\pi N_A \rho \alpha}{M} \tag{3-22}$$

在稀薄的气体中其折光指数可近似看作 1,但溶液中溶剂的折光指数不等于 1。当考虑到溶剂的折光指数 n_0 的影响时,则必须用 $n^2 - n_0^2$ 代替 $n^2 - 1$。所以对于溶液来说,式(3-22)应写作

$$n^2 - n_0^2 = \frac{4\pi N_A \rho \alpha_1}{M} \tag{3-23}$$

式中,n 为溶液的折光指数;ρ,M 和 α_1 分别是溶液的密度、溶质的摩尔质量(或粒子量)和极化率(严格来说应该采用溶质和溶剂的极化率之差来代替 α_1)。

为了进一步简化式(3-23),将 $(n^2 - n_0^2)$ 项以泰勒级数(Taylor Series)的形式展开,并略去第二项以后的各项,即 $f(x) = f(x_0) + \frac{f'(x_0)}{1!}(x - x_0)$。取 n 为溶液密度 ρ 的函数,$x_0 = 0$,$x = \rho$,则得

$$n^2 - n_0^2 = 2n_0 \left(\frac{dn}{dc}\right)\rho \tag{3-24}$$

将方程式(3-23)与式(3-24)联立,并整理得

$$\alpha_1 = \frac{n_0}{2\pi}\left(\frac{dn}{dc}\right)\frac{M}{N_A} \tag{3-25}$$

将方程式(3-25)代入式(3-15)中的 α,则是

$$\frac{i}{I_{0,u}} = \frac{2\pi^2 n_0^2 \left(\frac{dn}{dc}\right)^2 M^2}{\lambda^4 r^2 N_A^2}(1 + \cos^2\varphi_x) \tag{3-26}$$

这方程描述了二元溶液中单个溶质分子(或粒子)的相对散射光强度。若考虑到溶液的浓度为 $c[\mathrm{kg \cdot m^{-3}}]$ 时,单位体积有 N 个粒子,且 $N = \frac{cN_A}{M}$,则散射光强度要乘上 N 倍;另外,若入射光沿 x 轴投射到溶液时,则 $\varphi_x = \theta$(θ 为散射角),此时相应的散射光强度为 i_θ,则式(3-26)应写作

$$\frac{i_\theta}{I_{0,u}} = \frac{2\pi^2 n_0^2 \left(\frac{dn}{dc}\right)^2 (1 + \cos^2\theta)}{\lambda^4 r^2 N_A}cM \tag{3-27}$$

定义 Rayleigh 率(Rayleighs ratio)为

$$R_\theta \equiv \frac{i_\theta}{I_{0,u}} \frac{r^2}{1+\cos^2\theta} \quad [\text{m}^{-1}] \tag{3-28}$$

Rayleigh 率描述了不同散射角及不同距离对相对散射光强度的影响,将式(3-28)代入式(3-27),得

$$R_\theta = \frac{2\pi^2 n_0^2 \left(\frac{dn}{dc}\right)^2}{N_A \lambda^4} cM \tag{3-29}$$

又定义光常数(Optical Constant)为

$$K \equiv \frac{2\pi^2 n_0^2 \left(\frac{dn}{dc}\right)^2}{N_A \lambda^4} \quad [\text{mol} \cdot \text{m}^2 \cdot \text{kg}^{-2}] \tag{3-30}$$

将式(3-30)代入式(3-29),并整理得

$$\frac{Kc}{R_\theta} = \frac{1}{M} \tag{3-31}$$

这就是二元理想溶液光散射方程式,也称稀溶液的 Debye 方程式。对于较浓的溶液,则由于外干涉等原因而破坏了式(3-31)的关系。Debye 根据溶液的热起伏的热力学分析,进行了精确的计算,得到了非理想溶液的光散射公式(Debye P J Phy. and Colloid Chem. 51,18(1947))

$$\frac{Kc}{R_\theta} = \frac{1}{M} + 2A_2 c \tag{3-32}$$

式中,A_2 为第二维利系数,其单位为 $\text{mol} \cdot \text{m}^3 \cdot \text{kg}^{-2}$。它是与溶剂有关的常数,描述了溶质与溶剂的相互作用。对于高分子溶液来说,第二维利系数是一个重要的参数。好的溶剂所形成的高分子溶液具有较大的 A_2 值,相反则具有较低的 A_2 值。例如,聚苯乙烯在良好溶剂二甲苯中的 $A_2 = 4.2 \times 10^{-4} \text{mol} \cdot \text{m}^3 \cdot \text{kg}^{-2}$,而在较差的溶剂甲基乙基酮中的 $A_2 = 1.3 \times 10^{-4} \text{mol} \cdot \text{m}^3 \cdot \text{kg}^{-2}$。

Debye 方程式的最大用处是测定溶液中溶质的摩尔质量。通常是测定高分子溶液的摩尔质量。若以 Kc/R_θ 对 c 作图必得一直线。从直线的截距可求得溶质的摩尔质量 M;而从直线的斜率可求得第二维利系数 A_2。实验必须测定溶液浓度 $c[\text{kg} \cdot \text{m}^{-3}]$,光常数 K 及 Rayleigh 率 R_θ。溶液的浓度 c 是容易测定的。入射光的波长 λ 是固定的,而且由所采用的光源决定;折光指数 n_0 可用折光仪测定;dn/dc 值不容易测准,因为对稀溶液来说此值很小,高分子溶液一般在 10^{-1} 数量级,通常用"差示折光仪"测定。通过这些数据,由方程式(3-30)可求得 K 值。关键问题是求 R_θ 值,由于散射中心与检测器之间距离 r 不易准确测量,单位体积的散射光强度 i_θ 也不易准确测量,所以实际中往往用测定浊度 τ 来代替它。

若体系不吸收光,其光衰减只来自光散射,则浊度 $\tau = \dfrac{I}{I_0}$。其中, I_0 为入射光强度; I 为总的散射光强度,可由各个方向的散射光强度之和求得。下面通过积分法求它。

图 3-8 为一半径为 r 的球面,球面上有一基元面积,它与 x 轴的夹角为 φ_x。基元面积的大小 $\mathrm{d}A$ 为

$$\mathrm{d}A = 2\pi r\sin\varphi_x(r\mathrm{d}\varphi_x)$$

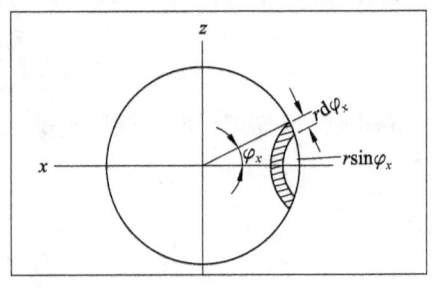

图 3-8 散射空间面积基元

总的散射光强度比率为

$$\frac{I}{I_0} = \int_0^\pi \frac{i}{I_0} 2\pi r^2 \sin\varphi_x \mathrm{d}\varphi_x \tag{3-33}$$

式中的 i/I_0 值可以由式(3-28)代入式(3-32)中求得

$$\frac{i}{I_0} = \frac{Kc(1+\cos^2\varphi_x)}{r^2\left(\dfrac{1}{M}+2A_2c\right)} \tag{3-34}$$

将方程式(3-34)代入式(3-33)中,得

$$\frac{I}{I_0} = \int_0^\pi \frac{Kc(1+\cos^2\varphi_x)2\pi r^2 \sin\varphi_x \mathrm{d}\varphi_x}{r^2\left(\dfrac{1}{M}+2A_2c\right)}$$

$$= \frac{2\pi Kc}{\dfrac{1}{M}+2A_2c}\int_0^\pi (1+\cos^2\varphi_x)\sin\varphi_x \mathrm{d}\varphi_x$$

$$= \frac{2\pi Kc}{\dfrac{1}{M}+2A_2c} \times \frac{8}{3}$$

所以

$$\tau = \frac{I}{I_0} = \frac{16\pi Kc}{3\left(\dfrac{1}{M}+2A_2c\right)} \tag{3-35}$$

定义 H 参数为

$$H \equiv \frac{16}{3}\pi K = \frac{32\pi^3 n_0^2\left(\dfrac{\mathrm{d}n}{\mathrm{d}c}\right)^2}{3N_A\lambda^4} \quad [\mathrm{mol}\cdot\mathrm{m}^2\cdot\mathrm{kg}^{-2}] \tag{3-36}$$

将式(3-36)代入式(3-35),得

$$\frac{Hc}{\tau} = \frac{1}{M} + 2A_2c \tag{3-37}$$

这也是 Debye 方程的一种形式。若以 $\dfrac{Hc}{\tau}-c$ 作图得一直线,截距 $=\dfrac{1}{M}$,从而求得摩尔质量

$\overline{M}$。图 3-9 是三种聚甲基乙烯酮的 $\frac{Hc}{\tau} - c$ 图。图中标出了所求得的摩尔质量。

对于多分散体系来说

$$\lim_{c \to 0} R_\theta = K \sum_i c_i M_i$$

而

$$\lim_{c \to 0} R_\theta = Kc\overline{M}$$

所以

$$\overline{M} = \frac{\sum c_i M_i}{c} = \frac{\sum c_i M_i}{\sum c_i} = \frac{\sum m_i M_i}{\sum m_i} \quad (3-38)$$

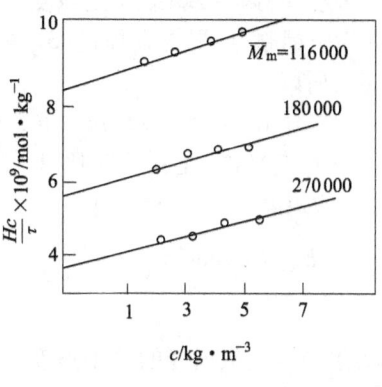

图 3-9 三种聚甲基乙烯酮的 Debye 图

由此可见,由光散射求出来的摩尔质量为质均摩尔质量 $\overline{M}_m$,与由渗透压求得的数均摩尔质量 $\overline{M}_n$ 是不相同的。通常它们的关系为:$\overline{M}_m/\overline{M}_n \geq 1$。此比值对 1 的偏离程度可作为体系多分散性的量度。当体系为单分散时,其比值为 1。图 3-9 三种试样对应的 $\overline{M}_m/\overline{M}_n$ 比值分别为 1.15、1.19 和 1.13,说明该体系的分散性较均匀。

3.4 RGD 光散射理论及其应用

当粒子尺寸大于 $\frac{1}{10}\lambda$,小于 λ(λ 为入射光波长)时,散射光源并不能看作点光源。由于在同一粒子的不同部位,即不同散射中心之间距离已接近入射光波长的数量级,散射出来的光产生一定的光程差,而出现内干涉现象,结果减弱了散射光的强度,使它不符合 Rayleigh 光散射公式。为此,必须将 Rayleigh 方程式中的 R_θ 乘上一校正因子 $P(\theta)$。函数 $P(\theta)$ 称为形状因子或结构因子,定义如下

$$P(\theta) = \frac{\text{有内干涉时散射光强度}}{\text{无干涉时散射光强度}} = \frac{\text{大粒子的散射光强度}}{\text{无干涉时散射光强度}} \quad (3-39)$$

形状因素 $P(\theta) \leq 1$,其值受粒子的大小、形状以及散射角 θ 的影响。较大的粒子和对称性较差的粒子这一影响较大;散射角越大,其影响也越大。对于同一粒子来说,当 $\theta = 0$ 时,$P(\theta) = 1$。即在散射角为零时,较大粒子也不存在内干涉现象。但随着 θ 增大,内干涉现象也趋加剧,$P(\theta)$ 值与 1 偏离较大。求出形状因素 $P(\theta)$ 是解决较大粒子(有内干涉)光散射强度的关键。Debye 首先推导出包含有 N 个散射点的混乱排列散射粒子的 $P(\theta)$ 表示式。

1. 形状因素 $P(\theta)$ 式的推导

先假设散射体只有两个散射点。当入射光沿 x 轴方向投射到较大的粒子上时,在粒子中相距为 Δx 的 A、B 两点发生光散射。在距离远大于 Δx 的 P 点处观察,会发现两束散

射光发生干涉而减弱散射光强度。若取 A 点为坐标原点,根据方程式(3-6),则 $x=0$。所以

$$E_A = E_0 \cos 2\pi\nu t \quad (3-40)$$

对 B 点来说,光到达时比 A 点多走了 Δx 的距离,即 $x = \Delta x$,所以

$$E_B = E_0 \cos 2\pi\left(\nu t - \frac{\Delta x}{\lambda}\right) \quad (3-41)$$

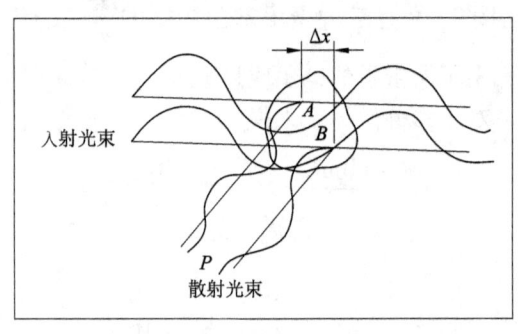

图 3-10 较大粒子产生内干涉的光散射

在 P 点处散射光的电场强度可认为等于它们的代数和

$$E_P = E_A + E_B = E_0\left[\cos 2\pi\nu t + \cos 2\pi\left(\nu t - \frac{\Delta x}{\lambda}\right)\right] \quad (3-42)$$

应用三角函数关系式

$$\cos\alpha + \cos\beta = 2\cos\left(\frac{\alpha+\beta}{2}\right)\cos\left(\frac{\alpha-\beta}{2}\right)$$

则式(3-42)可写作

$$E_P = \left(2\cos\frac{\pi\Delta x}{\lambda}\right)E_0\cos 2\pi\left(\nu t - \frac{\Delta x}{2\lambda}\right) \quad (3-43)$$

由于光强度正比例于振幅的平方,所以有内干涉时 P 点的光散射强度为

$$i_P \propto \left(2\cos\frac{\pi\Delta x}{\lambda}\right)^2 E_0^2 \quad (3-44)$$

在无内干涉情况下,即 $\Delta x = 0$ 时,散射光强度为

$$i_S \propto (2E_0)^2 \quad (3-45)$$

由于式(3-44)及式(3-45)的比例系数相同,故它们之比为

$$\frac{i_P}{i_S} = \cos^2\frac{\pi\Delta x}{\lambda} \quad (3-46)$$

根据空间的几何关系有

$$\Delta x = 2r\cos\varphi_x \sin\frac{\theta}{2} \quad (3-47)$$

式中 φ_x——散射光与 x 轴的夹角;
θ——水平面测得的散射角;
r——散射中心与观察点的距离。

将方程式(3-47)代入式(3-46),并考虑到在所有 φ_x 值范围内积分,最后得

$$\frac{i_P}{i_S} = 1 + \frac{\sin\left[\left(\frac{4\pi r}{\lambda}\right)\sin\left(\frac{\theta}{2}\right)\right]}{\left(\frac{4\pi r}{\lambda}\right)\sin\left(\frac{\theta}{2}\right)} \quad (3-48)$$

定义函数 $S \equiv \frac{4\pi}{\lambda}\sin\frac{\theta}{2}$，则式(3-48)可写作

$$\frac{i_P}{i_S} = 1 + \frac{\sin(Sr)}{Sr} \qquad (3-49)$$

这就是仅具有两个散射中心时产生内干涉的形状因子 $P(\theta)$。但实际情况是在一个较大粒子内远非只有两个散射中心。设有 N 个散射中心，它们可以组成若干对散射基元。假设每一对散射基元之间并不发生相互影响，也就是说它们具有加和性。这样其总的相对散射光强度可写作

$$\frac{i_P}{i_S} \propto \sum_i^N \sum_j^N \left[\frac{\sin(Sr_{ij})}{Sr_{ij}}\right] \qquad (3-50)$$

式中，r_{ij} 为第 i 个与第 j 个散射中心的距离。若写成等式，则乘上一个比例系数 B，即

$$\frac{i_P}{i_S} = B \sum_i^N \sum_j^N \left[\frac{\sin(Sr_{ij})}{Sr_{ij}}\right]$$

用边界条件确定系数 B：当 $r_{ij} \to 0$，则 $\frac{i_P}{i_S} \to 1$，$\frac{\sin(Sr_{ij})}{Sr_{ij}} \to 1$，故 $\frac{1}{B} = \sum_i^N \sum_j^N 1 = N^2$。所以

$$P(\theta) = \frac{i_P}{i_S} = \frac{1}{N^2} \sum_i^N \sum_j^N \left[\frac{\sin(Sr_{ij})}{Sr_{ij}}\right] \qquad (3-51)$$

这就是 Debye 于 1915 年研究 X 光散射得到的粒子形状因子。从式(3-51)可见，当 $\theta = 0$ 时，$P(\theta) = 1$，即无内干涉现象，散射光强度最大，就是 Rayleigh 方程计算得到的光强度。其余 θ 值，$P(\theta)$ 都小于 1，即有内干涉时散射光强度总比无内干涉时散射光强度低。但是 θ 对散射光强度的影响不是对称的，其形状如图 3-3b 所示。

2. 粒子的形状与形状因子 $P(\theta)$ 值

不同形状的粒子，其 $P(\theta)$ 值的表示式是不相同的。根据 Kerker(参阅参考文献)的推导，不同形状粒子的 $P(\theta)$ 值公式如下：

球形粒子

$$P(\theta) = \left[\frac{3}{U^3}(\sin U - U\cos U)\right]^2 \qquad (3-52)$$

式中，$U = 2\alpha\sin\left(\frac{\theta}{2}\right)$，而 $\alpha = \frac{2\pi a}{\lambda}$，$a$ 为球形粒子的半径。

对线团状的粒子，如线状挠曲性的高分子

$$P(\theta) = (2W^2)(e^{-W} + W - 1) \qquad (3-53)$$

式中，$W = h^2\frac{\overline{S^2}}{6} = h^2\overline{R_g^2}$；$h = 2\alpha\sin\left(\frac{\theta}{2}\right)$；$S$ 为线团状粒子(分子)的端-端距离；R_g 为旋转半径。

对棒状粒子

$$P(\theta) = \frac{1}{Z}\int_0^{2Z} \frac{\sin W}{W}dW - \left(\frac{\sin Z}{Z}\right)^2 \tag{3-54}$$

式中，$Z = \left(\frac{2\pi L}{\lambda}\right)\sin\left(\frac{\theta}{2}\right)$，$L$ 为棒的长度。

对薄平盘状的粒子

$$P(\theta) = \left(\frac{2}{x^2}\right)\left[1 - \left(\frac{2}{x}\right)J_1(x)\right] \tag{3-55}$$

式中，$x = ha$，a 为平盘的半径；$J_1(x)$ 为 x 的复杂函数。

若以 $1/P(\theta)$ 对 d/λ 作图，d 为粒子的特征尺寸，对各种不同形状的粒子得到不同的曲线，如图 3-11 所示。由此可见，在固定散射角为 θ 值时，$P(\theta)$ 与粒子形状及大小有关。一旦粒子的形状已确实，则可以求出粒子的特征尺寸。Debye 不对称法(Debye's Dissymmetry Method)就是根据较大粒子散射光强度的不对称性，以 45° 及 135°散射角时的散射光强度之比作为光散射不对称性的量度。通过它的测量从而求出粒子的特征尺寸。

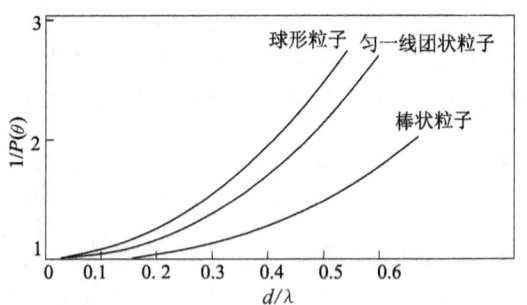

图 3-11 不同形状粒子 $P(\theta)$ 与其大小的关系

无内干涉现象时的 Rayleigh 率 R_θ 可由方程式(3-28)确定，但是当存在着内干涉现象时，则必须乘上校正因素 $P(\theta)$，以校正 R_θ，才能使方程式(3-28)成立，即

$$R_\theta \cdot P(\theta) = \frac{i_\theta}{I_0}\frac{r^2}{1+\cos^2\theta}$$

整理后得

$$i_\theta = P(\theta)R_\theta I_0 \frac{1+\cos^2\theta}{r^2} \tag{3-56}$$

因为 $\cos 45° = \cos 135°$，所以采用 45° 及 135°的散射角所得的光散射强度分别为

$$i_{45} = P(45)R_{45}I_0 \frac{1+\cos^2 45°}{r^2} \tag{3-57}$$

$$i_{135} = P(135)R_{135}I_0 \frac{1+\cos^2 135°}{r^2} \tag{3-58}$$

式(3-57)与式(3-58)相比得

$$\frac{i_{45}}{i_{135}} = \frac{P(45)}{P(135)} \tag{3-59}$$

这一比率称为不对称比率(Dissymmetry Ratio)。Stacey K A 描述了不同形状粒子的 i_{45}/i_{135}-d/λ 曲线。如图 3-12 所示。

只要实验测得45°及135°散射角时散射光强度，并求得其不对称率，在已知粒子形状的前提下，可以求得粒子的特征尺寸 d 值。

Oster G 对烟草斑驳症病毒粒子进行了光散射的研究，测得不同浓度下不对称率，并用外推法求得 $c=0$ 时，$\frac{i_{45}}{i_{135}} \approx 1.94$。已知该粒子为棒状，则可从图 3-12 求得其特征尺寸棒长为270mm。此值与电子显微镜观察的结果一致。

3. 旋转半径（Radius of Gyration）R_g 及其与形状因子 $P(\theta)$ 之间的关系

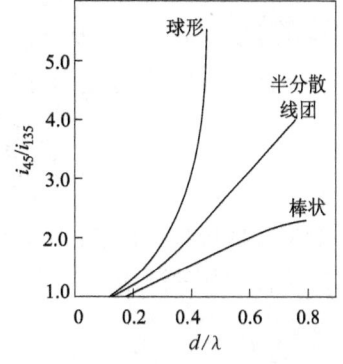

图 3-12 几种不同形状粒子的不对称率与特征尺寸关系图

旋转半径是直接描述与粒子的几何形状有关的尺寸。因此它可以确定粒子的大小和形状。一个不规则形状粒子的转动惯量 I 可以看作是组成它的所有体积基元的转动惯量之和，即

$$I = \sum_i m_i r_i^2 \tag{3-60}$$

式中　r_i——i 体积基元与旋转轴之间的距离；

　　　m_i——i 体积基元的质量。

另一方面也可以作这样一个假想：设粒子的全部质量都集中在与旋转轴的距离为 R_g 处，此时它所具有的转动惯量等于粒子的转动惯量 I，这一假想 R_g 称为旋转半径。因此

$$R_g^2 \sum_i m_i = I = \sum_i m_i r_i^2 \tag{3-61}$$

所以

$$R_g^2 = \frac{\sum_i m_i r_i^2}{\sum_i m_i} \tag{3-62}$$

由式（3-62）可见：R_g^2 实为质均半径（Mass-Average Radius）。其数值根据粒子的形状而异。

对于半径为 a，密度为 ρ 的球形粒子，由式（3-62）及 $\mathrm{d}m = \rho \mathrm{d}v$，$v = \frac{4}{3}\pi r^3$，$\mathrm{d}v = 4\pi r^2 \mathrm{d}r$，$M = \rho \frac{4}{3}\pi a^3$，则有

$$R_g^2 = \frac{1}{M}\int_0^a r^2 \mathrm{d}m = \frac{1}{M}\int_0^a r^2 \rho \mathrm{d}v = \frac{1}{M}\int_0^a r^2 \rho 4\pi r^2 \mathrm{d}r$$

$$= \frac{3}{a^3}\int_0^a r^4 \mathrm{d}r = \frac{3}{5}a^2 \tag{3-63}$$

对于长度为 l,密度为 ρ 的棒状粒子来说,考虑到 $dm = \rho dx, r = x, M = \rho l$,则式(3-63)可以写作为

$$R_g^2 = \frac{1}{M}\int_{-\frac{l}{2}}^{+\frac{l}{2}} x^2 dm = \frac{1}{M}\int_{-\frac{l}{2}}^{+\frac{l}{2}} x^2 \rho dx = \frac{1}{l}\int_{-\frac{l}{2}}^{+\frac{l}{2}} x^2 dx$$

$$= \frac{1}{3l}\left[\frac{l^3}{8} - \left(-\frac{l^3}{8}\right)\right] = \frac{l^2}{12} \tag{3-64}$$

对于其他形状的粒子,同样可以推导出旋转半径 R_g 与其特征尺寸的关系。

对半径为 a 的圆片状粒子有

$$R_g^2 = \frac{a^2}{2} \tag{3-65}$$

对半径为 a,长度为 l 的圆柱状粒子有

$$R_g^2 = \frac{a^2}{2} + \frac{l^2}{12} \tag{3-66}$$

长轴、短轴分别为 a,b 的椭圆旋转体粒子有

$$R_g^2 = \frac{2b^2}{5} + \frac{a^2}{5} \tag{3-67}$$

极限情况是当 $b \to 0$ 时,粒子变成雪茄烟状,$R_g^2 = \frac{a^2}{5}$;另一种极限情况是 $a \to 0$,粒子变成扁平状,$R_g^2 = \frac{2}{5}b^2$。

对端-端距的均方根值为 $\bar{a}^2$ 的线团状粒子有

$$R_g^2 = \frac{\bar{a}^2}{6} \tag{3-68}$$

旋转半径可以用光散射的方法测定。为了将方程式(3-51)展开成级数,引用 $\sin x = x - \frac{x^3}{3!} + \frac{x^5}{5!}\cdots$,所以

$$P(\theta) = \frac{1}{N^2}\sum_i^N \sum_j^N \left[1 - \frac{(Sr_{ij})^2}{6} + \frac{(Sr_{ij})^2}{120}\cdots\right] \tag{3-69}$$

在小散射角情况下,即 θ 很小或者在 r_{ij} 值很小情况下,都意味着(Sr_{ij})值很小。一级近似取式(3-69)右边前两项已足够,故

$$P(\theta) = \frac{1}{N^2}\sum_i^N \sum_j^N \left[1 - \frac{(Sr_{ij})^2}{6}\right] = 1 - \frac{S^2}{6N^2}\sum_i^N \sum_j^N r_{ij}^2 \tag{3-70}$$

根据级数 $\frac{1}{1+x} = 1 - x + x^2 - x^3 + \cdots$,当 x 很小时可取 $\frac{1}{1+x} \approx 1 - x$,故式(3-70)可以写作

$$\frac{1}{P(\theta)} \approx 1 + \frac{S^2}{6N^2}\sum_i^N \sum_j^N r_{ij}^2 \tag{3-71}$$

考虑到旋转半径的意义,可以表达为

$$R_g^2 = \frac{1}{2N^2} \sum_i^N \sum_j^N r_{ij}^2 \tag{3-72}$$

将式(3-72)代入式(3-71),得

$$\frac{1}{P(\theta)} = 1 + \frac{1}{3} R_g^2 S^2 \tag{3-73}$$

这就是 A. Guinier 推导出来的小角光散射关系式。当然它的另外一种形式也可写成

$$P(\theta) = 1 - \frac{1}{3} R_g^2 S^2 \tag{3-74}$$

实验测定不同散射角 θ 下的相对散射光强度 $\frac{i_P}{i_S} = P(\theta)$,然后以 $P(\theta)$ 对 S^2 [即$\left(\frac{4\pi}{\lambda}\sin\frac{\theta}{2}\right)^2$]作图,得一直线,其斜率 $= -\frac{1}{3} R_g^2$,从而求得旋转半径 R_g。当然,实验应是在小散射角下进行,即 $\theta < 5°$。

(3-74)式也可以进一步简化,因 $e^{-x} \approx 1 - x$,所以

$$P(\theta) \approx \exp\left(-\frac{1}{3} R_g^2 S^2\right) \tag{3-75}$$

以 $\ln P(\theta)$ 对 S^2 作图也可得一过原点的直线,直线的斜率 $= -\frac{1}{3} R_g^2$,也可求得 R_g。

求旋转半径的另一种方法是不对称法。它是根据较大粒子的散射光强度不对称性,测定不对称性 $Z(\theta)$ 来确定的。

$$Z(\theta) \equiv \frac{i_\theta}{i_{180°-\theta}} \tag{3-76}$$

式中,i_θ 及 $i_{180°-\theta}$ 分别为散射角为 θ 及 $(180°-\theta)$ 时的散射光强度。根据式(3-74),则得

$$P(\theta) = \frac{i_P}{i_S} = 1 - \frac{16\pi^2}{3\lambda^2} R_g^2 \sin^2\left(\frac{\theta}{2}\right) \tag{3-77}$$

令 $f^2 \equiv \frac{4}{3} K^2 R_g^2$,而 $K = \frac{2\pi}{\lambda}$,则式(3-76)可写作

$$P(\theta) = 1 - f^2 \sin^2 \frac{\theta}{2} \tag{3-78}$$

对于 $(180°-\theta)$ 散射角时的光散射也有同样方程。由于 i_S 是指无内干涉时光散射强度,从图 3-3a 可见,在散射角为 θ 及 $(180°-\theta)$ 对称角度上的 i_S 是相等的。故有

$$Z(\theta) = \frac{1 - f^2 \sin^2\left(\frac{\theta}{2}\right)}{1 - f^2 \sin^2\left(\frac{180°-\theta}{2}\right)} \tag{3-79}$$

采用近似处理 $(1-x^2)^{-1} \approx 1 + x$(在 x 很小的情况下),并考虑到半角公式 $2\sin^2\theta = 1 - \cos2\theta$,故式(3-79)可简化为

$$Z(\theta) = 1 + \frac{f^2}{2}(1 + \cos\theta) - \frac{f^2}{2}(1 - \cos\theta)\left[1 + \frac{f^2}{2}(1 - \cos\theta)\right]$$

忽略 4 次方以上各项,可得

$$Z(\theta) = 1 + f^2\cos\theta = 1 + \frac{4}{3}K^2R_g^2\cos\theta$$

$$(3-80)$$

若以 $Z(\theta)$-$\cos\theta$ 作图,得一直线,从直线的斜率就可以求得 R_g 值。图 3-13 画出了十二烷基磺酸钠在两个不同温度下的 $Z(\theta)$-$\cos\theta$ 图,可见实验点成很好的直线,并且都交于截距为 1.0 处,因为此时 $\theta = 90°$,$\cos\theta = 0$,$i_{90°} = i_{180°-90°}$,即 $Z(\theta) = 1$。

实验测得旋转半径 R_g 可以用来确定粒子的形状。它需要两个数据,旋转半径 R_g 和水力半径 R_h。旋转半径与水力半径跟粒子的特征尺寸的关系是随粒子的形状而异。表 3-3 列出了这一关系。

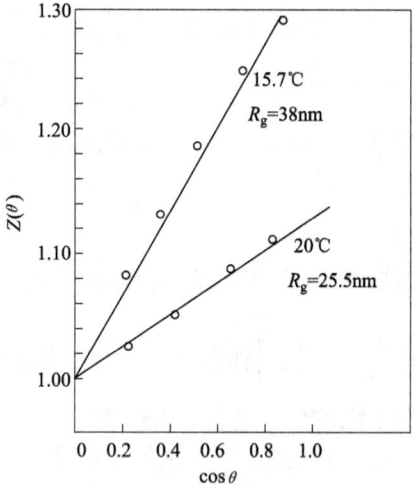

图 3-13 浓度为 0.2kg·dm^{-3} 的十二烷基磺酸钠在不同温度下的 $Z(\theta)$-$\cos\theta$ 图

表 3-3 一些形状粒子的 R_g,R_h 与其特征尺寸的关系

粒 子 形 状	R_g	R_h
球形(半径 a)	$\left(\dfrac{3}{5}\right)^{1/2}a$	a
椭圆体(a,b 分别为主轴的长度,$a > b$)	$\left(\dfrac{2a^2}{5} + \dfrac{b^2}{5}\right)^{1/2}$	$\dfrac{b(a^2/b^2 - 1)^{1/2}}{\arctan\left[\left(\dfrac{a^2}{b^2} - 1\right)^{1/2}\right]}$
棒状(长度为 l,横截面半径为 a) $\sigma = \ln\left(\dfrac{l}{a}\right)$	$\left(\dfrac{l^2}{12} + \dfrac{a^2}{2}\right)^{1/2}$	$2\sigma - 0.19 - \dfrac{8.24}{\sigma} + \dfrac{12}{\sigma^2}$

根据不同形状的粒子以及 R_g,R_h 与特征参数的关系,就可以找出不同形状粒子 R_g 与 R_h 的关系,并可以作出如图 3-14 所示的理论曲线。反之可以从光散射测得 R_g 与 R_h 值来确定粒子的形状。图 3-14 中的小圆圈就是浓度为 0.2kg·m^{-3} 的十二烷基磺酸钠在 0.6mol·dm^{-3} NaCl 溶液中,不同温度下的 $\overline{R}_g$ 及 $\overline{R}_h$ 值。从图中可见,所有这些点都落在棒状曲线上,证明此时粒子为棒状。

4. 摩尔质量测定及 Zimm 图

对于有内干涉现象的较大粒子,光散射必须引入形状系数 $P(\theta)$ 来校正 Rayleigh 率 R_θ,即 R_θ(有内干涉) $= P(\theta) \times R_\theta$(无内干涉)。经校正以后仍可以应用 Rayleigh 公式。对溶液来说,可采用式(3-32),仅是式中 R_θ(无内干涉)用 R_θ(有内干涉)$/P(\theta)$ 代替。所以对于较大粒子在溶液中的光散射有

$$\frac{Kc}{R_\theta} = \frac{1}{P(\theta)}\left(\frac{1}{M} + 2A_2 c\right) \quad (3-81)$$

将式(3-73)代入式(3-81),则有

$$\frac{Kc}{R_\theta} = \left(\frac{1}{M} + 2A_2 c\right)\left(1 + \frac{16\pi^2 R_g^2}{3\lambda^2}\sin^2\frac{\theta}{2}\right)$$

$$(3-82)$$

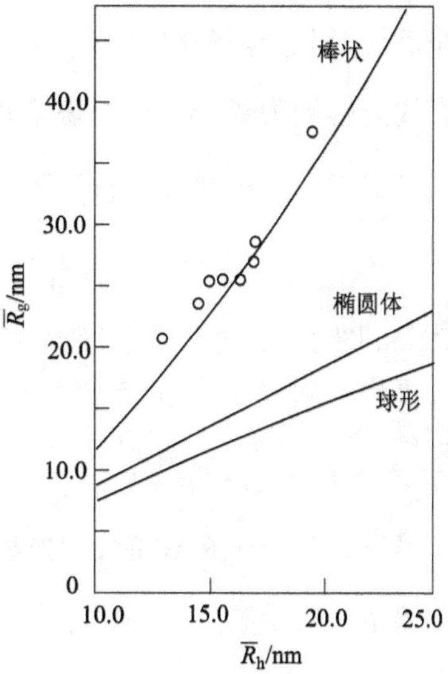

图 3-14 一些形状粒子的 $\bar{R}_g - \bar{R}_h$ 曲线的理论值(实线)与实验值(点)

1948 年,Zimm 利用方程式(3-82),以 $\frac{Kc}{R_\theta} \sim \left(\sin^2\frac{\theta}{2} + kc\right)$($k$ 为任意选择的一个常数,用以调整点之间距离。例如可取 $k = 2000$)作图得出 Zimm 图,从而可以确定摩尔质量 M 及旋转半径 R_g。具体过程如下:在一定浓度的溶液中测得 K 值及某一散射角 θ 下的 R_θ 值,然后以 $\frac{Kc}{R_\theta} - \left(\sin^2\frac{\theta}{2} + kc\right)$ 作图,在图上得到一实验点,在此浓度下改变 θ 值,则得到一系列实验点。在另一浓度下同样也可以得到一系列不同 θ 值的实验点。如此就可以得到如图 3-15 所示的、两簇曲线相交的网络状的 Zimm 图。下面讨论 Zimm 图的几种极限情况。

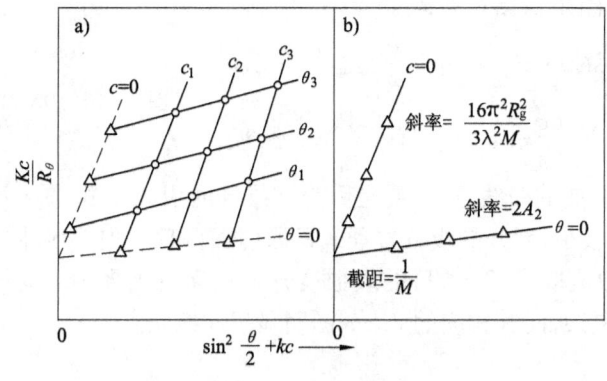

图 3-15　Zimm 图
a)实验点;b)外推到 $c=0$ 或 $\theta=0$ 或 $c,\theta=0$ 时极限点

第一,当 $\theta=0$ 时,则方程式(3-82)还原为式(3-32)。在图中将同一浓度不同 θ 的实验点连结起来,并外推到 $\theta=0$ 处可得一外推点。再将不同浓度的外推点连成一直线,此直线方程即为式(3-32),其斜率 $=2A_2$,截距 $=\dfrac{1}{M}$。如图 3-15b 所示。

第二,当 $c=0$ 时,方程式(3-82)可简化为

$$\frac{Kc}{R_\theta}=\frac{1}{M}\left(1+\frac{16\pi^2 R_g^2}{3\lambda^2}\sin^2\frac{\theta}{2}\right) \qquad (3-83)$$

在 Zimm 图中,将同一 θ 值而又不同 c 值的实验点连结起来外推至 $c=0$ 处,则得一外推点。再将不同 θ 的外推点连成一直线,此直线方程即为式(3-83)。直线的斜率 $=\dfrac{16\pi^2 R_g^2}{3\lambda^2 M}$,截距 $=\dfrac{1}{M}$,如图 3-15b 所示。

第三,当 $c=0$,$\theta=0$ 时,则方程式(3-82)还原为方程式(3-31)。在 Zimm 图中即为 $c=0$ 及 $\theta=0$ 二极限线的交点,此交点必然落在横坐标为零处,其纵坐标距离 $=\dfrac{1}{M}$,从而可以求得摩尔质量 M。

图 3-16 是脱氧核糖核苷酸(DNA)溶液的 Zimm 图。在实际 Zimm 图中的等浓度线或等散射角线并不一定是直线,可能呈略微弯曲的曲线。但这并不影响用外推法求摩尔质量。从图 3-16 求得 DNA 的摩尔质量为 $4\times 10^6\mathrm{g\cdot mol^{-1}}$。而从 $c=0$ 线的斜率及截距可以求得旋转半径 R_g

$$R_g^2=\frac{3\lambda^2}{16\pi^2}\left(\frac{\text{斜率}}{\text{截距}}\right)_{c=0} \qquad (3-84)$$

由此求得 DNA 的 $R_g=117\mathrm{nm}$。

理论上,Zimm 图是根据方程式(3-82)得到。从该式可见,在一定浓度下 $\dfrac{Kc}{R_\theta}-\sin^2\dfrac{\theta}{2}$ 呈直线关系;同样在一定散射角下,$\dfrac{Kc}{R_\theta}-kc$ 也呈直线关系。但实

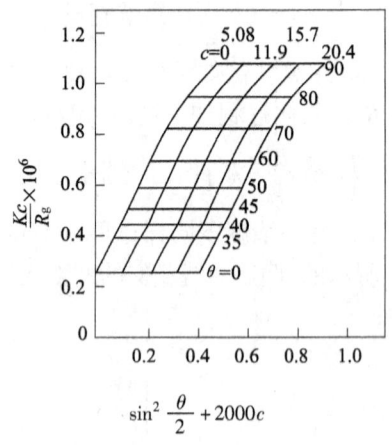

图 3-16 DNA 溶液的 Zimm 图

际 Zimm 图则呈微弯曲的曲线,这主要是因为在推导时引入了式(3-70),而该式是假设在小角散射时 S 值很小,展开的级数方程式只取前面两项。但实际中往往不是在小角下进行光散射实验,故应取式(3-69)的级数展开式三项或更多项。这样所得到的散射方程比式(3-82)更复杂,而其相应的 Zimm 图明显呈曲线状。

归纳与讨论

(1) 光与物质的相互作用有吸收、反射和散射。只有当粒子的尺寸小于入射光的波长时才发生散射作用。本章讨论光散射的经典光散射理论。经典光散射是基于弹性碰撞,即散射光的频率等于入射光的频率。Rayleigh 光散射理论构成了它的理论基础。尽管它是研究粒子的尺寸小于 $\frac{\lambda}{20}$ 的气溶胶,但是可以把它推广到溶液中去,这就是 Debye 理论。也可以推广到粒子尺寸大于 $\frac{\lambda}{10}$,出现内干涉现象的光散射,这就是 RGD 理论。通过这些理论可以测定粒子的静态性质。Rayleigh 谱线的精细结构以及 Brillouin 谱线的漂移及宽度等的研究提供了测定粒子动力性质的信息。

(2) 通过本章学习,可以掌握一些分析问题和处理问题的方法。第一,当研究一个复杂的体系时,往往需要很多参数,而它们之间的关系也十分复杂,要用一个定量的公式来描述它是极为困难的。在这种情况下把一些次要的影响因素暂时不考虑,只考虑主要的影响因素,这是合理的和必要的。第二,设计一个简单的模型来处理一个较复杂的体系。例如,Rayleigh 光散射理论就是假设体系既无外干涉现象也无内干涉现象的点光源所构成。第三,事物的发展总是从粗糙到精细,从简单到复杂,从理想到实际。Rayleigh 光散射理论是在既不考虑外干涉也不考虑内干涉的情况下得出来的理论。当考虑到外干涉时则得到 Debye 光散射理论。当考虑到内干涉时,开始是两个散射中心的干涉,进而考虑 N 个散射中心的干涉,这就得到 RGD 理论。第四,一切理论或公式的建立和推导都是在一定的前提下有一定的适用条件。如果不考虑这些条件去应用这些理论或公式,只能得出错误的结果。无限制地将一些公式或理论推广、应用,只会将本来在一定条件下正确的理论变成谬论。

(3) 本章应用到数学上常用的两种方法:一是外推法,以 Zimm 图的外推法求摩尔质量为典型。因为只有外推到 $\theta=0$ 和 $c=0$ 这种极限情况下的截距才准确等于 $\frac{1}{M}$。另一种是一级近似处理法。常用的是利用泰勒级数展开,然后忽略高次项。这样使一个复杂的数学公式得以简化,给人们一个非常明确的概念,并清楚地看到它们之间的相互关系。

习 题

(1) 根据右边的 $\frac{Hc}{\tau}$-c 图,确定下面哪种说法是正确的。并解释之。

(a) a 溶液比 b 溶液更为理想;

(b) a 溶液的浊度大于 b 溶液;

(c) a 溶液中溶质摩尔质量大于 b 溶液中溶质的摩尔质量;

(d) 包含上述三种情况;

(e) 上述四种情况都不是。

(2) 同一溶质溶于几种不同的溶剂中形成理想溶液,请确定下面哪一种情况是正确的。

(a) 当它们浓度相同时具有同样浊度;

(b) 具有同样的 H 值;

(c) 在 $Hc/\tau - c$ 图中具有相同的截距;

(d) 在 $Hc/\tau - c$ 图中具有相同的斜率。

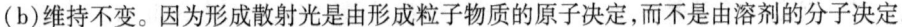

$\dfrac{Hc}{\tau} - c$ 图

(3) 一个粒子由于溶剂化作用而膨胀,但它相对于波长仍然很小。问此粒子的散射光强度将发生怎样变化?

(a) 增加。因为散射光强度正比例于体积的平方。

(b) 维持不变。因为形成散射光是由形成粒子物质的原子决定,而不是由溶剂的分子决定。

(c) 减少。因为已溶剂化的粒子的折射率比未溶剂化的要小。

(4) 十二烷基硫酸钠在水溶液中超过一定的浓度以后则以胶团的形式出现。此时测得溶液的浊度与其浓度的变化如下:

$c \times 10^6/\text{kg} \cdot \text{m}^{-3}$	2.7	4.2	7.7	9.7	13.2	17.7	22.2
$\tau \times 10^6/\text{m}^{-1}$	1.10	1.29	1.71	1.98	2.02	2.14	2.33

(a) 求其胶团量。已知 $H = 3.99 \times 10^{-4} \text{mol} \cdot \text{m}^2 \cdot \text{kg}^{-2}$。

(b) 设散射中心是胶团。估计胶团中包含多少个十二烷基硫酸钠分子。

(5) 测得一种二氧化硅胶体溶液的浊度与其浓度的关系如下:

$c \times 10^6/\text{kg} \cdot \text{m}^{-3}$	0.57	1.14	1.70	2.30
$\tau \times 10^4/\text{m}^{-1}$	1.56	2.97	4.25	5.36

(a) 计算二氧化硅胶体的胶团量。已知 $H = 4.08 \times 10^{-5} \text{mol} \cdot \text{m}^2 \cdot \text{kg}^{-2}$。

(b) 计算胶粒的半径。假设胶粒为均匀球粒,其密度为 $2.2 \times 10^3 \text{kg} \cdot \text{m}^{-3}$。

(6) 测得硝酸纤维素溶于醋酸所成溶液的浓度与不同散射角时的 Kc/R_θ 值的数据如下:

$c/\text{kg} \cdot \text{m}^{-3}$	$Kc/R_\theta \times 10^7$ 的数值			
	散射角 θ 值	45°	32°	17°30′
0.88		69.8	49.0	33.0
0.64		66.0	45.5	29.4
0.43		62.8	42.1	25.9

用外推法求硝酸纤维素的平均摩尔质量。

(7) 使用 546nm 波长的光,测得某脱氧核糖核甙酸水溶液的 $R_\theta \times 10^7 \text{m}^{-1}$ 与浓度的关系如下:

$c \times 10^9/\text{kg} \cdot \text{m}^{-3}$ $\theta/$度	20.6	41.4	62.20	82.5
26	2.47	4.80	6.94	8.75
30	2.06	4.02	5.83	7.67
34	1.77	3.39	4.84	6.44
38	1.75	2.98	4.28	5.61
42	1.38	2.57	3.84	4.87
50	1.01	1.90	2.91	3.71
60	0.76	1.45	2.23	2.89

(a) 用这些数据绘制 Zimm 图,设 $K = 3.68 \times 10^{-5} \text{mol} \cdot \text{m}^2 \cdot \text{kg}^{-2}$。

(b) 计算该脱氧核糖核贰酸的 M,A_2 及旋转半径 R_g。

(8) 使用 435.8nm 波长的光,测得 30℃下聚苯乙烯-十氢化萘在不同 c 及 θ 下的 $(R_\theta/K) \times 10^{-3}$ 数值如下:

$c \times 10^9/\text{kg} \cdot \text{m}^{-3}$ $\theta/$度	0.50	0.99	1.49
30	0.74	1.34	—
45	0.69	1.27	2.04
60	0.63	1.17	1.62
75	0.56	1.05	1.49
90	0.51	0.96	1.37
105	0.47	0.88	1.25

(a) 作出 Zimm 图。

(b) 求出该聚合物的 M,A_2 及 R_g。

(9) 假设脱氧核糖核贰酸分子以 100nm 长的刚棒形式存在或以此为周长的圆圈形式存在。圆圈的旋转半径等于圆圈半径。计算 $\theta = 3°$ 时棒形粒子对圆圈形粒子的散射强度比。设入射光波长为 546nm。

(10) 测得 20℃时,在丁酮中聚苯乙烯光散射的数据如下:

$cI_0/r^2 i_0$ 值

$c/\text{kg} \cdot \text{m}^{-3}$ $\theta/$度	0.312	0.624	1.25	2.50
26	1.58	1.65	1.86	2.21
36.9	1.66	1.76	1.98	2.33
66.4	1.82	1.90	2.07	2.52
90	1.95	2.08	2.24	2.69
113.6	2.17	2.24	2.47	2.88

且已知 $n_0 = 1.378$, $\dfrac{dn}{dc} = 0.214 \times 10^{-3} \mathrm{m^3 \cdot kg^{-1}}$, $\lambda = 546\mathrm{nm}$。求 R_g 和 M。

(11) 大肠杆菌的核糖体用 $\lambda = 0.154\mathrm{nm}$ 的小角 X 射线散射,研究所得数据如下:

$\log I$	$\theta \times 10^3$/弧度
76	1.41
73	2.00
70	2.54
66	3.00

计算该核糖体的旋转半径,若是球形,其直径是多少?

(12) 在 25℃ 时,测得某胶粒在入射光波长为 546nm 时不同散射角的散射光不对称性 $Z(\theta)$ 为:

θ/度	30	40	50	60	70	80
$Z(\theta)$	1.47	1.40	1.34	1.23	1.15	1.05

求该胶粒的旋转半径 R_g。

(13) 用小角光散射测得高分子溶液中高分子的旋转半径 $R_g = 37.6\mathrm{nm}$。用 PCS 法测得其水力半径 $R_h = 20.5\mathrm{nm}$。试确定该分子的形状及特征尺寸。

(14) 在 25℃ 下,用零拍法拍频光谱技术测得球形乳胶粒水溶液中的 Rayleigh 光散射谱线半峰高半波宽 $\varGamma = 1166\mathrm{Hz}$。求该粒子的扩散系数 D 及水力半径 R_h。实验时采用 $\theta = 90°$,$\lambda_0 = 632.8\mathrm{nm}$,He-Ne 激光。并已知 $\eta = 10.26 \times 10^{-4}\mathrm{Pa \cdot s}$, $n_0 = 1.33$。

参 考 文 献

1 Kerke M. The Scattering of Light and Other Electromagnetic Radiation. Academic Press, N Y, 1969.
2 Stacey K A. Light Scattering in Physical Chemistry. Butterworth, London, 1956.
3 Tanford C. Physical Chemistry of Macromolecules. Wiley, N Y, 1961.
4 Himenz P C. Principles of Colloid and Surface Chemistry. Marcel Dekker, Inc. N Y, 1977.
5 Flygare W H. Moleculas Electro-Optics, Past I Theory and Methods, 1982.
6 Berne B J and Pecora R. Dynamic Light Scattering. John Wiley&Sons, 1976.
7 B Chu. Laser Light Scattering. Academic Press, N Y, 1974.
8 郑忠. 光拍频光谱技术及其在化学化工中的应用. 大学化学, 1992(6).

4 双电层及电动理论

内容提要

在固-液界面处,固体表面上与其附近的液体内通常会分别带有电性相反、电量相等的两层离子,形成双电层。研究双电层结构及其理论就构成本章第一部分内容。界面带电以后具有特殊性质,它可在外电场作用下,使固-液界面发生相对位移;相反,固-液界面的相对位移可以导致电位或电流的产生,这就是电动现象。研究电动现象及其理论,包括一些电动参数的测定就构成本章的第二部分内容。

4.1 固体表面带电的原因

任何一个相界面,甚至一块纯金属处在真空中,其表面都会出现正、负电荷的分离,从而导致表面区(约在表面几个分子大小范围内)出现电位差。任何两个不同相的接触都会形成一个相界面,而且呈现出带电现象。其带电原因主要有以下几方面:

1. 两相的电子亲合能不同,当它们接触时产生接触电位

这种带电在金属与金属接触,或者金属与半导体相接触时显得特别重要。而对于固-液或液-液两相接触界面不太重要,故在此从略。

2. 两个不同相的离子的亲合能不相同

这包括两个相之间正、负离子的不同分布、固体表面在电解质溶液中对各种离子的不同吸附和晶格中离子的不同溶解度。下面讨论遇得较多的后两种情况。

第一种情况是固体表面对离子的吸附。如果固体是离子晶格,则它服从 Fazans-Paneth 规则,即若一种离子与晶格上电荷符号相反的离子生成难溶或弱电离化合物,则此种离子能强烈地被离子晶体所吸附。如果固体是非离子型晶体,则它对离子的吸附符合 Lippmann 方程式。它可通过下面方法推导出来。

将 Gibbs 吸附方程应用到电解质溶液中,则有

$$-d\sigma = \Gamma_1 d\mu_1 + \sum \Gamma_2 d\bar{\mu}_2 \tag{4-1}$$

式中,μ_1 为溶剂(不电离部分)的化学位;$\bar{\mu}_2$ 为溶质(电离部分)的电化学位。之所以称它为电化学位是因为它与一般化学位不同。它除了包含一般化学位外还包含在界面上所产生的电位项,即

$$\bar{\mu}_i = \mu_i + z_i e \psi \tag{4-2}$$

式中　ψ——界面电位；

　　　z_i——i 离子的电价数。

将式(4-2)代入式(4-1)，得

$$-d\sigma = \Gamma_1 d\mu_1 + \sum \Gamma_2 d\mu_2 + \sum \Gamma_2 z_2 e d\psi \tag{4-3}$$

考虑到 Gibbs-Duhem 方程在恒温、恒压下为 $\sum_i n_i d\mu_i = 0$。对二元溶液来说，则为

$$\Gamma_1 d\mu_1 + \Gamma_2 d\mu_2 = 0$$

故式(4-3)可以写为

$$-d\sigma = \sum \Gamma_2 z_2 e d\psi \tag{4-4}$$

对 1-1 型电解质来说有

$$-\frac{d\sigma}{d\psi} = e(\Gamma_2^+ - \Gamma_2^-) \tag{4-5}$$

又因为界面电位差 $d\psi$ 比例于外加电位差 dE，所以式(4-5)也可以写为

$$-\frac{d\sigma}{dE} = e(\Gamma_2^+ - \Gamma_2^-) \tag{4-6}$$

方程式(4-5)和式(4-6)通常称为 Lippmann 方程。从该方程可见：

(1)当界面张力随外加电位差增加而增大时，即 $\frac{d\sigma}{dE} > 0$，则 $\Gamma_2^- > \Gamma_2^+$。这意味着负离子吸附量大于正离子吸附量，固体表面带负电荷。

(2)当界面张力随外加电位差增加而减小时，即 $\frac{d\sigma}{dE} < 0$，则 $\Gamma_2^+ > \Gamma_2^-$。这意味着固体表面上正离子的吸附量大于负离子吸附量，即固体表面带正电荷。

(3)当表面张力不随外加电位差而变化，即 $\frac{d\sigma}{dE} = 0$，则固体表面吸附正、负离子的量相等，固体表面不带电。

实验测定外加电位差 E 值对各种钾盐溶液表面张力 σ 的影响。测得它们的相应数值，并以 σ 对 E 作图。所得曲线称为毛细管曲线，如图 4-1 所示。曲线的斜率即为 $\frac{d\sigma}{dE}$ 值。从图可见：

(1)曲线顶端的右边 $\frac{d\sigma}{dE} < 0$，为正离子吸附，固体表面带正电荷；而在曲线顶端的左边 $\frac{d\sigma}{dE} > 0$，为负离子吸附，固体表面带负电荷；在曲线顶点上 $\frac{d\sigma}{dE} = 0$，固体表面不带电。

(2)不同种类钾盐的电毛细管曲线右侧完全重合，而左侧曲线则因钾盐中不同的负离子而分开。这种现象是不难说明的：由于右侧为正离子吸附，各种盐的正离子都为 K^+，故曲线只有一条。左侧曲线为负离子吸附，由于各种盐的负离子不同，故曲线也不相

同。如果采用相同负离子而不同正离子的盐做同样实验,得出电毛细管曲线左侧为一曲线,右侧则由几条不同正离子的曲线所组成。

由此可见,固体表面对离子吸附主要取决于 $\dfrac{\mathrm{d}\sigma}{\mathrm{d}E}$ 值。由其大小及符号可以决定固体优先吸附哪种离子。

第二种情况是离子晶体的溶解。当组成离子晶体的离子在溶液中有不同的溶解度时,就会使晶体表面带电。如果正离子溶解度大于负离子,则表面带负电;相反,则表面带正电。

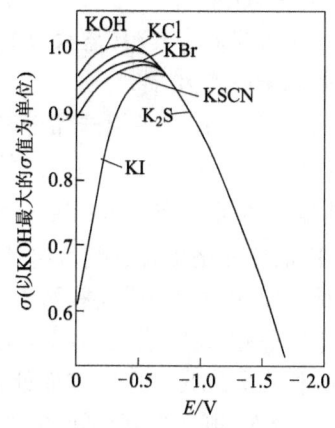

图 4-1 负离子吸附的电毛细管曲线

碘化银在室温下的水悬浮液中溶度积为 10^{-16},但是其零电荷点不是在 pAg8(即 $-\lg a_{Ag^+}=8$)处,而在 pAg5.5 处。这是由于 Ag^+ 和 I^- 的溶解度不一样。而导致溶解度不同的原因是 Ag^+ 的离子半径($r_{Ag^+}=0.113\mathrm{nm}$)比 I^- 的离子半径($r_{I^-}=0.220\mathrm{nm}$)小,因而 Ag^+ 具有更大的迁移能力。在同样的情况下,AgI 晶体中有更多的 Ag^+ 进入溶液中,从而使得晶体表面出现 I^- 过剩而带负电。

3. 固体表面的电离

属于这种原因带电的情况很多。原来中性的固体表面,在不同的 pH 条件下,受到溶液中 H^+ 和 OH^- 作用而发生不同形式的电离,最后导致其表面带电。带电的情况将随溶液中 pH 值而变化。例如,蛋白质溶于纯水中几乎是电中性的,可是在酸性溶液中它却带正电荷,而在碱性溶液中它却带负电荷。这是因为蛋白质同时含有羧基和氨基,是两性电解质,既可看作弱酸,也可看作弱碱。它在酸性介质或碱性介质中发生如下的电离反应

$$R\begin{matrix}COOH\\ \\NH_2\end{matrix} + HCl \Longrightarrow R\begin{matrix}COOH\\ \\NH_3^+Cl^-\end{matrix}$$

$$R\begin{matrix}COOH\\ \\NH_2\end{matrix} + NaOH \Longrightarrow R\begin{matrix}COO^-Na^+\\ \\NH_2\end{matrix} + H_2O$$

过量酸的存在形成蛋白质正离子 $R\begin{matrix}COOH\\ \\NH_3^+\end{matrix}$ 较多;而过量碱的存在,则形成蛋白质负离子 $R\begin{matrix}COO^-\\ \\NH_2\end{matrix}$ 较多。在等电点的 pH 值下,因蛋白质形成的正离子与负离子的数量

相等,而呈电中性。

4. 当固体具有 n 型(空穴型)或 p 型(电子过剩型)缺陷时,它具有俘获带负电粒子或带正电粒子的能力

例如蒙脱石(一种铝硅黏土矿)是具有 p 型缺陷的固体。它是由上、下两层 Si—O 四面体$(Si_4O_{10})^{4-}$和处在它们中间的 Al—O 八面体所组成。其中 Al^{3+} 被 Mg^{2+} 取代而形成类质同晶。蒙脱石的经验式可表示为 $Al_{1.67}Mg_{0.33}Si_4O_{10}(OH)_2$,由于低价 Mg^{2+} 取代高价 Al^{3+},因而使晶格出现过剩负电荷,故可以在其表面上俘获碱金属或碱土金属的正离子,从而保持电中性。但是蒙脱石本身是带负电荷的。

不管是哪种原因,当固体表面带电以后,它必然要吸引等电量的反号离子在它的周围。这样在紧靠带电固体表面处形成特殊的一层表面层——双电层。下面就双电层的结构、电荷分布、电场强度等问题进行讨论。

4.2 扩散双电层的经典理论

4.2.1 Helmholtz 双电层模型

由 Helmholtz(1879 年)提出的双电层模型如图 4-2。这种结构类似于平行板电容器的结构。由于静电作用,介质中的反离子被固体表面的电荷吸引,在距表面 δ 处平行且整齐排列,形成双电层。根据此模型,双电层内的电势随距离线性变化。

表面电荷密度 σ 与表面电位 ψ_0 之间的关系与平行板电容器相同:

$$\sigma = \frac{\varepsilon_r \varepsilon_0 \psi_0}{\delta} \quad (4-7)$$

式中,ε_r 为介质相对介电常数;ε_0 为真空介电常数。

Helmholtz 双电层模型在早期的电动现象研究过程中起了一定的作用,但该模型忽略了离子在溶液中的热运动,与溶胶真实情况相差甚远。在此基础上提出扩散双电层模型。

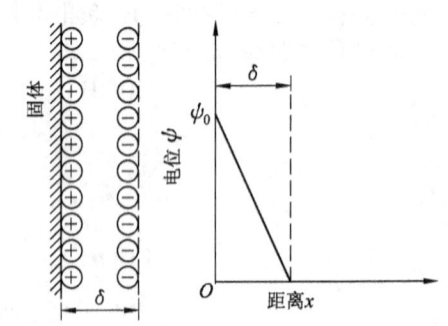

图 4-2 Helmholtz 双电层示意图

4.2.2 Debye-Hückel 近似式

1909 年,Gouy 提出双电层的扩散模型。他认为溶液中靠近固-液界面层的反号离子的分布不是整齐地排列在单一平面上,而是呈扩散状态分布。因为在表面层的反号离子除了受到固体带电表面的静电吸引力作用以外,还受到热运动力的作用。前者使反号离子靠近并固定在表面层的位置上,而后者使它离开表面层。当它们达到平衡后,则反号离

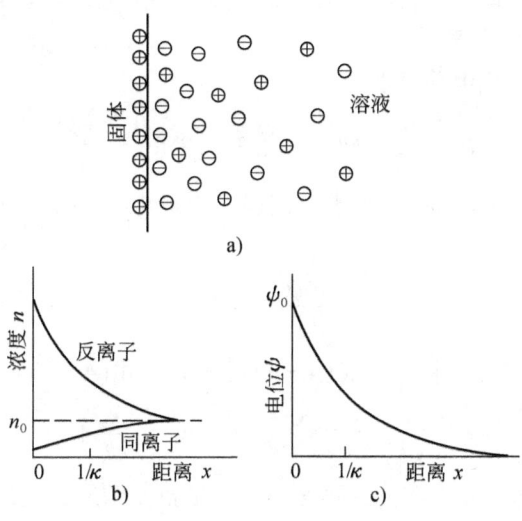

图 4-3 扩散双电层示意图

子呈扩散状态分布于固体表面附近的溶液中。距离固体表面越近,静电吸引力越强,反号离子的浓度就越大;离固体表面越远,吸引力越弱,反号离子的浓度就越小。这一模型示意图如图 4-3a 所示。

为了把问题简化,特作如下假设:

(1) 表面是个无限大的、电荷均匀的平面。

(2) 双电层扩散部分的离子是点电荷,且服从 Boltzmann 分布定律。

(3) 假设溶剂对双电层的影响只是通过介电常数,而且在扩散层各部分的介电常数相同。

当固体表面带正电荷时,它必吸引负离子而排斥正离子。因此越靠近固体表面,负离子浓度越大,而正离子浓度越小,到一定距离时,正、负离子的浓度都回复到溶液的体相浓度。如果电解质是 1-1 型电解质,则此时正、负离子浓度相等。其浓度分布如图 4-3b 所示。由于负离子浓度随着与固体表面距离的增加而减少,因此其表面电位也随着距离的增加而减少。设固体表面上的电位为 ψ_0,当正、负离子的浓度回复到溶液体相浓度时,电位降到零。这样便形成了双电层。相应的电位降如图 4-3c 所示。由于正、负离子在扩散层中的分布服从 Boltzmann 定律,故有

$$n_i = n_i^0 \exp\left(-\frac{z_i e \psi}{kT}\right) \tag{4-8}$$

式中 n_i——电位为 ψ 处 i 离子的浓度,以单位体积的个数表示;

n_i^0——体相电解质溶液中 i 离子的浓度;

k——Boltzmann 常数;

$z_i e\psi$——电位能，即一个价电数为 z_i 的 i 离子移至电位为 ψ 处所做的功；

e——一个电子的电量。

在电位为 ψ 处的体积电荷密度为

$$\rho = \sum_i z_i e n_i = \sum_i z_i e n_i^0 \exp\left(-\frac{z_i e\psi}{kT}\right) \tag{4-9}$$

而 ρ 与 ψ 的关系可以用 Poisson 方程式来描述。当双电层为平面时，Poisson 方程式可以写成

$$\frac{d^2\psi}{dx^2} = -\frac{\rho}{\varepsilon} \tag{4-10}$$

式中，ε 为介质的介电常数。将方程式(4-9)代入方程式(4-10)，得

$$\frac{d^2\psi}{dx^2} = -\frac{1}{\varepsilon}\sum_i z_i e n_i^0 \exp\left(-\frac{z_i e\psi}{kT}\right) \tag{4-11}$$

这就是 Poisson-Boltzmann 方程式。要解这一方程是较复杂的，但是在低电位的情况下，即 $\frac{z_i e\psi}{kT} \ll 1$ 时，取一级近似，则方程式(4-11)可写成

$$\frac{d^2\psi}{dx^2} = -\frac{1}{\varepsilon}\sum_i z_i e n_i^0\left(1 - \frac{z_i e\psi}{kT}\right)$$

考虑到整体溶液必呈电中性，即 $\sum_i z_i e n_i^0 = 0$，上式可进一步简化为

$$\frac{d^2\psi}{dx^2} = \frac{e^2\psi}{\varepsilon kT}\sum_i z_i^2 n_i^0 \tag{4-12}$$

定义

$$\kappa \equiv \left(\frac{e^2\sum_i z_i^2 n_i^0}{\varepsilon kT}\right)^{1/2} = \left(\frac{e^2 N_A \sum_i c_i z_i^2}{\varepsilon kT}\right)^{1/2} \ (\text{m}^{-1}) \tag{4-13}$$

式中　N_A——Avogadro 常数；

c_i——i 离子在 ψ 电位处的浓度，以 $\text{mol}\cdot\text{m}^{-3}$ 表示；

$\varepsilon = \varepsilon_r \times 8.854 \times 10^{-12}(\text{F}\cdot\text{m}^{-1})$，$\varepsilon_r$ 为介质的相对介电常数；

$k = 1.38 \times 10^{-23}\text{J}\cdot\text{K}^{-1}$；$e = 1.6 \times 10^{-19}\text{C}$。

例如水的相对介电常数为 78.5，则其介电常数

$$\varepsilon = 78.5 \times 8.854 \times 10^{-12} = 6.95 \times 10^{-10}(\text{F}\cdot\text{m}^{-1})$$

将式(4-13)代入式(4-12)，则有

$$\frac{d^2\psi}{dx^2} = \kappa^2\psi \tag{4-14}$$

在下面的边界条件下对式(4-14)进行积分：当 $x\to 0$ 时，$\psi\to\psi_0$；当 $x\to\infty$ 时，$\psi\to 0$，得

$$\psi = \psi_0 \exp(-\kappa x) \qquad (4-15)$$

这就是 Debye-Hückel 近似方程式。下面就几个问题进行讨论。

(1) 从 Debye-Hückel 方程式可见,在低电位情况下,电位 ψ 随着与表面的距离 x 的增大成指数次方地减小;在高电位的情况下,Debye-Hückel 方程不适用,但可以预料到:电位随距离的增加将会比指数速率更大的形式下降。

(2) 从 Debye-Hückel 方程式中得到一个重要的参数 κ,该参数称为"Debye 参数"。由于 κ 具有长度倒数的量纲,故 $1/\kappa$ 称为"Debye 长度"。在低电位情况下,可以把扩散层中的反离子看作是集中在与表面距离为 $1/\kappa$ 的一个平面上,此时它所具有的电容与扩散双电层所具有的电容相同。因此 $1/\kappa$ 又称为双电层参照厚度,简称为双电层厚度。

在 25℃ 下,对称电解质(第二个等号尤指单一对称电解质)水溶液 κ 值为

$$\kappa = 7.35 \times 10^7 (\sum_i c_i z_i^2)^{1/2} = 1.039 \times 10^8 (cz^2)^{1/2} \qquad (4-16)$$

式中,c 为溶液浓度,以 $mol \cdot m^{-3}$ 表示。所求得的 κ 值的单位为 m^{-1}。表 4-1 列出了不同浓度及价数的电解质水溶液的 κ^{-1} 值。

表 4-1 各种不同浓度及价数的电解质水溶液的 κ^{-1} 数值(25℃)

电解质类型	$c/mol \cdot m^{-3}$	κ^{-1}/m
1-1 型电解质	10^{-2}	1.0×10^{-7}
	1	1.0×10^{-8}
	10^2	1.0×10^{-9}
2-2 型电解质	10^{-2}	5.0×10^{-8}
	1	5.0×10^{-9}
	10^2	5.0×10^{-10}

从表中的数据可见,高价或高浓度的电解质都会压缩双电层的厚度。而且从 Debye-Hückel 方程可见,这将会导致双电层的电位 ψ 迅速下降。由于高价或高浓度的电解质溶液具有更大的 κ 值,因此同一浓度的高价电解质或同一电解质高浓度溶液都会使相对电位 ψ/ψ_0 变得更小。

至于在非极性或微极性的有机溶剂中,电解质的溶解度及离解度通常都比在水中的低,因此其介电常数 ε 也较大。而溶解度的降低并不能补偿 ε 对 κ 值的影响,结果会导致在这些有机溶剂中电解质溶液具有厚的双电层。

4.2.3 Gouy-Chapman 理论

Debye-Hückel 近似式只适用于低电位的情况。因为在推导过程中,假设 $\frac{z_i e \psi}{kT} \ll 1$。为了免除这一局限性,早在 1910—1913 年 Gouy 和 Chapman 就将 Poisson-Boltzmann 方程应

用到扩散双电层中,并得到其精确解。

对于单一对称电解质溶液,Poisson-Boltzmann 方程式可以写成

$$\frac{d^2\psi}{dx^2} = -\frac{zen^0}{\varepsilon}\left[\exp\left(\frac{-ze\psi}{kT}\right) - \exp\left(\frac{ze\psi}{kT}\right)\right] \tag{4-17}$$

在下面边界条件下进行积分:当 $x = \infty$ (x 为垂直于固体表面的距离)时,$\psi = 0$ 及 $\frac{d\psi}{dx} = 0$,积分得

$$\frac{d\psi}{dx} = \left(\frac{2kTn^0}{\varepsilon}\right)^{1/2}\left[\exp\left(\frac{-ze\psi}{2kT}\right) - \exp\left(\frac{ze\psi}{2kT}\right)\right] \tag{4-18}$$

在 $x = 0$ 时,$\psi = \psi_0$ 的边界条件下再积分,得

$$\frac{\exp\left(\frac{ze\psi}{2kT}\right) - 1}{\exp\left(\frac{ze\psi}{2kT}\right) + 1} = \frac{\exp\left(\frac{ze\psi_0}{2kT}\right) - 1}{\exp\left(\frac{ze\psi_0}{2kT}\right) + 1}\exp(-\kappa x) \tag{4-19}$$

这就是 Gouy-Chapman 方程式。

若令

$$\nu \equiv \frac{\exp\left(\frac{ze\psi}{2kT}\right) - 1}{\exp\left(\frac{ze\psi}{2kT}\right) + 1} \quad 及 \quad \nu_0 \equiv \frac{\exp\left(\frac{ze\psi_0}{2kT}\right) - 1}{\exp\left(\frac{ze\psi_0}{2kT}\right) + 1} \tag{4-20}$$

则方程式(4-19)可以简化为

$$\nu = \nu_0\exp(-\kappa x) \tag{4-21}$$

方程式(4-21)是 Gouy-Chapman 方程的另一种表示形式。在一些特殊情况下它可以进一步简化。

(1) 当双电层的电位很低时,应用函数幂级数展开式,并取一级近似,则有

$$\exp\left(\frac{ze\psi}{2kT}\right) \approx 1 + \frac{ze\psi}{2kT} \tag{4-22}$$

将式(4-22)代回式(4-19),得

$$\frac{\frac{ze\psi}{2kT}}{\left(\frac{ze\psi}{2kT}\right) + 2} = \frac{\frac{ze\psi_0}{2kT}}{\left(\frac{ze\psi_0}{2kT}\right) + 2}\exp(-\kappa x) \tag{4-23}$$

所以

$$\psi = \psi_0\exp(-\kappa x) \tag{4-24}$$

这就还原为 Debye-Hückel 近似式,这一近似式也可以有另一种形式。根据式(4-22),式(4-19)可以写成

$$\frac{\frac{ze\psi}{2kT}}{\left(\frac{ze\psi}{2kT}\right) + 2} = \nu_0\exp(-\kappa x) \tag{4-25}$$

在低电位时，$\frac{ze\psi}{2kT} \ll 2$，故式(4-25)可写成

$$\frac{ze\psi}{4kT} = \nu_0 \exp(-\kappa x) \tag{4-26}$$

或者

$$\psi = \frac{4kT\nu_0}{ze}\exp(-\kappa x) \tag{4-27}$$

方程式(4-26)及式(4-27)都是 Debye-Hückel 近似式的另一种形式。

(2) 当固体表面电位 ψ_0 很高时，即 $\frac{ze\psi_0}{2kT} \gg 1$，故

$$\nu_0 \approx \frac{\exp\left(\frac{ze\psi_0}{2kT}\right)}{\exp\left(\frac{ze\psi_0}{2kT}\right)} = 1 \tag{4-28}$$

将式(4-28)代入式(4-21)，得

$$\nu = \exp(-\kappa x) \tag{4-29}$$

这一公式说明，在高 ψ_0 值下，双电层的电位 ψ 与 ψ_0 无关。

将 Gouy-Chapman 方程与 Debye-Hückel 近似式比较，发现它们在形式上是完全一致的。在 Gouy-Chapman 方程中以 ν 及 ν_0 代替 Debye-Hückel 近似式中的 ψ 及 ψ_0，而 ν 及 ν_0 分别是 ψ 及 ψ_0 的复杂函数。根据式(4-26)和式(4-19)，分别以 $\frac{ze\psi}{kT}$ 对 κx 作图，得图4-4曲线。从图可见：

(1) κ 值或 x 值增大都导致双电层电位减小。

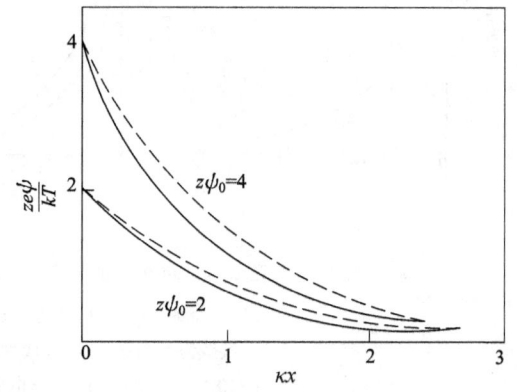

图4-4 Gouy-Chapman 方程电位曲线(实线)与 Debye-Hückel 式电位曲线(虚线)的比较

(2) 在高表面电位的情况下，即 $z\psi_0$ 值增大会使双电层电位增加。

(3) 高 $z\psi_0$ 值时，Debye-Hückel 近似式与 Gouy-Chapman 方程偏差较大；而 $z\psi_0$ 值降低，则它们之间差距减小。

(4) 在高 κx 值或低 κx 值下，这两个方程式接近；而在中等 κx 值下，它们差别较大。

(5) 用 Debye-Hückel 近似式计算得的 ψ 值总产生正偏差。

双电层的电位与表面的形状有关。上面所讨论的是平面模型。至于球面双电层、圆柱体双电层电位的关系式各不相同。例如对球面双电层来说，在低电位的情况下有

$$\psi = \psi_0 \frac{a}{d}\exp[-\kappa(d-a)] \tag{4-30}$$

式中，ψ 是表面电位为 ψ_0、半径为 a 的球粒与其球心距离为 d 时所具有的电位。由于 $d > a$，所以比较式(4-15)和式(4-30)可见，球形粒子的双电层电位比平面双电层电位更低；球形粒子的半径越小，其双电层电位越低；电解质的价电数越大，κ 值越大，电位越小。关于这三点，可以从图 4-5 中清楚见到。在三个图中都取 $\psi_0 = 154\text{mV}$。图 4-5a 描述了浓度为 $10^{-3}\text{mol} \cdot \text{dm}^{-3}$ 的 1-1 型电解质溶液中平面双电层电位 ψ 与距离 x 的关系（实线）以及半径 $a = 10\text{nm}$ 的球形粒子双电层电位 ψ 与 x 的关系（虚线）；图 4-5b 描述了半径为 100nm 的球形粒子在 $10^{-3}\text{mol} \cdot \text{dm}^{-3}$ 的 1-1 型电解质溶液中的 $\psi-x$ 曲线（实线）和半径为 10nm 球形粒子的 $\psi-x$ 曲线（虚线）。显然在同一条件下，半径越小的球形粒子双电层电位越小。图 4-5c 则描述了半径为 100nm 的球形粒子在 $10^{-3}\text{mol} \cdot \text{dm}^{-3}$ 的 1-1 型电解质溶液中（实线）及在 2-2 型电解质溶液中（虚线）的 $\psi-x$ 曲线。高价电解质使 ψ 值急剧下降。

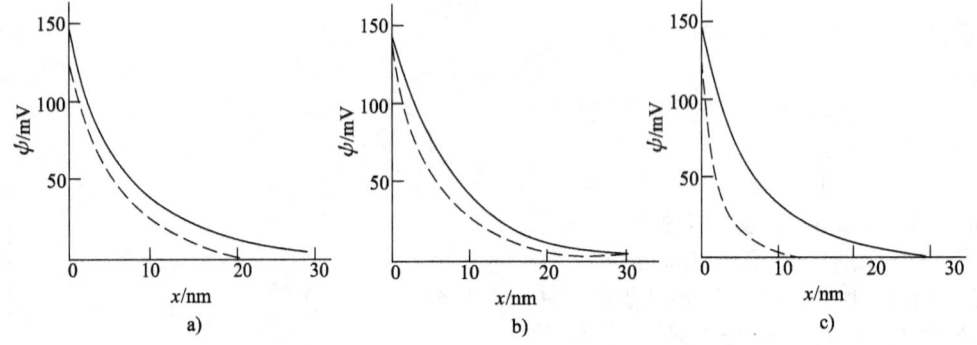

图 4-5 在 $\psi_0 = 154\text{mV}$ 时双电层电位 ψ 与距离 x 的关系 ($x = d - a$)

a) $10^{-3}\text{mol} \cdot \text{dm}^{-3}$ 1-1 型电解质的 $\psi-x$ 图：
实线为平面双电层；虚线为球面双电层（$a = 10\text{nm}$）

b) $10^{-3}\text{mol} \cdot \text{dm}^{-3}$ 1-1 型电解质的 $\psi-x$ 图：
实线为 $a = 100\text{nm}$ 球形粒子；虚线为 $a = 10\text{nm}$ 的球形粒子

c) $a = 100\text{nm}$ 球形粒子在 $10^{-3}\text{mol} \cdot \text{dm}^{-3}$ 浓度的溶液中的 $\psi-x$ 图：
实线为 1-1 型电解质；虚线为 2-2 型电解质

例 100ml 的 $0.001\text{mol} \cdot \text{dm}^{-3}$ AgNO$_3$ 溶液与等体积的 $0.002\text{mol} \cdot \text{dm}^{-3}$ KI 溶液在 25℃下反应，制备 AgI 溶胶，问：

(1) 确定此 AgI 溶胶带何种电荷。

(2) 求此溶胶的扩散双电层厚度 $1/\kappa$。

(3) 若所形成的 AgI 胶粒为半径 $a = 10\text{nm}$ 均匀球粒，且其表面电位 $\psi_0 = 25\text{mV}$，求距胶粒表面 $x = 10\text{nm}$ 处的电位 ψ。若为同样距离的平板粒子又如何？

解 (1) 根据 Fazans-Paneth 规则，AgI 胶核应先吸附多余 KI 溶液中 I$^-$，故 AgI 溶胶带负电荷。

(2)题中所给出 AgI 溶胶条件是 25℃,1-1 型电解质水溶液,符合方程式(4-16)使用条件。取 $z=1, c = (0.002 - 0.001)$ mol·dm^{-3} = 1 mol·m^{-3},代入式(3-16)得

$$\kappa = 1.039 \times 10^8 (1 \times 1^2)^{1/2} \text{m}^{-1} = 1.039 \times 10^8 \text{m}^{-1}$$

所以 $1/\kappa = 9.63$ nm。

(3)根据题给条件,可认为属低电位情况,故可采用方程式(4-30),取 $a = 1 \times 10^{-8}$ m, $d = x + a = (1+1) \times 10^{-8}$ m $= 2 \times 10^{-8}$ m 代入得

$$\psi = 25 \frac{10}{20} \exp[-1.039 \times 10^8 \times (2-1) \times 10^{-8}] \text{mV} = 4.43 \text{mV}$$

若为平板胶粒,则可以采用方程式(4-15)得

$$\psi = 25 \exp(-1.039 \times 10^8 \times 1.0 \times 10^{-8}) \text{mV} = 8.85 \text{mV}$$

可见,在同样表面距离条件下,球形胶粒的双电层电位比平面双电层电位低。在处理 $z\psi > 25$ mV 的胶体双电层时,用 Debye-Hückel 近似式所得结果不太理想,若采用方程式(4-21)来处理,效果会更好。

4.3 Stern 双电层理论

1924 年,Stern 提出双电层结构的一种新理论,这一理论至今看来仍然是正确的。Gouy-Chapman 理论虽然考虑到静电吸引力和热运动力的平衡,但是它没有考虑到固体表面上的吸附作用,尤其是特殊吸附作用。所谓特殊吸附是指某些离子具有足够大的静电引力、范德华力或其他吸引力以克服热运动力,从而使离子比较牢固地吸附在固体表面上。虽然这样的吸附是暂时的,但是是相对稳定的。这些吸附在固体表面上的离子,更确切地说应是溶剂化离子以及溶剂分子构成了固定层。由于这些吸附离子与固体表面结合比较牢固,因而可以把它看作是固体表面组成的一部分,甚至在外电场的作用下,它们之间也不会发生相对移动。当固体粒子向一电极移动时,这一固定层也跟着一齐移动。Stern 理论除了从特殊吸附的角度来校正 Gouy-Chapman 理论以外,还考虑到了离子具有一定大小。Gouy-Chapman 理论假设溶液中电解质离子为点电荷,它并不占有体积,因此它吸附在固体表面上并不会形成具有一定厚度的吸附层。但是事实上离子不但具有一定体积,而且会形成溶剂化离子,特别是在水溶液中更易形成水化离子。水化离子半径比离子更大。在这种情况下,离子中心是不可能落在固体表面上,而只能以水化半径的距离落在表面上。虽然 Stern 层内的水化离子受到强烈吸附力作用使其水化半径减小,甚至会使水化离子在靠近固体那一边没有水化层。但是特殊吸附离子或水化离子本身仍占有一定体积,因而提出了 Stern 的双电层理论。

根据 Stern 的双电层理论,双电层可以由一个称为 Stern 平面(实际上是一个假想平面)将它分成两部分:内层为 Stern 层,外层为扩散层。Stern 平面在大约距离固体表面为水化离子半径处。它是由吸附离子中心连线形成的假想面。但是当固体粒子在外电场作

用下,固定层与扩散层发生相对移动时的滑动面(又称剪切面)不是 Stern 面,而是在 Stern 面外水化离子半径稍远处,它与固体表面距离约一个分子或离子直径大小。它是实际存在的,一旦体系处于外电场作用下,这一滑动面就呈现出来。滑动面与固体表面所包围的空间称为固定层。双电层的厚度 $1/\kappa$ 则是假想 Stern 面以外的反号离子,反号离子如果都集中在一平面上而起到与原来同样的作用,则该假想平面与 Stern 面相距为 $1/\kappa$。所有这些情况都在图 4-6a 中表示出来,而相应于各个面的电位则在图 4-6b 中表示出来。固体表面电位 ψ_0 通常称为热力学电位或称 Nernst 电位,它可以直接从热力学的 Nernst 方程式求得。在固定层内,电位急剧从 ψ_0 降到 ψ_δ,再降到 ζ。ψ_δ 为 Stern 面上电位,称为 Stern 电位。ζ 为滑动面处的电位,称为 ζ-电位或电动电位,因为它可以通过电动现象直接测定。在扩散层内,则电位从 ζ 缓慢地降到零。

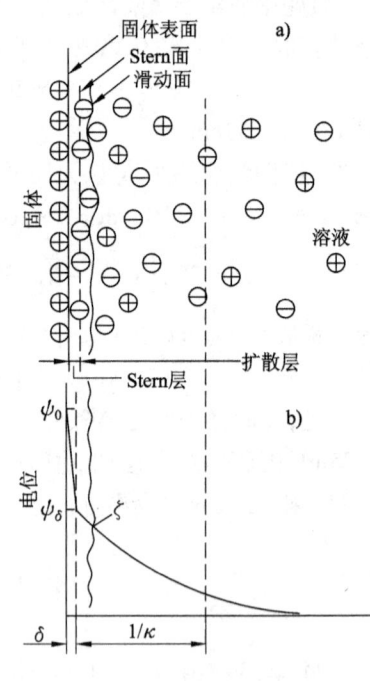

图 4-6 Stern 双电层模型

如果发生特殊吸附,则有可能使 Stern 电位 ψ_δ 和 ζ-电位改变符号或增大到比 ψ_0 还大。当固体表面吸附高价或表面活性剂反号离子时,则可能使 ψ_δ 和 ζ-电位反号,如图 4-7a 所示。相反,如果吸附表面活性剂同号离子,则会使 ψ_δ 和 ζ-电位增大,如图 4-7b 所示。这种表面活性剂同号离子的吸附在现实中是有可能发生的。如果固体表面吸引表面活性离子所降低的体系表面吉布斯函数数值足以补偿由于吸引同号离子产生排斥力而使其吉布斯函数升高的数值的话,则这种吸附必

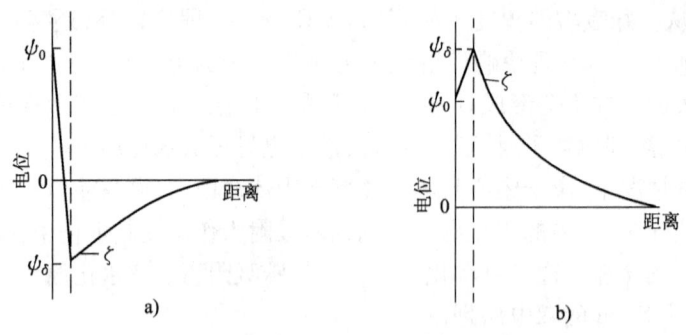

图 4-7 a)吸附高价或表面活性剂反号离子后电位的变化
b)吸附表面活性剂同号离子后电位的变化

然会自发发生。

Stern 的双电层模型与 Gouy 模型的明显区别在于前者认为双电层是由 Stern 层和扩散层所组成；而后者只有扩散层。这二者的扩散层的性质是一样的。同样可以用 Debye-Hückel 近似式或者用 Gouy-Chapman 方程式来解决。只不过此时的扩散层是从 Stern 面算起，以 ψ_δ 代替 ψ_0。故在此不再讨论扩散层内电位的变化而只讨论 Stern 层内电位变化的情况。

由于 Stern 层是由离子的特殊吸附所引起的，所以，Stern 认为在该层内被吸附的离子和溶液中离子之间的平衡可以用 Langmiur 等温吸附方程来处理。根据溶液吸附的 Langmiur 方程

$$\theta = \frac{ba_2}{ba_2 + 1} \tag{4-31}$$

式中　θ——吸附表面所占的分数；
　　　a_2——被吸附离子在溶液中的活度；
　　　b——常数，它比例于 Boltzmann 因子。

Boltzmann 因子中的能量项包括两部分：一部分是 Stern 层内离子的电能 $ze\psi_\delta$；另一部分是与吸附有关的特殊表面化学作用能 ϕ，所以

$$b \approx \exp\left(\frac{ze\psi_\delta + \phi}{kT}\right) \tag{4-32}$$

在 Stern 层中的两个面，固体表面和 Stern 面可以看作是平板电容器的两个面，因为这两个面是平行而相对固定的。平板电容的电位降可表示为

$$\frac{\psi_0 - \psi_\delta}{\delta} = \frac{\sigma_S}{\varepsilon_S} \tag{4-33}$$

式中　$(\psi_0 - \psi_\delta)$——电位降；
　　　δ——Stern 层厚度；
　　　σ_S——Stern 层表面电荷密度；
　　　ε_S——Stern 层内的介电常数。

若以 σ_S^0 表示饱和吸附时表面电荷密度，则吸附离子的表面积占总表面积的分数 θ 可表示为

$$\theta = \frac{\sigma_S}{\sigma_S^0} = \frac{ba_2}{ba_2 + 1} \tag{4-34}$$

将式(4-34)中 σ_S 值代入式(4-33)，得

$$\frac{\psi_0 - \psi_\delta}{\delta} = \frac{\sigma_S^0}{\varepsilon_S} \frac{ba_2}{ba_2 + 1} \tag{4-35}$$

这一方程式描述了在 Stern 层内电位降随溶液中被吸附离子的活度的增加而增大。当活

度足够大时,$ba_2 \gg 1$,即 $\frac{ba_2}{ba_2+1} \approx 1$,$(\psi_0 - \psi_\delta)$ 等于一常数。当溶液很稀、活度足够小时,$ba_2 \ll 1$,$\frac{ba_2}{ba_2+1} \approx ba_2$,故得 $\frac{\psi_0 - \psi_\delta}{\delta} = \frac{\sigma_S^0}{\varepsilon_S} ba_2$。

对同一固体表面来说,哪一种离子吸附最强?这取决于离子的性质。对异价离子来说,高价离子比低价离子的吸附力强;对同价离子来说,则离子半径越大,其水化能力越弱,水化离子半径越小,因此其吸附能力越强。

Stern 提出对 Gouy 双电层理论的吸附校正项是正确的。Stern 双电层模型更接近于实际情况,也解释了许多现象,但是要它定量解决一些问题还相当困难,因为理论中的一些参数难以确定。如式(4-35)中 ε_S 值,它是 Stern 层中介质的介电常数,在高压电场作用下,其值比正常介电常数小得多。另外 b 值也难以估计,因为 ϕ 值无法得知。

Stern 和 Gouy-Chapman 对双电层的处理都假设固体表面是个均匀的带电表面。但事实上表面电荷并非像在表面涂上一层电荷那么均匀,而是每个离子都独立地处在表面的一定位置上。当一个离子被吸附而进入固定层时,邻近的表面电荷要发生重排,这样就相当于在它上面施加一个附加电位 ϕ_β。因而 Stern 层内离子的电能应为 $ze(\psi_b + \phi_\beta)$。这种表面电荷的不连续效应使得问题更为复杂,但更符合实际情况。

4.4 电泳与 ζ-电位理论

前面所讨论的粒子带电情况,双电层的结构及其理论,是从静态的角度来考虑问题的;而下面各部分则是从动态的角度来讨论带电粒子在外电场作用下的情况以及外力作用下带电粒子的情况。在外电场作用下使固-液两相发生相对运动以及外力使固-液两相发生相对运动而产生电场的现象统称为电动现象。所有各种电动现象都与 ζ-电位直接相关。带电粒子在外电场作用下移动的速度与 ζ-电位有关。而这一关系除了受粒子本身性质影响外,还受介质性质的影响。如果固体是一个半径为 a 的球形不导电粒子,按照双电层理论,则在粒子外形成了厚度为 $1/\kappa$ 的双电层。描述球形粒子的大小可以用一无因次量 κa 来表示,这一数值实为球形粒子半径与双电层厚度之比率。其值的大小直接影响到粒子周围的流线(如果在外电场作用下,则为电力线)形状。图 4-8 描述了两种极限情况。图 4-8a 表示小 κa 值时的情况。无论是双电层厚度很大或粒子半径很小都会导致小 κa 值。此时带电粒子可以看作点电荷,它不会影响流线形状的变化。图 4-8b 表示大

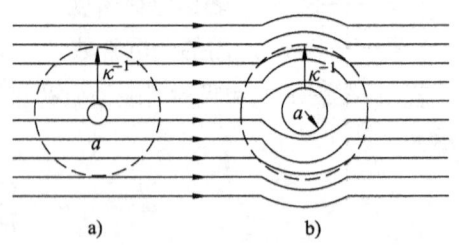

图 4-8 在电场中双电层厚为 $1/\kappa$,半径为 a 的不导电粒子周围的流线形状
a)κa 值很小的情况;b)κa 值很大的情况

κa 值时的情况,双电层厚度很小或者粒子半径很大都会导致这种情况的出现。此时流线形状发生变化。如果 κa 值足够大,则可以有效地看作平面来处理。

现就这两种极限情况进行讨论。

4.4.1 电泳的极限方程

1. 小 κa 值时的 ζ - 电位——Hückel 方程

当 $\kappa a < 0.1$ 时,球形粒子可看作点电荷处理且电力线不受影响。设半径为 a 的球形粒子所带净电量为 Q_e,在电场强度为 E 时,受到电场力 $Q_e E$ 的作用。当粒子受到这一力作用后,便产生加速运动。但是随着其运动速度的增加所受到的粘滞阻力也增大,最后达到电场力与粘滞阻力相等为止,此时粒子以恒定速度 v_E 运动。设球形粒子在液体中运动所受到的阻力服从 Stokes 定律,即阻力为 $6\pi\eta a v_E$。当它们平衡时有

$$Q_e E = 6\pi\eta a v_E \tag{4-36}$$

若以 u_E 表示单位电场强度下粒子的运动速度,这一速度称为粒子的移动速率,则有

$$u_E = \frac{v_E}{E} = \frac{Q_e}{6\pi\eta a} \tag{4-37}$$

式中,E 为电场强度,即单位电极距离的电场。其单位为 $V \cdot m^{-1}$。对简单离子来说,u_E 约为 $10^{-8} m^2 \cdot V^{-1} \cdot s^{-1}$。

粒子所带电量 Q_e 数值的大小及其与 ζ - 电位的关系可以通过下面剖析得到。ζ - 电位是滑动面上的电位,它可以近似地看作是两种电位相互作用的结果。例如一种是电动单元(对胶体体系来说就是胶粒)带正电量 $+Q_e$ 所产生的电位;另一种是双电层中可移动部分——扩散层所带负电量 $-Q_e$ 所产生的电位。这种剖析可用图 4-9 表示。

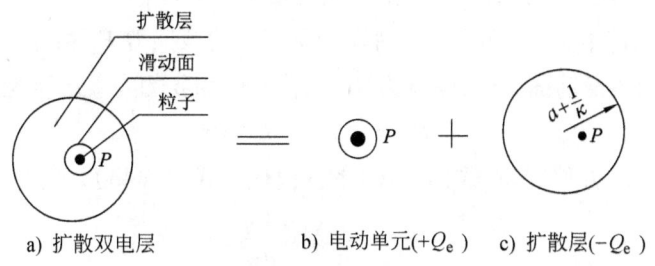

a) 扩散双电层   b) 电动单元($+Q_e$)   c) 扩散层($-Q_e$)

图 4-9 扩散双电层的剖析示意图

图 4-9a 为固体球形粒子完整扩散双电层模型。在滑动面 P 点上的电位即为 ζ -电位。从 P 点所受的静电场作用来看,它可以认为是由图 4-9b、c 两种情况所构成。在图 4-9b 情况中,P 点落在电量为 $+Q_e$ 的球面上。按静电学理论,在 P 点所产生的电位 ϕ_b 为

$$\phi_b = \frac{Q_e}{4\pi\varepsilon a} \tag{4-38}$$

在图 4-9c 情况中，P 点落在半径 $(a+1/\kappa)$ 的球体之中。按静电学理论，在带电量为 $-Q_e$ 的球体中的电位 ϕ_c 应为

$$\phi_c = \frac{-Q_e}{4\pi\varepsilon(a+1/\kappa)} \tag{4-39}$$

所以在扩散双电层中 P 点的电位（即 ζ-电位）应为

$$\zeta = \frac{Q_e}{4\pi\varepsilon a} + \frac{-Q_e}{4\pi\varepsilon(a+1/\kappa)} = \frac{Q_e}{4\pi\varepsilon a(1+\kappa a)} \tag{4-40}$$

因为 κa 值很小，故有 $1+\kappa a \approx 1$，所以

$$\zeta = \frac{Q_e}{4\pi\varepsilon a} \tag{4-41}$$

将方程式(4-41)中 Q_e 值代入方程式(4-37)中，得

$$u_E = \frac{\varepsilon\zeta}{1.5\eta} \tag{4-42}$$

这就是 Hückel 方程式。

实践证明，当 $\kappa a < 0.1$ 时，才算是小 κa 值，Hückel 方程才适用。在水为介质的悬浮液中，要达到这一条件不太容易。当粒子半径 $a=10^{-8}$m 时，在 1-1 型电解质中要达到 $\kappa a=0.1$，其浓度必须低于 10^{-5} mol·dm^{-3}。若在非水溶液中，由于电解质在非水溶液中离解度很低，要达到这一条件是容易的。

2. 大 κa 值时的 ζ-电位——Smoluchowski 方程

当 $\kappa a > 100$ 时，可以近似看作平面处理。现讨论在平行于固体表面方向加上外电场，其电场强度为 E。此时，固-液界面在滑动面处发生相对位移。当其运动速度达到恒定以后，它们所受到的静电力 F_1 和由于相对运动所产生的摩擦力 F_2 相等。假设固-液界面面积为 A，在距离固体滑动面 x 处，厚度为 dx，电荷密度为 ρ 的一液层所受到的静电力为

$$F_1 = EdQ = EA\rho dx \tag{4-43}$$

考虑到 Poisson 方程式，将式(4-10)的 ρ 值代入式(4-43)，则得

$$F_1 = -EA\varepsilon\frac{d^2\psi}{dx^2}dx \tag{4-44}$$

另外，距滑动面 x 处的摩擦力为 $\eta A\left(\dfrac{dv}{dx}\right)_x$，而距滑动面 $(x+dx)$ 处的摩擦力则为 $\eta A\left(\dfrac{dv}{dx}\right)_{x+dx}$。所以距离为 x，厚度为 dx 液层所受到的摩擦力为

$$F_2 = \eta A\left(\frac{dv}{dx}\right)_{x+dx} - \eta A\left(\frac{dv}{dx}\right)_x \tag{4-45}$$

因为

$$\left(\frac{dv}{dx}\right)_{x+dx} = \left(\frac{dv}{dx}\right)_x + \left(\frac{d^2v}{dx^2}\right)dx \qquad (4-46)$$

将式(4-46)代入式(4-45),并整理得

$$F_2 = \eta A\left(\frac{d^2v}{dx^2}\right)dx \qquad (4-47)$$

当作用力达到平衡时,静电力与摩擦力相等

$$-EA\varepsilon\left(\frac{d^2\psi}{dx^2}\right)dx = \eta A\left(\frac{d^2v}{dx^2}\right)dx \qquad (4-48)$$

如果液体粘度 η 和介电常数 ε 是固定值,则方程式(4-48)可以写成

$$-E\frac{d}{dx}\left(\varepsilon\frac{d\psi}{dx}\right) = \frac{d}{dx}\left(\eta\frac{dv}{dx}\right) \qquad (4-49)$$

不定积分,可得

$$-E\varepsilon\frac{d\psi}{dx} = \eta\frac{dv}{dx} + C \qquad (4-50)$$

式中 $\dfrac{dv}{dx}$ ——速度梯度;

$\dfrac{d\psi}{dx}$ ——电位梯度;

C ——积分常数,它可以通过下面的边界条件求得,当 $x = \infty$ 时,$\dfrac{d\psi}{dx} = 0$ 及 $\dfrac{dv}{dx} = 0$,故 $C = 0$。

对式(4-50)再进行定积分,积分的上、下限为:当与固体表面的距离从滑动面到双电层外层处,相应的电位变化为 $\zeta \to 0$,相应的速度变化为 $0 \to v_E$,故有

$$-E\varepsilon\int_0^\zeta d\psi = \eta\int_{v_E}^0 dv \qquad (4-51)$$

所以

$$E\varepsilon\zeta = \eta v_E \qquad (4-52)$$

若以粒子的移动速率 u_E 代替移动速度 v_E,则式(4-52)可以写成

$$u_E = \frac{\varepsilon\zeta}{\eta} \qquad (4-53)$$

这就是 Smoluchowski 方程式,它适用于 $\kappa a > 100$ 的情况。

将小 κa 的 Hückel 方程和大 κa 的 Smoluchowski 方程式比较,发现它们的形式完全一致,仅系数不同,因此可以用一通式表示

$$u_E = C\frac{\varepsilon\zeta}{\eta} \qquad (4-54)$$

式中,C 为依赖于 κa 数值的常数。当 $\kappa a < 0.1$ 时,$C = 1/1.5$;而当 $\kappa a > 100$ 时,$C = 1.0$;

但是当 κa 值为中等大小时，C 值不再是一个常数，而是一个与粒子大小及形状有关的函数。若以 a 对 κ 或浓度 c 作图，则可以得到一个描述 Hückel 方程和 Smoluchowski 方程的使用极限图，如图 4-10 所示，图中虚线方框范围为胶体大小范围。Hückel 方程适用于线的左下角；而 Smoluchowski 方程适用于线的右上角。在中间胶体范围的广大区域里，这两个方程都不适用。在中等 κa 值范围内，要采用 Henry 方程式。

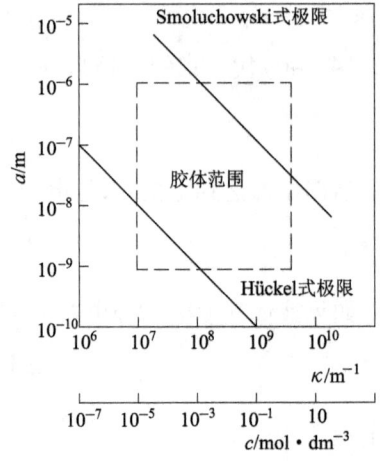

图 4-10 Hückel 方程和 Smoluchowski 方程应用极限图

例 平均直径为 $1\mu m$ 的 Fe_2O_3 粒子悬浮分散在含 $10^{-11} mol \cdot dm^{-3}$ 1-1 型有机电解质的二甲苯溶液中，25℃时用显微电泳法测得该粒子在电位梯度 $10V \cdot cm^{-1}$ 下 10s 走了 $12\mu m$ 距离。试求：

(1) 该溶液的 κ 值。

(2) 粒子的电泳速率 u_E。

(3) 粒子的 ζ-电位。

已知：二甲苯的相对介电常数 $\varepsilon_r = 2.3$，粘度 $\eta = 6.5 \times 10^{-4} Pa \cdot s$。

解 (1) 根据方程式(4-13)求 κ 值

$$\kappa = \left(\frac{e^2 N_A \sum_i c_i z_i^2}{\varepsilon k T} \right)^{1/2}$$

$$= \left(\frac{(1.6 \times 10^{-19})^2 \times 6.023 \times 10^{23} \times 2 \times 10^{-11} \times 10^3}{2.3 \times 8.854 \times 10^{-12} \times 1.38 \times 10^{-23} \times 298} \right)^{1/2} m^{-1}$$

$$= 6.07 \times 10^4 m^{-1}$$

(2) 将题给数据代入方程式(4-37)得

$$u_E = \frac{v_E}{E} = \frac{\frac{12 \times 10^{-6}}{10}}{10 \times 100} m^2 \cdot V^{-1} \cdot s^{-1} = 1.2 \times 10^{-9} m^2 \cdot V^{-1} \cdot s^{-1}$$

(3) 为了要确定选用计算 ζ-电位的方程式，先求

$$\kappa a = 6.07 \times 10^4 \times \frac{1}{2} \times 1 \times 10^{-6} = 3.04 \times 10^{-2}$$

因为 $\kappa a < 0.1$，所以选用 Hückel 方程式，即

$$\zeta = \frac{1.5 \eta u_E}{\varepsilon} = \frac{1.5 \times 6.5 \times 10^{-4} \times 1.2 \times 10^{-9}}{2.3 \times 8.854 \times 10^{-12}} V$$

$$= 0.0575 V$$

4.4.2 Henry 方程式

Henry 考虑到粒子的形状、导电性能以及"阻滞效应"推导出一个在中等 κa（$0.1 < \kappa a < 100$）范围内的电泳公式。所谓"阻滞效应"是指在外电场作用下,双电层扩散部分与"电动单元"作相反方向运动而导致液体产生局部反向流动所引起的阻碍作用。

对于不导电的球形粒子来说,Henry 推导出的电泳方程式为

$$u_E = \frac{\varepsilon \zeta}{1.5\eta} f(\kappa a) \qquad (4-55)$$

将式(4-55)与通式(4-54)比较,得

$$C = \frac{f(\kappa a)}{1.5}$$

函数 $f(\kappa a)$ 与粒子的形状和大小有关,并且是 κa 的单值函数。对于球形粒子来说,当 $\kappa a < 1$ 时,有

$$f(\kappa a) = 1 + \frac{(\kappa a)^2}{16} - \frac{5(\kappa a)^3}{48} - \frac{(\kappa a)^4}{96} + \frac{(\kappa a)^5}{96}$$
$$- \left[\frac{(\kappa a)^4}{8} - \frac{(\kappa a)^6}{96}\right] e^{\kappa a} \int_{\infty}^{\kappa a} \frac{e^{-t}}{t} dt \qquad (4-56)$$

当 $\kappa a > 1$ 时,有

$$f(\kappa a) = \frac{3}{2} - \frac{9}{2\kappa a} + \frac{75}{2(\kappa a)^2} - \frac{330}{(\kappa a)^3} \qquad (4-57)$$

在具体不同的 κa 值下的 $f(\kappa a)$ 函数值已列入表 4-2 中。

表 4-2 Henry 校正因子 $f(\kappa a)$ 与 κa 的关系

κa	$f(\kappa a)$	κa	$f(\kappa a)$
0	1.000	5	1.160
1	1.027	10	1.239
2	1.066	25	1.370
3	1.101	100	1.460
4	1.133	∞	1.500

从表中数据可见:当 κa 值很小时,$f(\kappa a) = 1.0$;而当 κa 值很大时,$f(\kappa a) = 1.5$。对于前者,方程式(4-55)还原为 Hückel 方程,而对于后者,则还原为 Smoluchowski 方程。在这两极限方程之间出现一平滑的过渡区。在这一区域内可以用 Henry 方程来描述。若以 Henry 校正因子 $f(\kappa a)$ 对 κa 作图,则得图 4-11 曲线 a。从 Hückel 方程求得 $\kappa a = 0.5$ 时的 ζ-电位和从 Smoluchowski 方程求得 $\kappa a = 300$ 时的 ζ-电位与相应由 Henry 方程求得的 ζ-电位比较只相差约 1%。由此可见 Henry 方程的正确性。

如果粒子是导电的球形粒子,则其 Henry 方程不同于方程式(4-55)的形式。因为导

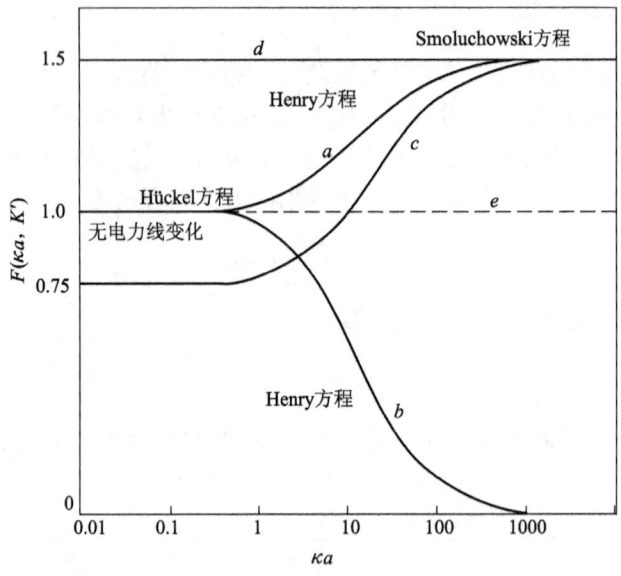

图 4-11　各种不同形状及导电性能粒子的 Henry 校正因子与 κa 关系
曲线 a——球形不导电粒子($\kappa' = 0$)
曲线 b——球形导电粒子($\kappa' = \infty$)
曲线 c——垂直于外电场不导电圆柱形粒子
曲线 d——平行于外电场不导电圆柱形粒子

电的和不导电的粒子对外加电场电力线的影响是极不相同的。图 4-12 中描述了导电粒子(a,b 图)和不导电粒子(c 图)对电力线影响的差异。而在导电粒子中,其电导率不同,则对电力线的影响也不相同。若以 L_p 表示粒子的电导率;L_0 为介质的电导率;它们的比率 $K' = \dfrac{L_p}{L_0}$,则图 4-12a 表示 $K' > 1$ 时,电力线变化的情况;图 4-12b 则为 $K' = 1$ 时,电力线的情况。即粒子的电导率与介质的电导率相同,电力线不受影响。

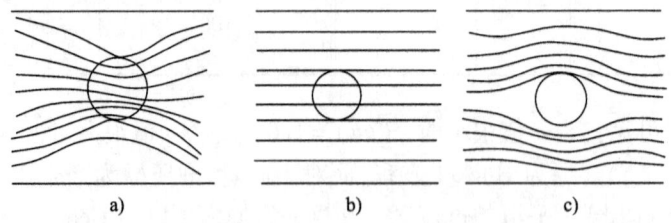

图 4-12　粒子和介质的电导率之比值对电力线的影响
a) $K' > 1$；b) $K' = 1$；c) 不导电粒子在导电介质中

Henry 推导出的不同导电率的球形粒子的电泳方程式为

$$u_E = \frac{\varepsilon\zeta}{1.5\eta}F(\kappa a, K') \quad (4-58)$$

式中

$$F(\kappa a, K') = 1 + 2L[f(\kappa a) - 1] \quad (4-59)$$

$$L = \frac{1-K'}{2+K'}; \quad K' = \frac{L_p}{L_0} \quad (4-60)$$

对于不导电的球形粒子来说，$K'=0$，因此 $L=\frac{1}{2}$。将此值代入式(4-59)，得 $F(\kappa a, K')=f(\kappa a)$，此时方程式(4-58)还原为式(4-55)，即图4-11中曲线 a。另一种极限情况是导电的球形粒子具有极大的电导率，即 $K'=\infty$。从式(4-60)可得 $L=-1$，这里有两种情况：一是当 $\kappa a \ll 1$ 时，由式(4-56)可见 $f(\kappa a)=1$，将 $L=-1$ 及 $f(\kappa a)=1$ 值代入式(4-59)，计算得 $F(\kappa a, K')=1$。即在 $\kappa a \ll 1$ 的情况下粒子的电导率并不影响其电泳行为。二是当 $\kappa a \gg 1$ 时，由式(4-57)可见 $f(\kappa a)=\frac{3}{2}$。将 $L=-1$ 及 $f(\kappa a)=\frac{3}{2}$ 数值代入式(4-59)，求得 $F(\kappa a, K')=0$，即 $\kappa a \gg 1$ 的高电导率球形粒子的电泳速率为零。在这两种情况之间的 κa 值导电球形粒子的 $F(\kappa a, K')$ 值在 $0 \sim 1$ 之间，如图4-11曲线 b 所示。此外还有一种特殊情况 $K'=1$，代入方程式(4-60)及式(4-59)求得 $L=0$ 和 $F(\kappa a, K')=1$，即此时在任何 κa 值下都可使用 Hückel 方程，如图4-11曲线 e 所示。方程式(4-55)与式(4-58)都称为 Henry 方程。Henry 推导这些方程式时作了如下的假设：第一，采用 Debye-Hückel 电解质理论的极限式；第二，在双电层内 ε 和 η 为常数；第三，外电场与双电层的电场是简单的叠加作用。但是实际上由于外电场的引入以及它们相互作用的结果使得双电层发生畸变。畸变的电场通过带电表面的反常电导——表面电导以及降低双电层的对称性——松弛效应来影响电泳速率。下面就这两个问题进行讨论。

4.4.3 表面电导及松弛效应

双电层中的扩散层，由于离子分布而导致这一区域的导电率超过电解质溶液中的导电率，这就是表面电导。它将会影响到靠近带电粒子表面的电场分布，因而影响到它的电动性质。当 κa 值很小时，表面电导对电动性质的影响可以忽略。因为粒子无论是导电的还是不导电的，外电场都几乎不受粒子电场的影响，这一点已在前面说明。但是当 κa 值增大时，表面电导影响明显，它会使 ζ-电位增大。对于大 κa 值的不导电球形粒子，F. Booth 和 D. C. Henry 推导出表面电导校正的电泳方程式

$$u_E = \frac{\varepsilon\zeta}{\eta}\left(\frac{L_0}{L_0 + (L_S/a)}\right) \quad (4-61)$$

式中 L_S——表面电导率；

L_0——电解质溶液电导率。

由该式可见：表面电导的出现会导致 ζ-电位的增大。但是当电解质浓度大于

$0.01\text{mol}\cdot\text{dm}^{-3}$时，$L_0$值增大以致表面电导的影响显得不太重要。

另一个效应是松弛效应。当无外电场作用时，带电粒子周围的反号离子的分布是对称的；但是在外电场作用下，由于带电粒子与反号离子的相对位移，使反号离子大部分落在移动粒子的后面。这样就使原来对称的双电层发生畸变。畸变了的双电层力图恢复原来的形状而对粒子施加一个阻滞力，这就是松弛效应。影响松弛效应有两个因素：ζ-电位和κa值。在低ζ-电位($\zeta<25\text{mV}$)的任何κa值下，松弛效应可以忽略；在κa很小($\kappa a<0.1$)或κa很大($\kappa a>300$)的任何ζ-电位下，松弛效应也可以忽略；在高ζ-电位或者中等κa值时，松弛效应的影响非常明显。要精确解决这

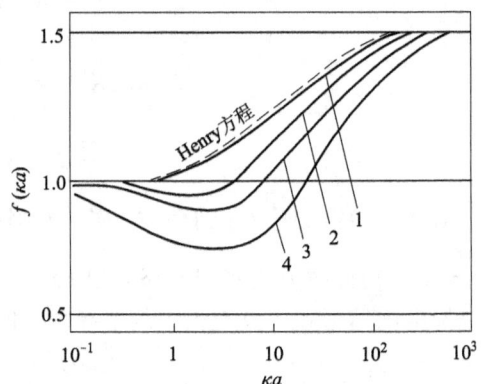

图4-13 球形粒子在1-1型电解质溶液中的$f(\kappa a)$-κa关系图

图中1,2,3,4曲线的ζ-电位分别为 25.6,51.2,76.8和102.4mV(25℃)

一影响，在数学上还存在着困难。但是随着电子计算机技术的发展，这些困难都逐步得到了解决。1966年P. H. Wiersema, A. L. Loeb和J. Th. G. Overbeek将有影响的因素如表面电导效应、松弛效应、阻滞效应都考虑进去而建立起了一组微分方程组，然后使用电子计算机得出其解，并作出不同ζ-电位下$f(\kappa a)$-κa的曲线，如图4-13所示。注意图中

$$f(\kappa a)=\frac{1.5\eta u_E}{\varepsilon\zeta}。$$

从图中各条曲线可见：①在低κa值时，$f(\kappa a)=1$，电泳方程式符合Hückel方程式；高κa值时，$f(\kappa a)=1.5$，电泳方程符合Smoluchowski方程。②在κa值很小或κa值很大时，松弛效应很小，可用Henry方程式。③ζ-电位越大，则松弛效应越大，与Henry方程式偏离越远。由此可见Henry方程式只适用于低ζ-电位的情况。

最后还要提及的是粒子的形状将会影响到电泳速率。前面所讨论的都是刚性球形粒子。如果粒子为圆柱状，则由于它具有不对称性而呈现出影响电泳的两个重要因素：一是粒子与电场的排列方向；另一是"端效应"，它是由于两端的离子特殊分布所引起的。在不考虑松弛效应的情况下，Henry推导出的不导电柱状粒子的电泳方程式为

$$u_E=\frac{2\varepsilon\zeta}{3\eta}g(\kappa a) \tag{4-62}$$

式中，$g(\kappa a)$为柱状粒子的Henry校正因子。如果柱状粒子平行于外电场，则在任何κa值下，$g(\kappa a)=1.5$，如图4-11中曲线d所示。如果柱状粒子垂直于外电场，那么随着κa值从小向大变化，$g(\kappa a)$从0.75变化到1.5。如图4-11曲线c所示。

至于其他不同形状的粒子也有不同的电泳方程式，在此不再阐述。

4.5 电渗与流动电位

4.5.1 电渗

电渗是指在外电场作用下液体相对于带电表面的移动现象,通常带电的固体表面可以是毛细管也可以是多孔塞。而电渗速度与毛细管的形状和大小有关。假设毛细管的横截面为圆形,且半径比双电层厚度大得多,若管壁带负电,则过剩的正离子积聚在与管壁相邻的液体中。如果在与管壁面平行的方向上加上外电场,那么液体将沿着毛细管的负极方向流动。液体在这一方向上的流动速度从剪切面上为零增加到与表面一定距离的最大值v。这一最大值v即为液体的电渗速度。图4-14描述了速度梯度和电位梯度随着与表面距离的变化情况。

通常采用半径为$10^{-5}<r<10^{-3}$m的毛细管来测定电渗。由于双电层厚度远比毛细管半径小,故有$\kappa r \gg 1$,且毛细管表面可以看作为平面。靠近管壁的固体层液体流速为零。而紧靠固定层的是变速层,液体流速从零变到电渗速度v,相应的电位从ζ变到零。由于变速层很薄,大约只有$3/\kappa$,所以管内液体的流速可以看作为v,并且可以应用大κa值时的Smoluchowski方程式来处理。根据方程式(4-52),得

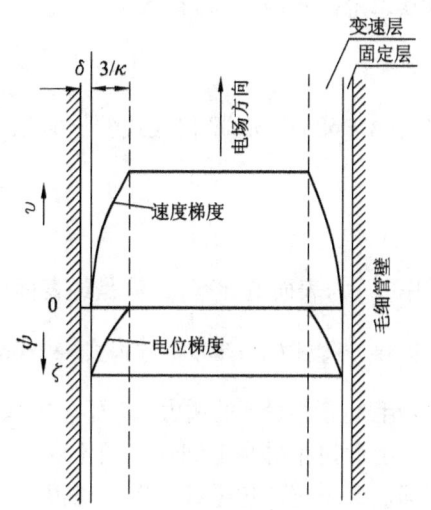

图4-14 毛细管中速度梯度与
电位梯度剖面图

$$v = \frac{E\varepsilon\zeta}{\eta} \tag{4-63}$$

式中 v——电渗速度,以线速度表示;
E——外加电场强度。

设V为体积流量,即单位时间内由于电渗所流出来的液体体积。而毛细管半径为r的横截面积为πr^2,则式(4-63)可写成

$$V = \pi r^2 v = \pi r^2 \frac{E\varepsilon\zeta}{\eta} \tag{4-64}$$

根据欧姆定律

$$\pi r^2 E = \frac{I}{L_0} \tag{4-65}$$

式中 I——电流强度。

将式(4-65)代入式(4-64),得

$$V = \frac{\varepsilon \zeta I}{\eta L_0} \quad (4-66)$$

这就是电渗速度方程。通过测定电渗体积流量 V,则可计算出 ζ - 电位值。

上面公式在推导过程中假设毛细管液体中电流是处处相同的。但事实上在扩散层中的电导率比电解质溶液体相电导率大,因而出现"表面电导"现象。因此毛细管中溶液的电流 I 包含溶液体相的电流 I_0 和表面电流 I_S,即

$$I = I_0 + I_S \quad (4-67)$$

将欧姆定律式(4-65)代入上式,得

$$I = \pi r^2 E L_0 + 2\pi r E L_S = \pi r^2 E \left(L_0 + \frac{2L_S}{r} \right) \quad (4-68)$$

将式(4-68)中 $\pi r^2 E$ 代入式(4-64),得

$$V = \frac{\varepsilon \zeta I}{\eta \left(L_0 + \dfrac{2L_S}{r} \right)} \quad (4-69)$$

式中,L_S 为表面电导率,这就是经表面电导率校正后的电渗方程。

将方程式(4-69)与方程式(4-66)比较,实际上多了一项表面电导率的校正项 $\dfrac{2L_S}{r}$。随着毛细管半径 r 的增大,表面电导率校正项减小。当 $r \to \infty$ 时,该校正项消失。

上面讨论的是毛细管半径比双电层厚度大得多的情况,因而可以把毛细管表面看作平面。又由于两边毛细管壁距离很大,它们相应的双电层不会发生重叠,所以毛细管中心大部分地区的电位为零,如图 4-14 所示。但是,若毛细管很小,则既不能把它的表面看作为平面,又会出现两个对应面双电层的重叠而影响到电渗速度。1965 年 C. L. Rice 和 R. Whitehead 研究了圆柱状窄毛细管的电渗,并得出其电渗方程式为

$$V = \pi r^2 \frac{E \varepsilon \zeta}{\eta} F(\kappa r) \quad (4-70)$$

与方程式(4-64)相比,上式多了一项校正项 $F(\kappa r)$,这一校正项是 κr 是单值函数。$F(\kappa r)$ 与 $\lg \kappa r$ 之间的关系曲线如图 4-15 所示。

如果电渗是在多孔塞内进行的,则其电渗流出的体积仍可用方程式(4-64)来描述,只要液体流动是层流,而这一条件在普通的电渗实验中是容易达到的。

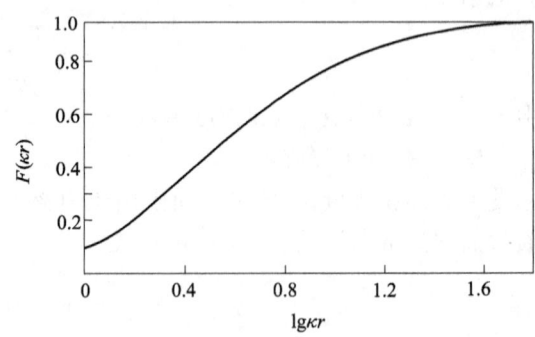

图 4-15 校正因子 $F(\kappa r)$ 与 $\lg \kappa r$ 之间的关系

4.5.2 流动电位

流动电位现象是电渗的逆过程。当液体受压力作用通过毛细管时,靠近毛细管壁双电层中的扩散层带着反电荷也跟着向管的一端流动,这样便形成了流动电流 I_s。由于扩散层的流动使电荷积聚,并因此而建立起一个电场。这个电场会导致液体体相中出现反向电流——电导电流 I_c。当 $I_c = I_s$ 时,即建立稳态平衡。此时在毛细管的两端产生一个静电电位,这就是流动电位,它是液体所受外压力的函数。

当毛细管半径 r 远大于双电层的厚度时,则毛细管壁可看作平面且相对应二平面的双电层不会重叠。这一毛细管图形如图 4-16 所示。

从图可见,毛细管半径为 r,长度为 l。沿平行于轴线 OO 加一压力 p 使管内液体发生流动,其流速 $v(y)$ 是与中心轴线距离 y 的函数。在距离中心轴线 y 处液层受到两种力的作用:一是外压力 p 作用下的流动力 F_1

$$F_1 = \pi y^2 p \tag{4-71}$$

另一是该液层流动时与邻近液层有一速度梯度,因而产生粘滞阻力 F_2

$$F_2 = 2\pi y l f \tag{4-72}$$

式中,f 为剪切应力。若液体服从牛顿粘性定律 $f = \eta\left(-\dfrac{dv}{dy}\right)$(式中负号表示 v 随着 y 增大而减小),将它代入式(4-72),可得

$$F_2 = -2\pi y l \eta \frac{dv}{dy} \tag{4-73}$$

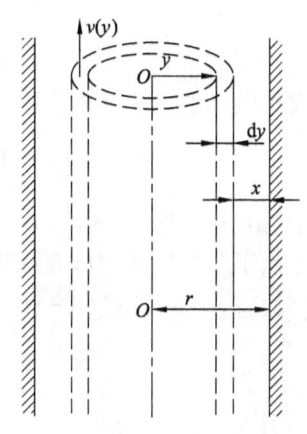

图 4-16 半径为 r 的毛细管图

当达到稳态流动时,$F_1 = F_2$,即

$$\pi y^2 p = -2\pi y l \eta \frac{dv}{dy}$$

移项整理后,得

$$dv = -\frac{p y dy}{2\eta l} \tag{4-74}$$

在边界条件为:$y = r$ 时,$v = 0$,对式(4-74)进行积分,得

$$v = \frac{p}{4\eta l}(r^2 - y^2) \tag{4-75}$$

这就是著名的 Possuille 方程。它描述了液体在毛细管中距中心轴为 y 处液层的流速。液体在管道中的流动也符合这一规律。它也可以表示成另一种形式。因为 $y = r - x$,故式(4-75)可以写成

$$v = \frac{p(2rx - x^2)}{4\eta l} \qquad (4-76)$$

式中 x——液层与管壁的距离。

如果以体积流量代替电渗流的线速度,则在单位时间内流过半径为 $r-x$,厚度为 $\mathrm{d}y$ 的空心圆柱体的液体体积为 $\mathrm{d}V$,它等于环的面积乘上电渗流的线速度。环的面积 A 为

$$A = \pi(y + \mathrm{d}y)^2 - \pi y^2 = 2\pi(r-x)\mathrm{d}y \qquad (4-77)$$

故体积流量为

$$\frac{\mathrm{d}V}{\mathrm{d}t} = 2\pi(r-x)\mathrm{d}y \cdot v \qquad (4-78)$$

以 $\mathrm{d}y = -\mathrm{d}x$ 用式(4-76)的 v 值代入式(4-78),得

$$\frac{\mathrm{d}V}{\mathrm{d}t} = -\frac{\pi p(2rx - x^2)(r-x)}{2\eta l}\mathrm{d}x \qquad (4-79)$$

这就是电渗的体积速度方程式。在这空心圆柱体中相应的流动电流为

$$I_S = \int \rho \frac{\mathrm{d}V}{\mathrm{d}t} = \int -\frac{\pi \rho p(2rx - x^2)(r-x)}{2\eta l}\mathrm{d}x \qquad (4-80)$$

式中 ρ——电荷密度。

由于双电层离固体表面很近,因此流动电流局限于紧靠毛细管壁处,即在 x 值很小处。故有 $r - x \approx r$,式(4-80)可以简化为

$$I_S = -\int \frac{\pi p r^2}{\eta l} x \rho \mathrm{d}x \qquad (4-81)$$

引入 Poisson 方程式(4-10)以消去 ρ 值,并且在 x 从 $r \to 0$(相应 I_S 从 $0 \to I_S$)范围内进行积分

$$I_S = \int_r^0 \frac{\pi p r^2 \varepsilon}{\eta l} \frac{\mathrm{d}^2 \psi}{\mathrm{d}x^2} x \mathrm{d}x \qquad (4-82)$$

利用边界条件:$x=0$ 时,$\psi = \zeta$ 以及 $x=r$ 时,$\frac{\mathrm{d}\psi}{\mathrm{d}x} = 0$,积分式(4-82),得

$$I_S = \frac{\pi p r^2 \varepsilon}{\eta l}\left[\left(x\frac{\mathrm{d}\psi}{\mathrm{d}x}\right)_{x=0}^{x=r} - \int_0^r \frac{\mathrm{d}\psi}{\mathrm{d}x}\mathrm{d}x\right] = \frac{\pi p r^2 \varepsilon}{\eta l}\zeta \qquad (4-83)$$

这就是流动电流方程式,它描述了流动电流 I_S 和 ζ-电位的关系。

相应的流动电位 E_S,即长度为 l 的毛细管两端电位差,可以用欧姆定律来描述。

$$E_S = \frac{I_S l}{L_0 A} \qquad (4-84)$$

式中,A 为毛细管的横截面积。对截面为圆形的毛细管 $A = \pi r^2$。

将式(4-83)代入式(4-84),得

$$E_S = \frac{p\varepsilon\zeta}{\eta L_0} \qquad (4-85)$$

如果进一步考虑表面电导的影响,并引用式(4-68)。此时该式中 $I=I_S$,$E=\dfrac{E_S}{l}$,因为电场强度 E 是单位长度的电位差。由于式(4-68)中 I_S 值与式(4-83)中 I_S 相等,故有

$$E_S = \frac{p\varepsilon\zeta}{\eta}\left(\frac{1}{L_0 + \dfrac{2L_S}{r}}\right) \tag{4-86}$$

这就是考虑到表面电导影响因素的流动电位方程式。通过流动电位的测定也可以从该式求得 ζ-电位。对20℃水溶液来说,$\eta=10.09\times10^{-4}$Pa·s,$\varepsilon_r=78.5$。取 p 的单位为 Pa;L_0 及 L_S 的单位为 s·m^{-1};ζ 和 E_S 的单位为 V;r 的单位为 m,则有

$$\zeta = 1.45\times 10^6 \times \frac{E_S}{p}\left(L_0 + \frac{2L_S}{r}\right)$$

若将电渗方程式(4-69)与流动电位方程式(4-86)联立求解,得

$$\frac{E_S}{p} = \frac{V}{I} = \frac{\varepsilon\zeta}{\eta\left(L_0 + \dfrac{2L_S}{r}\right)} \tag{4-87}$$

这一关系式把两种相逆过程的电动现象联系起来。它说明了在单位压力作用下产生的流动电位与在单位电流的外电场作用下流出液体的体积是等价的。

对于细小的圆柱形毛细管的流动电位,则必须进行校正。因为细小毛细管的管壁不能看作是平面,而且相对面的双电层发生重叠,从而干扰流动电位。1965年 Rice 等提出细小圆柱形毛细管的流动电位方程式为

$$\frac{E_S}{p} = \frac{\varepsilon\zeta}{\eta L_0}F(\kappa r) \tag{4-88}$$

式中,$F(\kappa r)$ 为校正因子,它是 κr 的单值函数,并可由图4-15确定其数值。

4.6 电渗参数的测量

4.6.1 电渗参数的测量

主要测量的电渗参数有两个:一是单位时间内由于电渗作用流出来的液体体积;另一是电渗速度。

1. 电渗流出的液体体积的测量

测量电渗流出的液体体积,一个最常用的方法是观察与它连结的毛细管弯月面的移动。常用的装置如图4-17所示。

当加上外电场后电渗开始,电渗流从多孔塞的一端通过多孔塞进入另一端。与此同时,产生一个反向静水压力差,迫使液体反向流动。这一流动既可通过多孔塞,也可通过

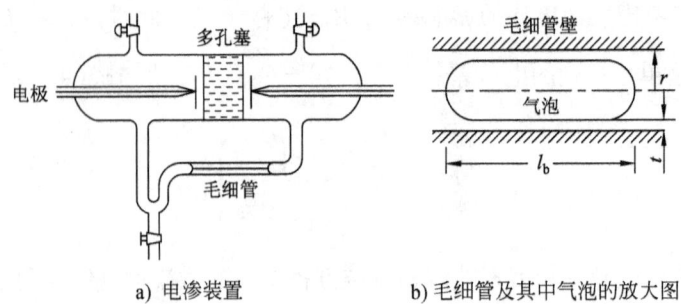

a) 电渗装置　　　　b) 毛细管及其中气泡的放大图

图 4-17　毛细管法测电渗体积流量

装置下面的观察毛细管,迫使气泡移动。如果多孔塞的阻力远大于毛细管的阻力,这时在毛细管中所观察到的速度即为真正的电渗速度。Fairbrother F 等认为:电渗的体积流量可以用气泡移动速度乘上气泡的横截面积表示。注意不是毛细管的横截面积。从图4-17b可见,在气泡和毛细管壁之间还有一层厚度为 t 的静止液层,在发生电渗流时,这层液体是不动的,移动的只是中间的气泡,它的移动速度是可以直接测量的。问题是如何确定气泡的横截面积,亦即确定固体液层的厚度 t。Fairbrother 提出一个经验公式。

$$t = \frac{r}{2}\left(\frac{v\eta}{\sigma}\right)^{1/2} \tag{4-89}$$

式中　r——毛细管半径;
　　　v——气泡移动速度;
　　　η——液体的粘度;
　　　σ——液体与空气接触的界面张力。

由此可见,通过气泡移动速度 v 的测量,就可以由式(4-89)计算出 t 值,即求得气泡的横截面积。从而可以得到电渗的体积流速。

2. 电渗速度的测量

为了能够观察电渗速度,可以在一密闭池中引入一些起标记作用的微粒。这样可以直接用显微镜观察在外电场作用下粒子移动的速度,从而确定其电渗速度。如果密闭的电渗池采用圆柱形,在外电场作用下,带电粒子在池中向一电极方向移动;同时,靠近池壁的液体则向另一方向流动,这就是电渗流。由于电渗池是封闭的,故液体必然在池的中心产生回流。如图 4-18 所示。

从图中可见:粒子的观察速度 v_P 和液体流速 v_L 都与池的深度有关。v_P 可以看作是由两种速度叠加所组成,一是粒子相对于静止液体的电泳速度 v_E;另一是液体相对于静止液层的速度 v_L。因此有

$$v_P = v_L + v_E \tag{4-90}$$

v_P 和 v_L 与深度 y 有关,y 为与圆柱中心轴线的距离,而 v_E 与深度 y 无关。在靠近池

壁处出现电渗流,其方向与粒子移动方向相反,故 v_L 为负值。在池壁面上,即 $y=r$ 时,$v_L=v$,v 为液体电渗速度。在靠近池的中心轴处出现液体回流,其方向与粒子移动方向相同,故 v_L 为正值。由此可见,从池壁到中心轴,液体流速从负到正。在某一深度处,必然出现液体流速为零的液层——静止液层。此时 $v_L=0$,从式(4-90)可见 $v_P=v_E$,即粒子的观察速度就是其电泳速度。这一液层的深度可通过下面的处理来确定。

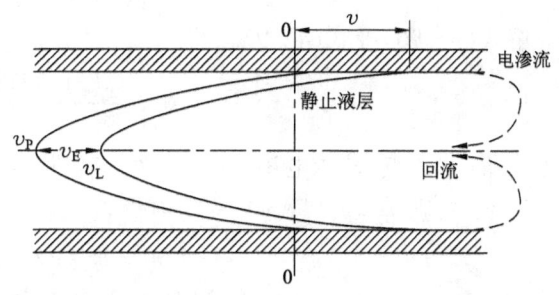

图 4-18 电渗池中液体流动情况及粒子观察速度 v_P 和液体流速 v_L 与池深度关系示意图

从图 4-18 可见,粒子的观察速度是以中心轴为对称呈一抛物线形状,故而可以用抛物线方程式来描述之,这样式(4-90)可写成

$$v_P = v_L + v_E = by^2 + c \tag{4-91}$$

式中 b,c——与中心轴距离 y 无关的常数。

因为电渗池是密封的,且假设池是圆柱状。其几何尺寸关系如图 4-16 所示。所以总的体积流量应该为零,即

$$\int_0^r 2\pi y v_L \mathrm{d}y = 0 \tag{4-92}$$

将式(4-91)中 v_L 值代入式(4-92)并积分得

$$b\frac{r^4}{4} + (c - v_E)\frac{r^2}{2} = 0 \tag{4-93}$$

移项整理式(4-93),得

$$(c - v_E) = -\frac{b}{2}r^2 \tag{4-94}$$

联立式(4-91)与式(4-94),得

$$v_L = by^2 - \frac{b}{2}r^2 \tag{4-95}$$

在静止层上 $v_L=0$,从式(4-95)可得:$y_0 = \frac{r}{\sqrt{2}} = 0.707r$。即在圆柱形电渗池中距中心轴为 $0.707r$ 处的液层为静止层,液体流速为零,此时所测得的粒子速度 v_P 即为电泳速度 v_E。而电渗速度 v 可通过下法求得。

首先测定粒子在池壁上的速度 $v_P(r)$,按式(4-90)有

$$v_P(r) = v + v_E \tag{4-96}$$

然后再测定粒子在池的中心轴线上的速度 $v_P(0)$。同样,按式(4-90)有

$$v_P(0) = v_E - v \tag{4-97}$$

联立解式(4-96)及式(4-97),得

$$v = \frac{v_P(r) - v_P(0)}{2} \tag{4-98}$$

这就是所谓"二点法"求电渗速度 v。为了较准确求得 v 值,可采用多点法。

取 $y = r$,则 $v_L = v$,按式(4-91)有

$$v = br^2 + c - v_E \tag{4-99}$$

将式(4-99)中$(c - v_E)$值代入式(4-94),整理得

$$b = \frac{2v}{r^2} \tag{4-100}$$

将式(4-100)代入式(4-95),整理得

$$v_L = v\left(\frac{2y^2}{r^2} - 1\right) \tag{4-101}$$

再将式(4-101)式代入式(4-90),并以 $y = r(1-2x)$ 的数值代入,简化后得

$$v_P = (v_E + v) + 8v(x^2 - x) \tag{4-102}$$

式中,$x = \frac{1}{2}\left(1 - \frac{y}{r}\right)$。实验测定一系列不同深度的 v_P 值,并得相应 x,然后以 v_P 对 $(x^2 - x)$ 作图得一直线,直线斜率等于 $8v$,从而求得电渗速度 v。

前面用的是圆柱形电渗池,若采用其他形状的电渗池,可以用同样方法处理,但所得的结果不相同。例如对于长方形的电渗池,若池的宽度与深度之比大于20,这时求得的静止液层是在 $y_0 = 0.211h$ 及 $0.789h$ 处,其中 h 为池中液体的高度。若电渗池宽度与深度之比小于20。则静止层的位置可由下式确定。

$$\frac{y_0}{h} = 0.500 \pm \left[\frac{1}{12} + \left(\frac{2}{\pi}\right)^5\left(\frac{h}{l}\right)\right]^{1/2} \tag{4-103}$$

式中　y_0——静止层距上、下池壁的距离;

　　　h——电渗池中液体高度,即电渗池深度;

　　　l——电渗池宽度。

若用多点法求电渗速度,则有类似公式

$$v_P = (v_E + v) + 6v(x^2 - x) \tag{4-104}$$

式中,$x = \frac{1}{2}\left(1 - \frac{y}{h}\right)$,从 v_P 与 $(x^2 - x)$ 作图所得直线的斜率求得 v。

这里提出一种特殊情况:若用同一种物质(如蛋白质)将池壁及胶体粒子覆盖,则它们具有相同的电行为。粒子对液体的相对速度——电泳速度等于液体对池壁的相对速度——电渗速度,但方向相反,即 $v_E = -v$。此时测得的电泳速度即为电渗速度。

4.6.2 电泳参数的测量

测定电泳参数主要是测定电泳速度,因为从电泳速度可以计算出 ζ – 电位。测量电泳速度的方法很多,这里主要介绍显微电泳技术及电泳光散射技术。

1. 显微电泳技术

它是利用超显微镜或者一般光学显微镜直接观察粒子在外电场作用下的移动速度。这种方法不但能直接观察粒子的运动情况,而且可以任意选择不同大小粒子进行测量;可以研究极稀的溶胶;测量的时间短且灵敏度较高。但是正如前面所述,并不是在电泳池中任一处位置所观察到的粒子移动速度都是电泳速度,因为有液体流的影响。只有在静止层处,即液体流为零处所观察到粒子的速度才是电泳速度。因此,测量时首先要计算和确定静止层位置。

但是,如果使用单个电泳池则由于池壁液体出现电渗流从而使池心的液体形成反向回流,液体流速是池深度的抛物线函数。从图 4-18 可清楚看到,在静止层处的速度梯度是相当大的,只要观察深度略偏离静止液层,所测得的 v_P 就与 v_E 有大的偏差。为了解决这一问题,M. E. Smith 设计了双管圆柱状电泳池,如图 4-19 所示。

图 4-19 双管电泳池顶视图

从图可见,双管圆柱形电泳池是由大小和长度都不同的两根平行圆管所构成。这样可以使得大部分回流液体通过大管 T_2,而小部分回流液体通过小管 T_1,但这也被小管的电渗流所抵消。所以在小管 T_1 的中心轴线处的液体不流动,且在这一深度上的速度梯度为零。小管 T_1 是观察管,在其中心轴线上测得的粒子速度即为电泳速度。而且测量深度的稍微误差也不会引起观察粒子速度明显的变化。

Smith 推导出要满足细管 T_1 的中心轴上液体不流动的条件是 T_1, T_2 两管的尺寸必须满足下列条件

$$\frac{L_2}{L_1} = A^2(A^2 - 2) \qquad (4-105)$$

式中, L_1, L_2 分别为细管 T_1 和大管 T_2 的长度; $A = \dfrac{r_2}{r_1}$, r_1, r_2 分别为细管与大管的半径。例如细管 T_1 的 $L_1 = 0.1\,\mathrm{m}$, $r_1 = 3 \times 10^{-4}\,\mathrm{m}$;而大管 T_2 的 $r_2 = 4.8 \times 10^{-4}\,\mathrm{m}$,则应选择其长度 L_2 为 $1.434 \times 10^{-1}\,\mathrm{m}$ 才能使细管的中心轴液体流速为零。

值得一提的是,要消除电渗流影响的更好方法是采用一种适当的聚合物,覆盖在电泳

池内的表面上。例如1974年,C. J. Van Oss 等使用琼脂醋(一种多糖)将电泳池的内壁及两端覆盖,完全消除了电渗。这样粒子移动的速度与池深度无关。

2. 电泳光散射技术

电泳光散射是一种较新的技术。它除了用于测定电泳迁移率以外,还有多种用途。

电泳光散射是将激光光散射与显微电泳技术结合起来的新技术。由于显微电泳不容易精确测定粒子的位移,而激光光散射正好弥补了这一点,所以这种新技术实际上是用激光光散射测定粒子在外电场作用下的位移,以获得其精确的电泳速度。它具有测量速度快、分辨率高和适应范围宽等优点。

在无外电场作用下散射光的频谱方程式为

$$I(\omega) = NA^2 \frac{DK^2/\pi}{(\omega - \omega_0)^2 + (DK^2)^2} \quad (4-106)$$

式中 $K = \frac{4\pi n}{\lambda_0} \sin \frac{\theta}{2}$,称为光散射矢量;

λ_0——入射光在真空中的波长;

n——介质折光指数;

θ——散射角;

ω, ω_0——分别为散射光及入射光的角频率;

D——扩散系数;

A——几何振幅因素;

N——散射中心数目。

当有外电场作用下,由于散射中心——带电粒子发生位移,使散射光的频谱发生"Deppler"漂移,其漂移大小比例于粒子的电泳速度。因而可以从频谱的漂移来确定电泳速度。在有外电场作用下的散射光的频谱方程式为

$$I(\omega) = NA^2 \frac{DK^2/\pi}{(\omega - \omega_0 + K_x u_E E)^2 + (DK^2)^2} \quad (4-107)$$

式中 K_x——光矢量在粒子移动方向上的分量,即

$$K_x = K \cdot \cos \frac{\theta}{2};$$

u_E——电泳速率;

E——外加电场强度。

图4-20描述了无外电场存在下及有外电场存在下的频谱线。

从图可见,加了外电场后散射光的频谱线的形状并没有改变,仅仅发生了中心频率漂移。从无外加电场时的中心频率为$(\omega - \omega_0)$漂移到有外加电场时的中心频率为$(\omega - \omega_0 + K_x u_E E)$处。因此,所产生的频率漂移 $\Delta \omega = K_x u_E E$。由实际可测定出 $\Delta \omega, K_x$ 及 E,从而可以确定电泳速率 u_E。

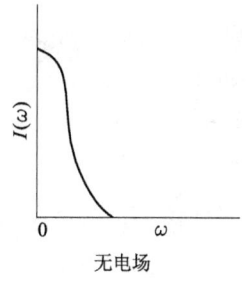
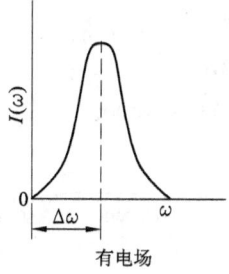

图 4-20 无电场存在及有电场存在时散射光频谱线

电泳光散射的分辨率 R 定义为频率漂移 $\Delta\omega$ 与频谱线的半峰高半波宽 Γ 的比率。而 $\Gamma = DK^2$，故此

$$R = \frac{K_x u_E E}{DK^2} = \frac{\lambda_0 u_E E \cos\frac{\theta}{2}}{4\pi n D \sin\frac{\theta}{2}} \qquad (4-108)$$

从式(4-108)可见，要提高电泳光散射的分辨率，一是增加式中分子值，即使散射矢量 K 尽量平行于带电粒子移动方向，使 K_x 得到最大值；另一是减少分母值，即用小角光散射进行实验。由此可见，具有最大分辨率的电泳光散射应该是在外电场的电力线与入射光相互垂直下进行小角散射。此外，式(4-108)还指出了分辨率随着电场强度、入射光的波长及粒子的电泳速率的增大而增大；而随着扩散系数的增加而减小。粒子的电泳速率与其所带电荷成正比；扩散系数则与温度成正比。所以低温、高电荷粒子的条件有利于提高电泳光散射的分辨率。图 4-21 描述了一种血清蛋白溶液(pH = 9.4)在 10℃，散射角 $\theta = 3°25'$ 以及电场强度分别为 $0V \cdot m^{-1}$，$10000V \cdot m^{-1}$ 和 $17500V \cdot m^{-1}$ 情况下的电泳光散射频谱线。

从图可见，在无外电场作用时，光散射的频谱线只有一个峰值。其半峰高半波宽为 $6.9Hz$，从而可以求得其扩散系数 $D = 6 \times 10^{-11} m \cdot s^{-1}$。当加上外电场后，原来的一个峰分为两个峰。而且随着外电场强度的增加，两个峰有更大漂移，分辨率 R 也从 8 提高到 14。从中心频率的漂移，可以确定它们的电泳速率 u_E。相对于第一个峰的 $u_E = 24.8 \times 10^{-9} m^2 \cdot s^{-1} \cdot V^{-1}$，这是该血清蛋白二聚体的电泳速率，由于它的尺寸较大，中心频率漂移较小，电泳速率也较小；而相对于第二个峰的 $u_E = 35.6 \times 10^{-9} m^2 \cdot s^{-1} \cdot V^{-1}$，这是该血清蛋白单体的电泳速率。由于它尺寸较小，中心频率漂移较大，电泳速率也较大。由于这两者的电泳速率相差不大，所以在普通的电泳实验中无法将它们区分，而电泳光散射却能够做到这一点。

电泳光散射的原理是利用光散射来研究带电粒子在外电场作用下的位移速度，因此其装置是激光光散射仪和显微电泳仪的结合。图 4-22 是一种典型的电泳光散射仪示意图。

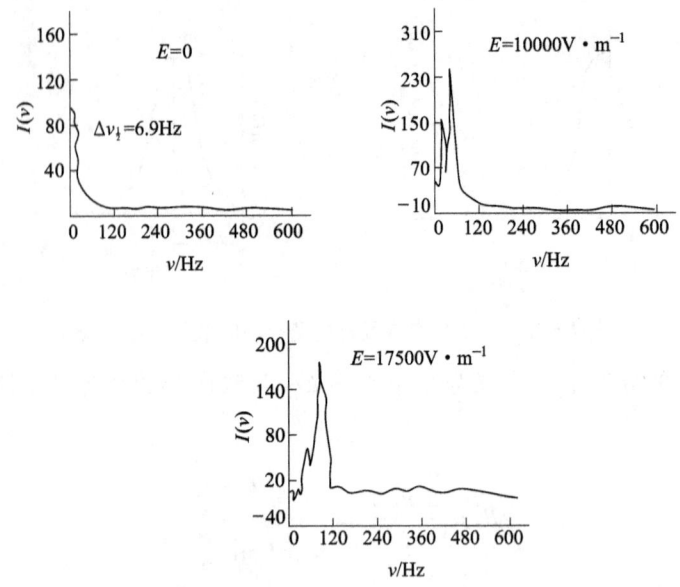

图 4-21 一种血清蛋白在 $0\text{V} \cdot \text{m}^{-1}$, $10000\text{V} \cdot \text{m}^{-1}$ 及 $17500\text{V} \cdot \text{m}^{-1}$ 电场作用下进行电泳光散射实验所得的频谱图

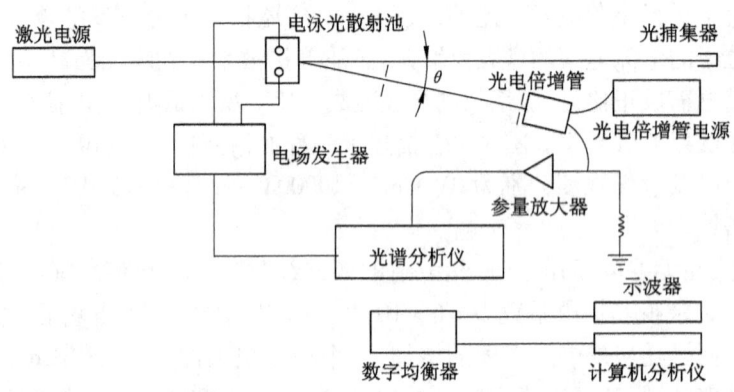

图 4-22 电泳光散射装置示意图

这种电泳光散射仪有几个特点：

(1) 光源为激光光源。其目的是为了提高入射光的强度及单一性，从而提高光散射的分辨率。

(2) 带有电极的光散射池。要求入射的激光能够通过并且垂直于外电场，使它具有最大分辨率。

(3) 进行小角光散射，这样可以提高其分辨率。

(4)光散射的检测装置采用"差拍光谱技术",这样能使10Hz左右的中心频率漂移都能分辨出来。

最后还值得一提的是电泳光散射可以使用脉冲电场,这样能使电泳光散射池中的热效应及电极效应(包括电极的极化及浓差极化)减小,由于脉冲交替地极化,因而可以阻止浓度梯度的形成。一般电泳实验电场强度为 $500\sim1000\text{V}\cdot\text{m}^{-1}$,而电泳光散射却可使用高达 $40000\text{V}\cdot\text{m}^{-1}$ 的电场强度,即使这样仍可避免热效应及电极效应的干扰。

归纳与讨论

(1)如果从现象的角度归纳本章,则本章主要讨论了静电现象和动电现象两部分。前者讨论在没有外电场或外力作用下,固-液接触界面的电现象;而后者讨论在外电场或外力作用下的运动现象及电现象。如果从带电界面的角度来归纳本章,则它主要讨论了带电界面的结构和性质。前者指双电层的结构,后者指其电动性质。结构和性质将会构成任何一个体系完整的整体。

(2)从科学的发展来看,双电层结构有三种不同的模型,一是最古老的 Helmoltz 双电层学说。这是一种双电层的电容器模型,把固体表面电荷看作电容器的一面,而把被它吸引的反号离子看作是电容器的另一面;二是 Gouy 双电层模型。它把被固体表面电荷吸引的反号离子看成是由扩散状分布而形成的扩散层;三是 Stern 双电层模型。它认为部分反号离子会由于特殊吸附而在固体表面上形成一层相对稳定的固定层,这一固定层会随着固体表面的移动而移动。其余的反号离子则以扩散层的形式存在。

(3)人们对自然界的认识过程是逐步深入,从简到繁,从粗到精,由表及里的过程。对双电层结构的认识也是这样逐步深入、发展起来的。从1879年 Helmholtz 的"平板双电层模型"到1910年 Gouy 及1913年 Chapman 的"扩散模型",再到1924年 Stern 的"扩散双电层模型",整个过程是对双电层结构认识逐步深化的过程。1947年 D. C. Grahame 进一步改进了 Stern 模型。他认为固定层是由"内 Helmholtz 面(IHP)"和"外 Helmholtz 面(OHP)"所组成。如下图所示,负离子不水化或至少在靠近固体表面方向不水化;正离子则发生水化。若固体表面上吸附负离子及一定程度定向排列的极性水分子。吸附负离子中心线所构成的平面就是 IHP(ψ_1),所有特殊吸附离子都落在 IHP 层内。水化正离子则在其外面,它们中心线所构成的平面就是 OHP(ψ_d)。这就相当于 Stern 模型中的 Stern 面。水化正离子的外层构成的平面就是滑动面(ζ),再外面就是扩散层。由此可见,Grahame 的双电层模型对固定层有更深入的研究。

(4)随着科学的发展,新的模型代替旧的模型,新的理论代替旧的理论。但是新的理论是在原来较粗糙、较简单的旧理论基础上发展起来的。它不同于旧理论,它将更为完善,更接近于实际情况。但是处理必然更为复杂。从双电层模型的发展可以看到,Stern 模型仍然含有 Helmholtz 模型及 Gouy 模型的成分,但是与它们又有本质上的区别。电动

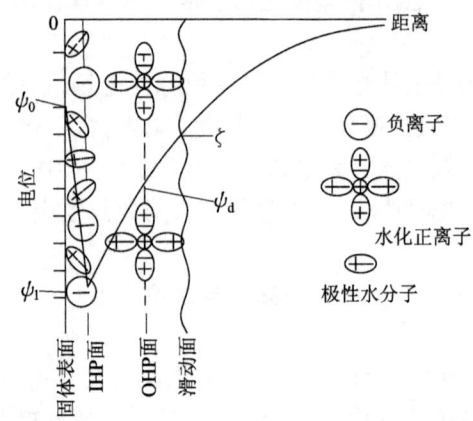

理论从 Hückel 方程和 Smoluchouski 方程的极限处理形成到 Henry 方程及其校正形式都是按照这一规律发展的。由于考虑的影响参数增多,如电导效应、松弛效应、阻滞效应等,因而使问题变得更复杂,建立起来的一组微分方程只好借助电子计算机给予解决。

(5) 一个理论的形成和发展往往首先建立起模型,然后根据这一模型进行数学方法、物理方法、化学方法以及其他方法的处理。而模型的建立除了丰厚的知识和充实的实验以外,还需要高度抽象思维。因此学习一门学科除了学习其基本知识、基本理论以外,还应学习其处理问题的方法,包括抽象思维方法。

习 题

(1) 在 25℃下,带负电的 AgI 溶胶加入不同的电解质使它絮凝,所需要的二价金属硝酸盐的浓度如下:

盐	$Mg(NO_3)_2$	$Ca(NO_3)_2$	$Sr(NO_3)_2$	$Ba(NO_3)_2$	$Zn(NO_3)_2$
$c \times 10^3 / mol \cdot dm^{-3}$	2.60	2.40	2.38	2.26	2.50

使用这些絮凝浓度的平均数据,计算这一絮凝体系的 Debye 参数 κ 值及其双电层的厚度。已知水的相对介电常数 $\varepsilon_r = 78.5$。

(2) 若某固-液界面的电位 $\psi_0 = 25 mV$。固体分别与 $1 \times 10^{-3} mol \cdot dm^{-3}$ 浓度的 1-1 型及 2-2 型电解质溶液接触,请作出 25℃及低电位下 $\psi - x$ 的关系图。又若固定层厚度 $\delta = 5 \times 10^{-10} m$,求其 ζ-电位,最后比较 1-1 型及 2-2 型电解质溶液所得的结果。

(3) 讨论在固-液界面上电解质浓度增加对该界面扩散双电层厚度、ζ-电位、电荷密度 σ 及其电动性质的影响。

(4) 电动现象直接与下列因素中哪个有关,并解释之。
(a) 固体表面电位 ψ_0;
(b) Stern 电位 ψ_δ;

(c)电动电位即 ζ-电位;
(d)表面电荷密度。

(5)半径为 4×10^{-7}m 的球形粒子分散在浓度为 1×10^{-2}mol·dm^{-3} 的 NaCl 水溶液中。在 25℃下,测得其电泳速率为 2.5×10^{-8}m^2·s^{-1}·V^{-1}。计算其 ζ-电位的近似值。已知 25℃时水的相对介电常数为 78.5,水的粘度为 8.9×10^{-4}Pa·s。

(6)直径为 5×10^{-7}m 的球形粒子在 25℃下分散于浓度为 0.1mol·dm^{-3} 的 KCl 溶液中,在电场强度为 1×10^3V·m^{-1} 下,测得粒子在 8.0s 内移动了 1.2×10^{-4}m 的距离。已知 25℃时水的粘度和相对介电常数分别为 8.9×10^{-4}Pa·s 和 78.5,求:
(a)粒子的电泳速率;
(b)ζ-电位的近似值。

(7)在 25℃下把水放入直径为 1×10^{-3}m,长度为 0.1m 的玻璃毛细管中,当两端加上 200V 电压时,求水的电渗流动速率。已知玻璃-水界面的 ζ-电位为 -40mV。水在 25℃下的粘度和相对介电常数分别为 8.9×10^{-4}Pa·s 和 78.5。

(8)喷气机用烃燃料的相对介电常数为 10,粘度为 2×10^{-3}Pa·s。以 2×10^6Pa 的压力使它在管内流动。求此时所产生的流动电位。已知管和烃之间的电位为 150mV。烃中含有 10^{-8}mol·dm^{-3} NaCl 电解质。NaCl 无限稀释时摩尔电导 $\Lambda_0 = 12.65\times10^{-8}$m^2·s·mol^{-1},如果需要可自行作些假设。

(9)计算在 25℃下纯水以 1×10^6Pa 的压力流过石英管时的流动电位。设其 ζ-电位为 150mV。其余所需数据自行查阅。

(10)粒子直径为 1×10^{-6}m 的 Fe$_2$O$_3$ 球形粒子分散于浓度为 5×10^{-3}mol·dm^{-3} 的油酸铜(一价)二甲苯溶液中。在 25℃下测得其电泳速率为 1.1×10^{-8}m^2·s^{-1}·V^{-1}。溶液的电导率为 4.7×10^{-8}s·m^{-1},即离子浓度大约为 1×10^{-11}mol·dm^{-3}。
(a)计算该浓度下 κ^{-1} 值,并指出(4-54)式中哪一种极限形式适用于这一体系?
(b)对于浓度为 5×10^{-3}mol·dm^{-3} 的 1-1 型电解质水溶液来说,问所得的极限方程是否适用?
(c)粒子的 ζ-电位为多少?
已知二甲苯的相对介电常数 $\varepsilon_r = 2.3$,粘度 $\eta = 6.5\times10^{-4}$Pa·s;水的相对介电常数 $\varepsilon_r = 78.5$,粘度 $\eta = 8.9\times10^{-4}$Pa·s。

(11)在十二烷基硫酸钠的胶束电泳实验中,测得胶束中电解质(NaCl)溶液浓度、胶束粒子大小和电泳速率三者之间关系如表中数据所示。

c/mol·dm^{-3}	$u_E\times10^8$/m^2·s^{-1}·V^{-1}	κa
0	4.55	0.61
0.05	3.63	1.60

根据 Henry 方程式及图 4-13,估计常数 C 值,并求出 ζ-电位。对该体系来说 $\varepsilon_r = 78.5$,$\eta = 8.9\times10^{-4}$Pa·s。

(12)在 25℃下,测得石英在浓度为 1×10^{-3}mol·dm^{-3} 的 KNO$_3$ 溶液中的流动电位数据如下:

E_s/mV	-9.0	-18.0	-26.0	-35.0
$p/10^3$Pa	6.67	13.33	20.00	26.66

(a)求该体系的 V/I 值,若通过仪器的电流为 10mA,求液体的体积流动速率。
(b)求 ζ/L_0 比值。已知 $\varepsilon_r = 78.5$,$\eta = 8.9\times10^{-4}$Pa·s。

(c) 计算石英-水界面的 ζ-电位。设 1×10^{-3} mol·dm^{-3} KNO$_3$ 水溶液的摩尔电导 $\Lambda \approx 1.45\times 10^{-2}$ m^2·s·mol^{-1}。

参 考 文 献

1　Hunter R J. Zeta Potential in Colloid Science, Principle and Applieation. Academic Press, 1981.
2　Shaw D J. Introduction to Colloid and Surface Chemistry. Butterworth Inc., 1978.
3　Matizevic E. Surface & Colloid Science. Volume 7 and Volume 11.
4　Shaw D J. Electrophoresis. Academic press, 1969.
5　KRuyt H R. Colloid Science. Volume 1, 1952.
6　Flygare W H. Molecular Electro-Optics part 1, Theory and Methods. 1982.

5 胶体分散体系的稳定与聚沉

内容提要

胶体分散体系的稳定与聚沉是胶体科学领域中的重要内容。它涉及分散体系的形成和破坏,在理论和实践上都具有重大的意义。

胶体是高分散度的多相体系,也是热力学上的不稳定体系,但是它却可以通过加入一定种类和适当数量的电解质、高聚物或聚合电解质而使它处于相对稳定状态。胶体的稳定或聚沉取决于胶粒之间的排斥力和吸引力。前者是稳定的主要因素,而后者则为聚沉的主要因素。根据这两种力产生的原因及其相互作用的情况,建立起胶体的三大稳定理论。

(1) DLVO 理论。它是 20 世纪 40 年代建立起来的静电稳定理论。该理论认为带电胶粒相互靠拢时,由于它们的双电层重叠而产生静电排斥力,又由于它们之间的长程范德华吸引力的相互作用,而使胶体处于一个平衡状态。

(2) 空间稳定理论。它是 20 世纪 50 年代初期由研究胶粒对高聚物的吸附而发展起来的。它认为胶粒间斥力是来自吸附高聚物层重叠时产生的熵斥力位能及其他斥力位能。

(3) 空位稳定理论。它是 20 世纪 70 年代才发现和发展起来的。它认为胶粒对高聚物可以产生负吸附,而当负吸附层发生重叠时,也会引起吉布斯函数升高,相应产生一种排斥力。只要选择适当的高聚物或电解质以及适当的浓度,就能达到稳定或聚沉的目的。

胶体分散体系是稳定与聚沉这一对矛盾的统一体。在这一体系中,稳定与聚沉在同时起作用并且相互转化。稳定与聚沉仅是谁占优势的问题而已。研究电解质、高聚物的聚沉以及聚沉动力学将构成本章后一部分的内容。

5.1 经典稳定理论——DLVO 理论

DLVO 理论是研究带电胶粒稳定性的理论。它是 1941 年由苏联学者 Darjaguin 和 Landan 以及 1948 年荷兰学者 Verwey 和 Overbeek 分别独立地提出来的。这一理论认为带电胶粒之间存在着两种相互作用力:双电层重叠时的静电斥力和粒子间的长程范德华吸力。它们相互作用决定了胶体的稳定性。当吸引力占优势时,溶胶发生聚沉;而当排斥力占优势,并大到足以阻碍胶粒由于布朗运动而发生碰撞聚沉时,则胶体处于稳定状态。

由此可见,DLVO 理论研究带电胶粒稳定性的基础是研究这两种力及其相互作用。

5.1.1 胶粒双电层重叠时产生的静电排斥力

带电胶粒吸引它周围分散介质中的反号离子而形成扩散双电层结构。在吸附的固定层与扩散层,所有过剩反号离子的电量等于固体表面所带的电量,而在固定层及扩散层内反号离子的浓度大于溶液体相中的浓度,在扩散层以外的任何一点将不受胶粒电荷的影响,因为胶粒电荷对它的作用被扩散层反号离子的作用所抵消。这就好像扩散层的反号离子氛起到"屏蔽作用",所以当两个胶粒处在它们的扩散层尚未接触的距离时,它们并不产生任何排斥力;但是当两个胶粒靠拢到它们的扩散层发生重叠时,胶粒对于重叠区内离子的作用力就不能被扩散层的反号离子氛完全屏蔽。重叠区中的反离子浓度增大使原来胶粒各自的扩散层的对称性受到破坏,这样既破坏了扩散层中离子的平衡分布,又破坏了双电层的静电平衡。前一种平衡的破坏使离子自浓度大的重叠区向未重叠区域扩散,而产生渗透性的排斥力;后一种平衡的破坏引起胶粒之间静电性的排斥力。它们都随着扩散层重叠程度的增加而增大,它们间的这种关系依赖于粒子的形状。下面就最常遇到的两种粒子形状进行讨论。

1. 两平面粒子双电层重叠时的斥力位能

假设厚度不是太厚,但长度却很长的一对相互平行的板状粒子相互作用,由于它们很长,因而可以忽略它们的"末端效应"的影响。当这两个平面粒子浸入浓度为 n_0 的电解质溶液时,平面的表面电位为 ψ_0,而当它们相距 $2d$ 距离时,即达到平衡,此时由于两平面所产生的双电层重叠斥力与外压力 p_0 相等,它们维持着图 5-1 的平衡状态。

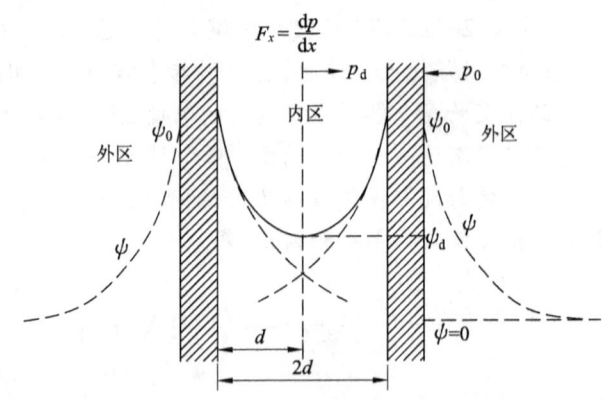

图 5-1 一对平行的平板状粒子双电层重叠的描述

从图可见,两个平面粒子将介质空间分为内区和外区。当它们距离较远时,电位与距离的关系即电位曲线可用图中虚线描述,亦即它服从 Poisson-Boltzmann 方程式。而当它们的距离缩短到扩散层发生重叠的程度时,外区的电位曲线并不受影响,而内区的电位曲线则由于它们的叠加从原来的虚线变成实线的形状。此时,在这一空间单位体积内沿 x 轴方向(垂直于两粒子平面的方向)所受到的压力为

$$F_x = \frac{dp}{dx}$$

在这一空间的单位体积上还受到另外一个力的作用,这就是静电斥力。它等于电荷密度 ρ 与电场强度的乘积。

$$F_e = \rho \frac{d\psi}{dx}$$

压力使粒子靠拢,而斥力则使粒子分开。当两个粒子靠近到一定程度,即扩散层重叠到一定程度以致使它所产生的斥力足以抵消压力时,则粒子处于平衡状态,此时有

$$\frac{dp}{dx} + \rho \frac{d\psi}{dx} = 0 \tag{5-1}$$

方程式(5-1)也可以写成另外一种形式

$$dp = -\rho d\psi \tag{5-2}$$

对 $z-z$ 型对称电解质来说,电荷密度可以用方程式(4-9)表示。这样式(5-2)可以写成

$$dp = -zen_0 \left[\exp\left(-\frac{ze\psi}{kT}\right) - \exp\left(\frac{ze\psi}{kT}\right) \right] d\psi \tag{5-3}$$

取双曲正弦函数 $\sinh x = \frac{1}{2}(e^x - e^{-x})$ 代入式(5-3),则可得

$$dp = 2zen_0 \sinh\left(\frac{ze\psi}{kT}\right) d\psi \tag{5-4}$$

当 $\psi=0$ 时,$p=p_0$;而 $\psi=\psi_d$ 时,$p=p_d$。在这一边界条件下进行积分,则得

$$F_R = p_d - p_0 = 2kTn_0 \left[\cosh\left(\frac{ze\psi_d}{kT}\right) - 1 \right] \tag{5-5}$$

式中,F_R 为 $x=d$ 处的剩余压力。从图 5-1 可见,这一单位面积上的力是由扩散层的重叠而产生的,它把两平面推开;$\cosh x$ 为双曲余弦函数,$\cosh x = \frac{1}{2}(e^x + e^{-x}) = 1 + \frac{x^2}{2!} + \frac{x^4}{4!} + \cdots$。在低电位情况下,可取一级近似,则式(5-5)可以写成

$$F_R = kTn_0 \left(\frac{ze\psi_d}{kT}\right)^2 \tag{5-6}$$

实际上 ψ_d 是难以求得的,但可用近似方法确定:当距离 d 相当大时,可近似地把内区中点处的电位 ψ_d 看作为两个平板表面电位的叠加。而在低电位情况下的表面电位可以用 Debye-Hückel 的近似式(4-27)表示,故有

$$\psi_d = \psi_1 + \psi_2 = 2\left(\frac{4kT\nu_0}{ze}\right)\exp(-\kappa d) \tag{5-7}$$

将式(5-7)代入式(5-6),得

$$F_R = kTn_0[8\nu_0\exp(-\kappa d)]^2 = 64n_0kT\nu_0^2\exp(-2d\kappa) \tag{5-8}$$

方程式(5-5)和式(5-8)精确地和近似地描述了两个带电平板粒子相互靠拢时产生的排斥力。除了温度及粒子间距离影响这一排斥力以外,还有电解质浓度及离子价数的影响。

为了更好地描述胶体的稳定性,通常采用"位能"这一物理量而不用"力"。但它们间的转换是简单的,因为位能等于力乘上在该力作用下位移的距离。故斥力位能 V_R 可写成

$$dV_R = -F_R d(2d) \tag{5-9}$$

式中,dV_R 为斥力位能变量。负号表示斥力位能随着粒子间距离的增加而减小。将方程式(5-8)代入式(5-9)中,得

$$dV_R = -64n_0kT\nu_0^2\exp(-2d\kappa)d(2d) \tag{5-10}$$

当 $2d = \infty$ 时,$V_R = 0$,在这一边界条件下对式(5-10)进行积分,得

$$V_R = \frac{64n_0kT\nu_0^2}{\kappa}\exp(-2d\kappa) \tag{5-11}$$

上式描述了两个带电平板粒子的斥力位能与它们间的距离及其他一些影响因素的关系。这些影响因素主要有:

第一,电解质浓度 n_0 对斥力位能 V_R 的影响。从方程式(4-13)知道:$\kappa \propto n_0^{1/2}$。在其他条件不变的情况下,式(5-11)可以简写成

$$V_R = K_1 n_0^{1/2}\exp(-K_2 n_0^{1/2}) \tag{5-12}$$

式中,K_1 和 K_2 是常数。右边前一项 $n_0^{1/2}$ 对斥力位能 V_R 的影响为正,即 n_0 增加时,V_R 也增大;而指数函数项对 V_R 的影响为负,即 n_0 增加时,V_R 减小。考虑到这两个相反因素对 V_R 的影响,必然有一最佳电解质浓度使其斥力位能达到最大值,从而使胶体处于相对稳定状态。电解质浓度不足或加入过量都会降低其斥力位能,从而使胶体聚沉。

第二,电解质溶液中反号离子价数 z 的影响。从方程式(4-13)知道:$\kappa \propto z$。在其他条件不变的情况下,式(5-11)可简写成

$$V_R = \frac{K_1}{z}\exp(-K_2 z) \tag{5-13}$$

从式(5-13)可见:V_R 随着 z 的增加而减小。所以加入高价反号离子电解质,往往会降低其斥力位能,使胶体容易发生聚沉。

第三,粒子间的距离对斥力位能的影响。方程式(5-11)已清楚地表明:粒子间距离增大会导致斥力位能的迅速减少。在其他影响因素不变的情况下,$V_R \propto \exp(-2d\kappa)$。所以若以 $\ln V_R$ 对 κd 作图,应得一直线。图5-2描述了在不同表面电位 ψ_0 的情况下,$\ln V_R$ 与 κd 之间的关系。比较图5-2曲线可见:

第一,在高 κd 值下实线与虚线重叠;而在低 κd 值下,它们的偏差较大。这是由于方程式(5-11)推导时假设粒子间表面距相对于双电层厚度来说是足够大的必然结果。

第二，随着 $\frac{ze\psi_0}{kT}$ 值的增加，不同 ψ_0 的斥力位能曲线之间的距离减少。例如，当 $\frac{ze\psi_0}{kT}=1$ 及 2 的两条斥力位能曲线之间距离较大，而当 $\frac{ze\psi_0}{kT}=4$ 及 10 时，它们之间的距离较小。由此可见，当 ψ_0 值增大到足以使 $\nu_0 \to 1$ 时，则斥力位能曲线必与 ψ_0 无关。

第三，在低 κd 值区内，方程式(5-11)求得的 V_R 值与精确值偏差较大，而且函数形式也不相同。当 $\frac{ze\psi_0}{kT}<3$ 时，实线（精确值）在虚线（式(5-11)计算值）之下，且为凹向下的曲线；而当 $\frac{ze\psi_0}{kT}>3$ 时，

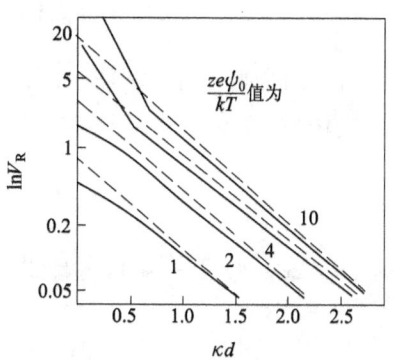

图 5-2 在不同表面电位 ψ_0 的情况下，$\ln V_R$ 与 κd 之间的关系

虚线——由式(5-11)求得的近似值
实线——精确值

实线为凹向上的曲线，且在很小 κd 值时急剧上升到虚线之上。证明在低 κd 值时，式(5-11)是不适用的；而在高 κd 值下，虚线与实线重叠，式(5-11)是适用的。

2. 两球形粒子双电层重叠时的斥力位能

球形粒子比平面状的粒子往往更切合实际情况。设半径为 a，球面之间最短距离为 H_0 的两个球，它们之间的静电排斥可以看作是由组成它们的许许多多圆片的静电排斥力之和。因为每一个球都可以把它切成圆心同在两球轴心连线上的无数平行圆片，每个圆片相当于半径为 h 的圆环，相邻两个圆环的半径差为 dh。而两个球体相对应的圆环之间的距离为 H，它们可以看作是两个相对的平行平面。因而两球之间的相互作用可以看作是这些对应的平行平面相互作用的总和。这样球面斥力位能可以用平面的斥力位能进行处理。

图 5-3 描述了它们之间的几何关系。设两个球中第 i 个圆环之间的相互距离为 H。

$$\frac{H-H_0}{2}=a-(a^2-h^2)^{1/2} \quad (5-14)$$

将式(5-14)微分，并重排整理得

$$a\left(1-\frac{h^2}{a^2}\right)^{1/2}dH=2hdh \quad (5-15)$$

因为第 i 个圆环平面的面积为 $2\pi h dh$，所以，两个球的第 i 个圆环相互排斥位能增量为

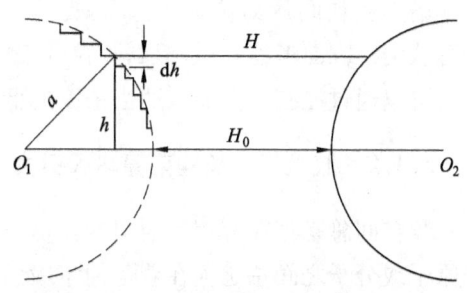

图 5-3 用平板形粒子相互作用处理球形粒子相互作用的几何关系图

$$dV_R = V_i dA_i = 2\pi h V_i dh = \pi a \left(1 - \frac{h^2}{a^2}\right)^{1/2} V_i dH \tag{5-16}$$

由于两个圆环可以看作平面,因此它们之间的斥力位能可用方程式(5-11)代替,则式(5-16)可写成

$$dV_R = \pi a \left(1 - \frac{h^2}{a^2}\right)^{1/2} \frac{64 n_0 kT v_0^2}{\kappa} \exp(-H\kappa) dH \tag{5-17}$$

式中,$H = 2d$。假设 $\dfrac{h}{a} \ll 1$,方程式(5-17)可简化为

$$dV_R = \frac{64\pi a n_0 kT v_0^2}{\kappa} \exp(-H\kappa) dH \tag{5-18}$$

当 $H = \infty$ 时,$V_R = 0$;而当 $H = H_0$ 时,斥力位能为 V_R。在这一边界条件下进行定积分,得

$$V_R = \frac{64\pi a n_0 kT v_0^2}{\kappa^2} \exp(-\kappa H_0) \tag{5-19}$$

由此可见,影响两个球粒之间斥力位能的两个主要因素是球粒大小及双电层厚度。Overbeek 描述了不同 κa 值下的斥力位能 V_R 与它们之间距离(以 κH_0 表示)的关系,如图5-4所示。从图中的曲线清楚地看到:κa 值越大,其斥力位能曲线越高,而且曲线之间的差异越小;在高、低 κH_0 值下,各种不同 κa 值的位能曲线之间的差异也减少;而在中等 κH_0 值时,它们的差异较大。

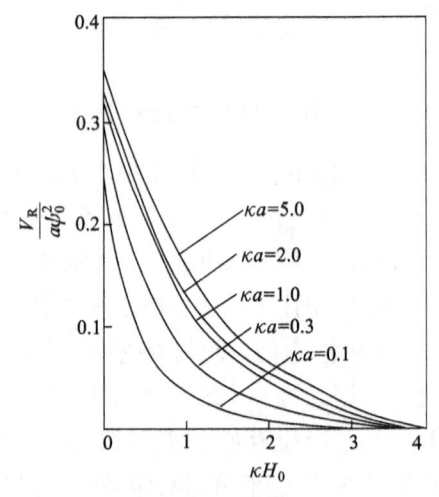

图 5-4 不同 κa 值下两球粒之间斥力位能曲线

由以上讨论可知:要使胶体处于稳定状态必须增大胶粒间斥力位能 V_R。而提高斥力位能可从两个方面考虑:一是提高胶粒的表面电位 ψ_0;另一是增大扩散双电层的厚度 κ^{-1}。而这可以通过在胶体中加入适当浓度的低价电解质来实现。

5.1.2 胶粒间的长程范德华吸引力

胶粒间总是存在着相互吸引能。这是由于胶粒是由许许多多的原子或分子所组成。而原子或分子之间总是存在着范德华吸引力。胶粒之间的相互吸引能可以看作是由许许多多分子间吸引能相互作用的结果。分子之间的范德华吸力位能 V_A 分别由 Keeson 力、Debye 力和 London 力所产生的位能构成。它们分别为

$$V_{\text{K}} = -\frac{2}{3}\frac{\mu_1^2\mu_2^2}{kTx^6} \tag{5-20}$$

$$V_{\text{D}} = -\frac{(\alpha_1\mu_2^2 + \alpha_2\mu_1^2)}{x^6} \tag{5-21}$$

$$V_{\text{L}} = -\frac{3}{2}\frac{h}{x^6}\frac{\nu_1\nu_2}{\nu_1+\nu_2}\alpha_1\alpha_2 \tag{5-22}$$

式中　x——两个分子之间的距离；
　　　μ_1,μ_2——两个分子的偶极距；
　　　α_1,α_2——两个分子的极化率；
　　　ν_1,ν_2——两个分子的独立特征振动频率；
　　　k——Boltzmann 常数；
　　　h——普朗克常数；
　　　T——绝对温度。

若两个分子完全相同,则两个分子间的范德华吸力位能为

$$V_{\text{A}} = -\left(\frac{2}{3}\frac{\mu^4}{kT} + 2\alpha\mu^2 + \frac{3}{4}h\nu\alpha^2\right)x^{-6} = -\beta x^{-6} \tag{5-23}$$

式中　β——两个相同分子间的相互作用参数。

从式(5-23)可见:两个分子间的范德华吸力位能与它们之间距离的六次方成反比。也就是说,随着分子间距离的增加,这一吸力位能迅速消失。其相应的力只是在很短距离内才呈现出来,故称为"短程范德华力",以区别胶粒(一个多分子的集合体)之间相互吸引的范德华力——"长程范德华力"。与此相应的位能是与粒子的几何形状及尺寸有关的。现选两种最常见的粒子形状进行讨论。

1. 两平面粒子的范德华吸力位能

假设两个粒子为方块状,且它们的平面是相互平行的,可无限大地扩展。这就是说只考虑相互平行平面的影响而不考虑侧面的影响。粒子块1与粒子块2的范德华吸力位能的计算可先考虑粒子块2中的一个分子O对粒子块1的吸力位能,然后扩展到粒子块2对粒子块1的吸力位能。

第一步要计算一个分子对粒子块1的吸力位能。可先考虑一个分子对粒子块1内体积基元的吸力位能,然后把体积基元扩展为粒子块1,再求它们的吸力位能。图5-5a描述了这两种情形。

设O点上分子与粒子块1表面距为Z。粒子块1内有一环形体积基元,它与表面距离为z。圆环体积基元的半径为y,环宽为dy,环的厚度为dz。O点到圆环边的距离为x。这一圆环的体积为:$dV = 2\pi y dy dz$。在这体积基元内所包含的分子数N为

$$N = \frac{\rho N_{\text{A}}}{M}dV \tag{5-24}$$

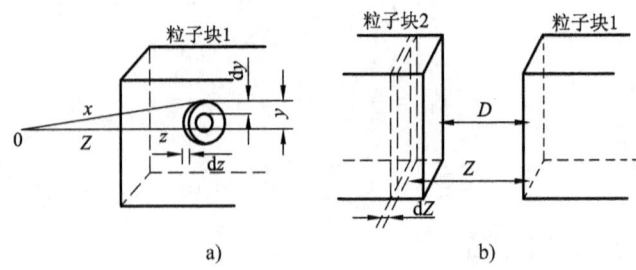

图 5-5 平面粒子间相互作用的几何关系图
a) 分子 0 和粒子块 1 相互作用的描述
b) 两粒子块间相互作用的描述

式中 ρ——物质的密度;

M——物质的摩尔质量;

N_A——Avogadro 常数。

考虑到方程式(5-23)是一个分子对一个分子的范德华吸力位能,现在是一个分子对 N 个分子的吸力位能,故有

$$dV_A = -\left(\frac{\rho N_A}{M}dV\right)\frac{\beta}{x^6} = -\frac{\rho N_A \beta 2\pi y dy dz}{M x^6} \tag{5-25}$$

从图 5-5a 中几何关系得: $x^2 = (Z+z)^2 + y^2$,故方程式(5-25)可写成

$$dV_A = -\frac{2\pi\rho N_A \beta}{M} \frac{y dy dz}{[(Z+z)^2 + y^2]^3} \tag{5-26}$$

因为粒子块 1 可扩展到无限大,故可在 $0 < y < \infty$ 及 $0 < z < \infty$ 的范围内积分,得

$$\begin{aligned} V_A &= \int_0^\infty \int_0^\infty -\left(\frac{2\pi\rho N_A \beta}{M}\right)\frac{y}{[(Z+z)^2 + y^2]^3} dy dz \\ &= \int_0^\infty -\left(\frac{2\pi\rho N_A \beta}{M}\right)\frac{1}{4(Z+z)^4} dz \\ &= -\left(\frac{2\pi\rho N_A \beta}{M}\right)\frac{1}{12Z^3} = -\frac{\rho N_A}{M}\frac{\pi\beta}{6Z^3} \end{aligned} \tag{5-27}$$

这是一个分子对粒子块 1 的吸力位能。

第二步要计算粒子块 2 对粒子块 1 的吸力位能。可先考虑粒子块 2 中一体积基元对粒子块 1 的吸力位能,然后扩展到粒子块 2 对粒子块 1 的吸力位能。图 5-5b 描述了这种情况。考虑到粒子块 2 内有一厚度为 dZ 的片状体积基元,在其单位面积上的分子数为 $\frac{\rho N_A}{M}dZ$,故粒子块 2 上单位基元对粒子块 1 的吸力位能为

$$dV_A = -\left(\frac{\rho N_A}{M}\frac{\pi\beta}{6Z^3}\right)\frac{\rho N_A}{M}dZ$$

$$= -\left(\frac{\rho N_A}{M}\right)^2 \frac{\pi\beta}{6} Z^{-3} dZ \tag{5-28}$$

在下面的边界条件下进行积分:$Z = \infty$ 时,$V_A = 0$;而 $Z = D$ 时,能量为 $-V_A$(负号表示吸力位能),故有

$$V_A = -\left(\frac{\rho N_A}{M}\right)^2 \frac{\pi\beta}{12} D^{-2} \tag{5-29}$$

式中,V_A 表示具有无限大平行平面的两粒子间单位面积上的吸力位能。定义

$$A \equiv \left(\frac{\pi\rho N_A}{M}\right)^2 \beta \tag{5-30}$$

则方程式(5-29)可简化为

$$V_A = -\frac{A}{12\pi} D^{-2} \tag{5-31}$$

式中,A 为 Hamaker 常数。它与物质的性质有关,特别是物质单位体积的分子数和极化率有关。Hamaker 常数在 $10^{-19} \sim 10^{-20}$ J 范围。

从方程式(5-31)可见,这种形状粒子之间的范德华吸力位能与它们之间距离的平方成反比。相应的这种吸引力在较远的距离范围内仍然存在。这就是称它为长程范德华力的原因。

2. 两球形粒子的范德华吸力位能

讨论两球粒的范德华吸力位能与前面的处理方法相似。可先讨论 P 分子与球粒 O 之间的相互作用。沿 $OP = r$,球粒的半径为 a,P 点与球粒 O 面上的一点 C 距离为 x,则它们的几何关系如图 5-6a 所示。

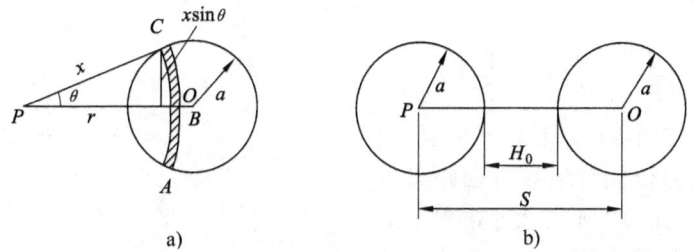

图 5-6 球形粒子间相互作用的几何关系图
a)分子 P 与球粒 O 相互作用的描述
b)两球粒相互作用的描述

以 P 为中心,x 为半径切割出球面 ABC 表面的面积为

$$ABC \text{ 面积} = 2\pi \int_0^\theta x^2 \sin\theta d\theta \tag{5-32}$$

而 θ 与 x, r 的关系为

$$a^2 = x^2 + r^2 - 2xr\cos\theta \tag{5-33}$$

将式(5-33)代入式(5-32),并积分得

$$ABC \text{ 面积} = \frac{\pi x}{r}[a^2 - (r-x)^2] \tag{5-34}$$

相应的体积为

$$dV = \frac{\pi x}{r}[a^2 - (r-x)^2]dx \tag{5-35}$$

x 值的变化范围从$(r-a)$到$(r+a)$。因此 P 分子与球粒 O 之间的吸力位能为

$$V_p = -\int_{r-a}^{r+a} \frac{\rho N_A}{M} dV \frac{\beta}{x^6}$$

$$= -\int_{r-a}^{r+a} \frac{\rho N_A \pi}{M x^6} \beta \frac{x}{r}[a^2 - (r-x)^2]dx \tag{5-36}$$

如果把分子 P 扩展成为一个半径为 a 的球粒 P,如图 5-6b 所示,则 P,O 两个等径球粒之间的吸力位能为

$$V_A = \int_{s-a}^{s+a} V_p \frac{\rho N_A}{M} \frac{\pi r}{S}[a^2 - (S-r)^2]dr \tag{5-37}$$

将式(5-36)代入式(5-37),并积分得

$$V_A = -\frac{A}{6}\left[\frac{2a^2}{S^2 - 4a^2} + \frac{2a^2}{S^2} + \ln\left(1 - \frac{4a^2}{S^2}\right)\right] \tag{5-38}$$

上式描述了两个等径球粒吸力位能与其半径 a 及中心距离 S 之间的关系。若以 H_0 表示两球表面间最短距离,则有 $H_0 = S - 2a$。当 $H_0 \ll 2a$ 时,$S \approx 2a$,则方程式(5-38)的一级近似式为

$$V_A = -\frac{A}{6}\frac{2a^2}{S^2 - 4a^2}$$

$$= -\frac{A}{6}\frac{2a^2}{H_0(S+2a)} = -\frac{A}{12}\frac{a}{H_0} \tag{5-39}$$

由此可见:在两等径球粒中,当它们间距很短时,其吸力位能与最短表面距离的一次方成反比。如果以不同大小的粒子的吸力位能对 H_0 作图,得到图 5-7 所示的位能曲线。

图中位能曲线数字表示球形粒子的直径。曲线取 $A = 10^{-19}$ J 并由方程式(5-39)计算所得。由图可知,较大的粒子具有较大的吸力位能;较近的距离也具有较大的吸力位能,而且在近距离范围内,吸力位能发生急剧的变化。

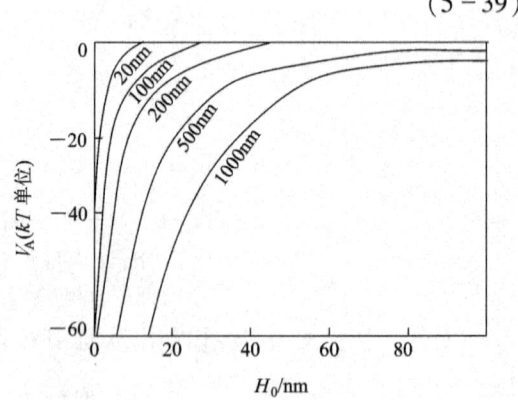

图 5-7 不同大小球形粒子的吸力位能与粒子间最短距离的关系

3. 分散介质对吸力位能的影响

上面讨论吸力位能的计算是假设粒子处在真空中的。但实际上胶粒是存在于分散介质中的,而分散介质的存在明显地影响吸力位能。

为了说明这种情况,把粒子在真空下相互作用和有分散介质存在下相互作用看作与下面化学反应的形式相似:

1 2   +   0 0   →   1 0 2

胶粒在真空中   分散介质   胶粒在介质中

这个模型描述了1,2两个不同的粒子加入分散介质后的变化情况。若粒子与分散介质不发生化学反应或吸附等,而纯粹是理想混合过程,则混合前后体系的内能不变。混合前体系的范德华吸力位能 V' 为

$$V' = V_{12} + V_{00}$$

混合后体系的范德华吸力位能 V'' 为

$$V'' = V_{102} + V_{10} + V_{20}$$

在其他条件不变的情况下,体系内能变化实为吸力位能的变化,而此变化为零,故有

$$V_{12} + V_{00} = V_{102} + V_{10} + V_{20} \tag{5-40}$$

式中 V 的下标0,1,2分别表示分散介质及不同的胶粒;102表示1,2两个粒子被分散介质隔开时的相互作用;12表示两个不同粒子在真空下的相互作用,如此类推。

当1,2两个粒子相同时,则式(5-40)可写成

$$V_{101} = V_{11} + V_{00} - 2V_{10} \tag{5-41}$$

假设所有粒子都具有相同的半径,且它们间的距离也相同,则可以用式(5-38)计算吸力位能,经简化后式(5-41)可写成

$$A_{101} = A_{11} + A_{00} - 2A_{10} \tag{5-42}$$

式中 A_{101}——两个相同粒子在分散介质中的Hamaker常数;

A_{11}——两个粒子在真空中的Hamaker常数。

若采用下面近似式

$$A_{10} = (A_{11} \cdot A_{00})^{1/2} \tag{5-43}$$

将式(5-43)代入式(5-42)中,得

$$A_{101} = (A_{11}^{1/2} - A_{00}^{1/2})^2 \tag{5-44}$$

利用这一方程式就可以从分散相的Hamaker常数 A_{11} 和分散介质的Hamaker常数 A_{00} 确定分散相浸在分散介质中的Hamaker常数 A_{101}。尽管不同几何形状的粒子的吸力位能

并不相同,但是吸力位能总是正比例于 Hamaker 常数。A 值增大,吸力位能也相应增大。而吸力位能是胶粒聚结的主要因素。所以,A 值增大对胶体聚沉有利。相反,A 值的减少对胶体的稳定有利。从方程式(5-44)可以看到:

第一,由于 A_{11} 和 A_{00} 总是正值,不管它们的相对大小如何,所以 A_{101} 总为正值。即两粒子在真空或介质中总存在范德华吸力位能。

第二,介质的存在会减少粒子间的吸力位能。例如水的 Hamaker 常数 $A_{11} = 5.8 \times 10^{-20}$ J,而某饱和烃的 Hamaker 常数 $A_{00} = 2.3 \times 10^{-20}$ J。则两水滴被该饱和烃分隔开时的 Hamaker 常数 $A_{101} = 8.0 \times 10^{-21}$ J。由此可见,介质的存在是稳定胶体的重要因素。

第三,当 $A_{11} = A_{00}$ 时,$A_{101} = 0$。这就意味着当分散相与分散介质的性质相同时,两粒子间的吸引力消失,聚沉停止,而成为稳定胶体。如果胶粒能够形成极好的溶剂化层,那么已溶济化的胶粒与介质性质相同。这样的胶体是稳定的。

第四,由于 $(A_{11}^{1/2} - A_{00}^{1/2})^2 = (A_{00}^{1/2} - A_{11}^{1/2})^2$,所以 $A_{101} = A_{010}$。也就是说粒子1被介质0分开时的吸力位能等于介质0形成同样几何形状的粒子被物质1分开同样距离时的吸力位能。例如,水在油中和油在水中形成同样大小及浓度的乳浊液,它们的吸力位能相同。

第五,减少 A_{11} 和 A_{00} 之间的差别,即选择尽量与分散相性质相同的分散介质有利于提高胶体的稳定性。图 5-8 描述了在水介质中 ($A_{00} = 5.8 \times 10^{-20}$ J)粒子的 A_{101} 与 A_{11} 的关系曲线。它表明当 $A_{11} \to A_{00}$ 时,体系的 A_{101} 最小,稳定性最高。

为了求得 A_{101} 以确定胶体的稳定性,就必须知道 A_{11} 及 A_{00} 值,但它们往往难以准确求得,特别是在溶剂化的情况下更是如此。然而,我们可以使用近似的方法来计算,这里介绍从物质的分子结构参数来估计 A 值。假设分子为非极性分子,它们之间的吸力位能是由 London 力所提供,按式(5-23)有

$$\beta = \frac{3}{4}h\nu\alpha^2 \qquad (5-45)$$

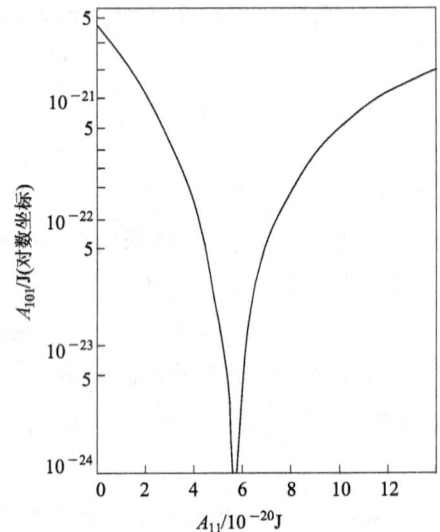

图 5-8 介质为水($A_{00} = 5.8 \times 10^{-20}$ J)时粒子的 A_{101} 对 A_{11} 的关系曲线

将式(5-45)代入式(5-30),得

$$A = \left(\frac{\pi\rho N_A}{M}\right)^2 \frac{3}{4}h\nu\alpha^2 \qquad (5-46)$$

为了求得极化率 α,可引用 Clausius-Mosotti-Debye 方程式

$$\frac{\varepsilon - 1}{\varepsilon + 2}\frac{M}{\rho} = \frac{4}{3}\pi N_A\left(\alpha + \frac{\mu^2}{3kT}\right)$$

对于非极性分子,$\mu=0$,且有 $\varepsilon=n^2$。n 为物质折光指数。则有

$$\frac{n^2-1}{n^2+2}\frac{M}{\rho}=\frac{4}{3}\pi N_A\alpha \qquad (5-47)$$

此外,对于特征振动频率 ν 可由下式确定

$$\nu=\frac{1}{2\pi}\sqrt{\frac{e^2}{\alpha m_e}} \qquad (5-48)$$

式中　e——电子的电量;

　　　m_e——电子的质量。

由此可见,只要知道物质的 ρ,n 及其 M,就可以通过方程式(5-48)、式(5-47)和式(5-46)近似求得 A 值。表5-1列出了一些化合物的性质及由此求得的 A 值。

表5-1　一些化合物的性质及由此求得的 A 值

化合物	M/g·mol^{-1}	ρ/kg·m^{-3}	n	A/J
庚烷	100.2	684	1.39	1.05×10^{-20}
十二烷	170.3	749	1.42	9.49×10^{-21}
二十烷	282.5	789	1.44	2.07×10^{-20}
SiO$_2$(石英)	60	2650	1.54	4.14×10^{-20}
聚苯乙烯	104(单体)	1050	1.59	2.2×10^{-20}
水	18	1000	1.33	2.43×10^{-20}

例　在25℃下直径为 1×10^{-5}cm 的球形粒子分散在 0.001mol·dm^{-3} 1-1 型电解质水溶液中,粒子与介质的 Hamaker 常数分别为 1.6×10^{-19} 及 4×10^{-20}J。试计算两粒子表面距为 2.0nm 时的吸力位能 V_A,斥力位能 V_R 及总位能 V_T。已知 $\psi_0=40$mV,$k=1.38\times10^{-23}$J·K^{-1},$e=1.6\times10^{-19}$C。

解　(1)先求 V_A 值:根据式(5-44)式得

$$A_{101}=(A_{11}^{1/2}-A_{00}^{1/2})=(16^{1/2}-4^{1/2})^2\times10^{-20}\text{J}$$
$$=4\times10^{-20}\text{J}$$

将已知数据代入方程式(5-39),因为本题给出条件是:$H_0=20$nm,$2a=1\times10^{-5}$cm$=100$nm,故可认为 $H_0\ll 2a$。

$$V_A=-\frac{A_{101}}{12}\frac{a}{H_0}$$
$$=-\frac{4\times10^{-20}\times0.5\times10^{-5}\times10^{-2}}{12\times2.0\times10^{-9}}\text{J}$$
$$=-8.33\times10^{-20}\text{J}$$

(2)其次求 V_R 值:可以利用方程式(5-19)求 V_R,但必须先求出方程式中的各参数。

求 n_0 值：
$$n_0 = cN_A = 0.001 \times 10^3 \times 6.023 \times 10^{23} \quad \text{个} \cdot \text{m}^{-3}$$
$$= 6.023 \times 10^{23} \quad \text{个} \cdot \text{m}^{-3}$$

求 ν_0 值：根据方程式(4-20)得

$$\nu_0 = \frac{\exp\left(\dfrac{ze\psi_0}{2kT}\right) - 1}{\exp\left(\dfrac{ze\psi_0}{2kT}\right) + 1}$$

$$= \frac{\exp\left(\dfrac{1 \times 1.6 \times 10^{-19} \times 40 \times 10^{-3}}{2 \times 1.38 \times 10^{-23} \times 298}\right) - 1}{\exp\left(\dfrac{1 \times 1.6 \times 10^{-19} \times 40 \times 10^{-3}}{2 \times 1.38 \times 10^{-23} \times 298}\right) + 1}$$

$$= 0.371$$

求 κ 值：根据方程式(4-16)，因为本题给出条件是25℃，1-1型电解质水溶液，故

$$\kappa = 1.039 \times 10^8 (cz^2)^{1/2}$$
$$= 1.039 \times 10^8 (0.001 \times 10^3 \times 1^2)^{1/2} \text{m}^{-1}$$
$$= 1.039 \times 10^8 \text{m}^{-1}$$

将上述计得及题目给出的已知数据代入方程式(5-19)得

$$V_R = \frac{64\pi a n_0 kT \nu_0^2}{\kappa^2} \exp(-\kappa H_0)$$

$$= \frac{64\pi \times 0.5 \times 10^{-5} \times 10^{-2} \times 6.023 \times 10^{23}}{(1.039 \times 10^8)^2} \times$$

$$\frac{1.38 \times 10^{-23} \times 298 \times 0.371}{(1.039 \times 10^8)^2} \times \exp(-1.039 \times 10^8 \times 2.0 \times 10^{-9}) \text{J}$$

$$= 2.58 \times 10^{-19} \text{J}$$

(3) 最后求 V_T 值

$$V_T = V_A + V_R = -8.33 \times 10^{-20} \text{J} + 2.58 \times 10^{-19} \text{J}$$
$$= 1.75 \times 10^{-19} \text{J}（斥力位能占优）$$

5.1.3 DLVO 理论及其应用

1. DLVO 理论要点

DLVO 理论是从胶粒间斥力位能与吸力位能相互作用的角度来研究胶体的稳定与聚沉的。DLVO 理论的要点如下：

第一，胶粒间既存在着斥力位能，同时也存在着吸力位能。前者是由于带电胶粒相互靠拢时扩散层重叠所产生的静电排斥力，而不是点电荷静电排斥力所产生的斥力位能。而吸力位能是范德华力性质的。但它不同于分子间的范德华力(短程范德华力)，而是长

程范德华力所产生的吸力位能。它与距离的一次方或二次方成反比,或者与距离成较复杂的关系。

第二,胶粒间存在的斥力位能和吸力位能的相对大小决定了体系的总位能,亦即决定了胶体的稳定性。当粒子间斥力位能大于吸力位能,并且足以阻止粒子由于布朗运动碰撞而粘结时,则胶体处于相对稳定的状态;相反,若吸力位能大于斥力位能,则粒子相互靠拢而发生聚沉。调整它们的相对大小,可改变胶体的稳定性。

第三,斥力位能、吸力位能以及总位能都随着粒子间距离而改变,由于 V_R,V_A 与距离的关系并不相同,因此必然会出现在一定距离范围内吸力位能占优势;而在另一范围内斥力位能占优势的现象。

第四,理论推导出来的斥力位能及吸力位能公式表明,加入电解质对吸力位能影响不大,但对斥力位能影响十分明显。所以电解质的加入会导致体系总位能发生很大的变化,适当调整可以得到相对稳定的胶体。

胶粒之间的位能 V 可以用其斥力位能和吸力位能之和来表示,即

$$V = V_R + V_A \tag{5-49}$$

根据粒子的形状和几何尺寸代入相应斥力位能及吸力位能方程式,计算 V_R 和 V_A 值。若以粒子间斥力位能、吸力位能及总位能对粒子间的距离作图,则得到图 5-9 所示的典型的位能曲线。

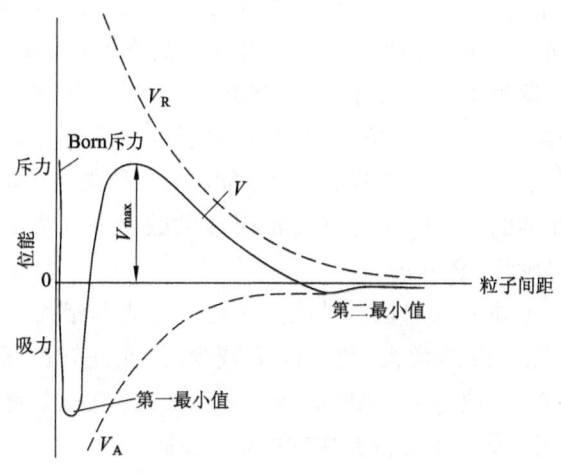

图 5-9 斥力位能、吸力位能及总位能曲线图

由图 5-9 的位能曲线可见:

第一,V_R 曲线比较平缓,在远距离时,$V_R \to 0$;而随着距离的缩短,V_R 趋于某一定值;而 V_A 曲线则在较短距离时很陡,在较长距离处很平缓。当距离趋于零时,$V_A \to -\infty$;而距离很远时,$V_A \to 0$。因此当两个粒子从远处慢慢接近时,首先起作用的是吸力位能。经过

第二最小值后,斥力位能占优势,而且达到一最大值。经过这一最大值以后吸力位能又占优势,形成第一最小值。如果粒子进一步靠近,则由于胶核之间产生强大的静电斥力——Born 斥力,而使位能急剧增加。总位能随距离变化情况如图 5-9 中实线所示。

第二,位能曲线上出现一峰值,峰高为 V_{max},称为"位垒",这实际上是胶粒间净斥力位能的数值。只有胶粒的斥力位能大于吸力位能时才出现这一位垒。如果胶粒要发生聚沉,则它们必须越过这一位垒才能进一步靠拢。如果位垒不存在或者很小,则粒子的热运动完全可以克服它而发生聚沉;相反,如果位垒足够高,则粒子的热运动无法克服它,而使胶体保持相对稳定。通常情况下,位垒高度超过 $15kT$(k 为 Boltzmann 常数,T 为绝对温度)以上,则可以阻止粒子由于热运动碰撞而产生的聚沉。由此可见,这一位垒相似于化学反应的活化能,成为聚沉所必须克服的障碍。

第三,位能曲线上出现两个最小值。距离较近而较深的最小值称为第一最小值;距离较远而较浅的最小值称为第二最小值。第二最小值并非所有胶体都出现。它除了与表面电位有关以外,还与粒子大小及对称性有关。较小的粒子($a < 10^{-8}$m),第二最小值难以出现,即使出现也是很浅的;而较大的粒子,特别是形状较不对称的粒子,如片状或棒状粒子,则第二最小值会明显出现,而且深度较大。一般情况下,它只有几个 kT 的数量级。从理论上来说,粒子落入第二最小值处发生聚沉,但是实际上它仍然是稳定的。因为粒子间距离较远,第二最小值深度较浅,吸力位能不大,外界条件稍有改变,胶粒又会重新分离。所以落在第二最小值上的聚沉常称为"可逆聚沉"或"临时聚沉"。而落在第一最小值上的聚沉称"不可逆聚沉"或"永久性聚沉",这是由于它具有较大深度之故。它所形成的沉淀紧密而稳定,而且会发生粗化。而可逆聚沉的沉淀,结构是疏松的,不稳定的,外界稍有扰动,这种结构就被破坏。它与胶体的一些性质,如触变性等密切相关。

从上面的讨论可见,体系总的位能由斥力位能和吸力位能来确定,它们除了受粒子大小、形状以及粒子间距离的影响以外,还受 Hamaker 常数 A,粒子表面电位 ψ_0 以及电解质的浓度 n_0 的影响,现分别讨论如下。

(1)A 值的影响。不同形状的粒子其吸力位能方程式不相同,但是吸力位能总是与 A 值成正比。所以随着 A 值的增大,总位能值减少,位能曲线的形状也发生变化。图 5-10 描述了这种情况。A 值越大,位能曲线越在下面,位垒高度越小,胶体的稳定性越差。A 值可以通过改变分散相及分散介质的性质来控制。

(2)ψ_0 值的影响。ψ_0 的影响主要是对斥力位能的影响。这一影响是通过 ν_0 的变化体现出来的。ψ_0 与 ν_0 的关系由式(4-20)确定,而 V_R 总是比例于 ν_0^2 的。V 与 ψ_0 的关系由图 5-11 可见,ψ_0 值越大,则 V 值越大,位垒高度越大,胶体的稳定性越好;当 ψ_0 增加到足够大时,会使 $\nu_0 \to 1$,此时它不会对 V 产生影响。ψ_0 值的大小可以用改变定位离子的浓度来控制。

(3)电解质浓度的影响。电解质浓度主要影响斥力位能,这一点已在前面讨论过。

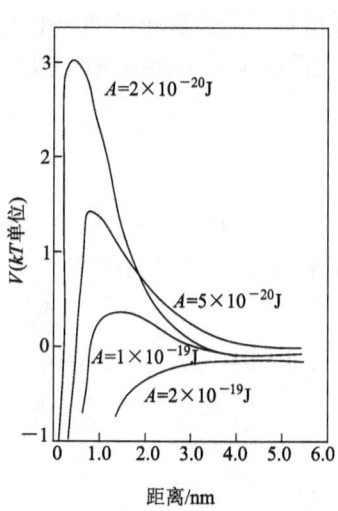
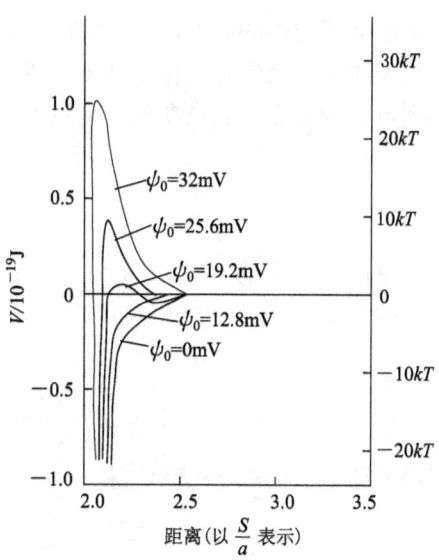

图 5-10　不同 A 值下位能曲线（$\kappa = 10^9 \mathrm{m}^{-1}$, $\psi_0 = 103\mathrm{mV}$, $T = 298\mathrm{K}$, 作用面积为 $4\mathrm{nm}^2$）

图 5-11　表面电位 ψ_0 对两球形粒子位能的影响（$a = 10^{-7}\mathrm{m}$, $A = 10^{-10}\mathrm{J}$, $\kappa = 10^8\mathrm{m}^{-1}$, $T = 298\mathrm{K}$, S 为两球粒中心距离, a 为球粒半径）

它除了直接影响 V_R 值以外，还通过 κ 值来影响 V_R 值。图5-12描述在一定 A 和 ψ_0 值下，不同 κ 值的位能曲线。

从图可见，κ 值增大，则 V 值减小，位垒高度降低，稳定性变差。而当电解质浓度增加或其价数增大，都会导致其 κ 值的增大。综合 κ 和 n_0 对 V_R 的影响，电解质浓度对 V 的影响应有一最佳值。控制电解质的浓度就能得到稳定的胶体。

2. 聚沉浓度的理论计算

很早以前人们已经知道电解质能引起胶体的聚沉，并于1900年从实验中总结出 Schulze-Hardy 规则。这里应用 DLVO 理论来阐明这一规则。

根据 DLVO 理论，位垒的高度是决定胶体是否发生聚沉的主要因素。实际上发生聚沉时位垒高度不一定等于零。只要粒子布朗运动的

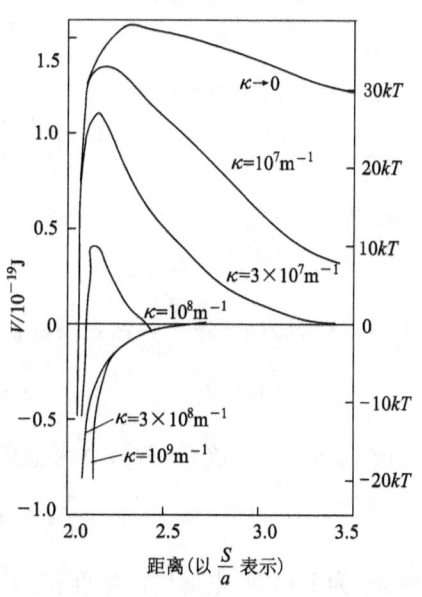

图 5-12　不同电解质浓度下，κ 值对两球粒间位能的影响（$a = 10^{-7}\mathrm{m}$, $A = 10^{-19}\mathrm{J}$, $T = 298\mathrm{K}$, $\psi_0 = 25.6\mathrm{mV}$）

能量足以克服位垒的高度,则胶体发生聚沉。但是为了简化从理论上处理这一问题起见,仍认为胶体发生聚沉是在位垒高度为零处。而电解质的加入量及其价数的改变将大大地影响到位垒的高度。当位垒的高度刚好为零时,在位能曲线与横坐标接触点处出现

$$V = 0 \tag{5-50}$$

$$\frac{dV}{dD} = 0 \tag{5-51}$$

这里假设两个粒子是方块状,则其斥力位能可以用式(5-11)计算,而且可以用 D 代替式中的 $2d$。其吸力位能可以用式(5-31)计算。设粒子表面间的距离为 D,则其位能为

$$V = \frac{64n_0 kT\nu_0^2}{\kappa}\exp(-\kappa D) - \frac{A}{12\pi}D^{-2} \tag{5-52}$$

将式(5-52)代入式(5-50),得

$$\frac{64n_0 kT\nu_0^2}{\kappa}\exp(-\kappa D) = \frac{A}{12\pi}D^{-2} \tag{5-53}$$

将式(5-52)代入式(5-51),即对距离 D 微分,得

$$\kappa V_R = -\frac{2V_A}{D} \tag{5-54}$$

因为 $V = V_R + V_A = 0$,故有 $V_R = -V_A$,所以式(5-54)可以写成

$$\kappa D = -2\frac{V_A}{V_R} = 2 \tag{5-55}$$

将式(5-55)代入式(5-53),得

$$\frac{64n_0 kT\nu_0^2}{\kappa}\exp(-2) = \frac{A}{12\pi}\frac{\kappa^2}{4} \tag{5-56}$$

解方程式(5-56),得

$$\kappa^3 = \frac{415.75\pi n_0 kT\nu_0^2}{A} \tag{5-57}$$

将式(4-13)应用于单一对称型电解质,则有

$$\kappa = \left(\frac{2e^2 N_A c z^2}{\varepsilon kT}\right)^{1/2} \tag{5-58}$$

将式(5-58)代入式(5-57),并考虑到 $n_0 = N_A c$,整理后得

$$c_e = 2.13 \times 10^5 \frac{\varepsilon^3 k^6 T^5 \nu_0^4}{e^6 A^2 N_A}\frac{1}{z^6} \tag{5-59}$$

式中,c_e 为 $V = 0$ 时电解质的浓度,即聚沉浓度,也称聚沉值(CFC)。

对于25℃的对称电解质水溶液来说,可以取 $k = 1.38 \times 10^{-23}$ J·K^{-1},$\varepsilon = 78.5 \times 8.854 \times 10^{-12}$ F·m^{-1},$T = 298$K,$e = 1.6 \times 10^{-19}$C,$N_A = 6.023 \times 10^{23}$ mol^{-1}。将这些数据代入式(5-59),得

$$c_e = 8.354 \times 10^{-36} \frac{v_0^4}{A^2 z^6} \tag{5-60}$$

如果粒子为球形粒子,则同理可推导出

$$c_e = 1.51 \times 10^{80} \frac{\varepsilon^3 k^5 T^5}{e^2 N_A} \frac{v_0^4}{A^2 z^6} \tag{5-61}$$

球形粒子在25℃的对称电解质水溶液中,其聚沉浓度为

$$c_e = 3.87 \times 10^{-36} \frac{v_0^4}{A^2 z^6} \tag{5-62}$$

上面各式求得的聚沉浓度单位为 $mol \cdot m^{-3}$。由此可见:

(1) 在其他参数不变的情况下,$c_e \propto \frac{1}{z^6}$。也就是说含有一、二、三价反号离子的电解质,其聚沉浓度比为

$$\frac{1}{1^6} : \frac{1}{2^6} : \frac{1}{3^6} = 100 : 1.6 : 0.13$$

这就从理论上证实了 Schulze-Hardy 聚沉规则。表 5-2 列出了理论值与实验值的比较,足以证明这一理论基本正确。

表 5-2　一些负溶胶的平均聚沉值

电解质价数	聚沉值及比率 理论比率	As_2S_3 溶胶		Au 溶胶		AgI 溶胶	
		聚沉值	比率	聚沉值	比率	聚沉值	比率
一价	1	55	1	24	1	142	1
二价	0.016	0.69	0.013	0.38	0.016	2.43	0.017
三价	0.0013	0.091	0.0017	0.006	0.0003	0.068	0.0005

(2) 除了电解质的价数 z 影响聚沉浓度 c_e 以外,还有 A 值及 ψ_0 值。表面电位 ψ_0 的影响是通过 v_0 值体现出来的。图 5-13 描述了在不同 A、z 值下,ψ_0 与聚沉浓度 c_e 之间的关系。

例如 $\psi_0 = 100mV$,当 $A = 2 \times 10^{-19}J$ 时,得一、二、三价电解质的聚沉值分别为 50、2 及 0.07 $mmol \cdot dm^{-3}$。在相应曲线的左上方为高 ψ_0、小 c_e 值,是胶体的稳定区;而在曲线的右下方为低 ψ_0、大 c_e 值,是胶体的聚沉区。图中各曲线的形状表明:在低 ψ_0 下,它对 c_e 值的影响是明显的;而在高 ψ_0 时,它几乎对 c_e 不发生影响。另外对低价电解质来说,ψ_0 对 c_e 影响较大;而对高价电解质来说,ψ_0 对 c_e 影响较小。

(3) 通过实验测得胶体的聚沉值 c_e,由热力学确定表面电位 ψ_0(即热力学电位),从 ψ_0 求得 v_0,这样就可以利用式(5-59)或式(5-61)确定 Hamaker 常数 A。这就是所谓"聚沉法"测定 A 值。

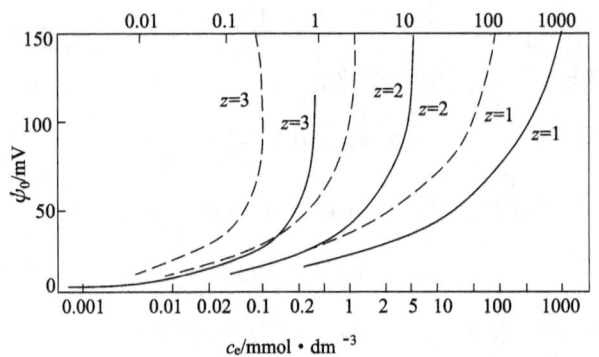

图 5-13 不同 A, z 下, ψ_0 与 c_e 之间的关系

实线——$A = 10^{-19}$ J 时的曲线；

虚线——$A = 2 \times 10^{-19}$ J 时的曲线

(4) 式(5-59)和式(5-61)以及 Schulze-Hardy 规则都只涉及到异价反号离子对聚沉值的影响。它们认为在其他条件相同的情况下,同价反号离子具有同样的聚沉值。但事实上同价而不同类型的反号离子的聚沉值是有差异的。例如对 As_2S_2 负溶胶来说, Li^+、Na^+、K^+ 的聚沉浓度分别为 58,51 和 49.5 mmol·dm^{-3},这种同价而不同类型的反号离子对 c_e 值影响的效应称为"二级效应"。其原因是由于各种同价离子的吸附能力不同。对于同价正离子来说,离子半径越小,水化能力越强,水化半径越大,吸附能力越小。这样便导致它进入 Stern 层的数量减少,聚沉浓度增大。所以对于正离子来说,其聚沉值随离子半径的增大而减少;对于负离子来说,由于它的水化能力很弱,所以其半径越小,吸附能力就越大,聚沉浓度也就越小。据此可以排出一价正、负离子的聚沉值大小的顺序:

$$Li^+ > Na^+ > K^+ > NH_4^+ > Rb^+ > Cs^+ > H^+$$

$$OH^- > SCN^- > I^- > NO_3^- > Br^- > Cl^- > F^-$$

5.2 吸附高聚物对胶体的稳定——空间稳定理论

DLVO 理论对于憎液水溶胶及其他一些胶体的应用是成功的。这是由于 DLVO 理论认为胶体的稳定因素主要来源于双电层重叠时的静电斥力。而电解质稳定的憎液溶胶往往符合这一条件。然而应用 DLVO 理论来解释一些高聚物或非离子型表面活性剂存在的胶体体系的稳定性时,往往是不成功的。例如 Romo 曾发现 TiO_2 在丁胺中是不稳定的,此时 $\zeta = -12.7$ mV;但是同样是 TiO_2 在三聚氰酰胺($C_3N_3(NH_2)_2$)或是在亚麻油中,具有相同或略低的 ζ-电位,却是稳定的。如按 DLVO 理论,ζ-电位越大,扩散层重叠的斥力位能就越大,胶体就越趋稳定。然而,事实并非完全如此。其原因是 DLVO 理论忽略了静电斥力位能以外的一些因素。其中一个被 DLVO 理论忽略的因素是吸附聚合物层的作用。在聚合物稳定的水溶胶,特别是非水溶胶中,稳定的主要因素是吸附的聚合物层而不是扩散层。吸附聚合物层对胶体稳定性的影响主要有三个方面:第一,带电聚合物被吸附会增加胶粒之间的静电斥力位能。这一点与吸附简单离子的影响相同,同样可用 DLVO 理论处理。第二,高聚物的存在通常会减少胶粒间的 Hamaker 常数,因而也就减少了范德华吸力位能。第三,由于聚合物的吸附而产生一种新的斥力位能——空间斥力位能(Steric Repulsive Energy)。考虑到这些情况,体系总的位能应为

$$V = V_A + V_R + V_R^S \tag{5-63}$$

式中,V_R^S 为空间斥力位能。若有非离子型的表面活性剂或高聚物存在,尤其在非水溶液中,则 V_R^S 项对其稳定起到重要作用。这种稳定作用称为"空间稳定"。相应的理论称为"空间稳定理论"。由于它主要是靠吸附聚合物使胶体稳定,所以又称为胶体的吸附聚合物稳定理论。

5.2.1 空间斥力位能 V_R^S

当两个带有聚合物吸附层的粒子靠拢到吸附层相互接触后,会出现如图 5-14 所示的两种情况:一种情况是吸附层被压缩而不能发生相互渗透,如图 5-14a 所示。如果高聚物分子为刚棒状,则在它们相互作用区内,聚合物分子失去结构熵而产生熵斥力位能 V_R^e;但是在同一种情况下,如果高聚物分子是弹性体,则由于被压缩而产生弹性斥力位能 V_R^E;另一种情况是吸附层能发生相互重叠,互相渗透,如图 5-14b 所示。由于粒子靠拢时吸附层的重叠,使重叠区内高聚物的浓度增大,而导致出现渗透压及"溶液的浓缩",相应产生渗透斥力位能 V_R^O 和焓斥力位能 V_R^H。所以,通常可以认为空间斥力位能是由这四部分所组成的,并可以写成

$$V_R^S = V_R^e + V_R^E + V_R^O + V_R^H \tag{5-64}$$

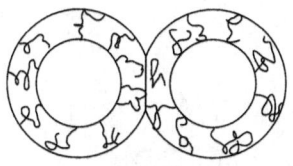

a) 吸附层被压缩   b) 吸附层相互渗透

图 5-14 两个带有聚合物吸附层的粒子相互作用的情况

现对这四部分的贡献分别讨论如下。

1. 熵效应

1951 年 E. L. Mackor 首先计算出吸附层受压缩时的斥力位能。而这一斥力位能的产生是来自于吸附聚合物分子的结构熵减少。设被吸附的聚合物分子是刚棒状,它只有一端连接到固体表面上,并且可以自由转动。当 A,B 两表面相距较远时,棒状聚合物分子

可以自由转动而具有 Ω_∞ 个可能构型，如图 5-15a 所示。但是当两个表面相互靠近到 $H(H<l)$ 时，被表面吸附的棒状分子转动就受到限制，可能的构型数减少到 Ω_H。如图

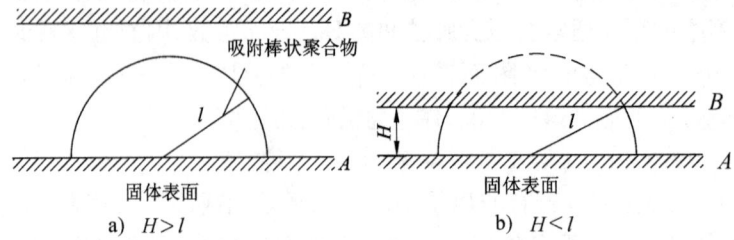

图 5-15 计算熵斥力位能时的 Mackor 模型

5-15b 所示。这样，由于表面靠近，吸附层被压缩所导致的结构熵变化 ΔS 为

$$\Delta S = S_H - S_\infty = k\ln\Omega_H - k\ln\Omega_\infty = k\ln\frac{\Omega_H}{\Omega_\infty} \quad (5-65)$$

假设棒状吸附高聚物分子的构型数正比例于棒所扫过的面积。如图 5-15a 所示，长度为 l 的棒状高聚物分子所扫过面积刚好等于半个球面积，即 $\Omega_\infty \propto 2\pi l$；同理对于图 5-15b 情况，棒所扫过的面积实为球台的侧面积，即 $\Omega_H \propto 2\pi lH$。考虑到这两种构型的面积，则式(5-65)可以写成

$$\Delta S = k\ln\frac{2\pi lH}{2\pi l^2} = k\ln\left(\frac{H}{l}\right) \quad (5-66)$$

在不考虑热焓变化影响的前提下，单个分子由于熵变所产生的斥力位能 V_R^e（即相当于吉布斯函数的变化值 ΔG）为

$$V_R^e = -T\Delta S = -kT\ln\left(\frac{H}{l}\right) \quad (5-67)$$

利用对数的级数展开式

$$\ln x = (x-1) - \frac{1}{2}(x-1)^2 + \frac{1}{3}(x-1)^3 + \cdots$$

当 x 很小时，取一级近似式 $\ln x = (x-1)$，则式(5-67)可以写成

$$V_R^e = -kT\left(\frac{H}{l} - 1\right) = kT\left(1 - \frac{H}{l}\right) \quad (5-68)$$

若以 N_S 表示单位吸附面积上的分子数；以 θ_∞ 表示当 $H = \infty$ 时，表面被分子所覆盖的程度，则 $N_S\theta$ 表示单位固体表面积上的分子数，相应的斥力位能为

$$V_R^e = N_S kT\theta_\infty\left(1 - \frac{H}{l}\right) \quad (5-69)$$

方程式(5-69)推导过程中假设相邻的吸附分子无相互作用。故它只适用于低表面覆盖率的情况，公式的误差将随着 θ_∞ 的增大而增加。对于高聚物的吸附，取 $\theta_\infty \approx 0.2$，

$N_S = 2 \times 10^{18} \text{m}^{-2}$, $l = 1.0 \sim 2.0 \text{nm}$, 那么熵斥力位能 V_R^e 随两个表面间距的变化如图 5-16 中的曲线所示。由于粒子不带电, 故其静电斥力位能 V_R 为零。又假设其空间斥力位能 V_R^s 仅来源于熵效应 V_R^e, 则按式(5-63), 体系总位能 V 由其吸力位能 V_A 和熵斥力位能 V_R^e 共同决定。计算 V_A 值时使用式(5-31), 并取 $A = 1.5 \times 10^{-20}$ J。V 值与距离的关系如图 5-16 中的实线所示。

图中 V_{R1}^e 是棒状吸附聚合物 $l = 1.0 \text{nm}$ 的熵斥力位能, 相应体系总位能为 V_1; V_{R2}^e 为棒状吸附聚合物 $l = 2.0 \text{nm}$ 的熵斥力位能, 相应的总位能为 V_2; V_{R3}^e 为挠曲状吸附聚合物, $l = 2.0 \text{nm}$ 的熵斥力位能, 相应的总位能为 V_3。从图中曲线形状可见: 第一, 位能曲线与 DLVO 理论的位能曲线相似, 出现位能最大值——位垒及位能的最小值; 第二, 棒状吸附聚合物越长, 熵斥力位

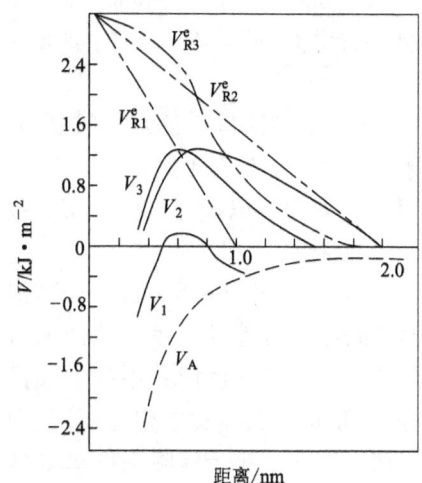

图 5-16 吸附有聚合物的两个平板
粒子的位能曲线
----表示吸力位能曲线
---表示熵斥力位能曲线
——表示总位能曲线

能越大, 位垒越高, 胶体越稳定; 第三, 吸附聚合物的形状发生变化, 则熵斥力位能也随之发生变化。

2. 弹性效应

当吸附高聚物分子不是刚性体而是弹性体, 两粒子靠近到其距离小于两倍吸附层的厚度, 即 $H < 2\delta$ 时, 则吸附层受到压缩形成一种弹性斥力位能 V_R^E。K. Jäckel 推导出压缩吸附层的弹性斥力位能为

$$V_R^E = 0.75G(x^{5/2})(a+\delta)^{1/2} \tag{5-70}$$

式中 G——吸附层的弹性模量;

a——球粒的半径;

δ——吸附聚合物层的厚度;

x——被压缩吸附层的厚度, 它与 a 及 δ 的几何关系由图 5-18 可知, $x = \delta - \dfrac{H}{2}$。

图 5-17 描述了 G 值为 $10^3 \sim 10^6 \text{N} \cdot \text{m}^{-2}$, 吸附层厚度 $\delta = 10 \text{nm}$ 的两球形粒子的 V_R^E 及 V_A 与距离 H 及压缩厚度 x 之间的关系。从图可见: 当 $H = 2\delta$ 即 $x = 0$ 时, $V_R^E = 0$, 不产生弹性压缩, 亦即弹性斥力位能不存在。在 V_A 虚线左下方的区域为胶体的不稳定区(如果 V_R^E 是唯一的斥力位能); 而在 V_A 虚线的右上方的区域为胶体的稳定区。因为左下方区域 $V_R^E < V_A$, 而在右上方区域 $V_R^E > V_A$。在 $G = 10^4 \text{N} \cdot \text{m}^{-2}$, 两球粒表面距 $H \approx 12 \text{nm}$ 处, 吸

力位能 V_A 等于弹性斥力位能 V_R^E。V_R^E 随 x 的增大而增大，而且随 G 值的增加变化更为迅速。

Jäckel 的理论是基于力学现象，完全不同于熵斥力位能是基于热力学理论，它计算 V_R^E 值的困难是难以找到 G 值的实验数据。

3. 渗透效应

1958 年 E. W. Fischer 首先处理渗透效应对空间斥力位能的贡献。他认为带有吸附层的两个粒子的碰撞并不导致表面聚合物分子的解吸，也不发生相互压缩，而是相互渗透。故两个粒子吸附层的重叠区出现吸附聚合物的浓度增大。这样便使重叠区出现过剩化学位，与之相应的为过剩渗透压 π_E。由 π_E 所产生的渗透斥力位能构成空间斥力位能的一部分，而使胶体处于稳定状态。

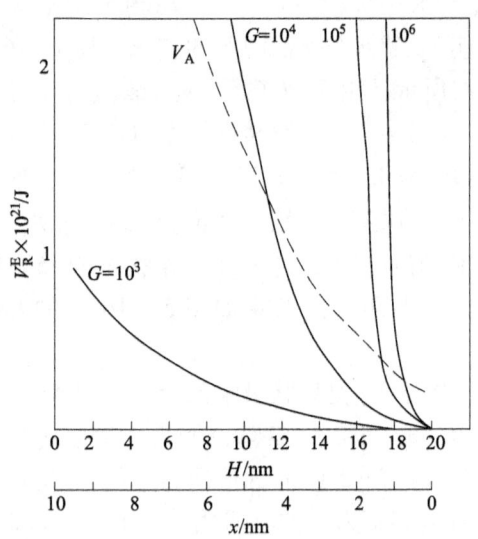

图 5-17 吸附层厚 10nm 时，两球粒之间的弹性斥力位能与距离的关系

当吸附层重叠的总体积为 $\int_0^V dV$，所产生的渗透斥力位能 V_R^O 为

$$V_R^O = 2\pi_E \int_0^V dV \tag{5-71}$$

式中右边的 2 是因为重叠时对两个粒子同时发生影响。根据 P. J. Flory 的理论，过剩渗透压 π_E 与吸附聚合物的第二维利系数 A_2 及其在吸附层中的浓度 c_2 有关

$$\pi_E = A_2 RT c_2^2 \tag{5-72}$$

式中，R 为摩尔气体常数。至于重叠体积则是根据不同形状的粒子而异。如果两个半径为 a 的球形粒子，吸附层厚度为 δ，则重叠后的几何关系如图 5-18 所示。

从图可见，它们的吸附层重叠体积，即图中阴影部分的体积可以看作是两个半径为 $(a+\delta)$，高度为 $\left(\delta - \dfrac{H}{2}\right)$ 的球缺体积之和。按球缺的体积计算公式，就可求得它们的重叠体积

$$\int_0^V dV = \frac{2}{3}\pi\left(\delta - \frac{H}{2}\right)^2\left(3a + 2\delta + \frac{H}{2}\right) \tag{5-73}$$

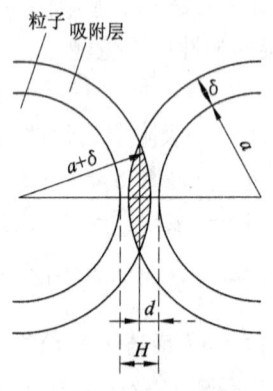

图 5-18 吸附层厚度为 δ，半径为 a 的两球粒重叠时的几何关系

将式(5-73)及式(5-72)代入式(5-71),得

$$V_R^0 = \frac{4}{3}\pi RTA_2 c_2^2 \left(\delta - \frac{H}{2}\right)^2 \left(3a + 2\delta + \frac{H}{2}\right) \tag{5-74}$$

这就是渗透斥力位能方程式。由此可见,影响 V_R^0 数值大小及符号有三个主要因素:

(1)第二维里系数 A_2。它反映了溶剂与吸附聚合物之间的亲合力。一个良好的溶剂,能够使聚合物充分分散,因为它与聚合物的亲合力较大,此时维里系数为较大的正值;不良溶剂难以使聚合物分散,A_2 值也较小,有时甚至为负值。而 A_2 值提高,有利于渗透斥力位能的增大,胶体稳定性提高。

(2)聚合物在吸附层中的浓度 c_2。吸附力越强的聚合物,越有利于增大 V_R^0 值及提高胶体的稳定性。

(3)吸附层厚度 δ。δ 值增大有利于渗透斥力位能的提高。

方程式(5-74)是在 $\delta > \frac{H}{2}$ 的条件下,即吸附层发生重叠时才成立的。取 $\delta = 1.5 \times 10^{-7}$ m, $c_2 = 20$ kg·m^{-3},在不同 A_2, a 值下,以 V_R^0 对 H 作图得到图 5-19 所示的曲线。

从图可见,A_2 值越大,a 值越大,其渗透斥力位能 V_R^0 也越大;所有位能曲线都在 $H = 3 \times 10^{-7}$ m 处集中,此时 $V_R^0 = 0$。因为渗透斥力位能从 $H = 2\delta = 3 \times 10^{-7}$ m 时才开始发生重叠。

4. 焓效应

当两个带聚合物吸附层的粒子相互靠近到其吸附层发生重叠时,则在其重叠区的聚合物浓度将增加。这就相当于溶液浓缩过程,与此相应产生一个浓缩热焓变量。这就是焓斥力位能的来源。1972 年 P. Bagchi 推导出焓斥力位能公式。他认为吸附层重叠时浓缩热焓的变量等于溶液稀释热的负值。而聚合物在分散

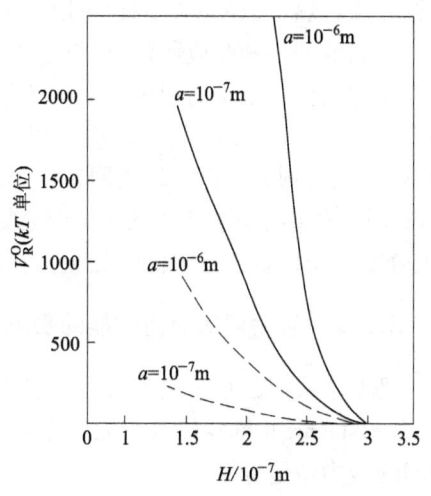

图 5-19 $\delta = 1.5 \times 10^{-7}$ m, $c_2 = 20$ kg·m^{-3}
时渗透斥力位能曲线
—— 表示 $A_2 = 10^4$ Pa·m^2·kg^{-2}
---- 表示 $A_2 = 10^3$ Pa·m^2·kg^{-2}

介质中的微分稀释热可以由积分稀释热 ΔH 对溶液浓度的曲线的斜率求得,即为 $\left(\frac{\partial \Delta H}{\partial c}\right)_n$。式中,$n$ 为溶液聚合物的质量。积分稀释热 ΔH 可以通过实验直接测定。吸附层重叠时所产生的浓缩热焓的变量 ΔH 可通过下面的积分求得

$$\Delta H = 2n' \int_{c_\infty}^{c_H} - \left(\frac{\partial \Delta H}{\partial c}\right)_n dc \tag{5-75}$$

式中 n'——在重叠区内吸附聚合物分子的质量;

c_H——当 $H<2\delta$ 时,即吸附层发生重叠时,在重叠的吸附层区聚合物的浓度;

c_∞——当 $H>2\delta$ 时,即不发生吸附层重叠时,在吸附层中聚合物的浓度。

式中的 2 表示吸附层重叠时对两个粒子同时发生的影响。由于吸附层重叠区浓度增加,$c_H>c_\infty$;又由于溶液稀释热通常为负值,即稀释时放热,所以由式(5-75)求得浓缩热焓的变量 ΔH 应为正值。如果不考虑熵效应的影响,则 ΔH 等于相应过程吉布斯函数的变化,这就是焓斥力位能 V_R^H。

$$V_R^H = 2n'\int_{c_\infty}^{c_H} -\left(\frac{\partial \Delta H}{\partial c}\right)_n \mathrm{d}c \tag{5-76}$$

Bagchi 的理论可以从球粒的大小、吸附聚合物的相对分子质量及单个吸附分子所占的面积以及吸附层的厚度和两个粒子之间的距离确定 n'、c_H 和 c_∞ 数值。因此只要实验测得积分稀释热与浓度的关系就可以求得焓斥力位能 V_R^H。

上面谈到各种效应所建立的吸附模型认为吸附分子或链节是均匀分布于吸附层内的。因此在孤立粒子的吸附层上链节密度为一常数。但实际情况下,粒子并非孤立,吸附层上链节的密度也不是常数,而是以一定的统计分布形式出现。D. J. Meier 提出尾式吸附模型(聚合物分子以一端吸附在固体表面上),Hesselink、Vrij 和 Overbeek 将 Meier 概念加以发展,提出了环式吸附模型(聚合物分子以两端吸附在固体表面上)和卧式吸附模型(聚合物分子以多个链节活性点吸附在固体表面上),形成了 HVO 理论。

5.2.2 吸附层对吸力位能的影响

具有吸附层的粒子之间吸力位能不同于裸粒子的吸力位能,可能大于它也可能小于它。Issaelachivili 推导出两个无限厚的平行平板粒子,具有厚度为 δ 均匀吸附层时,它们之间的吸力位能为

$$V_A = -\frac{1}{12\pi}\left[\frac{A_{303}}{D^2} - \frac{2A_{130}}{(D+\delta)^2} + \frac{A_{131}}{(D+2\delta)^2}\right]$$

$$= -\frac{A_{\mathrm{eff}}}{12\pi D^2} \tag{5-77}$$

式中,A 为 Hamaker 常数。其下标数字 0,1,3 分别表示溶剂、粒子和吸附聚合物。例如 A_{130} 表示粒子与溶剂被聚合物分隔开时的 Hamaker 常数。如此类推,A_{eff} 为有效 Hamaker 常数,

$$A_{\mathrm{eff}} = A_{303} - \frac{2A_{130}}{(1+\delta/D)^2} + \frac{A_{131}}{(1+2\delta/D)^2} \tag{5-78}$$

式中,δ 为吸附聚合物层厚度。D 为两粒子吸附层表面之间的距离。将有吸附层时的吸力位能即式(5-77)中的 V_A 值与无吸附层同样距离的吸力位能即式(5-31)中的 V_A 值比较,就会发现它们的计算形式相同。仅在有吸附层时,以 A_{eff} 代替无吸附层时的 A。A 值只取决于粒子的性质,与它们之间的距离无关。但 A_{eff} 还与吸附层的厚度及粒子间距离

有关。在极限情况 $\frac{\delta}{D} \to \infty$，即吸附层很厚而距离很近时，$A_{eff} = A_{303}$。此时就剩下两聚合物吸附层之间的作用力。在另一极限情况 $\frac{\delta}{D} \to 0$，即吸附层很薄时，$A_{eff} = A_{101}$。这就是两个裸粒子在介质中的相互作用。从方程式(5-78)和式(5-42)可见，A_{eff} 数值取决于 A_{00}、A_{11} 和 A_{33}。A_{11} 肯定为正值，但是计算得到的 A_{eff} 值可能增加(比 A_{11} 值大)，也可能减少(比 A_{11} 值小)，甚至有可能减到负值。如果 A_{eff} 增大，则吸附层使吸力位能增大，胶体的稳定性下降；相反，若 A_{eff} 减少，则吸附层使吸力位能减少，胶体的稳定性增加。下面举两个例子加以说明。

设两平板状 AgI 胶粒吸附了厚度为 1.0nm 的非离子型表面活性剂，粒子表面层距离 $D = 100$nm，且各物质 Hamaker 常数如下：$A_{11} = 20.0 \times 10^{-20}$J，$A_{00} = 6.0 \times 10^{-20}$J，$A_{33} = 5.6 \times 10^{-20}$J。求 V_A 的关键是先求 A_{eff}。

根据式(5-43)有

$$A_{10} = (A_{11} \cdot A_{00})^{1/2} = (20.0 \times 6.0)^{1/2} \times 10^{-20}\text{J}$$
$$= 10.95 \times 10^{-20}\text{J}$$

$$A_{30} = (A_{33} \cdot A_{00})^{1/2} = (5.6 \times 6.0)^{1/2} \times 10^{-20}\text{J}$$
$$= 5.80 \times 10^{-20}\text{J}$$

$$A_{31} = (A_{33} \cdot A_{11})^{1/2} = (5.6 \times 20.0)^{1/2} \times 10^{-20}\text{J}$$
$$= 10.58 \times 10^{-20}\text{J}$$

根据式(5-44)有

$$A_{303} = (A_{33}^{1/2} - A_{00}^{1/2})^2 = (2.37 - 2.45)^2 \times 10^{-20}\text{J}$$
$$= 6.90 \times 10^{-23}\text{J}$$

$$A_{131} = (A_{11}^{1/2} - A_{33}^{1/2})^2 = (4.472 - 2.366)^2 \times 10^{-20}\text{J}$$
$$= 4.44 \times 10^{-20}\text{J}$$

根据式(5-40)有

$$A_{130} = (A_{10} + A_{33}) - (A_{13} + A_{30})$$
$$= [(10.95 + 5.6) - (10.58 + 5.80)] \times 10^{-20}\text{J}$$
$$= 0.17 \times 10^{-20}\text{J}$$

将上述数据代入式(5-78)，得

$$A_{eff} = \left(0.0063 - \frac{2 \times 0.17}{(1 + 0.01)^2} + \frac{4.44}{(1 + 0.02)^2}\right) \times 10^{-20}\text{J}$$
$$= 3.94 \times 10^{-20}\text{J}$$

而 AgI 裸粒子在水介质中的 Hamaker 常数 A_{101} 为

$$A_{101} = (A_{11}^{1/2} - A_{00}^{1/2})^2 = (4.472 - 2.45)^2 \times 10^{-20}\text{J}$$

$$= 4.1 \times 10^{-20} \text{J}$$

由此可见,AgI 吸附了厚度为 1.0nm 非离子型表面活性剂后,Hamaker 常数降低,吸力位能下降,提高了 AgI 胶体的稳定性。吸附层越厚,A_{eff} 和 V_A 值越小,胶体越稳定。

另一相反的例子是使用聚氧化乙烯十六烷基醚(以 3 表示)作乳化剂,加入氯苯(以 1 表示)在水介质(以 0 表示)中形成水/油型乳状液。由于乳状液滴较大,可近似看作平板状,$\delta = 10\text{nm}$,$D = 10\text{nm}$,$A_{11} = 6.0 \times 10^{-20}\text{J}$,$A_{00} = 3.78 \times 10^{-20}\text{J}$,$A_{33} = 6.6 \times 10^{-20}\text{J}$。按上述方法,可计算得:$A_{eff} = 0.36 \times 10^{-20}\text{J}$。而 $A_{101} = 0.26 \times 10^{-20}\text{J}$。由此可见,水/油型乳状液吸附了乳化剂,使 Hamaker 常数增大。吸力位能增加,水/油型乳状液破坏并可趋于转化成油/水型乳状液。

至于具有均匀吸附层的两球形粒子之间的吸力位能已由 M. J. Vold 推导出来。1973 年,D. W. J. OSmond 也从理论上证实了 A_{33} 对 V_A 的影响,并且描述了在 $A_{11} > A_{00}$ 情况下 V_A 与 A_{33} 的关系,如图 5-20 所示。从图中可见,在该条件下 A_{33} 可以使 V_A 减少,也可使它增大。也就是说吸附层既可以使胶体

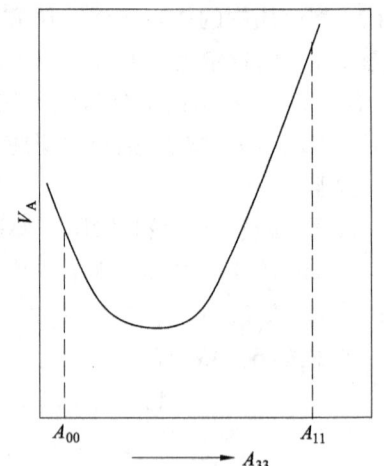

图 5-20 带均匀吸附层的球形粒子在 A_{00},A_{11} 固定及 $A_{00} < A_{11}$ 情况下,V_A 与 A_{33} 的关系

稳定也可使胶体聚沉。这就是吸附聚合物稳定与聚沉的影响因素之一。

5.2.3 影响空间稳定性的因素

1. 吸附聚合物分子结构的影响

由于空间稳定是通过吸附聚合物分子来实现的,因此聚合物分子的结构将会对稳定性有很大的影响。一般来说,最有效的聚合物应该是嵌段聚合或接枝聚合的高聚物分子。它们由两种不同类型的聚合物 A,B 所组成。聚合物 A 对固体表面具有强烈的亲合力。使得共聚物一端吸附在表面上;而聚合物 B 则与溶剂有较大的亲合力,因而伸入到溶剂中去,如图 5-21 所示。这样便提供了一个空间位垒,阻碍粒子的碰撞聚沉。例如 TiO_2 和 Fe_2O_3 的粒子在苯的分散介质中,若用己二酸-新戊基乙二醇酸酯作稳定剂,则发现端基为羟基的聚合物是一种很差的稳定剂;但若以等价的羧基为端基的聚合物,则是很好的稳定剂。这是因为后

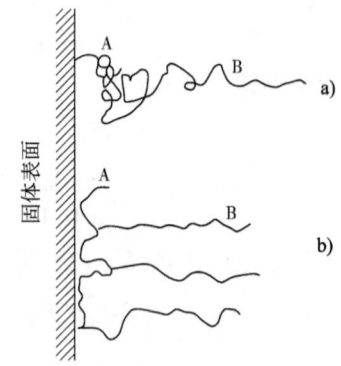

图 5-21 嵌段共聚物 A 和接枝共聚物 B 在固体表面上的吸附

者能强烈地吸附在固体表面上之缘故。

2. 相对分子质量及吸附层厚度的影响

熵效应和渗透斥力效应都预言了胶体的稳定性将随着吸附层厚度的增加而增大。Dunn 假设被吸附的聚合物分子为不规则线团状,推导出吸附层的均方根厚度 $\langle S^2 \rangle^{1/2}$ 正比例于 $M_r^{1/2}$,其中 S 为不规则线团的末端距,M_r 为聚合物的相对分子质量。由此可见,吸附层的厚度随着相对分子质量的增大而增加,聚合物的稳定效应将会随相对分子质量的增大而增加。图 5-22 描述了不同相对分子质量的聚乙烯醇吸附层对聚酯乳胶位能曲线的影响。从图中曲线可见,低相对分子质量聚乙烯醇的吸附层很薄,吸力位能很大;而高相对分子质量的聚乙烯醇吸附层较厚,位能全部为斥力位能而使胶体保持稳定。

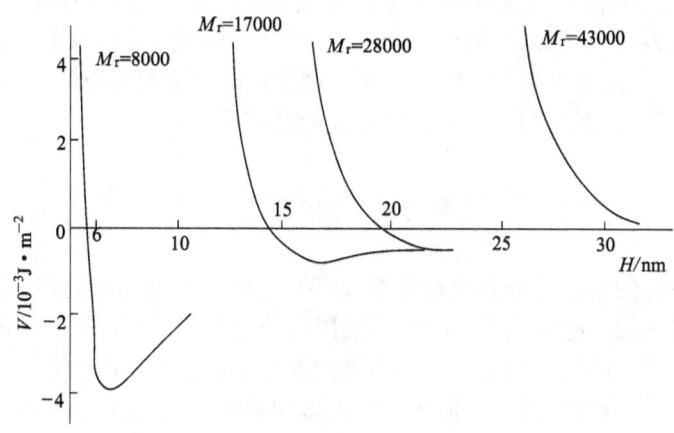

图 5-22 不同相对分子质量的聚乙烯醇吸附层对聚酯乳胶位能曲线的影响

在实际情况中相对分子质量的影响往往是复杂的。并不是在任何情况下都是相对分子质量越大对稳定越有利。有时这一影响跟加入聚合物的浓度有关。

3. 分散介质可溶解度的影响

所谓分散介质的可溶解度是指分散介质对聚合物的溶解能力。由于吸附聚合物分子常以一端吸附在固体表面上,而另一端伸入到分散介质中,形成空间位垒。分散介质的性质影响到它是否能与聚合物充分作用,在介质中充分伸展开来。因而影响到形成吸附层的位垒大小。定性来说,按分散介质的可溶解性能可分为三种不同类型的溶剂。

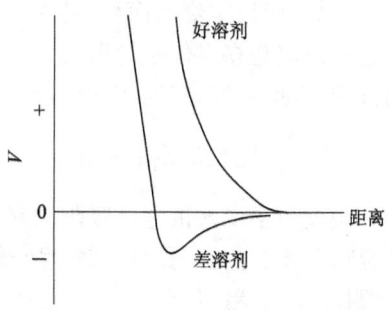

图 5-23 比 θ-溶剂好的和差的溶液的位能曲线

(1) θ-溶剂。凡能够使高分子溶液具有理想溶液性质的溶剂通常称为 θ-溶剂。而所谓理想溶液是指高聚物溶液中聚合物分子链节之间的相互作用力不存在以及聚合物分子不占有体积时的状态。在实际溶液中,这种理想状态是不存在的。但是,可以这样理解 θ-溶剂,即它的加入使得聚合物分子链节间吸引力所导致的偏差恰好被其占有体积的偏差所抵消。所以在 θ-溶剂中,聚合物链节的混合并不会导致自由能发生变化。如果胶粒在这种高聚物溶液的分散介质中,当其表面聚合物的吸附层发生重叠时,也不会对其位能产生影响。

(2)可溶性良好的溶剂。它是相对 θ-溶剂而言具有更大可溶性的溶剂。也就是说,这种溶剂对聚合物分子的链节具有较大的亲合力。它能与链节充分接触及使其在溶液中充分伸展开来。当两个粒子的吸附层发生重叠时,链节不会发生相互吸引,重叠自由能增大,胶体处于稳定状态。

(3)可溶性差的溶剂。它是相对于 θ-溶剂而言具有更小可溶性的溶剂。这种溶剂与链节之间的亲合力很小,所以当两个粒子吸附层发生重叠时,链节与链节必然发生相互吸引,自由能减少而导致发生聚沉。图 5-23 描述了后两种溶剂的位能曲线,充分说明了良好溶剂具有斥力位能,而差的溶剂具有吸力位能及其最小值。

5.3 自由高聚物对胶体的稳定——空位稳定理论

高聚物对胶体的稳定可分为两种类型:一种是由于粒子吸附高聚物分子使其表面形成一层聚合物吸附层。稳定主要是靠吸附层降低吸力位能及吸附层重叠时产生的空间斥力位能。这就是前述的空间稳定。另一种情况刚好相反,它是由于粒子对聚合物产生负吸附,即粒子表面层聚合物的浓度低于溶液的体相浓度,由于这种负吸附现象而导致粒子表面形成一层"空位层"(Depletion layer),当空位层发生重叠时就会产生斥力位能或吸力位能,从而使体系的位能曲线发生变化。在低浓度的溶液中,空位层的重叠会导致吸力位能占优势,使胶体聚沉;而在高浓度的溶液中,则会导致斥力位能占优势,使胶体稳定。由于这种稳定是靠空位层的形成,也可以理解为靠体相溶液中自由聚合物分子而达到稳定的目的,因此也称为"自由聚合物稳定"。

5.3.1 空位稳定的描述

假设粒子浸入被它负吸附的高聚物溶液中,则在两胶粒界面之间的空间存在着自由聚合物分子。这样,界面空间就好像是一个微型贮存器,容纳着许多聚合物分子,如图 5-24a 所示。当两个粒子相互靠拢时,就会逐步将微型贮存器中的聚合物分子及溶剂挤到体相溶液中去。当两个粒子表面间距离缩短到小于聚合物分子链的端-端均方根距离 $\langle S^2 \rangle^{1/2}$($S$ 为分子链的端-端距离)时,则聚合物分子完全被挤到体相溶液中去,此时在微型贮存器中只剩下纯溶剂,如图 5-24b 所示。它的出现引起两种不同的效应:第一种效应是吸力效应。由于空位层的形成,使粒子间的空间与体相溶液产生浓度差,由此而产生渗透压迫使粒子进一步靠拢而发生聚沉;第二种效应是斥力效应。从图 5-24 可见,从 a→b 过程实际上是一个将均匀混合的聚合物溶液分离成更高浓度的聚合物溶液及纯溶剂的过程。对于良好溶剂来说,聚合物与溶剂混合过程是自发过程,即为吉布斯函数减少的过程;而溶剂与聚合物的分离过程是非自发过程,是吉布斯函数增大的过程,这就产生斥力位能,使胶体稳定。由此可见,相应于聚合物的吸附层是空间稳定的来源一样,空位层就是空缺稳定的来源。

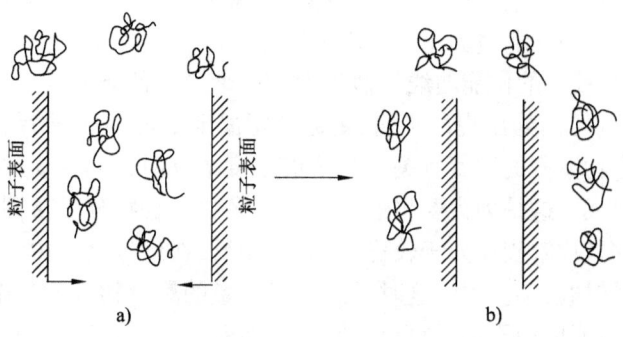

图5-24 负吸附的粒子表面从 a 较远距离($>\langle S^2 \rangle^{1/2}$)靠拢到 b 较近距离($<\langle S^2 \rangle^{1/2}$)时的情况

体系总的位能取决于这两种效应相互作用的结果。在低聚合物浓度的溶液中,往往是吸力效应占优势而出现"空位聚沉";而在高浓度下,则斥力效应占优势而呈现出"空位稳定"。

关于空位稳定的位能曲线,可以通过下面简单的分析得到定性的描述。假设负吸附聚合物的两个粒子浸入聚合物溶液中,它们表面之间的距离恰好使聚合物分子全部被挤到体相溶液中去。此时两粒子表面之间的距离比聚合物分子链的端-端均方根距$\langle S^2 \rangle^{1/2}$略小,如图5-25a所示。若要改变两表面间的距离有两种不同的途径:一是粒子的近移;另一是粒子的远移。它们所得的结果分别如图5-25b,c所示。从 a→b 过程是微型贮存器容积减少,即是将纯溶剂挤进体相溶液,把它稀释的过程。这显然是个自发过程,吉布斯函数减少。相应这一过程位能变化如图5-25d所示。另一过程是从 a→c。此时微型贮存器容积增大,聚合物分子进入这

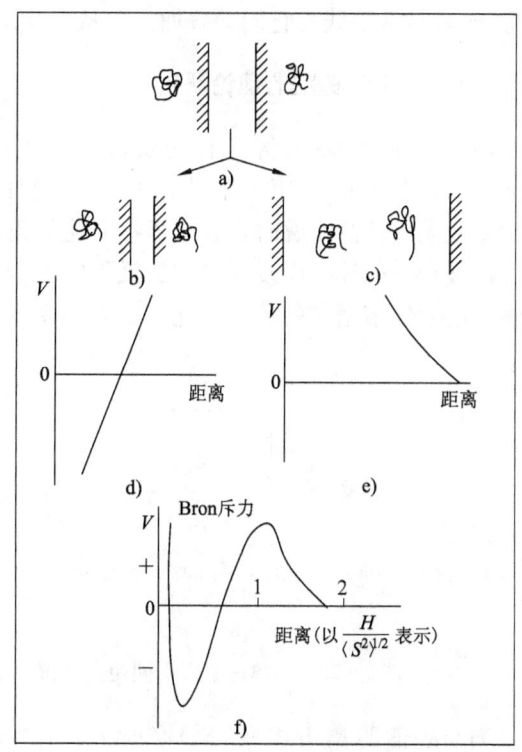

图5-25 胶粒浸入负吸附的聚合物溶液中的位能曲线

一空间。所以这一过程是相应于从纯溶剂变成溶液的过程。对良好的溶剂来说,这是一自发过程,吉布斯函数减少。相应这一过程的位能变化如图 5-25e 所示。由此可见,体系由 a 状态出发,不管是缩短表面距离还是增大表面距离,都是纯溶剂与溶液的混合过程。所不同的是前者是纯溶剂从微贮存器被挤到体相溶液中与其混合;而后者是体相溶液进入微贮存器中与纯溶剂混合。两个过程都是位能减少的过程,所以 a 状态必然具有最大的位能值。整条位能曲线如图 5-25f 所示。

从图可见,空位稳定的位能曲线相似于 DLVO 理论的位能曲线。在较远距离处出现一位垒;而在较近的距离处出现最小值;更近的距离则出现 Born 排斥力。这一位能曲线的位垒高度与聚合物溶液的浓度有关。当溶液浓度增高时,从 c→a 过程进行得较困难,吉布斯函数增加较大。这是因为要将贮存器中更多的聚合物分子挤到体相溶液中,位能增高得较大,即位垒较高,胶体处于较稳定状态;相反,在低浓度下由 c→a 过程进行得较容易,吉布斯函数增加较小。因为这时只需要将少量的聚合物分子从微贮存器中挤到体相溶液中即可,故位能增加不多,位垒较低,胶粒能以布朗运动克服这一阻力,超过这一位垒而发生聚沉。所以在高浓度聚合物溶液中胶体趋于稳定,而在低浓度下,胶体趋于聚沉。

图 5-25f 的位能曲线仅是存在纯空位效应时的位能曲线,如胶体还存在着静电斥力效应,则其位能曲线为它们的叠加。但从形状来说不会有什么变化。

5.3.2 空位稳定的理论研究

1975 年 B. Vincent 等人首先发现了自由聚合物对胶体的稳定作用,1980 年 R. I. Feigin 和 D. H. Napper 第一次提出"空位稳定"的定量理论。他们是从研究空位区的链节密度变化及空位区重叠时吉布斯函数变化的角度来说明空位稳定与空位聚沉的。

假设单一固体平面浸入被它负吸附的聚合物溶液中,在与平面不同的距离上聚合物质量中心及链节密度的分布情况分别如图 5-26a,b 所示。

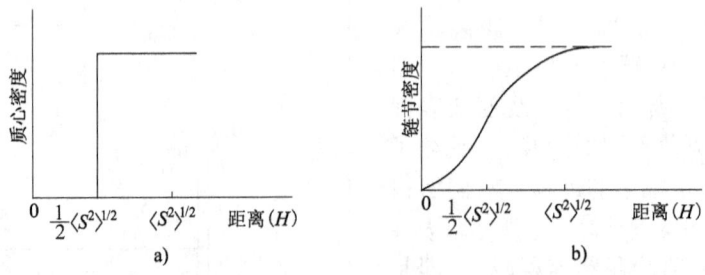

图 5-26 与单一平面不同距离上聚合物质量中心密度及链节密度的分布

当与表面距离 $H < \frac{1}{2}\langle S^2 \rangle^{1/2}$ 时,聚合物分子的质量中心不可能出现。而当 $H \geqslant \frac{1}{2}\langle S^2 \rangle^{1/2}$ 时,其质量中心密度达到了体相溶液的密度,因而在图 5-26a 中出现一水平线。

至于聚合物的链节密度的分布则不相同。在表面处,链节密度为零。随着距离的增加,链节密度也增大。直到 $H = \langle S^2 \rangle^{1/2}$ 时,链节密度接近于体相溶液的密度。但是当两个固体平面相互接近时,链节密度的变化就不相同。根据它们之间的距离的不同,可以分成三个不同的区域。

(1) $H > 2\langle S^2 \rangle^{1/2}$ 区域。此时两平面有足够的距离,它们的空位层并不发生重叠,链节密度的分布是单一平面的链节密度分布的简单组合,如图 5-27a 所示。在这一区域内,两平面的靠拢只是简单地将体相溶液从微贮存器挤到外面的体相溶液中。显然,这一过程并不会有吉布斯函数的变化。

(2) $\langle S^2 \rangle^{1/2} \leq H \leq 2\langle S^2 \rangle^{1/2}$ 区域。由于距离缩短,两个平面的空位层已发生重叠,因而没有足够大

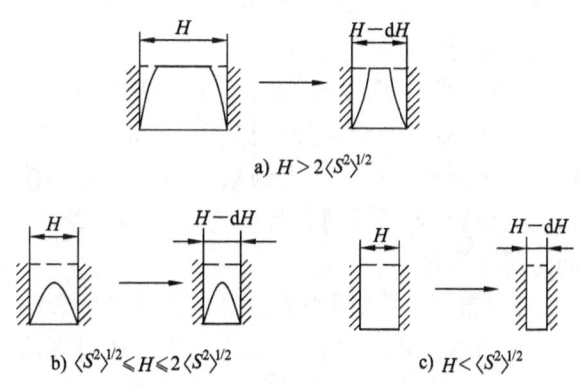

图 5-27 不同距离的两平面间聚合物链节密度的分布图

的距离使链节密度增大到体相溶液的密度。所以两平面间任一处的链节密度都小于体相溶液的密度。但在其距离的中点处出现链节密度最大值,如图 5-27b 所示。在这一区域内,两平面进一步靠拢会将微贮存器中低浓度的聚合物溶液挤进高浓度的体相溶液中去。这是个非自发过程,其结果必然导致体系吉布斯函数的增加。这就意味着这一区域内,两平面之间存在着斥力位能。

(3) $H < \langle S^2 \rangle^{1/2}$ 区域。由于此时两平面间距离已小于聚合物分子的端-端均方根值,所以在这一空间内无法容纳聚合物分子,而只有纯溶剂。在图 5-27c 中链节密度为零。在此区域内两平面的进一步靠拢,只能挤出微贮存器中的纯溶剂进入体相溶液,结果导致体相溶液的稀释。这是个自发过程,伴随着体系吉布斯函数的减少。这就相当于在这一区域内两平面存在着吸力位能。

这三个区域位能的变化是:$H > 2\langle S^2 \rangle^{1/2}$ 时,两平面没有相互作用,位能不变;$\langle S^2 \rangle^{1/2} \leq H \leq 2\langle S^2 \rangle^{1/2}$ 时,两平面空位层重叠,产生斥力位能;$H < \langle S^2 \rangle^{1/2}$ 时,产生吸力位能。而在 $H = \langle S^2 \rangle^{1/2}$ 处,出现位能最大值——位垒。这就是图5-25f 的位能曲线。

Feigin 和 Napper 还从理论上计算出两平面和两球面粒子的空位层重叠时的吉布斯函数变化曲线。他们认为当两个粒子相互靠拢时,会把微贮存器中的溶剂或聚合物挤进体相溶液中去,这时体系吉布斯函数的变化即为溶剂和聚合物从微贮存器进入体相溶液中的吉布斯函数的变化以及溶剂和聚合物混合时吉布斯函数变化的代数和。根据这一吉布斯函数变化关系式,就可以求出吉布斯函数与距离的关系曲线。图 5-28 是描述了两个平面粒子在相对分子质量为 20000 的聚氧乙烯水溶液中,不同体积分数 v_2^b 下的吉布斯函数

曲线。从图可见：

(1) 当两平面之间的距离等于聚合物分子的端-端均方根值时（即 $H/\langle S^2 \rangle^{1/2} = 1.0$ 时），吉布斯函数变化最大；当距离接近于零时（即靠近粒子表面），吉布斯函数变化最小；而在中间某一距离处，吉布斯函数变化为零。

(2) 两平面粒子从 $H/\langle S^2 \rangle^{1/2} = 2.0$ 处相互靠拢时，微贮存器中聚合物分子被挤进体相溶液中，过程的吉布斯函数增加。直到聚合物分子全部被挤出微贮存器，再靠近则过程的吉布斯函数减少，中间出现一最大值。

(3) 吉布斯函数变化的最大值与最小值随着溶液中聚合物体积分数 v_2^b 的增加而增大。所以高浓度溶液的位垒高度较大，有利于胶体的稳定；而低浓度溶液的位垒高度较低，有利于胶体的聚沉。

上面讨论的吉布斯函数曲线是纯粹由空位效应所产生的。但实际上由于加入的高聚物的相对分子质量不是均一的，而是有一定分布范围，所以有可能同时出现空间稳定及空位稳定。此时体系的吉布斯函数曲线并非等于空间稳定的与空位稳定的吉布斯函数曲线的叠加。图5-29为两个球形粒子用低相对分子质量的聚合物稳定时的吉布斯函数曲线。图5-29a是纯粹空间稳定的吉布斯函数曲线（用相对分子质量为750的聚氧乙烯）；图5-29b是纯粹的空位稳定的吉布斯函数曲线（用相对分子质量为600的聚氧乙烯，体相溶液浓度 $v_2^b = 0.60$）；图5-29c是两种稳定同时存在时的吉布斯函数曲线。可见它并非a，b曲线的叠加。这是由于引起空间稳定及空位稳定的聚合物相对分子质量较接近，所以形成的吸附层的厚度与空位层的厚度相当，这样便导致主效应是一个面上的吸附层

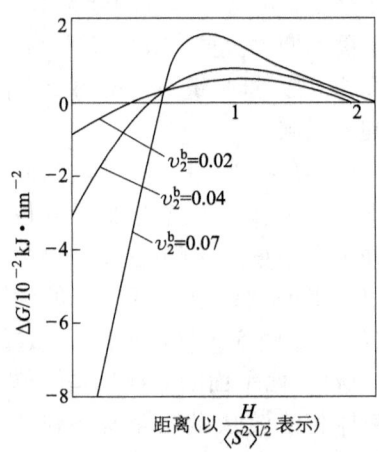

图5-28 两平面粒子在 $M_r = 20000$ 聚氧乙烯水溶液中，不同体积分数下的吉布斯函数曲线

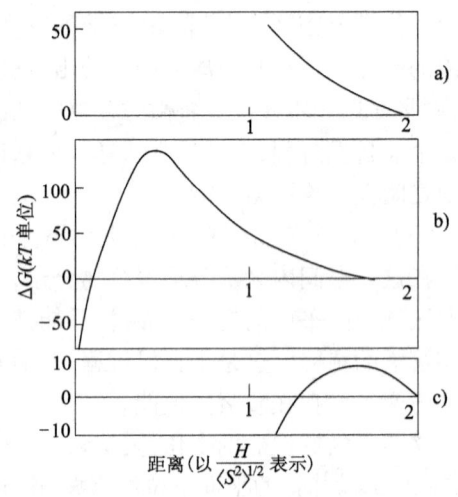

图5-29 两球形粒子的吉布斯函数曲线
a) 纯粹空间稳定（用相对分子质量为750的聚氧乙烯）
b) 纯粹空位稳定（用相对分子质量为600的聚氧乙烯）
c) 空间与空位稳定的联合效应

与其对应邻近面上的空位层发生作用，从而大大降低粒子的吉布斯函数。但是如果在相对分子质量相差较大的聚合物中，低相对分子质量的聚合物被吸附，而高相对分子质量的

聚合物是自由分子,则吸附层的厚度小于空位层的厚度,主效应为空位层的相互作用,即为空位稳定。相反,若高相对分子质量的聚合物被吸附,而低相对分子质量的聚合物为自由分子,则吸附层的厚度大于空位层的厚度,主效应为吸附层的相互作用,即为空间稳定。

空位稳定理论是一个新的胶体稳定理论,尽管它还未形成一个完整的理论体系,但是它正逐步完善和发展。

5.3.3 影响空位稳定的因素

胶体的稳定性通常可以用其位能曲线的位垒高度或者用临界聚沉浓度(体积分数)v_2^*及临界稳定浓度(体积分数)v_2^{**}来描述。从图5-28的空位稳定吉布斯函数曲线可见,相应于一定体积分数浓度v_2^b有一吉布斯函数曲线,每一吉布斯函数曲线都有一最低值(谷值)和最高值(位垒值)。谷值的深度表示聚沉性,而峰值却表示稳定性。随着聚合物浓度的增加,谷值和峰值同时增大。当谷值增大到足以使胶体发生聚沉时,相应的体相浓度称为临界聚沉浓度v_2^*。也就是说,此时粒子能够靠布朗运动越过不高的位垒,落入谷中,形成稳定的聚沉。当聚合物浓度继续增加,吉布斯函数曲线的峰值和谷值继续增大,当峰值大到足以使胶体保持稳定,此时相应的体相浓度称为临界稳定浓度v_2^{**}。由于稳定是在高浓度区,而聚沉是在低浓度区,故v_2^{**}总是大于v_2^*的。v_2^*值越小,表示该聚合物的聚沉能力越强;而v_2^{**}值越小,则表示该聚合物的稳定能力越强。所以讨论影响空位稳定的因素实为讨论影响v_2^*及v_2^{**}值的因素。

1. 聚合物相对分子质量的影响

在吉布斯函数曲线中,峰值和谷值都是随着自由聚合物的相对分子质量增加而增大,v_2^*和v_2^{**}值相应减少。表5-3列出了聚苯乙烯乳胶粒被相对分子质量为4000～300 000的聚氧乙烯作空缺稳定时的v_2^*及v_2^{**}值。从表中的数据可见,随着相对分子质量M_r的增大,v_2^*和v_2^{**}同时减少。而且对于相对分子质量高的自由聚合物来说,比如$M_r > 10\ 000$,v_2^*和v_2^{**}与$\frac{1}{M_r^{1/2}}$成比例,$v_2^* M_r^{1/2}$和$v_2^{**} M_r^{1/2}$接近于一常数。但是对于相对分子质量低的聚合物来说,则不服从这一规律,因为还有其他影响因素。

表5-3 空位稳定时聚合物相对分子质量M_r对v_2^*和v_2^{**}的影响

M_r	v_2^*	$v_2^* M_r^{1/2}$	v_2^{**}	$v_2^{**} M_r^{1/2}$
4 000	0.22	13	0.55	35
6 000	0.16	12	0.30	23
10 000	0.055	6	0.21	21
20 000	0.03	4	0.14	20
300 000	0.01	5	0.04	22

2. 胶粒大小的影响

在纯空位稳定中,胶粒越大,v_2^* 和 v_2^{**} 值越小。表 5-4 列出了相对分子质量为 10 000 的聚氧乙烯作自由聚合物时,胶粒半径 a 与 v_2^* 和 v_2^{**} 之间的关系。

表 5-4 相对分子质量为 10 000 的聚氧乙烯作自由聚合物时粒子半径 a 与 v_2^* 和 v_2^{**} 之间的关系

a/nm	v_2^*	$v_2^* a^{1/2}/(nm)^{1/2}$	v_2^{**}	$v_2^{**} a^{1/2}/(nm)^{1/2}$
19.4	0.056	0.25	0.36	1.59
38.8	0.039	0.24	0.30	1.87
77.6	0.026	0.23	0.23	2.03
155.2	0.017	0.21	0.18	2.24
310.4	0.010	0.18	0.15	2.64

从表中数据可见,v_2^* 正比例于 $\frac{1}{a^{1/2}}$,即 $v_2^* a^{1/2}$ 为常数。这一点与理论上是一致的。

综上所述,在空位稳定情况下,相对分子质量高的自由聚合物比相对分子质量低的具有更大的聚沉能力(在低浓度下)和更大的稳定能力(在高浓度下)。这是由于在表面距离 H 不变的情况下,自由聚合物相对分子质量越大,两个粒子空位层的重叠体积越大,如图 5-30a 所示。同样,H 值不变,粒子越大,空位层重叠的体积也越大,如图 5-30b 所示。重叠体积越大,则导致低浓度下吸力位能更大,而高浓度下斥力位能增大。即 v_2^* 及 v_2^{**} 值减少。

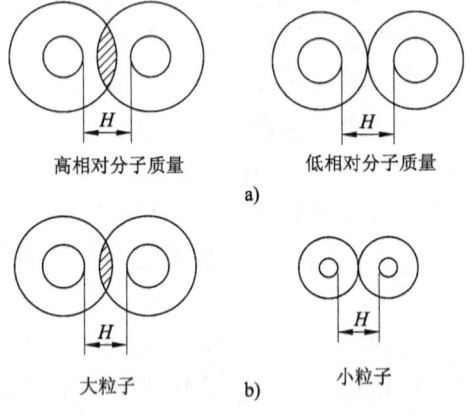

图 5-30 a)在粒子大小及它们表面距一定的情况下,高相对分子质量与低相对分子质量聚合物的空间重叠体积

b)在聚合物相对分子质量一定及表面距一定的情况下,不同粒子大小的空间重叠体积

3. 溶剂的影响

溶剂的好坏直接影响到自由聚合物的溶解及自由聚合物分子在溶液中的形状。良好的溶剂可以使聚合物分子充分伸展开来。因为高聚物分子与溶剂相互作用能很大,它们的混合使体系的吉布斯函数大大减少;而它们的分离会使体系的吉布斯函数大大增加。这就形成了深位谷和高位垒,因而 v_2^* 和 v_2^{**} 值都较小。相反,对于不良溶剂来说,由于聚合物与溶剂相互作用能较小,在它们混合或分离过程中体系吉布斯函数变化不大,相应的位谷不深而位垒也不高,因而 v_2^* 和 v_2^{**} 值都较大。例如,用相对分子质量为 4000

的聚氧乙烯作自由聚合物时,采用较好的溶剂,$v_2^* = 0.03$,$v_2^{**} = 0.28$;而采用较差的溶剂,则 $v_2^* = 0.04$,$v_2^{**} = 0.38$。可见较好的溶剂对空位稳定有利,而较差的溶剂对空位聚沉有利。

5.4 胶体分散体系的聚沉

胶体分散体系是热力学上不稳定的体系。虽然它可以通过加入适量的电解质或高聚物得到稳定,但这是相对的,暂时的,是属于动力学上的稳定,从根本和长远观点来看,它始终是要聚沉的。胶体分散体系又是一个稳定与聚沉的矛盾统一体。在稳定的分散体系中,稳定因素暂时占优势;而在不稳定的体系中,聚沉因素占优势。稳定因素与聚沉因素是可以相互转换的。吸附电解质和吸附聚合物可形成吸附层或空位层,它们既是稳定因素也是聚沉因素。适当的电解质吸附和较高浓度的聚合物溶液都有利于体系的稳定;而过量的电解质和低浓度的聚合物溶液却会使体系聚沉,这就是矛盾的转化。

5.4.1 电解质的聚沉作用

溶胶对电解质是敏感的,在溶胶中加入少量电解质,尤其是高价电解质,往往会引起聚沉。能够导致溶胶聚沉的电解质的最低浓度称为聚沉浓度。它与溶胶的性质以及电解质的性质有关,且主要是与反号离子的电荷数有关。表 5-5 列出了一些溶胶的聚沉浓度。

表 5-5 电解质对溶胶的聚沉浓度($mmol \cdot dm^{-3}$)的影响

As_2S_2(负溶胶)		AgI(负溶胶)		Al_2O_3(正溶胶)	
LiCl	58	$LiNO_3$	165	NaCl	43.5
NaCl	51	$NaNO_3$	140	KCl	46
KCl	49.5	KNO_3	136	KNO_3	60
KNO_3	50	$RbNO_3$	126		
$CaCl_2$	0.65	$Ca(NO_3)_2$	2.40	K_2SO_4	0.30
$MgCl_2$	0.72	$Mg(NO_3)_2$	2.60	$K_2Cr_2O_7$	0.63
$MgSO_4$	0.81	$Pb(NO_3)_2$	2.43	$C_2O_4K_2$	0.69
$AlCl_3$	0.093	$Al(NO_3)_3$	0.067	$K_3[Fe(CN)_6]$	0.08
$\frac{1}{2}Al_2(SO_4)_3$	0.096	$La(NO_3)_3$	0.069		
$Al(NO_3)_3$	0.095	$Ce(NO_3)_3$	0.069		

表 5-5 中聚沉浓度的实验数据证实了 Schulze-Hardy 规则基本上是正确的。

电解质之所以能够引起溶胶的聚沉,主要是通过两条途径:

第一,压缩扩散层,使双电层的厚度减薄,斥力位能减少。方程式(4-16)及表 4-1

描述了25℃下电解质水溶液的浓度及价数对 κ 值的影响。可见电解质溶液浓度增加及价数增大都会导致 κ 值增大，$1/\kappa$ 值（双电层厚度）减少。而根据 DLVO 理论，静电斥力位能也下降。当加入的电解质浓度达到一定以后，胶体就发生聚沉。

第二，吸附聚沉。当反号离子发生特殊吸附，进入 Stern 层时，就会使胶粒的电荷减少而发生碰撞聚沉。这种特殊吸附不是来自一般的静电吸引力，而是来自一些强烈的吸引力如范德华力、氢键等。如果加入这种反号离子的浓度足够大，它能够使胶粒带上反号电荷。已聚沉的胶体重新分散变得稳定，这就是"胶溶过程"。图 5-31 描述了加入特殊吸附反号离子以后的胶粒的电位变化情况。

图 5-31a 表示未加入特殊吸附反号离子时，Stern 电位较大；加入该离子后，虽然表面电位 ψ_0 相同，但 ψ_δ 急剧下降，如图 5-31b 所示；再进一步加入，则该反号离子进入 Stern 层并使胶粒带上反号电荷，ψ_δ 数值又重新增大，胶体变得稳定，如图 5-31c 所示。例如阳离子表面活性剂十六烷基三甲基溴化铵（简称 CTAB）能在负电荷的乳胶粒上发生特殊吸附。这一特殊吸附来自表面活性剂烃链与乳胶粒表面之间强烈的"憎水相互作用"。随着 CTAB 的逐渐加入，胶粒电位逐渐下降，当达到临界聚沉浓度时，溶胶开始聚沉。继续加入 CTAB，到一定浓度就发生胶溶，此时浓度称为临界稳定浓度。吸附聚沉的一个特点是临界聚沉浓度与临界稳定浓度都与溶胶的浓度有关。这与一般的电解质聚沉不同，它的临界聚沉浓度与溶胶浓度无关。胶溶以后的胶体如果再加入电解质，会再发生聚沉。不过此时的聚沉是一般电解质的聚沉，即压缩扩散层所引起的聚沉。

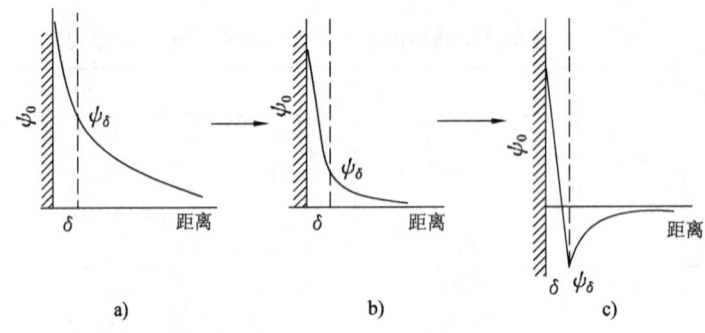

图 5-31　加入特殊吸附反号离子以后胶粒的电位变化情况
a) 无特殊吸附反号离子的胶粒双电层（溶胶）
b) 加入特殊吸附反号离子后胶粒的双电层（聚沉）
c) 再进一步加入特殊吸附反号离子后胶粒的双电层（胶溶）

电解质除了使电稳定的溶胶发生聚沉以外，还可以使聚合物稳定的溶胶发生聚沉。这就是"盐析"效应。聚合物稳定的溶胶对电解质不敏感，要发生盐析效应，通常要加入高浓度的电解质溶液，甚至饱和溶液才行。电解质使聚合物稳定的溶胶聚沉是由于电解质的离子水化，而使聚合物脱水，使溶胶聚沉。因此盐析效应取决于离子变成水化离子的倾向。这样,按照离子盐析效应的能力大小排成一顺序,称为"感胶离子序"。

正离子　$Al^{3+} > Mg^{2+} > Ca^{2+} > Sr^{2+} > Ba^{2+} > Na^+ > K^+ > NH_4^+ > Rb^+ > Cs^+$

负离子　柠檬酸根 > 酒石酸根 > SO_4^{2-} > 醋酸根 > $F^- > Cl^- > Br^- > NO_3^- > I^- > CNS^-$

根据 Napper 的观点,水化离子的水化层可以分为三个不同区域。如图 5-32a 所示。

图 5-32a 中所示的 A 区域是因离子静电场作用,使极性水分子定向排列的区域。由于与离子相距较近,水分子被吸引得较牢固,因而它与离子紧密连在一起而构成一个移动单元。在 A 区域外层出现"中间混乱区"——B 区域。其水分子呈半混乱状态,它比正常的纯水有更大的迁移率。在 B 区域以外为 C 区域,存在着正常的水分子。当电解质加入到聚合物稳定的溶胶时,则出现三种情况。

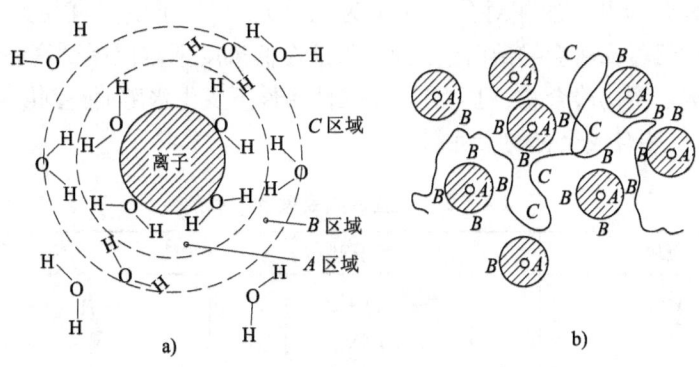

图 5-32　离子水化示意图
a)在离子周围水的三个不同区域——A,B,C 区域
b)聚氧乙烯溶解于电解质水溶液中只 B,C 区起作用的示意图

第一,由于离子发生水化,并分为三个区域,其中 A 区域中水分子与离子结合得很牢固,所以聚合物分子不能渗透入 A 区域,B,C 区域成了聚合物的溶解区,如图 5-32b 所示。由于 A 区域的存在,使得可溶解聚合物的区域大大减少。例如在 $2mol \cdot dm^{-3}$ 的电解质溶液中,不能渗透的 A 区域就占了总体积的 $1/3$ 左右。

第二,由于电解质的加入,离子发生水化,这将会减少聚合物链节上的溶剂化水。

第三,加入电解质的量越多,即其浓度越大,C 区域越少。例如,浓度为 $2mol \cdot dm^{-3}$ 的 1-1 型电解质,就不可能存在大量的正常水分子。此时离子之间的平均距离大约只有 $0.7nm$,而离子在溶液中的半径是 $0.2 \sim 0.4nm$。因此只有少数的水分子距离大于 $2 \sim 3$ 个分子直径。

由于这三种作用将会导致聚合物的溶解性能下降。电解质的加入犹如使聚合物从一个良好的溶剂转移到一个不良溶剂中去,其结果使得空间稳定和空位稳定的溶胶都发生聚沉。

5.4.2 聚合物的聚沉作用

聚合物既能使胶体稳定,也能使溶胶聚沉。聚合物的聚沉像其稳定作用那样,也是分为两类:吸附聚合物的聚沉和自由聚合物的聚沉。

1. 吸附聚合物的聚沉作用

作为一个好的聚沉剂应该是一个大相对分子质量的线形聚合物,它既可以是非离子型或离子型的聚合物,也可以是聚电解质。早期的聚合物聚沉剂使用天然物质如鱼胶、明胶、藻朊酸盐等,这些目前仍在使用。合成的聚合物聚沉剂则以聚丙烯酰胺及其衍生物使用最广泛。聚合物的相对分子质量及其粒子大小在聚沉作用中是很重要的参数。实际上用作聚沉剂的聚丙烯酰胺的相对分子质量为几百万,其分子线团直径为 10^{-6} m 的数量级。相对分子质量过高将会导致溶解困难,并且在低浓度下难以得到高粘度的溶液。聚丙烯酰胺是非离子型的聚合物,但它可以在碱性条件下发生水解而得到阴离子型聚合物。表 5-6 列出了一些合成聚合物聚沉剂。

表 5-6 一些合成高聚物聚沉剂

非离子型	阴离子型	阳离子型
聚丙烯酰胺 [—CH—CH$_2$—CONH$_2$]$_n$	聚丙烯酸钠 [—CH—CH$_2$—COO$^-$ Na$^+$]$_n$	聚乙烯亚胺 [—CH$_2$—CH$_2$—NH$_2^+$—]$_n$
聚乙烯醇 [—CH—CH$_2$—OH]$_n$	聚苯乙烯磺酸钠	聚己二烯二甲基氯化胺
聚氧乙烯 [—CH$_2$—CH$_2$—O—]$_n$		聚乙烯吡啶溴化物

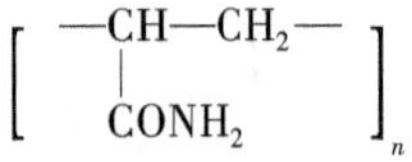

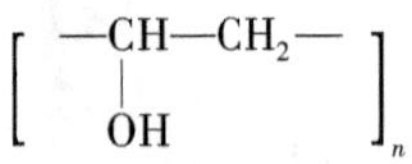

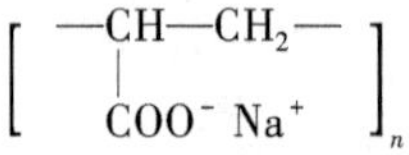

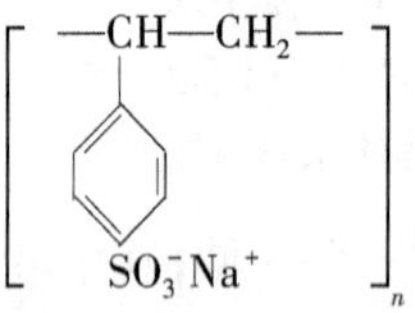

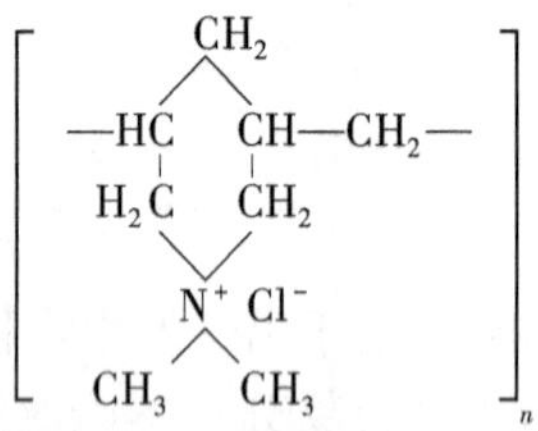

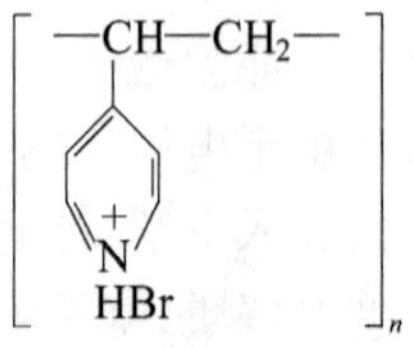

吸附聚合物聚沉剂主要通过下面三种作用使溶胶聚沉:一是电荷中和效应,使原来带电胶粒的电荷被中和而导致聚沉;二是脱水效应,由于聚合物的溶解和水化都与水发生相互作用,因此它的加入会使原来水化稳定的胶粒脱水,失去保护层而聚沉;三是由于聚合物被吸附以后发生"搭桥效应"。这是吸附聚合物聚沉最重要的作用。"搭桥效应"首先

是由 Ruchewein 和 Ward 于 1952 年提出来的。其聚沉机理是由于吸附在一个胶粒上的聚合物可以同时以聚合物的另一些链节吸附在另一粒子的空白表面上而形成如图 5-33a 那样的大粒团而聚沉。在这里,聚合物分子起着桥梁作用把胶粒联结起来。影响"搭桥效应"的因素有:

图 5-33 a)粒子表面部分被覆盖时搭桥效应形成——聚沉
b)粒子表面全部被覆盖时空间稳定效应形成——分散

第一,聚合物溶液的浓度。适当的浓度可以保证粒子表面部分被覆盖,而不是全部被覆盖。这样,外来粒子的聚合物链节就可以吸附在其空白位置上而形成"搭桥效应",如图 5-33a 所示。

如果聚合物的浓度过高,则粒子表面完全被覆盖,无法形成"搭桥效应"。此时不但不会发生聚沉,相反会出现空间稳定效应,如图 5-33b 所示。

第二,聚合物分子的电荷密度。它对聚合物的"搭桥效应"起着两种不同的作用。一方面,电荷密度增大使聚合物链节之间相互排斥,分子伸展开来,有利于"搭桥效应";另一方面,由于电荷密度增大使得聚合物分子与异号胶粒的吸附力增强,而与同号胶粒的吸附力减弱。后者不利于"搭桥效应"。聚丙烯酰胺可以通过水解度来控制其电荷密度。图 5-34 描述了它在水解过程中电荷密度的变化。当聚丙烯酰胺未水解前仍含有少量的

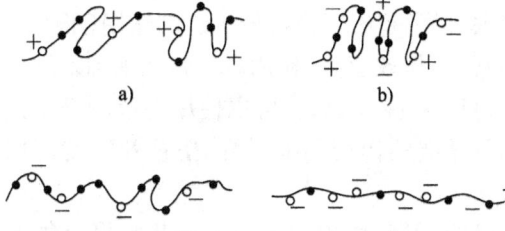

图 5-34 聚丙烯酰胺水解度对分子链电荷密度及分子形状的影响
a)未水解;b)微量水解;c)33% 水解,d)67%水解
●—酰胺;○—羧基;⊙——[—CONH₃⁺]基团

[—CONH₃⁺]基团,它们之间的相互排斥使聚合物的链有一定的伸展度,如图 5-34a 所示。由于它带少量的正电荷,因此有利于在带负电荷胶粒的表面上吸附,有一定的聚沉能力。当它发生轻微水解时,由于部分[—CONH₂]基转变为[—COO⁻]基。这一带负电荷羧基的出现会中和原来聚合物的正电荷,使整条分子链呈电中性。而且由于它们的相互

吸引,使链呈卷曲状,如图 5-34b 所示。在这种情况下,它是一种不良的聚沉剂,显示出最大程度的卷曲和最小的聚沉能力。当聚丙烯酰胺发生中等程度的水解,如 33% 水解时,则有一定数量的带负电荷的羧基。这除了中和正电荷外还有多余,从而使分子链带负电荷。并且由于负电荷相互排斥,使链伸展开来,如图 5-34c 所示的形状,这时显示出最大程度的聚沉能力。当聚丙烯酰胺进一步水解,如水解度达 67%,则有大量的带负电荷的羧基。因而使整条分子链带强烈的负电荷,而链节发生相互排斥,使链几乎完全伸直,如图 5-34d 所示。此时,它对带负电荷的胶粒产生强烈的排斥作用,尽管链已伸展开来,仍然难以形成"搭桥效应",是一种不良的聚沉剂。

第三,聚合物分子的链节与粒子表面的相互作用力。要求这作用力要适中,这样才能使聚合物分子有一定的吸附强度。如果吸附太强,则它们难以吸附在另一粒子表面上而成桥;相反,如果吸附太弱,则它们难以形成牢固的桥使溶胶聚沉。它们之间的相互吸引力通常存在着三种类型:第一种是离子键性质的静电吸引力。它是由带相反电荷的聚合物与胶粒相互作用而产生的。第二种是范德华力性质的吸引力。如极性或非极性聚合物分子与胶粒表面相互作用就产生这种吸引力。聚乙烯醇吸附在 AgI 粒子上,聚丙烯酰胺吸附在萤石上的力都属于此种类型。第三种是氢键力。有时聚合物与胶粒带有相同的电荷,在一般情况下它们并不发生相互吸引作用,但是当加入某一浓度的电解质(通常是二价离子)以后,粒子首先吸附这些离子,通过这些被吸附的离子再吸引聚合物,然后通过这些被吸附的聚合物而成桥。

要产生"搭桥效应"还要求两个胶粒有一定的距离。如果胶粒的扩散双电层很厚,斥力作用范围很大,以致超出聚合物分子链的作用范围,则它起不到"搭桥效应"的作用。但是如果加入一些电解质,将双电层压缩,就可以使斥力范围缩小到聚合物分子链的作用范围以内,搭桥效应就可以形成。

第四,聚合物的相对分子质量。聚合物尤其是直链聚合物的相对分子质量对"搭桥效应"有重要的影响。关于这一点 Walles W E 有详细的报道。他推导出了在不同溶液浓度下,胶粒的相对碰撞数 z_1/z_0 与聚合物分子链的相对长度 l/a 之间的关系,并作出了图 5-35 的曲线,图中 z_1 和 z_0 分别为胶粒吸附聚合物以后和以前每秒钟碰撞数;l 和 a 分别为聚合物链的长度和胶粒的半径;c 为浓度。从图中曲线可见:吸附聚合物会增加粒子间的碰撞数,而聚合物的链越长,其碰撞数越大;溶

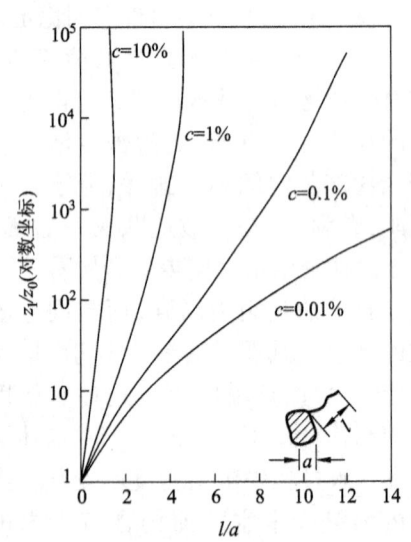

图 5-35 在各种不同聚合物溶液浓度下相对碰撞数 z_1/z_0 的对数与分子链相对长度 l/a 之间的关系

液的浓度越大,其碰撞数也越大。随着聚沉的进行,粒子结成粒团,其半径增大,当其半径增大到开始时的 10～100 倍时,吸附聚合物的"搭桥效应"将会停止。这是由于 a 增大,从而使 l/a 减小之故。但是如果这时使用搅拌而不只靠布朗运动,则聚沉剂仍然发生作用。

2. 自由聚合物的聚沉作用

自由聚合物既能够使胶体稳定,又能够使胶体聚沉。这是由于粒子的空位层重叠以后产生两种效应:斥力效应和吸力效应。斥力效应是空位稳定的根源并且已在前面讨论过;而吸力位能则是空位聚沉的基础,在下面叙述。

T. Sato 发展了由渗透吸力位能的絮凝理论。在聚合物溶液中,当溶剂分子与粒子的亲合力大于聚合物分子与粒子的亲合力时,粒子被吸附在它上面的溶剂分子所包围,形成一层没有溶质分子的溶剂化层。为了计算出两个溶剂化球粒相互靠拢时位能的变化,Sato 采用了图 5-36 的模型。设球形粒子的半径为 a,溶剂化层的厚度为 δ,聚合物分子为半径 $=r$ 的小球。当两个溶剂化的粒子彼此靠近到两个溶剂化层表面之间的距离 $2d$ 小于聚合物分子的直径 $2r$ 时,两个粒子之间出现一个无聚合物分子的空间,如图 5-36 阴影所示。由于这一区域为纯溶剂相,而外面仍为溶液相,这就导致产生一渗透压,迫使粒子相互靠拢,相应产生渗透吸力位能 V_A^O。由这一渗透压 π_E 所产生的吸引力 F 及吸力位能 V_A^O 之间有如下关系

$$F = \frac{dV_A^O}{d(2d)} \tag{5-79}$$

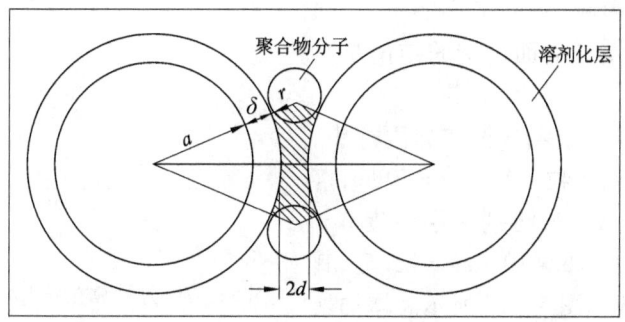

图 5-36 计算两个溶剂化球形粒子在球形聚合物分子溶液中的渗透吸力位能模型

另一方面,吸引力 F 等于渗透压 π_E 乘上两粒子靠近到 $2d$ 时的叠交平面面积 A。而这一面积可由图 5-36 的几何关系求得

$$\begin{aligned}A &= \pi[(a+\delta+r)^2 - (a+\delta+d)^2] \\ &= \pi(r-d)(2a+2\delta+r+d)\end{aligned} \tag{5-80}$$

所以

$$F = -\pi_E \pi (2a + 2\delta + r + d)(r - d) \tag{5-81}$$

式中,$0 \leq d \leq r$。因为当 $d = r$ 时,$F = 0$,即渗透吸力消失,此时已不存在纯溶剂的区域。若将式(5-81)代入式(5-79)并进行积分,则得

$$\begin{aligned} V_A^O &= 2\int_d^r F \mathrm{d}d \\ &= -\frac{2}{3}\pi_E \pi (r-d)^2 [2r + d + 3(a + \delta)] \end{aligned} \tag{5-82}$$

由于 $3(a + \delta) \gg 2r + d$,故式(5-82)可写成

$$V_A^O = 2\pi_E \pi (r - d)^2 (a + \delta) \tag{5-83}$$

如果聚合物溶液的浓度很稀,且其相对分子质量不大,那么溶液的渗透压服从 Van't Hoff 方程 $\pi_E = \dfrac{N_A k T c}{M_r}$,故式(5-83)可以写成

$$\frac{V_A^O}{kT} = \frac{2\pi c N_A (r-d)^2 (a+\delta)}{M_r} \tag{5-84}$$

式中 c——溶液浓度(以 $kg \cdot m^{-3}$ 表示);

N_A——Avogadro 常数;

k——Boltzman 常数;

M_r——聚合物相对分子质量。

由式(5-84)可见,M_r 增大似乎会使 V_A^O 减小,其实不然。因为 M_r 增大同时会导致 r 增加,而 r 的影响比 M_r 的影响更大,故 V_A^O 仍增加。这一点与前面讨论的结论是一致的。

Sato 研究了以红铁氧分散在异丙醇中,以聚酰胺为添加剂,当粒子半径 $a = 50\mathrm{nm}$,溶液浓度 $c = 50\mathrm{g} \cdot \mathrm{cm}^{-3}$。溶剂化层厚度 $\delta = 8.5\mathrm{nm}$,负吸附量为 $-6 \times 10^{-3} \mathrm{kg} \cdot \mathrm{kg}^{-1}$。其渗透吸力位能曲线如图 5-37 所示。增加聚酰胺的浓度,吸力位能曲线上升。增加溶液浓度,V_A^O 增大。当它增大到一定数值时,使总位能曲线的位垒下降到足以被粒子布朗运动能所克服,则溶胶发生聚沉。

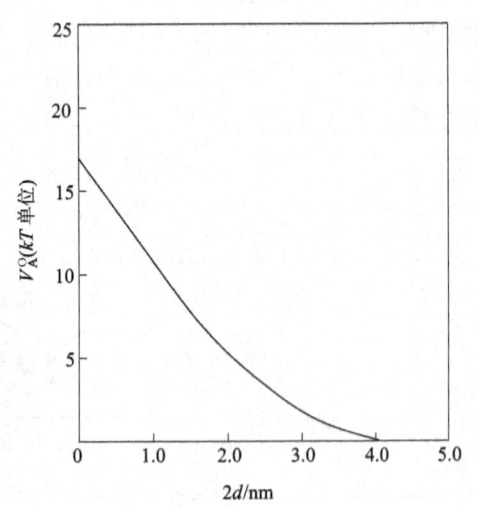

图 5-37 红铁氧在异丙醇中加入某一聚酰胺时,V_A^O 与 $2d$ 之间的关系

5.4.3 快速聚沉动力学

聚沉是由胶粒的布朗运动及胶粒之间的相互作用力所共同确定的。如果胶粒之间不存在着斥力位能,或者它们之间的斥力位能远小于胶粒布朗运动的动能,则任何一对胶粒

的碰撞都将发生永久性的粘结，它们不可能再因为碰撞而分散开。也就是说这一过程是不可逆的。这种聚沉称为快速聚沉。由于此时胶体的聚沉是由胶粒的碰撞而产生，而胶粒的碰撞是由布朗运动所致，所以胶体的聚沉速度由扩散速度所控制。为了简化推导过程，特作如下几点假设：①胶粒是大小均一的球粒；②胶粒的运动完全由布朗运动所控制；③胶粒除了发生相互接触外并不发生相互作用，即它们之间无吸力或斥力作用；④当胶粒碰撞时，则相互粘结而成为一个运动单元。图5-38提供了两个半径为 a 的球形胶粒碰撞粘结的模型。

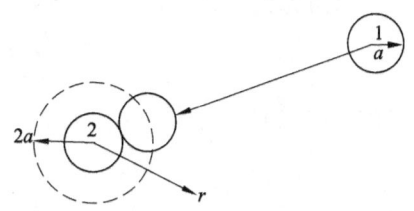

图5-38　球形胶粒碰撞粘结模型

快速聚沉的特点是胶粒每一次碰撞都导致粘结，故粒子的粘结速度等于它扩散越过图5-38虚线球面的速度。这一虚线球面的半径为 $2a$。1917年Smoluchowski将扩散理论应用到计算聚沉速度上，这就是Smoluchowski的聚沉理论。

根据Fick第一扩散定律，粒子1向静止粒子2扩散时，单位时间、单位面积上的扩散粒子数为

$$\frac{\mathrm{d}n}{A\mathrm{d}t} = -D\frac{\mathrm{d}n}{\mathrm{d}r} \tag{5-85}$$

式中　D——胶粒扩散系数；
　　　A——扩散通过的面积；
　　　$\dfrac{\mathrm{d}n}{\mathrm{d}r}$——粒子在 r 径向上的浓度梯度。

如果扩散是通过半径为 r 的球面，则 $A = 4\pi r^2$。式(5-85)可以写成

$$J = \frac{\mathrm{d}n}{\mathrm{d}t} = -4\pi r^2 D\frac{\mathrm{d}n}{\mathrm{d}r} \tag{5-86}$$

在稳态扩散条件下，J 为一常数。因此可以在下述边界条件下对式(5-86)进行积分：设开始时球形粒子的浓度为 n_0，则 $r = \infty$ 时，$n = n_0$；而当 $r = 2a$ 时，$n = 0$。所得结果为

$$J = -8\pi a D n_0 \tag{5-87}$$

式中，J 为单位时间内向静止粒子2扩散的粒子数。实际上并不存在固定的粒子，所有的粒子都在运动之中。此时的扩散系数可取 $2D$（一级近似），则式(5-87)可以写成

$$J' = -16\pi a D n_0 \tag{5-88}$$

式(5-88)仅描述了单一参考粒子的扩散量，实际上所有 n_0 个粒子都可以作为参考粒子。因此单位时间内扩散碰撞的粒子总数，亦即聚沉速度为

$$v = (-16\pi D a n_0) n_0 \tag{5-89}$$

如果把两个粒子的碰撞过程看作类似双分子反应过程，并按二级反应的动力学公式

进行处理,则得

$$v = -16\pi Da n_0^2 = -k_r n_0^2 \quad (5-90)$$

式中,k_r 为快速聚沉速度常数,单位为 $m^3 \cdot s^{-1}$。由式(5-90)可求得

$$k_r = 16\pi Da \quad (5-91)$$

如果考虑到 Stokes-Einstein 方程式

$$D = \frac{kT}{f} = \frac{kT}{6\pi\eta a}$$

则式(5-91)可以写成

$$k_r = \frac{8kT}{3\eta} \quad (5-92)$$

式中　k——Boltzmann 常数;

　　　η——粘度。

在实际的碰撞聚沉过程中,情况是复杂的。它既可能是原始的两个胶粒碰撞引起的聚沉,也可能是粘结后的胶团粒与胶粒碰撞引起的聚沉。如果聚沉都是由原始两胶粒碰撞所引起的,则其聚沉速度的通式可表示为

$$\frac{dn}{dt} = -8\pi Dan^2 \quad (5-93)$$

时间从 $0 \to t$,相应粒子数从 $n_0 \to n_t$,积分式(5-93),得

$$n_t = \frac{n_0}{1 + 8\pi Da n_0 t} \quad (5-94)$$

当 $n_t = \frac{1}{2}n_0$,即溶胶中胶粒数等于原来的一半时,所需要的时间称为聚沉半衰期 $t_{1/2}$。考虑到这一关系,则方程式(5-94)可写成

$$t_{1/2} = \frac{3}{4}\frac{\eta}{kTn_0} \quad (5-95)$$

或者写成

$$\frac{n_t}{n_0} = \frac{1}{1 + t/t_{1/2}} \quad (5-96)$$

从式(5-96)可见,聚沉半衰期与胶粒大小无关。这是因为胶粒增大会导致聚沉速度加大,同时也会导致阻力增大,运动速度下降,两者互相抵消。

在 25℃下,水溶胶的半衰期 $t_{1/2} = 1.63 \times 10^{17} \frac{1}{n_0}$。式中 n_0 以每立方米的胶粒数表示。通常典型水溶胶的浓度为 $10^{16} \sim 10^{17}$ 个 $\cdot m^{-3}$,因此 $t_{1/2}$ 的数量级为几秒钟。

5.4.4　慢速聚沉动力学

在通常情况下,发生聚沉时并不需要斥力位垒为零,而只要降到一定程度,使一些胶

粒具有足够大的动能去克服它,则聚沉即可发生。此时并非所有胶粒的碰撞都能粘结而聚沉,只有足以克服位垒的胶粒才能产生碰撞粘结;对于不具有这样能量的胶粒,只能产生弹性碰撞,这就如同具有比平均能量高出活化能的分子才能发生化学反应那样。由于胶粒的每次碰撞不一定都发生聚沉,所以其聚沉速度比快速聚沉速度慢,故称为慢速聚沉。快速聚沉不受电解质浓度的影响,而慢速聚沉则受电解质浓度的影响,这是它们的明显区别。

在慢速聚沉中,单位时间内扩散到一个静止参考粒子的总粒子数 J 包括两部分:一部分是其能量超过位垒的粒子数,即能发生碰撞聚沉的粒子数 N_1;另一部分是其能量较低而不能超过位垒的粒子数 N_2。N_1 值可由方程式(5-86)确定;而 N_2 值可通过下面的理解来确定之。若粒子间位能为 V,则反抗粒子相互靠近的力为 $\dfrac{dV}{dr}$,而这一力除以阻力系数 f,即 $\dfrac{1}{f}\dfrac{dV}{dr}$ 为离开位垒的速度。若在 r 处球壳的粒子浓度为 n,则离开该球壳的粒子总数 $N_2 = -\dfrac{4\pi r^2 n}{f} \cdot \dfrac{dV}{dr}$。考虑到这些条件,则得

$$J = -4\pi r^2 D \frac{dn}{dr} - \frac{4\pi r^2 n}{f}\frac{dV}{dr} \tag{5-97}$$

将 Stokes-Einstein 方程代入,得

$$J = -4\pi r^2 \left(D\frac{dn}{dr} + \frac{nD}{kT}\frac{dV}{dr} \right) \tag{5-98}$$

若参考粒子也在运动,则以 $2D$ 代替式(5-98)中 D 值,得

$$J' = -8\pi r^2 D\left(\frac{dn}{dr} + \frac{n}{kT}\frac{dV}{dr} \right) \tag{5-99}$$

整理得

$$\frac{dn}{dr} + \frac{n}{kT}\frac{dV}{dr} = -\frac{J'}{8\pi r^2 D} \tag{5-100}$$

此微分方程式的解为

$$n \cdot \exp\left(\frac{V}{kT}\right) = -\int \exp\left(\frac{V}{kT}\right)\frac{J'}{8\pi D}r^{-2}dr + 常数 \tag{5-101}$$

当 $r = \infty$ 时,$n = n_0$ 及 $V = 0$,故式(5-101)可写成

$$n_0 = -\left[\int \exp\left(\frac{V}{kT}\right)\frac{J'}{8\pi D}r^{-2}dr\right]\bigg|_{r=\infty} + 常数 \tag{5-102}$$

当 $r = 2a$ 时,$n = 0$,故式(5-101)可写成

$$0 = -\left[\int \exp\left(\frac{V}{kT}\right)\frac{J'}{8\pi D}r^{-2}dr\right]\bigg|_{r=2a} + 常数 \tag{5-103}$$

将式(5-102)减去式(5-103),得

$$n_0 = -\frac{J'}{8\pi D}\int_{2a}^{\infty} \exp\left(\frac{V}{kT}\right)r^{-2}dr \tag{5-104}$$

当 $V=0$ 时,即为快速聚沉,式(5-104)还原为式(5-88),可见该式的正确性。与快速聚沉相似,慢速聚沉速度 $v = J' \cdot n_0$,即

$$v = -\frac{8\pi D n_0^2}{\int_{2a}^{\infty} \exp\left(\frac{V}{kT}\right) r^{-2} \mathrm{d}r} = -k_S n_0^2 \qquad (5-105)$$

这就是慢速聚沉的速度方程式。式中 k_S 为慢速聚沉速度常数。

将式(5-105)与式(5-90)相比较,得

$$\frac{k_r}{k_S} = 2a \int_{2a}^{\infty} \exp\left(\frac{V}{kT}\right) r^{-2} \mathrm{d}r = W \qquad (5-106)$$

式中,W 为稳定率。从式(5-106)可见,当位垒存在时,只有粒子碰撞次数的 $1/W$ 部分才会引起永久性粘结聚沉。也就是说降低了聚沉速度。

稳定率 W 是描述溶胶体系稳定性能的重要函数。只要知道 V 与 r 之间的函数关系,就可以根据方程式(5-106)准确求得 W。若折合距离为 $S = \frac{r}{a}$(a 为球粒半径;r 为距离),则稳定率 W 可表示为

$$W = 2\int_{2}^{\infty} \exp\left(\frac{V}{kT}\right) S^{-2} \mathrm{d}S \qquad (5-107)$$

对于电解质稳定的胶体,位能 V 与 S 之间的关系可由 DLVO 理论来确定,并可以通过图解法求得稳定率 W。

图 5-39 描述了 $\left(\frac{V}{kT}\right)$ 或 $\exp\left(\frac{V}{kT}\right) S^{-2}$ 对 S 的曲线图。第二条曲线的面积(阴影面积)的二倍即为 W 值。但这样的计算较复杂,如果采用 Reerink 和 Overbeek 推导出来的近似方程式(5-108)则很方便。

$$W \approx \frac{1}{2\kappa a}\exp\left(\frac{V_{\max}}{kT}\right) \qquad (5-108)$$

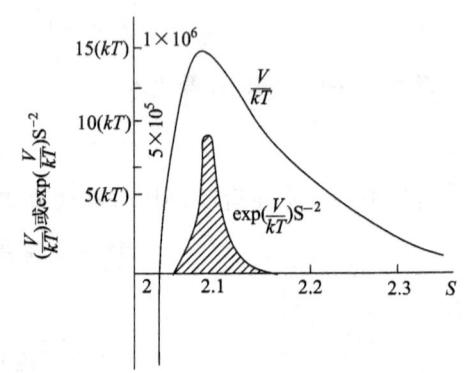

图 5-39 在 $a=10^{-7}$m,$\kappa=10^{-8}$m^{-1},$A=10^{-19}$J,$\psi_0=28.2$mV 的条件下,两球粒的 $\frac{V}{kT}-S$ 或 $\exp\left(\frac{V}{kT}\right)S^{-2}-S$ 的关系图

式中 κ——德拜参数;
a——球粒半径;
$V_{\max}$——位能曲线中的最大值,即位垒值。

从 $V_{\max}$ 便可求得 W 值。下面是它们之间的一些数据:

$V_{\max}$(kT 单位)	5	15	25
W	40	10^5	10^9

若水溶胶原始浓度 $n_0 = 10^{15}$ 个·m^{-3}，在 25℃ 下快速聚沉半衰期 $t_{1/2} = 1.63 \times 10^{17} \frac{1}{n_0}$ = 1.63×10^2 s；在慢速聚沉中，若 $V_{max} = 5kT$，则 $t_{1/2} \approx 2h$。若 $V_{max} = 25kT$，则求得 $t_{1/2}$ 值很大，以致实际上它是稳定存在着的。

胶体的稳定率 W 受溶液中电解质浓度 c 的影响。如果将 DLVO 理论所得的 V_{max} 代入式(5-108)，可得出它们之间的关系式为

$$\lg W = K_2 - K_1 \lg c \tag{5-109}$$

式中　c——电解质的浓度，$mol \cdot dm^{-3}$；

　　　K_1, K_2——在一定溶胶和一定温度下为常数。

在 25℃ 下水溶胶的 K_1 值(取 a 单位为 m)为

$$K_1 = 2.06 \times 10^9 \left(\frac{a v_0^2}{z^2}\right) \tag{5-110}$$

由式(5-109)可见，$\lg W$ 与 $\lg c$ 成直线关系，这一点已由图 5-40 所证实。图中曲线反映了 1-1 型及 2-2 型电解质浓度对稳定率的影响。在低浓度下，它们的对数基本上成直线关系；而在高浓度下，理论上 $W = 1$，此时 $V \to 0$，胶粒发生快速聚沉。而实际上 W 略小于 1(见图 5-40)。这是由于此时存在着范德华吸引力而加速溶胶聚沉之故。

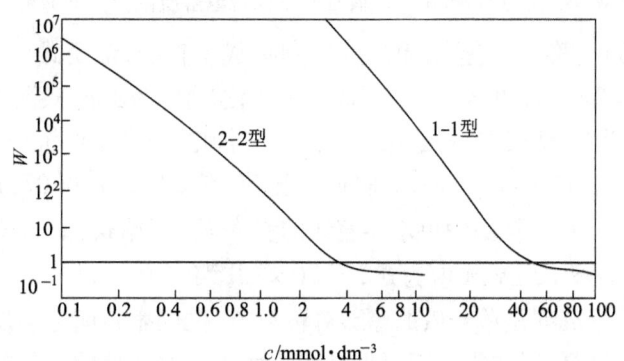

图 5-40　从方程式(5-107)求得 1-1 型及 2-2 型电解质稳定率与溶液浓度的
　　　　　关系曲线($a = 10^{-8}$m, $A = 2 \times 10^{-19}$J, $\psi_0 = 76.8$mV)

上述所讨论的 W 与 c 的理论关系也可以进一步通过实验来证实。可通过实验测定快速及慢速聚沉速度常数 k_r 和 k_s，W 值由式(5-106)求得。而实验测定聚沉速率常数与测定化学反应速度常数极为相似。不管是快速聚沉或慢速聚沉，都可以用双分子反应速度方程式来处理。即

$$\frac{dn}{dt} = -kn^2 \tag{5-111}$$

当 $t = 0$ 时，$n = n_0$；而经过 t 时间后，粒子数为 n。在此边界条件下积分式(5-111)，

得

$$\frac{1}{n} - \frac{1}{n_0} = kt \tag{5-112}$$

因此,只要实验测定不同聚沉时间 t 时溶胶的粒子数 n,就可从式(5-112)求得聚沉速度常数 k。当电解质浓度不大时,测得 k 值实为慢速聚沉速度常数 k_S。随着电解质的加入,k 值也增大,直到最后 k 值不变为止,此时的 k 值即为快速聚沉速度常数 k_r。应用此法测得 AgI 溶胶在一价、二价和三价电解质的不同浓度下的 k_S 及 k_r 值,从而得出如图 5-41 的 $\lg W - \lg c$ 图。

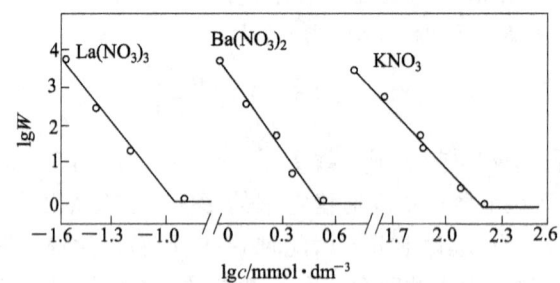

图 5-41 半径为 52nm 的 AgI 胶粒在不同价电解质浓液中的 $\lg W - \lg c$ 图

从图 5-41 可见:第一,实验所得的 $\lg W - \lg c$ 成一直线,证明式(5-109)是正确的。第二,斜线在 $\lg W = 0$ 处,即 $W = 1$ 处转折成水平线,这意味着此时从慢速聚沉转为快速聚沉,相应的浓度称为临界聚沉浓度。对一、二、三价电解质的聚沉浓度相应为 0.199,2.82×10^{-3} 和 1.3×10^{-4} mol·dm^{-3}。它们的比值为 100:1.4:0.07,这是符合 Schulze-Hardy 聚沉规则的。第三,从图中可求得直线的斜率 K_1,根据式(5-110)求得 ν_0,从而可进一步求 ψ_0 值为 12~63mV,A 值为 $0.2 \sim 10 \times 10^{-20}$ J。

前面所讨论的聚沉都是单分散的球形对称粒子,仅仅靠布朗运动发生碰撞而产生的聚沉。实际上聚沉是复杂的,影响因素也是多方面的。例如胶粒形状的不对称性及其多分散性都会增加它们的聚沉速度。速度梯度的存在,如机械搅拌等也会增加其聚沉速度。在聚沉过程中由于粒子的粘结也会加速其聚沉。所以实际聚沉情况与理想聚沉模型会有差异。

归纳与讨论

(1) 胶体的性质及胶体的稳定与聚沉构成了胶体化学的两个基柱,而胶体的稳定与聚沉总是连在一起的。它们是矛盾的两个方面又统一于胶体的体系之中。胶体的稳定理论必然又是胶体的聚沉理论,因为稳定条件的反面就是聚沉条件。

(2)本章介绍了胶体的三大稳定理论(更确切地说,应该是胶体的稳定-聚沉理论):DLVO理论,空间稳定理论及空位稳定理论。从稳定剂的性质来分,前者属于电解质稳定,而后两者属于高聚物稳定;从吸附的性质来分,前两者属于正吸附稳定,而后者属于负吸附稳定;从稳定的本质来说,DLVO理论属于"动力学性质"或称"热力学亚稳定"性质,而空间和空位稳定却属于"热力学稳定"。因为前者的稳定过程并没有改变胶粒的性质,而后者则由于它吸附了高聚物分子而使它具有亲液胶体的性质。

(3)胶体三大稳定理论的基本点是从胶粒之间的吸力(位能)与斥力(位能)的相互作用来讨论其稳定与聚沉。DLVO理论讨论了长程范德华力位能与扩散双电层重叠时的静电斥力位能之间的相互作用。空间稳定理论讨论了空间斥力位能,包括熵斥力位能、弹性斥力位能、渗透斥力位能和焓斥力位能。而吸力位能仍然是长程范德华吸力位能,但是吸附层改变了 Hamaker 常数 A,从而改变了吸力位能 V_A 的数值。空位稳定理论则从空位层重叠时产生的渗透吸力位能及吉布斯函数升高的斥力位能来考虑其稳定性。不管哪一种理论,吸力位能与斥力位能总是存在于体系之中的,其总位能曲线都会出现一峰值,形成一位垒。提高位垒高度,则增强了稳定性;降低位垒高度,则增强了聚沉性。归纳这三种位能曲线,大概形状为:

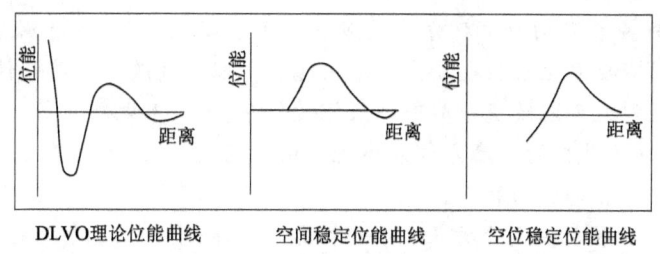

DLVO理论位能曲线　　空间稳定位能曲线　　空位稳定位能曲线

(4)胶体的稳定性取决于胶粒间吸力和斥力位能,而位能的大小实际上是受吸附层的影响。无论是正吸附或负吸附、是电解质吸附或高聚物吸附,吸附层的形成总使吸力位能 V_A 减少或斥力位能 V_R 增加,或两者同时出现,才能达到稳定的目的。电解质的吸附,虽然不会改变 V_A 值,却使 V_R 值发生改变,从而改变其稳定性;高聚物的吸附既改变了 A 值,从而改变了 V_A 值,同时又可能会增加渗透吸力位能 V_A^O 以及空间斥力位能和空位斥力位能,从而改变总位能曲线,改变胶体的稳定性。

(5)借助于热力学理论来讨论胶体的稳定和聚沉是一种有效的方法。例如在讨论空间稳定的时候,可以利用吉布斯函数变量来判断过程是否自发进行。如果胶粒碰撞引起 $\Delta G > 0$,则表示胶粒稳定;相反,若 $\Delta G < 0$,则胶粒不稳定。根据热力学有:

$$\Delta G = \Delta H - T\Delta S$$

可见 ΔG 值由 ΔH 和 ΔS 值决定,要使 $\Delta G > 0$,则有如下三种方式:

方式	ΔH	ΔS	$\dfrac{\Delta H}{T\Delta S}$	ΔG	稳定方式	聚沉特征
1	+	+	≥1	+	焓稳定	加热聚沉
2	−	−	≤1	+	熵稳定	冷却聚沉
3	+	−	≥1 或 ≤1	+	混合稳定	难确定

如果用下图来描述,则更清楚:

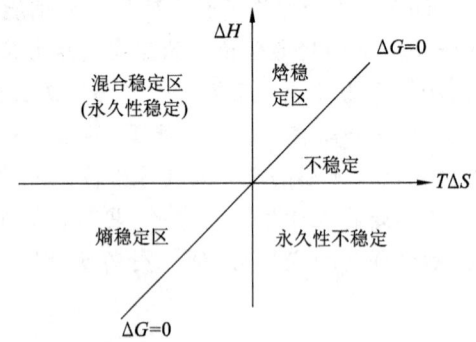

(6) 两胶粒碰撞聚沉相似于双分子反应。前者要发生聚沉,粒子必须具有足够能量以克服位垒;而后者要发生反应也要克服活化能。可以通过改变一些条件来降低活化能,如加入催化剂;同样也可以改变一些条件来降低位垒,如加入电解质等。两胶粒碰撞聚沉速度也可以用双分子反应的速度方程来描述。由此可见,用一个成熟的理论来处理一个与它相仿的现象,也会是成功的。

(7) 一个事物往往具有两个方面,同一个因素可能起到相反的作用。这就取决于具体条件。适当的电解质能使胶体稳定,而过量的电解质却使它聚沉;较稀浓度的高聚物使

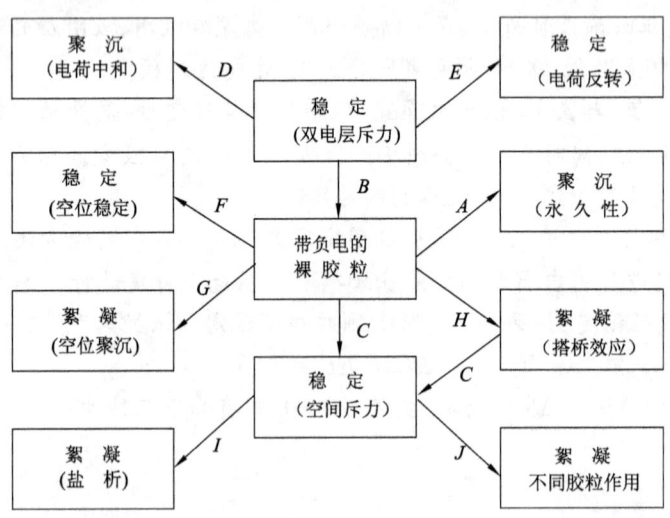

胶体聚沉,而较浓的高聚物溶液却又能使它稳定。条件改变,就有可能将稳定因素转变成聚沉的因素,或者相反。上页框图描述它们之间相互转换的关系。

图中各过程说明：

A——加入电解质或调整 pH 值到等电点；

B——用稀释、电渗或离子交换减少电解质；

C——加入正吸附的较高浓度的中性聚合物溶液；

D——加入带正电荷的聚电解质使其电荷被中和；

E——加入过量的带正电荷的聚电解质,使胶体带反号电荷而稳定；

F——加入负吸附的较高浓度的聚合物溶液；

G——加入负吸附的较低浓度的聚合物溶液；

H——加入正吸附的较低浓度的聚合物溶液；

I——调整 pH 值到等电点或加入高价离子——盐析；

J——加入另一种胶粒,发生相互絮凝。

(8)一种"逐步推理方法"用于处理两方块胶粒之间的范德华吸力能。其推理步骤如下：处理一个分子对一个胶粒中一体积基元的吸力能——→把体积基元扩大为胶粒,处理一个分子对一个胶粒的吸力能——→把分子扩大为一体积基元,处理体积基元对一胶粒的吸力能——→把该体积基元扩大为另一个胶粒,处理这一对胶粒的吸力能。这样便能从两个分子的范德华吸力能求出两个分子集合体的范德华吸力能,类似问题可以借鉴此法。

习 题

(1)下列电解质中的哪一个对带正电荷的 AgI 溶胶有最高的聚沉值？

(a) $CaCl_2$； (b) NaCNS； (c) Na_2SO_4； (d) $MgSO_4$。

如果 AgI 是带负电荷的溶胶又怎样？并解释之。

(2)在 AgI 溶胶中加入电解质 $NaNO_3$ 对下列哪一个参数影响最小？为何？

(a) ζ； (b) ψ_0； (c) σ； (d) δ； (e) κ^{-1}。

(3)下列因素中哪一个因素改变将对溶胶的聚沉有利？

(a) 增加范德华力； (b) 减少双电层厚度；

(c) 减少 ψ_δ 值； (d) 前面所有的因素；

(e) 前面任一因素都不起作用。

(4)二价反号离子比一价反号离子具有较低的聚沉值,其原因是：

(a) 二价离子具有较低的动能；

(b) 二价离子具有较低的"屏蔽效应"；

(c) 二价离子吸引力较强；

(d) 上面所有的因素。

(5)25℃下相距为 400nm 的两块平行金属板浸入浓度为 0.001 mol·dm^{-3} 的 1-1 型电解质溶液中,

求它们之间的斥力位能 V_R? 已知 $\psi_0 = 60\text{mV}, \varepsilon = 78.5$。

(6) 在上题中以两个相距 10nm 的球粒代替两块平行板,在同样条件下产生的斥力位能为 $20kT$,问球粒的半径为多少?

(7) 25℃下两个相距 70nm 的平板形 WO_3 粒子浸在浓度为 $10^{-3}\text{mol} \cdot \text{dm}^{-3}$ 的 1-1 型电解质中,已知 $\psi_0 = 25.7\text{mV}, \varepsilon = 78.5, \rho_{WO_3} = 7 \times 10^3 \text{kg} \cdot \text{m}^{-3}$,相互作用参数 $\beta = 60 \times 10^{-79} \text{J} \cdot \text{m}^6$,求 κ, ν_0, A 及它们间总的位能 V? 又若在这样条件下,两个平板形粒子的平衡距离为多少?

(8) 设双原子分子的 Hamaker 常数可用下式计算:
$$A = 1.6 \times 10^{-21} (n_1^2 \alpha_1^2 + n_2^2 \alpha_2^2 + 2n_1 n_2 \alpha_1 \alpha_2) [\text{J}]$$
式中,n_1, n_2 分别表示两种原子的浓度(个 $\cdot \text{m}^{-3}$);α_1, α_2 分别表示两种原子的极化率(m^3)。

计算冰的 Hamaker 常数及当两薄冰片相距为 10nm 时的范德华吸力位能 V_A。已知氢原子和氧原子的极化率分别为 0.67×10^{-30} 及 $3.0 \times 10^{-30} \text{m}^3$,冰的密度为 $998 \text{kg} \cdot \text{m}^{-3}$。

又若改为半径为 1×10^{-6}m 的两个冰球,相距仍为 10nm 时的吸力位能为多少?

(9) 25℃下,半径为 10nm 的两球形胶粒处在浓度为 $0.001 \text{mol} \cdot \text{dm}^{-3}$ 的 1-1 型电解质溶液中,求:

(a) 当两粒子距离为 1nm 时的吸力位能,斥力位能及总位能;

(b) 作出位能-距离图。

已知:$\psi_0 = 25.7\text{mV}, A = 3 \times 10^{-22} \text{J}, \varepsilon = 78.5$。

(10) 测得聚乙烯乳胶(PVC)及 AgBr 溶胶的一价及二价反号离子电解质的聚沉值如下:

溶胶	聚沉值 CFC/mol·dm^{-3}	
反号离子价	$z = 1$	$z = 2$
PVC	2.3×10^{-1}	1.2×10^{-2}
AgBr	1.6×10^{-2}	2.3×10^{-4}

试用电解质聚沉理论解释下面两点:

(a) 从表中 $z = 1$ 的数据可见,AgBr 溶胶聚沉值较 PVC 的低,可推出 AgBr 的 ψ_0 必然较小(在小 ψ_0 值的情况下)。

(b) 从表中 $z = 2$ 的数据可见,AgBr 溶胶聚沉值受 z 的影响较大,可推出 AgBr 的 ψ_0 必然较大。

(11) 求吸附有聚苯乙烯单体(3),层厚 $\delta = 10\text{nm}$ 的两石英平板粒子(1)在水(0)中相距 $D = 100\text{nm}$ 时的有效 Hamaker 常数 A_{eff} 及其吸力位能 V_A,并与不带吸附层时同样的石英粒子在无水及有水情况下的吸力位能比较。所需数据可自表 5-1 中查阅。

(12) 吸附聚合物的相对分子质量对粒子间相互作用位能产生怎样的影响? 并解释之。

(13) 试说明为何高聚物在发生正吸附和负吸附时都可以使胶体稳定或聚沉?

(14) 在粒子半径为 3.7nm 的金溶胶中加入 $0.2\text{mol} \cdot \text{dm}^{-3}$ 的 NaCl,测得不同时间下溶胶中的粒子数如下:

t/s	120	195	270	395	450	570
$n \times 10^{-14}/\text{个} \cdot \text{m}^{-3}$	11.2	7.3	5.4	4.5	3.7	2.7

求聚沉过程的速率常数 k？并与快速聚沉的速率常数 k_r 作一比较。已知 $\eta_{25} = 8.9 \times 10^{-4} \text{Pa} \cdot \text{s}$，$T = 298\text{K}$。

(15) 半径分别为 a_i 和 a_j 的两个不等径球粒发生快速聚沉。若取 $a = \frac{1}{2}(a_i + a_j)$ 和 $\frac{1}{a} = \frac{1}{2}\left(\frac{1}{a_i} + \frac{1}{a_j}\right)$，则等径球粒的快速聚沉速率方程式为

$$k_r = \frac{2}{3}\frac{kT}{\eta}\left[4 + \left(\sqrt{\frac{a_i}{a_j}} - \sqrt{\frac{a_j}{a_i}}\right)^2\right]$$

(a) 试证明之；

(b) 求 $k_r = 2.9 \times 10^{-17} \text{m}^3 \cdot \text{s}^{-1}$ 时，a_i/a_j 为多少？已知 $\eta = 8.9 \times 10^{-4} \text{Pa} \cdot \text{s}$，$T = 298\text{K}$。

(16) 测得加入不同浓度的 La^{3+} 时二十烷酸溶胶稳定率 W 的数据如下：

$c/\text{mol} \cdot \text{dm}^{-3}$	10^{-5}	3×10^{-5}	10^{-4}	3×10^{-3}
W	7.9	4.5	～1	1.6
粒子所带电荷	$-$	$-$	～0	$+$

(a) 确定 La^{3+} 的聚沉浓度并计算二价、一价正离子对同一溶胶的聚沉浓度。

(b) 求 20℃ 时，La^{3+} 浓度为 $10^{-5} \text{mol} \cdot \text{dm}^{-3}$ 时的慢速聚沉速率常数 k_s。已知 $\eta = 1 \times 10^{-3} \text{Pa} \cdot \text{s}$。

(17) 平均粒子半径为 10.3nm，被柠檬酸离子所稳定的金溶胶中加入不同浓度的 NaClO_4 使其聚沉，测得不同浓度 NaClO_4 下的稳定率如下：

$c \times 10^3/\text{mol} \cdot \text{dm}^{-3}$	2	3	5	8	10.5
W	48	31	17	8.9	0.84

(a) 求出常数 K_1，K_2 以及 ν_0 值；

(b) 求 ψ_0，已知 $\frac{kT}{e} = 25.6\text{mV}$；

(c) 找出聚沉值（CFC）并求出 Hamaker 常数 A，已知 $\varepsilon = 78.5$，$T = 298\text{K}$；

(d) 试解释为何在 $c \approx 10^{-2} \text{mol} \cdot \text{dm}^{-3}$ 附近 W 急剧下降？

(18) 在粒子半径为 66.5nm 的聚苯乙烯乳胶中加入 KCl 使其发生聚沉，测得加入 KCl 浓度对溶胶稳定率的影响如下：

$\lg(c/\text{mol} \cdot \text{dm}^{-3})$	0	-0.13	-0.33	-0.44	-0.60
$\lg W$	0	0	0.46	0.73	1.20

(a) 求聚沉值(CFC)及 ν_0 值；

(b) 求 ψ_0；

(c) 求 A 值并与表 5-1 中列出数值比较。

已知 $\dfrac{kT}{e} = 25.6\text{mV}, \varepsilon = 78.5, T = 298\text{K}$。

(19) 在 25℃下，测得悬浮液被 1-1 型电解质聚沉的动力学数据如下：

时间/min	0	2	3	5	8	11	15
粒子浓度/10^{14}个·m^{-3}	10.4	9.5	7.1	4.4	2.8	2.0	1.5

求聚沉速率常数 k？并与快速聚沉速率常数 k_r 作一比较。已知 25℃下水的粘度为 $8.9 \times 10^{-4}\text{Pa·s}$。

参 考 文 献

1 Hiemenz P C. Principles of Colloid & Surface Chemistry. Marce Dekker. Inc. ,1977.
2 Vold R D and Vold M J. Colloid & Interface Chemistry. Addisonwesley Publishing Company, Inc. ,1983.
3 Sonntag H & strenge K. Coagulation and Stability of Disperse Systems. Halsted Press,1969.
4 Kruyt H R. Colloid Science, Volume 1. Elsevier Publishing Company,1952.
5 Sato T & Ruch R. Stabilization of Collod of Dispersion by Polymer Adsorption. Marel Dekker Inc. ,1980.
6 Napper D H. Polymeric Stabilization of Colloidal Dispersions. Academie press,1983.
7 Goodwin J W. Colloidal Dispersions. Henry Ling Inc. ,1982.
8 Kenneth J Ives. The Scientific Basic of Flocculation,1978.
9 Tadros F. The Effect of Polymers on Dispersion Properties. 1982.

6 表面活性物质

内 容 提 要

胶体是高度分散体系,具有很大的界面。其界面性质对体系的性质起着重要作用。而少量的表面活性物质就能显著改变界面的性质,从而改变胶体体系的性质。本章主要介绍表面活性剂及其一些基本性质。内容包括:

(1)表面活性剂的分类。表面活性剂的分类方法有多种,最常见的是根据亲水基的种类来分。

(2)胶团和胶团增溶作用。胶团是表面活性剂在溶液中的一种有序聚集状态。本章主要介绍胶团的形成,分子结构对胶团形状的影响,临界胶团浓度及其影响因素,临界胶团浓度的测定,从热力学角度讨论胶团的形成,胶团的增溶作用以及影响增溶的因素。

(3)表面活性剂在界面的吸附。包括表面活性剂在液-液界面和固-液界面的吸附。介绍了吸附机制,影响吸附的因素等。

(4)反胶团、囊泡。反胶团结构及其在纳米胶体粒子制备中的应用;囊泡结构及其特性。

6.1 表面活性物质概述

当水中溶有不同种类物质时,物质对水的表面张力的影响通常可以归纳为3种不同类型,如图6-1所示。第一种类型是溶液的表面张力随溶质浓度的增大而略有上升,见曲线 A。这些物质主要是无机盐、酸、碱等强电解质。第二种类型是溶液表面张力随浓度增加而逐渐下降,见曲线 B。低相对分子质量短链醇、胺和羧酸等有机物的水溶液属于这种类型。第三种类型见曲线 C,加入少量这种物质如硬脂酸钠、烷基苯磺酸钠等,溶液的表面张力急剧下降,到一定浓度后,表面张力趋于恒定值。通常将使水的表面张力降低的性质称为表面活性,能降低表面张力的物质称为表面活性物质。上述第二类和第三类物质属于表面活性物质。

当然,有时实际使用时,并不要求降低水的表面张力,如对固体表面的润湿或对某种不互溶液体的增溶等,所需的物质不一定能降低水的表面张力。所以,仅从降低表面张力的角度来定义表面活性物质并不确切。应当认为,凡是能够使体系的表面状态发生明显变化的物质,都可称为表面活性物质。上述第三类物质在其量极低时,即可显著降低水的表面张力,而且这类物质还可在溶液中形成胶团等聚集体,从而产生增溶、去污等作用。而第二类物质则不具备这些性质。因此,常常只将第三类物质称为表面活性剂,而第二类物质称为助表面活性剂。

表面活性剂的分子结构有一个共同特征——"双亲"结构。它是由两种极性不同的基团组成。一种是亲水性基团,与水分子有较强的作用力;另一种是亲油性基团(疏水基团),易与非极性分子如烷烃分子接近。因而表面活性剂又称为"双亲"物质。常示意为"━○","━"表示亲油部分,"○"表示亲水部分。

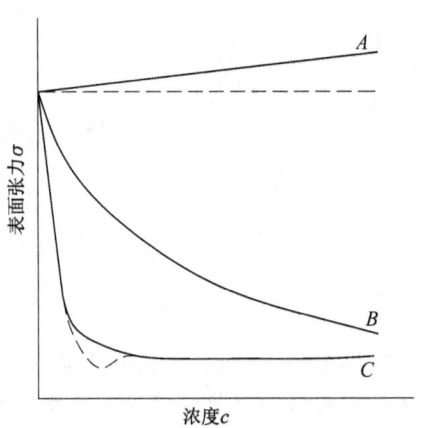

图6-1 水溶液浓度与表面张力的几种典型关系

以一种常用的表面活性剂十二烷基硫酸钠为例,其分子式为$CH_3(CH_2)_{11}SO_4Na$,其中"$CH_3(CH_2)_{11}$—"为亲油基团,"—SO_4Na"为亲水基团。水溶液中,$CH_3(CH_2)_{11}SO_4Na$电离为$CH_3(CH_2)_{11}SO_4^-$和Na^+,起主要作用的是前者,称为表面活性离子,后者称为反离子。

表面活性剂的亲油基一般是由长链烃基构成,碳原子在8个以上。亲水基的种类繁多,有带电的离子基团和不带电的极性基团。

6.2 表面活性剂的分类

6.2.1 按亲水基分类

表面活性剂性质的差异除与亲油基结构有关外,主要与亲水基有关。因而表面活性剂的分类一般以其溶于水时是否离解、离解成何种离子类型为依据。凡能离解成离子的叫做离子型表面活性剂,不能离解的叫做非离子型表面活性剂。离子型表面活性剂又按其在水中形成的起活性作用的离子种类分为阴离子型、阳离子型和两性离子型表面活性剂。此外,还有近年来发展较快的、既有离子型亲水基又有非离子型亲水基的混合型表面活性剂。

1. 阴离子型表面活性剂

阴离子型表面活性剂在水中离解后,起活性作用的亲水基团带负电荷。这类表面活性剂主要有盐类型和酯盐类型。盐类型由有机酸与金属离子组成。例如,羧酸盐($RCOO^-M^+$)、磺酸盐($RSO_3^-M^+$),其中R为烷烃,M主要为碱金属和铵(胺)离子。酯盐类型表面活性剂的分子中既有酯的结构又有盐的结构。例如硫酸盐($ROSO_3^- M^+$)、磷酸酯盐($ROPO_3^- M^+$)。

阴离子表面活性剂是目前应用量最大、范围最广的一类表面活性剂。最主要用途是作为洗涤剂,也可作为起泡剂、增溶剂、乳化剂和分散剂等。

2. 阳离子型表面活性剂

该类表面活性剂在水中离解后,起活性作用的基团带正电荷。常用的阳离子表面活性剂有3种类型。

(1)胺盐型,$R_n NH_m^+ A^-$,$n=1\sim 3$,$m=1\sim 3$,几个R基团也可以不同。如RNH_3Cl。

(2)季铵盐型,$RN^+(R'_3)A^-$,如$RN(CH_3)_3^+ Cl^-$。

(3)烷基吡啶盐型 $\left[R-N\bigcirc \right]^+ A^-$,其中A主要为卤素和酸根离子。

阳离子型表面活性剂主要用于杀菌、缓蚀、防腐、柔软和抗静电等方面。

3. 两性离子型表面活性剂

这类活性剂分子中带有两个亲水基团,一个带正电荷,另一个带负电荷。其中带正电荷的基团主要是氨基或季铵基,带负电荷的基团主要是羧基或磺酸基。两性表面活性剂有咪唑啉型、甜菜碱型、氨基酸型、磷脂等。例如,

甜菜碱:

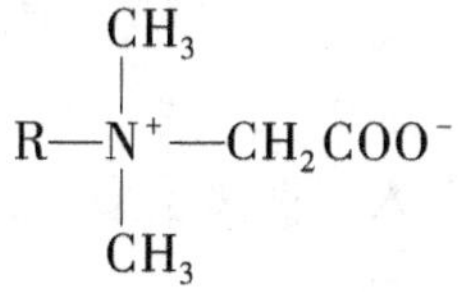

$$R-N^+(CH_3)_2-CH_2COO^-$$

咪唑啉:

(结构式)

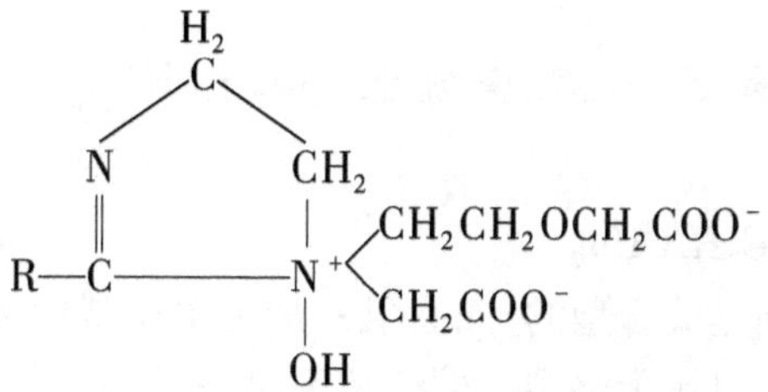

氨基酸:

$$RN^+H_2CH_2CH_2COO^-$$

两性离子型表面活性剂根据其碱性基团(氨基或季铵基)和酸性基团(羧基或磺酸基)对pH的敏感性,可分为pH敏感型和pH不敏感型。若碱性基团和酸性基团都对pH敏感,在水溶液中将随着pH的变化而以不同的离子形式存在,因而该类活性剂存在等电点。例如,N-十烷基-β-氨基丙酸在pH>6时以$C_{10}H_{21}NHCH_2CH_2COO^-$阴离子形式存

在;在 pH < 6 时以 $C_{10}H_{21}N^+H_2CH_2CH_2COOH$ 阳离子形式存在;在 pH = 6 时则以 $C_{10}H_{21}N^+H_2CH_2CH_2COO^-$ 两性离子形式存在。若两性离子型表面活性剂分子中只有一个对 pH 敏感,如十二烷基甜菜碱,其季铵基团对 pH 不敏感,当 pH < 5 时呈现阳离子性,pH ≥ 5 时均以两性离子形式存在,不会以负离子形式存在。

两性离子型表面活性剂具有抗硬水、钙皂分散力强、能与电解质共存、与阴阳离子活性剂有良好配伍性、对皮肤刺激性低等许多独特性质,既可用作洗涤剂、乳化剂,也可用作杀菌剂、防霉剂和抗静电剂等。因此,尽管两性离子型表面活性剂价格比较高,在表面活性剂中产量最低,但近年来发展较快。

4. 非离子型表面活性剂

非离子型表面活性剂在水溶液中不发生离解,亲水基团主要是聚乙二醇基即聚氧乙烯基—(C_2H_4O)—和羟基—OH,亲水基团的数目控制活性剂的极性。常见的类型有:

(1) 酯型。聚氧乙烯脂肪酸酯 $RCOO(CH_2CH_2O)_nH$;失水山梨糖醇脂肪酸酯(司盘 Span 系列)。

(2) 醚型。脂肪醇聚氧乙烯醚(AEO),$RO(C_2H_4O)_nH$;烷基酚聚氧乙烯醚(OP 型),$R-C_6H_4-O-(C_2H_4O)_nH$。

(3) 胺型。聚氧乙烯脂肪醇胺 $R-N\begin{pmatrix}(C_2H_4O)_nH\\(C_2H_4O)_mH\end{pmatrix}$;氧化胺(叔胺氧化物) $R(CH_3)_2N\rightarrow O$。氧化胺分子是一四面体,其氮原子以配位键与氧原子相连,呈一定极性。有人将其归入阳离子型,也有将它归入两性离子型。因其在水溶液中不电离,本书将其归入非离子型表面活性剂。

(4) 酰胺型。聚氧乙烯烷基酰胺 $RCO-N\begin{pmatrix}(C_2H_4O)_nH\\(C_2H_4O)_mH\end{pmatrix}$;烷基醇酰胺 $RCON(C_2H_4OH)_2 \cdot HN(C_2H_4OH)_2$。

有的非离子型活性剂是混合型的,如聚氧乙烯失水山梨糖醇脂肪酸酯(Tween 系列)为酯醚型,它既属于酯型,也属于醚型。糖酯和糖醚是另一类非离子型表面活性剂,如烷基多苷(APG),结构如下:

其中 R 是疏水的烷基，x 是糖苷单元的平均数目。通常，R = $C_4 \sim C_6$，$x = 1 \sim 3$。这类活性剂原料来自天然植物资源，易生物降解、无毒、无刺激性，是一类很有发展潜力的绿色表面活性剂。

非离子型表面活性剂低毒、刺激性低，不受盐和溶液 pH 的影响，性质稳定，易与其他类型活性剂配伍，在水和有机溶剂中都可使用。非离子活性剂应用非常广泛，在化工、食品、医药等行业用作乳化剂、增溶剂、分散剂、增稠剂等。

5. 混合型表面活性剂

混合型表面活性剂主要是指分子中的亲水部分既有聚氧乙烯基，又有离子基团的一类表面活性剂，如脂肪醇聚氧乙烯醚羧酸盐 $RO(CH_2CH_2O)_n \cdot CH_2COOM_{1/n}$（M 为碱金属或胺，$n$ 为反离子 M 的价数）、脂肪醇聚氧乙烯醚硫酸盐 $RO(CH_2CH_2O)_nSO_4M$、脂肪醇聚氧乙烯醚磷酸盐 $RO(CH_2CH_2O)_nPO_4M$ 和磺基琥珀酸脂肪醇聚氧乙烯醚酯二钠 $RO(CH_2CH_2O)_nCOCH_2CH(SO_3Na)COONa$ 等。很多书中将这类表面活性剂归入阴离子型表面活性剂。由于它们在很多方面与普通的阴离子活性剂有明显差别，因此本书将其单列出来，作为混合型表面活性剂。

这类表面活性剂由于亲水基和亲油基间引入聚氧乙烯链，因而兼具有非离子和阴离子表面活性剂的一些特性，也克服了普通阴离子活性剂的一些缺陷。比如，脂肪醇聚氧乙烯醚硫酸盐的水溶性、抗硬水性能、起泡性、润湿性等都优于脂肪醇硫酸盐，且刺激性也低于脂肪醇硫酸盐。混合型表面活性剂广泛用作洗涤剂、分散剂、个人护理品以及乳化剂、分散剂等。

6.2.2 按亲油基分类

按亲油基分类，表面活性剂主要分为以下几类。

1. 碳氢表面活性剂

这类表面活性剂疏水基为碳氢基团，是最常用的表面活性剂。在同时提到特殊表面活性剂时，常称这类活性剂为普通表面活性剂。

2. 氟表面活性剂

碳氢表面活性剂疏水基中的氢全部或部分被氟原子取代，即疏水基为全氟化或部分氟化的碳氟链，如全氟辛酸钾 $CF_3(CF_2)_6COOK$。碳氟链的疏水性比碳氢链强，因而氟表面活性剂具有许多独特性能，表现在：

（1）表面活性比同碳原子数的碳氢表面活性剂高很多，其水溶液的表面张力可低至 $20mN \cdot m^{-1}$ 以下（有的甚至达 $12mN \cdot m^{-1}$）。

（2）碳氟链不但疏水，而且疏油。

（3）耐高温，化学稳定性高，不怕强酸、强碱。

氟表面活性剂的这些特性常概括为"三高"、"两憎"，即高表面活性、高耐热稳定性和高化学稳定性,既憎水又憎油。

氟表面活性剂可用作纺织品防水防油剂、油类火灾的灭火剂、乳胶的乳化剂、电镀助剂以及用于抑制有机溶剂的蒸发。

3. 硅表面活性剂

这类表面活性剂由全甲基化的 Si—O—Si、Si—C—Si 或 Si—Si 主干(疏水基)和一个或多个极性基团组成。以 Si—O—Si 为主干的表面活性剂称为硅氧烷表面活性剂(siloxane surfactant);以 Si—C—Si 为主干的表面活性剂称为聚硅甲烯或碳硅烷表面活性剂(polysilmethylene or carbosilane surfactant);以 Si—Si 为主干的表面活性剂称为聚硅烷表面活性剂(polysilane surfactant)。其中以硅氧烷表面活性剂应用最广。硅表面活性剂按亲水基分类,也可分为阴离子型、阳离子型、两性离子型和非离子型。

硅表面活性剂的表面活性仅次于氟表面活性剂,其溶液的表面张力可低至 $20\text{mN} \cdot \text{m}^{-1}$。具有较高的热稳定性和化学稳定性,以及优良的润湿性能和消泡性能。

硅表面活性剂用途广泛,可用作润湿剂、分散剂、柔软剂、消泡剂、渗透剂、增溶剂和抗静电剂等。

6.2.3 其他分类方法

(1)按表面活性剂的应用功能分类,可将其分为乳化剂、洗涤剂、起泡剂、润湿剂、分散剂、增溶剂、渗透剂、铺展剂等。

(2)按表面活性剂溶解特性分为水溶性表面活性剂和油溶性表面活性剂。

(3)按相对分子质量大小分为低相对分子质量表面活性剂(一般表面活性剂)和高相对分子质量表面活性剂。

高分子表面活性剂的相对分子质量一般在几千以上,甚至高达几千万。有天然高分子表面活性剂,如明胶、羧甲基纤维素钠、褐藻酸钠、淀粉衍生物等,也有合成高分子表面活性剂,如聚丙烯酰胺、聚乙烯醇等。高分子表面活性剂也有离子型(包括阴离子型、阳离子型、两性离子型)和非离子型之分。其主要用作分散剂、稳定剂、增稠剂、絮凝剂、原油破乳剂等。

(4)此外,还有普通表面活性剂与特种表面活性剂,以及合成表面活性剂、天然表面活性剂、生物表面活性剂等不同分类。

生物表面活性剂是由细菌、酵菌、真菌等微生物产生的具有表面活性特征的化合物。如将微生物在一定条件下培养时,在其代谢过程中会分泌产生一些具有一定表面活性的代谢产物,如糖脂、多糖脂、肽脂或中性类脂衍生物等生物表面活性剂。生物表面活性剂最主要特点是能完全生物降解、无毒。可应用于医药、食品、化妆品等有特殊要求的行业中,也可用于油田强化采油。目前,由于生物表面活性剂的价格昂贵,使其应用受到一定限制。

6.3 表面活性剂的 HLB 值

HLB 值即亲水亲油平衡值(Hydrophile-Lipophile Balance),简称亲憎平衡值。它体现了表面活性剂的亲水亲油性的相对强弱。表面活性剂的 HLB 值之所以重要,还由于其与表面活性剂的性能几乎都有关,如表面张力、吸附、乳化、分散、增溶、去污、润湿等等。因此,通常根据 HLB 值的大小,在数以千计的表面活性剂中,选择满足应用性能的合适者。HLB 值是个相对数值,它可以选定完全不亲水(HLB = 0)和完全亲水(HLB = 40)的两种极限乳化剂作为标准,其他表面活性剂的 HLB 值就处于这两种极限值的范围内。图6-2 描述了 HLB 值的范围及其应用。

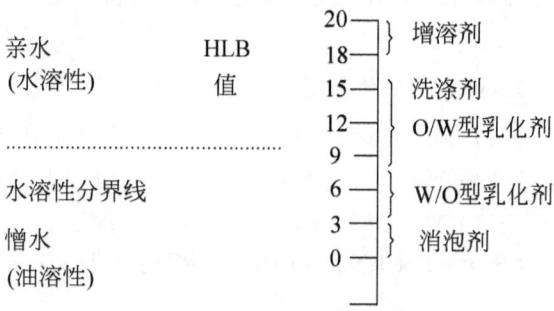

图6-2 表面活性剂的 HLB 值及其应用范围

从图可见,表面活性剂的 HLB 值在 3~7 范围内是 W/O 型的乳化剂。而 HLB 值在 7~19 范围内的表面活性剂是良好的 O/W 型乳化剂。

表面活性剂 HLB 值的计算或估计方法有多种。对于非离子型表面活性剂,特别是脂肪族醇类的聚氧乙烯衍生物以及多元醇-脂肪酸的酯类,它们的 HLB 值可按下式求得

$$\mathrm{HLB} = 20\left(1 - \frac{S}{A}\right) \tag{6-1}$$

式中,S 为酯的皂化值;A 为脂肪酸的酸值。对完全不亲水的表面活性剂 $S = A$,则 HLB = 0;而对完全亲水的表面活性剂 $S = 0$,则 HLB = 20。故非离子表面活性剂的 HLB 值在 0~20 之间。例如一元甘油硬脂酸盐的 $S = 161$,$A = 198$,由此可得 HLB = 3.8。但遗憾的是许多脂肪酸的酯类难以获得其皂化值。对于这些物质可用下式求 HLB 值

$$\mathrm{HLB} = \frac{E + P}{5} \tag{6-2}$$

式中 E——氧乙烯链的质量分数;
P——多元醇基团的质量分数。

上述两个计算 HLB 值的方程式不适用于含有氧化丙烯、氧化丁烯、氮、硫等非离子型表面活性剂,更不能用于离子型的表面活性剂。为了获得它们粗略的 HLB 值,可以用它

们在水中的溶解度来估计。表 6-1 列出了这一关系。

表 6-1 表面活性剂的 HLB 值及其在水中溶解度的关系

在水中分散程度	HLB 值范围	在水中分散程度	HLB 值范围
不能分散	1～4	稳定乳状液分散	8～10
难以分散	3～6	半透明分散	10～13
强烈搅拌后呈乳状液分散	6～8	透明分散	13 以上

一些常用的乳化剂的 HLB 值可以从专门著作中查得。但也可以用 J. T. Davies 提出的加和原理,根据一些基本基团的基团数求得。加和原理表示表面活性剂的 HLB 值等于该活性剂分子中各个亲水基团的基团数之和减去各个亲油基团的基团数之和再加上 7,即为

$$HLB = \sum 亲水基团的基团数 - \sum 亲油基团的基团数 + 7 \qquad (6-3)$$

表 6-2 列出了一些常用基团的基团数。根据这些数据及加和原理,就可求得表面活性剂的 HLB 值。例如求十六醇 $C_{16}H_{33}OH$ 的 HLB 值。它可以看作由一个 OH 亲水基及 16 个 —CH_2— 亲油基所组成,故其 HLB 值为

$$HLB = (1 \times 1.9) - (16 \times 0.475) + 7 = 1.3$$

表 6-2 一些亲水基团和亲油基团的基团数

亲水基团	基团数	亲油基团	基团数
—SO_4Na	38.7	—CH—	0.475
—COOK	21.1	—CH_2—	0.475
—COONa	19.1	—CH_3	0.475
—SO_3Na	~11.0	—CH=	0.475
—N(叔胺)	9.4	—CF_2—	0.870
酯(山梨糖醇酐环)	6.8	—CF_3	0.870
酯(自由)	2.4	—O—CH_2—CH_2—CH_2—	0.150
—COOH	2.1		
—OH(自由)	1.9		
—O—	1.3		
—OH(山梨糖醇酐环)	0.5		

表 6-3 列出了一些常用表面活性剂的 HLB 值。在实际工作中,往往两种或两种以上的表面活性剂混合使用。复合表面活性剂的 HLB 值近似有加和性,即

$$(HLB)_{mix} = f(HLB)_A + (1-f)(LHB)_B \qquad (6-4)$$

式中 $(HLB)_{mix}$——复合表面活性剂的 HLB 值;

$(HLB)_A$和$(HLB)_B$——分别是 A 和 B 表面活性剂的 HLB 值；

f 和 $(1-f)$——分别为 A 和 B 表面活性剂的质量分数。

因此,可以从单个表面活性剂的 HLB 值求出复合表面活性剂的 HLB 值。例如,20%的失水山梨醇三硬脂酸酯(HLB = 2.1)加上80%聚氧乙烯失水山梨醇硬脂酸酯(HLB = 14.9),其 HLB 值为

$$(HLB)_{mix} = 0.2 \times 2.1 + 0.8 \times 14.9 = 12.3$$

表6-3 一些商品乳化剂之 HLB

商品名称	化学成分	HLB*
Span 85	失水山梨醇三油酸酯	1.8
Span 65	失水山梨醇三硬脂酸酯	2.1
Atlas G-1050	聚氧乙烯山梨醇六硬脂酸酯	2.6
Emcol EO-50	乙二醇脂肪酸酯	2.7
Atlas G-1704	聚氧乙烯山梨醇蜂蜡衍生物	3
Emcol PO-50	丙二醇脂肪酸酯	3.4
Atlas G-922	丙二醇单硬脂酸酯	3.4
Emcol EL-50	乙二醇脂肪酸酯	3.6
Emcol PP-50	丙二醇脂肪酸酯	3.7
Arlacel C	失水山梨醇倍半油酸酯	3.7
Atlas G-2859	聚氧乙烯山梨醇油酸酯	3.7
Atmul 67	甘油单硬脂酸酯	3.8
Atlas G-1727	聚氧乙烯山梨醇蜂蜡衍生物	4
Emcol PM-50	丙二醇脂肪酸酯	4.1
Span 80	失水山梨醇单油酸酯	4.3
Atlas G-917	丙二醇单月桂酸酯	4.5
Span 60	失水山梨醇单硬脂酸酯	4.7
Emcol DM-50	二乙二醇脂肪酸酯	5.6
Emcol DL-50	二乙二醇脂肪酸酯	6.1
Glaurin	二乙二醇单月桂酸酯	6.5
Span 40	失水山梨醇单棕榈酸酯	6.7
Atlas G-2242	聚氧乙烯二油酸酯	7.5
Atlas G-2147	四乙二醇单硬脂酸酯	7.7
Atlas G-2140	四乙二醇单油酸酯	7.7
Atlas G-2800	聚氧丙烯甘露醇二油酸酯	8
Atlas G-1493	聚氧乙烯山梨醇羊毛脂油酸酯衍生物	8
Atlas G-1425	聚氧乙烯山梨醇羊毛脂衍生物	8

续表

商品名称	化学成分	HLB*
Atlas G-3608	聚氧丙烯硬脂酸酯	8
Span 20	失水山梨醇单月桂酸酯	8.6
Emulphor VN-430	聚氧乙烯脂肪酸	9
Atlas G-2111	聚氧乙烯氧丙烯油酸酯	9
Atlas G-2125	四乙二醇单月桂酸酯	9.4
Brij 30	聚氧乙烯月桂醚	9.5
Tween 61	聚氧乙烯失水山梨醇单硬脂酸酯	9.6
Atlas G-2154	六乙二醇单硬脂酸酯	9.6
Tween 81	聚氧乙烯失水山梨醇单油酸酯	10.0
Atlas G-1218	混合脂肪酸和树脂酸的聚氧乙烯酯类	10.2
Atlas G-3806	聚氧乙烯十六烷基醚	10.3
Tween 65	聚氧乙烯失水山梨醇三硬脂酸酯	10.5
Atlas G-3705	聚氧乙烯月桂醚	10.8
Tween 85	聚氧乙烯失水山梨醇三油酸酯	11
Atlas G-2116	聚氧乙烯氧丙烯油酸酯	11
Atlas G-1790	聚氧乙烯羊毛脂衍生物	11
Atlas G-2142	聚氧乙烯单油酸酯	11.1
Myrj 45	聚氧乙烯单硬脂酸酯	11.1
Atlas G-3300	烷基芳基横酸盐	11.7
Atlas G-2127	聚氧乙烯单月桂酸酯	12.8
Igepal CA-630	聚氧乙烯烷基酚	12.8
Atlas G-1690	聚氧乙烯烷基芳基醚	13
S-307	聚氧乙烯单月桂酸酯	13.1
Atlas G-2133	聚氧乙烯月桂醚	13.1
Atlas G-1794	聚氧乙烯蓖麻油	13.3
Emulphor EL-719	聚氧乙烯植物油	13.3
Tween 21	聚氧乙烯失水山梨醇单月桂酸酯	13.3
Tween 60	聚氧乙烯失水山梨醇单硬脂酸酯	14.9
Tween 80	聚氧乙烯失水山梨醇单油酸酯	15
Myrj 49	聚氧乙烯单硬脂酸酯	15
Atlas G-2144	聚氧乙烯单油酸酯	15.1
Atlas G-3915	聚氧乙烯油基醚	15.3
Atlas G-3720	聚氧乙烯十八醇	15.3
Atlas G-3920	聚氧乙烯油醇	15.4
Emulphor ON-870	聚氧乙烯脂肪醇	15.4

续表

商品名称	化学成分	HLB*
Atlas G – 2079	聚氧二醇单棕榈酸酯	15.5
Tween 40	聚氧乙烯失水山梨醇单棕榈酸酯	15.6
Atlas G – 3820	聚氧乙烯十六烷基醇	15.7
Atlas G – 2162	聚氧乙烯丙烯硬脂酸酯	15.7
Atlas G – 1471	聚氧乙烯山梨醇羊毛脂衍生物	16
Myrj 51	聚氧乙烯单硬脂酸酯	16
Atlas G – 7596	聚氧乙烯失水山梨醇单月桂酸酯	16.3
Atlas G – 2129	聚氧乙烯单月桂酸酯	16.3
Atlas G – 3930	聚氧乙烯油基醚	16.6
Tween 20	聚氧乙烯失水山梨醇单月桂酸酯	16.7
Brij 35	聚氧乙烯月桂醚	16.9
Myrj 52	聚氧乙烯单硬脂酸酯	16.9
Myrj 53	聚氧乙烯单硬脂酸酯	17.9
	油酸钠	18
Atlas G – 2195	聚氧乙烯单硬脂酸酯	18.8
	油酸钾	20
Atlas G – 263	N – 十六烷基 – N – 乙基吗啉基乙基硫酸盐	25～30
	纯月桂基硫酸钠	约40

注：* 表中 HLB 值是由计算或实验所得，估计其准确度在 ±1 之内。

6.4 胶团与临界胶团浓度

6.4.1 胶团

在水溶液中，表面活性剂分子由于其疏水链的疏水作用发生自聚（或称自组装），即疏水链向里靠在一起形成内核，而亲水基朝外，与水接触。表面活性剂的自聚形成不同形态、结构和大小的聚集体。这些聚集体内的表面活性剂分子有序排列，因此常称它们为有序分子组合体（organized molecular assemblies），这类溶液称为有序溶液（organized solution）。

胶团或胶束（micelle）是最常见的有序分子组合体。表面活性剂在水溶液中形成的胶团为正胶团（简称为胶团），即疏水基向里靠拢，亲水基朝外。在非极性有机溶液中，表面活性剂分子亲水基向里靠在一起，而亲油基朝外，形成反胶团（reversed micelle）结构。

胶团的基本结构分为两大部分：内核和外层。在水溶液中，胶团的内核由彼此结合的疏水基构成，形成胶团水溶液的非极性微区。内核与溶液之间为水化的表面活性亲水基构成的外层。离子型和非离子型表面活性剂形成的胶团结构有所不同。图6-3是两类表面活性剂胶团基本结构示意图。

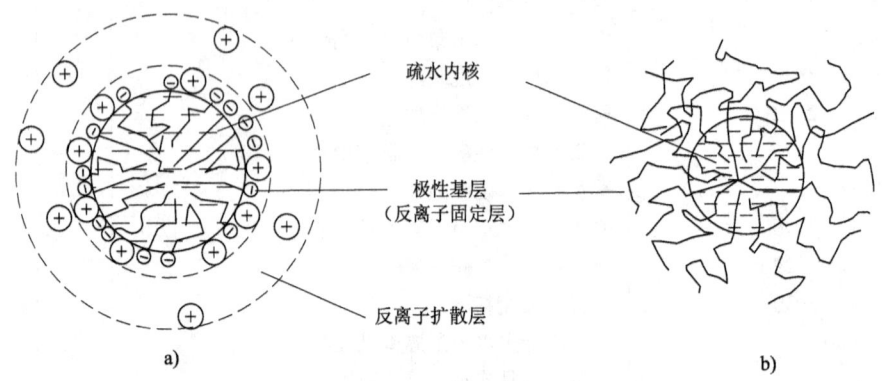

图6-3 胶团结构示意图
a)离子型表面活性剂胶团；b)非离子型表面活性剂胶团

图6-3将胶团描述成近乎球状,其实,胶团有不同的形态,除了球状,还有椭球状、棒状、层状等(图6-4)。影响胶团形态的因素有表面活性剂的分子结构、浓度、温度及添加剂等。

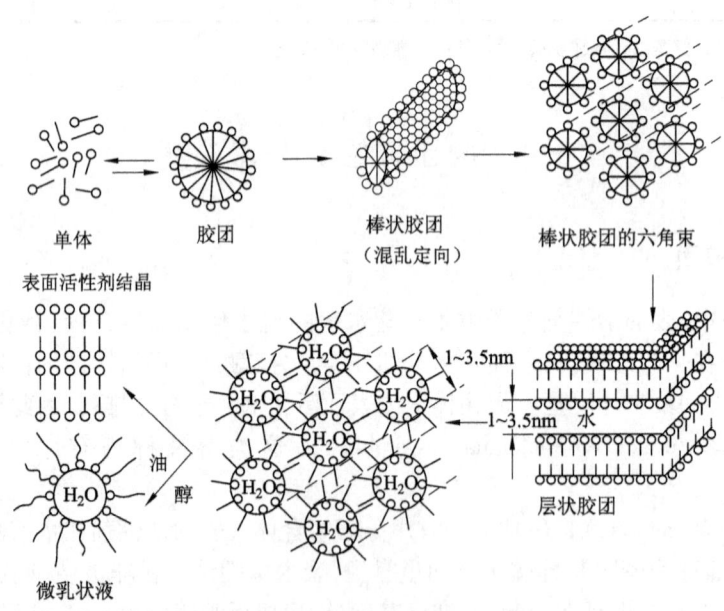

图6-4 表面活性剂溶液有序聚集体结构变化

根据表面活性剂分子亲水基和疏水基在溶液中各自横截面积的相对大小,可以把表面活性剂看作圆锥形、柱形、截头锥形等几何形状。当具有不同几何形状的表面活性剂分子定向排列形成聚集体时,就可得到不同形态的聚集体。为表征表面活性剂分子的几何特征,定义了几何排列参数 R

$$R = \frac{V_c}{l_c A_0} \tag{6-5}$$

式中　V_c——疏水部分体积;

　　　l_c——疏水链最大伸展长度;

　　　A_0——亲水基占据的面积。

R 值与表面活性剂分子聚集体形状的关系见图 6-5。

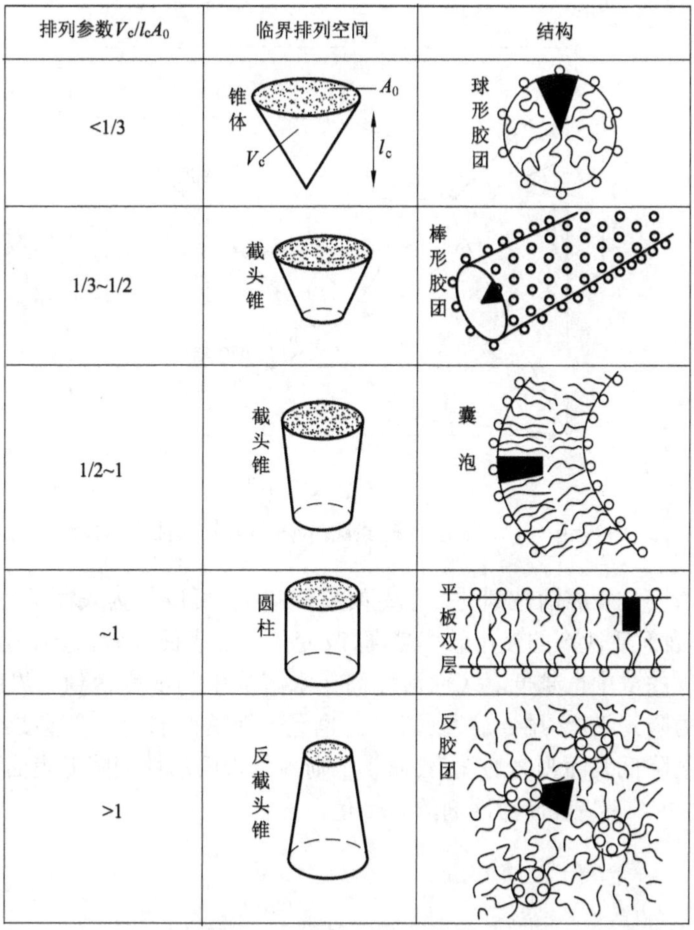

排列参数 $V_c/l_c A_0$	临界排列空间	结构
<1/3	锥体	球形胶团
1/3~1/2	截头锥	棒形胶团
1/2~1	截头锥	囊泡
~1	圆柱	平板双层
>1	反截头锥	反胶团

图 6-5　分子几何形状与聚集体结构示意图

6.4.2 临界胶团浓度(cmc)

当溶液中表面活性剂浓度增加时,活性剂分子首先吸附在气－液界面,定向排列,结果使溶液表面张力降低。当溶液浓度增大到一定值时,表面几乎被一层定向排列的分子所覆盖,这时,即使再增大溶液的浓度,表面也不能再容纳更多的活性剂分子,表面浓度达到最大值,表面张力不会再降低。若继续增大浓度,表面活性剂分子在溶液内部发生聚集,即形成胶团。表面活性剂开始大量形成胶团时的浓度称为临界胶团浓度(critical micelle concentration,简称cmc)。在临界胶团浓度附近,表面活性剂溶液性质发生突变现象,如图6-6所示。此外,表面活性剂的增溶作用、胶团催化作用、化学反应的微反应器的作用等都只在大于临界胶团浓度时才有。

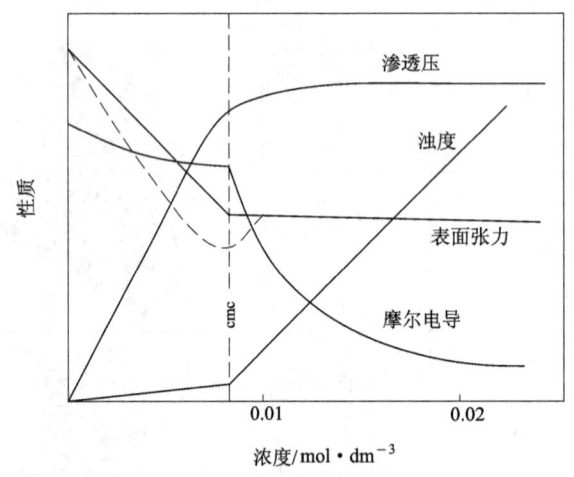

图6-6 十二烷基硫酸钠溶液cmc对其物理性质的影响

临界胶团浓度是表面活性剂的一个重要特征参数,可以作为表面活性强弱的一种量度。cmc越小,表面活性剂的使用效率越高,改变体系的表面性质,起到润湿、乳化、起泡、增溶等作用所需的浓度也越低。表面活性剂在水溶液中的浓度达到临界胶团浓度时,水溶液的表面张力降到最低,用σ_{cmc}表示。σ_{cmc}也是表面活性剂的一个重要参数。cmc可以衡量表面活性剂降低表面张力的效率,而σ_{cmc}则衡量表面活性剂降低表面张力的能力。

表6-4列出了一些表面活性剂的cmc值。

表 6-4　一些表面活性剂的 cmc 值

表面活性剂	温度/℃	cmc/mol·l^{-1}
阴离子型表面活性剂		
$C_{12}H_{25}COOK$	25	1.25×10^{-2}
$C_{12}H_{25}SO_4Na$	40	8.7×10^{-3}
$C_{14}H_{29}SO_4Na$	40	2.4×10^{-3}
$C_{16}H_{33}SO_4Na$	40	5.8×10^{-4}
$C_{12}H_{25}SO_3Na$	40	9.7×10^{-3}
$C_{14}H_{29}SO_3Na$	40	2.5×10^{-3}
$C_{12}H_{25}SO_4 \cdot N(CH_3)_3C_4H_9$	—	2.38×10^{-3}
$C_{12}H_{25}SO_4 \cdot N(CH_3)_3C_{10}H_{21}$	—	2.1×10^{-4}
$(C_{12}H_{25}SO_4)_2Ca$	54	2.6×10^{-3}
$(C_{12}H_{25}SO_4)_2Mg$	25	1.8×10^{-3}
阳离子型表面活性剂		
$C_{12}H_{25}NH_2 \cdot HCl$	30	1.6×10^{-2}
$C_{16}H_{33}NH_2 \cdot HCl$	55	8.5×10^{-4}
$C_{18}H_{37}NH_2 \cdot HCl$	60	5.5×10^{-4}
$C_{10}H_{21}N(CH_3)_3Br$	25	6.8×10^{-2}
$C_{12}H_{25}N(CH_3)_3Br$　(DTAB)	25	1.6×10^{-2}
$C_{14}H_{29}N(CH_3)_3Br$	30	2.1×10^{-3}
$C_{16}H_{33}N(CH_3)_3Br$　(CTAB)	25	9.2×10^{-4}
$C_{12}H_{25}(NC_5H_5)Cl$	25	1.5×10^{-2}
$C_{16}H_{33}(NC_5H_5)Cl$	25	9.0×10^{-4}
$C_{18}H_{37}(NC_5H_5)Cl$	25	2.4×10^{-4}
两性离子型表面活性剂		
$C_8H_{17}N^+(CH_3)_2CH_2COO^-$	27	2.5×10^{-1}
$C_8H_{17}CH(COO^-)N^+(CH_3)_3$	27	9.7×10^{-2}
$C_{10}H_{21}CH(COO^-)N^+(CH_3)_3$	27	1.3×10^{-2}
$C_{12}H_{25}CH(COO^-)N^+(CH_3)_3$	27	1.3×10^{-3}
非离子型表面活性剂		
$C_6H_{13}(OC_2H_4)_6OH$	20	7.4×10^{-2}
$C_8H_{17}(OC_2H_4)_6OH$	—	9.9×10^{-3}
$C_{10}H_{21}(OC_2H_4)_6OH$	—	9×10^{-4}
$C_{12}H_{25}(OC_2H_4)_6OH$	25	8.7×10^{-5}
$C_{12}H_{25}(OC_2H_4)_9OH$	—	1×10^{-5}
$C_{12}H_{25}(OC_2H_4)_{12}OH$	—	1.4×10^{-3}

续表

表面活性剂	温度/℃	cmc/mol·l^{-1}
$C_{12}H_{25}(OC_2H_4)_{14}OH$	25	5.5×10^{-5}
$C_{12}H_{25}(OC_2H_4)_{23}OH$	25	6.0×10^{-5}
$C_{12}H_{25}(OC_2H_4)_{31}OH$	25	8.0×10^{-5}
$C_9H_{19}C_6H_4O(C_2H_4O)_{9.5}H$	25	$(7.8 \sim 9.2) \times 10^{-5}$
$C_9H_{19}C_6H_4O(C_2H_4O)_{10.5}H$	25	$(7.5 \sim 9) \times 10^{-5}$
$C_9H_{19}C_6H_4O(C_2H_4O)_{15}H$	25	$(1.1 \sim 1.3) \times 10^{-4}$
$C_9H_{19}C_6H_4O(C_2H_4O)_{20}H$	25	$(1.35 \sim 1.75) \times 10^{-4}$
$C_9H_{19}C_6H_4O(C_2H_4O)_{30}H$	25	$(2.5 \sim 3.0) \times 10^{-4}$
$C_9H_{19}C_6H_4O(C_2H_4O)_{100}H$	25	1.0×10^{-3}
硅表面活性剂		
$(CH_3)_3SiO[Si(CH_3)_2O]Si(CH_3)_2CH_2(C_2H_4O)_{8.2}CH_3$	25	5.6×10^{-5}
$(CH_3)_3SiO[Si(CH_3)_2O]Si(CH_3)_2CH_2(C_2H_4O)_{12.8}CH_3$	25	2.0×10^{-5}
$(CH_3)_3SiO[Si(CH_3)_2O]Si(CH_3)_2CH_2(C_2H_4O)_{17.3}CH_3$	25	1.5×10^{-5}
$(CH_3)_3SiO[Si(CH_3)_2O]_9Si(CH_3)_2CH_2(C_2H_4O)_{17.3}CH_3$	25	5.0×10^{-5}
氟表面活性剂		
$C_8F_{17}COONa$	30	9.1×10^{-3}
$C_{10}F_{21}COONa$	60	4.3×10^{-4}
$C_3F_7(OCFCF_2)OCFCOONH_4$ 其中两个 CF_3 支链	20	7.5×10^{-4}
$C_3F_7(OCFCF_2)_2OCFCOONH_4$ 其中两个 CF_3 支链	20	4.0×10^{-4}
$C_3F_7(OCFCF_2)_3OCFCOONH_4$ 其中两个 CF_3 支链	20	7.6×10^{-5}

可以看出,表面活性剂的 cmc 与分子结构密切相关。归纳其规律如下:

1. 表面活性剂类型的影响

在疏水基相同的情况下,离子型表面活性剂的临界胶团浓度比非离子型表面活性剂的大,大约相差两个数量级;两性离子型表面活性剂的临界胶团浓度与相同碳原子数的离子型表面活性剂的相近。这主要是由于离子型表面活性剂的亲水基团间的相互排斥作用削弱了活性剂形成缔合体的趋势。

2. 疏水基碳氢链长度的影响

在同系物中,无论是离子型还是非离子型表面活性剂的临界胶团浓度,随疏水基碳原子数增多而降低,这是表面活性剂疏水作用随疏水基变大而增强的结果。对于直链、疏水基为 C8～C16 的离子型表面活性剂,每增加一个碳原子,临界胶团浓度约降低一半。对于非离子型表面活性剂,增加疏水基碳原子数引起临界胶团浓度降低的程度更大,一般每增加两个碳原子,其 cmc 值约降至原来数值的 1/10。对于同系物,可用下面的经验式表示此规律:

$$\lg cmc = A - Bn \tag{6-6}$$

式中,A 和 B 是经验常数,与表面活性剂结构和温度有关;n 为疏水基的碳原子数。表 6-5 是从实验获得的一些表面活性剂系列的 A 和 B 值。可以看出,1-1 型离子表面活性剂的 B 值在 0.3 左右,而非离子型表面活性剂的 B 值则在 0.5 附近。A 值与表面活性剂的极性有关,其变化无明显规律。

表 6-5 一些表面活性剂系列的 A、B 值

表面活性剂	温度/℃	A	B
$C_mH_{2m+1}COONa$	20	1.85	0.30
$C_mH_{2m+1}COOK$	25	1.92	0.29
$C_mH_{2m+1}SO_3Na$	40	1.59	0.29
$C_mH_{2m+1}SO_4Na$	45	1.42	0.30
$C_mH_{2m+1}N(CH_3)_3Br$	25	1.72	0.30
$C_mH_{2m+1}(C_2H_4O)_3OH$	25	2.32	0.554
$C_mH_{2m+1}(C_2H_4O)_6OH$	25	1.81	0.488
$C_mH_{2m+1}N(CH_3)_2O$	27	3.3	0.5
$C_mH_{2m+1}N(CH_3)_3OH$	25	2.32	0.55

3. 疏水基化学组成的影响

疏水基碳链长度相同而化学组成不同的表面活性剂,其临界胶团浓度存在显著区别。氟表面活性剂具有很高的活性,其 cmc 比同碳原子数的碳氢表面活性剂的 cmc 低很多。如全氟辛基磺酸钠的 cmc 约为 $8.0 \times 10^{-3} \text{mol} \cdot \text{l}^{-1}$,与十二烷基磺酸钠的相当,而辛基磺酸钠的 cmc 则有 $0.16 \text{mol} \cdot \text{l}^{-1}$。显然,1 个 CF_2 基的作用大约相当于 $1.5 CH_2$ 基。

4. 疏水基含支链、不饱和键及极性基位置的影响

疏水基碳原子数相同,疏水基中含有支链和不饱和键时,cmc 增大。例如,正十四烷基硫酸钠的 cmc 为 $0.0024 \text{mol} \cdot \text{l}^{-1}$,而 2-乙基十二烷基硫酸钠的 cmc 为 $0.043 \text{mol} \cdot \text{l}^{-1}$。

可以推断,亲水基位于不同碳原子上的表面活性剂异构体中,亲水基位于末端碳原子上的表面活性剂异构体的临界胶团浓度低于亲水基连接在其他碳原子上的异构体的临界胶团浓度。实际上后者等于疏水基具有支链结构。

5. 亲水基的影响

疏水基相同时,离子型表面活性剂的亲水基对 cmc 的影响较小。同价无机反离子的变换对 cmc 影响也很小。但二价反离子取代一价反离子,则使 cmc 显著降低。例如 $C_{12}H_{25}SO_4Na$ 的 cmc 为 $0.0081\ \mathrm{mol}\cdot\mathrm{l}^{-1}$,当反离子为 Ca^{2+} 时,其 cmc 为 $0.0026\ \mathrm{mol}\cdot\mathrm{l}^{-1}$。拥有有机反离子的表面活性剂比拥有无机反离子的表面活性剂的 cmc 要低。如十二烷基三乙醇胺盐的 cmc 值比十二烷基硫酸钠的 cmc 值低一半左右。如果反离子本身就是表面活性剂离子或包含较大的非极性基团的有机离子,则表面活性剂的临界胶团浓度降低更为显著。用十二烷基硫酸离子取代溴化十二烷基三甲铵中的溴离子后,cmc 值降低为原来的 1/400。具有表面活性的反离子对胶团形成有强烈的促进作用,这种作用在表面活性剂的表面吸附和其他特性上也有突出的表现。

聚氧乙烯类非离子型表面活性剂的氧乙烯数目增多,cmc 稍有升高,其关系有如下规律:

$$\lg cmc = A' + B'n \tag{6-7}$$

式中,A' 和 B' 为经验常数,其值与疏水基结构和温度有关;n 是氧乙烯数目。表 6-6 是一些表面活性剂的 A'、B' 值。

表 6-6 几种聚氧乙烯非离子型表面活性剂的 A'、B' 值

表面活性剂	温度/℃	A'	B'
$n-C_{12}H_{25}(C_2H_4O)_nOH$	23	-4.4	0.046
$n-C_{12}H_{25}(C_2H_4O)_nOH$	55	-4.8	0.013
$p-t-C_8H_{17}C_6H_4(C_2H_4O)_nOH$	25	-3.8	0.029
$C_9H_{19}C_6H_4(C_2H_4O)_nOH$	25	-4.3	0.020
$n-C_{16}H_{33}(C_2H_4O)_nOH$	25	-5.9	0.024

6. 环境因素的影响

这里主要讨论温度和无机盐的影响。离子型表面活性剂和非离子型表面活性剂溶解度随温度的变化规律不同,因而温度对它们临界胶团浓度的影响也不同。离子型表面活性剂在水中的溶解度随温度升高而缓慢增加,但达到某一温度以后,溶解度急剧增大,这一点称为 Krafft 点,此点的温度叫做临界溶解温度或 Krafft 温度,以 T_k 表示。在 T_k 时,表面活性剂的溶解度等于其 cmc。显然,离子型表面活性剂溶液在低于 T_k 时,胶团不能形成。图 6-7 显示了十二烷基硫酸钠的溶解度与温度的关系。温度升高,离子型活性剂的 cmc 也增大。

对于非离子型表面活性剂,随着温度升高,其在水中的溶解度逐渐降低,到达某一温度,溶液会突然变浑浊。这一点的温度称为非离子型表面活性剂的"浊点"。产生这种现

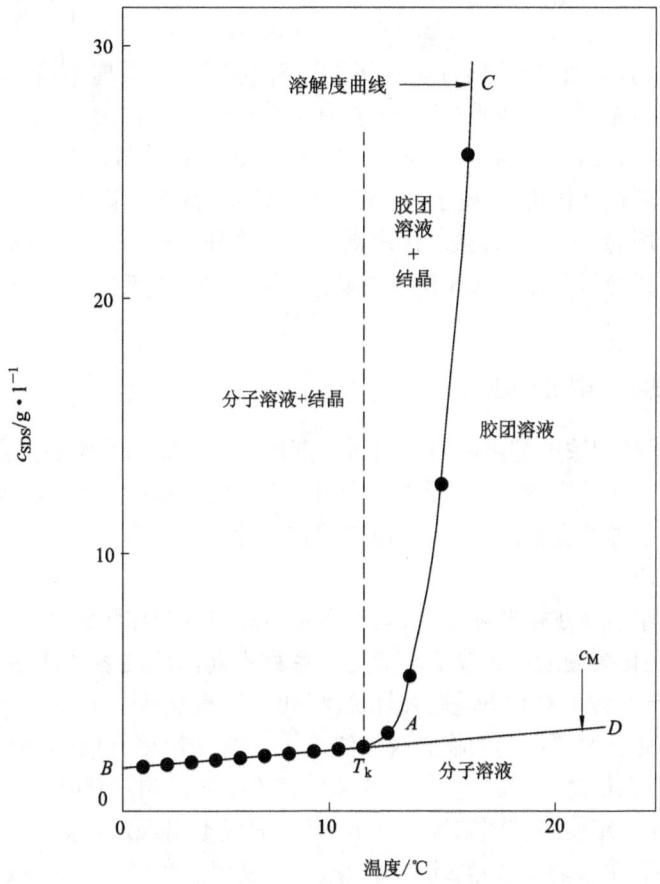

图 6-7　十二烷基硫酸钠水溶液在 Krafft 点附近的相图

象的原因是随着温度升高,非离子型表面活性剂的极性基团羟基—OH 或醚键—O—与水分子间形成的氢键被削弱。在疏水基相同时,非离子活性剂中氧乙烯数或羟基数越多,水溶性越强,浊点就越高。因此,非离子表面活性剂的 cmc 随温度上升而降低。

在表面活性剂溶液中加入无机盐往往使其表面活性增强,cmc 值降低。一般来说,对离子型表面活性剂的影响尤为显著。例如,在十二烷基硫酸钠水溶液中加入 0.2 mol·l^{-1} 的 NaCl,可使其临界胶团浓度降低约一半。在这里起作用的主要是带有与表面活性剂离子相反电荷的离子,即反离子,同性离子的影响不大。反离子的价数越高,影响越显著。无机电解质对离子型表面活性剂 cmc 的影响是由于加入电解质后,反离子在溶液中的浓度上升,压缩了胶团周围的双电层,使更多的反离子与表面活性离子结合,降低了胶团的表面电荷密度,削弱了表面活性离子间的电性排斥作用力,有利于胶团的形成,从而降低表面活性剂的临界胶团浓度。反离子价数愈高、水化半径愈小,压缩双电层能力愈强,降低 cmc 的能力也愈强。反离子浓度 c_i 和 cmc 的关系可用下面的经验式表示：

$$\lg cmc = A - K_0 \lg c_i \tag{6-8}$$

式中 A 和 K_0 为经验常数，胶团热力学可以证明 K_0 为胶团的反离子结合度。反离子结合度与表面活性剂和无机盐的性质有关，一般为 0.5～1.2。

对于非离子型表面活性剂，无机电解质的影响较小，影响机理与对离子型的不同。它主要是通过与溶剂相互作用，对疏水基产生"盐析"或"盐溶"作用，前者比较常见。盐析作用使表面活性剂的 cmc 降低，盐溶作用则反之。这种影响通常只有电解质浓度较高时才能观察到。也就是只有加入的无机电解质浓度较高时，才能明显观察到对非离子型表面活性剂的 cmc 影响。

6.4.3 临界胶团浓度的测定

原则上，临界胶团浓度都可利用表面活性剂溶液各种物理性质的突变来确定。然而，不同性质随浓度变化的机理不同，因而不同方法测定的 cmc 值难以完全一致，但突变点总是落在一个较窄的浓度范围内。常用的有如下几种方法。

1. 表面张力法

表面活性剂水溶液在很低浓度时，其表面张力随浓度增加而急剧下降，到达一定浓度（即 cmc）后，则变化缓慢或不再改变。测定一系列不同浓度的表面活性剂溶液的表面张力，作表面张力 σ 与浓度对数 $\lg c$ 关系曲线，将曲线转折点两侧的直线部分外延，相交点对应的浓度即为此表面活性剂的临界胶团浓度。该方法简单方便，适用于各种类型的表面活性剂，且不受无机盐、表面活性剂活性高低和浓度的影响。有时，在 $\sigma - \lg c$ 曲线上会出现最低点，不易确定临界胶团浓度。在 $\sigma - \lg c$ 曲线上出现最低点，通常认为是溶液中存在少量高表面活性的杂质，如高碳醇、胺、酸等。从另一角度来看，曲线是否出现最低点可用来判断表面活性剂样品是否含有高表面活性杂质的依据。

2. 电导法

电导法是测定临界胶团浓度的经典方法。通常测定表面活性剂溶液的电导率（或摩尔电导率），以电导率对浓度（或摩尔电导率对浓度的方根）作图，转折点的浓度即为 cmc。此方法只适用于离子型表面活性剂，其表面活性越高，准确性也越高，对于临界胶团浓度较大的则灵敏度较差。无机盐存在会影响测定。

3. 染料法

染料法是利用具有光学特性的油溶性染料为探针来测定溶液中开始大量形成胶团时活性剂的浓度。实验时，在浓度大于 cmc 的表面活性剂溶液中加入少量的染料，染料溶于胶团中使溶液呈现特殊的颜色。再用水缓慢滴定，稀释此溶液直至溶液颜色发生突变，此时对应的溶液浓度就是它的临界胶团浓度。该方法非常简便，但需要找到合适的染料。阴离子型表面活性剂常用的染料为碱性蕊香红 G 和频哪氰醇氯化物；阳离子型表面活性剂常用曙红和荧光黄；非离子型表面活性剂则可用频哪氰醇氯化物、苯并红紫 4B 和四碘荧光素等。

染料法测定 cmc 时,有时颜色变化不明显,影响测定的准确性,这时可以采用光谱仪器代替目测,提高灵敏度。另外,染料的加入可能会影响临界胶团浓度,特别是表面活性剂的临界胶团浓度较小时。

4. 浊度法

表面活性剂溶液浓度小于 cmc 时,烃类物质一般不溶或溶解度极小,体系呈浑浊状。当浓度超过其 cmc 后,烃的溶解度剧增,体系变澄清,这是胶团形成后对烃的增溶作用的结果。因此,观测加入适量烃后表面活性剂溶液的浊度随浓度的变化的情况,浊度突变点的浓度即是表面活性剂的临界胶团浓度。实验时可目测,也可采用浊度计。加入的烃类对测定结果有一定影响,一般使测定结果偏低。

5. 光散射法

由于胶团是几十个甚至更多的表面活性剂分子或离子的缔合体,其尺寸远大于单个分子,受光波照射,产生较强的光散射。因此,通过测定光散射强度随表面活性剂溶液浓度的变化可以确定溶液的临界胶团浓度。该方法适用于各种类型的表面活性剂,且不需要加入额外的成分。

随着人们对表面活性剂及其性质的认识日益丰富,可以用来测定表面活性剂 cmc 的方法也越来越多,如荧光光谱法、核磁共振技术等。

6.4.4 胶团形成的热力学

胶团溶液是热力学平衡体系,可以应用热力学方法加以研究。胶团形成是若干个表面活性剂分子或离子缔合为一个整体的过程。胶团和单个分子之间存在动态平衡时,常用来处理的热力学模型有两种:相分离模型和质量作用模型。前者是把胶团看作准相,把胶团和单个分子之间的平衡看作相平衡;后者则把胶团看作化合物,把胶团和单个分子之间的平衡看作化学平衡。

1. 相分离模型

该模型是将胶团的形成过程看作一个新相分离过程,用热力学中相平衡的理论来处理胶团的形成过程。虽然胶团并非自始至终都是单一均匀的,而且它的聚集数并不大,严格来说,胶团还不能看作一个相,还不足以作为一个相来处理。但可以适当把它看作准相或微相。把胶团和溶液间的平衡看作相平衡。这一理论的缺点是:认为浓度高于 cmc 的表面活性剂溶液的活度仍为常数,而实际上活度在降低。

(1) 非离子型表面活性剂。当表面活性剂在溶液中浓度大于 cmc 时,形成胶团,且它们在溶液中达到平衡

$$nS \rightleftharpoons M$$

式中,S 为非离子表面活性剂,M 为胶团。根据相平衡准则,当它们达到平衡时,有

$$\mu_S = \mu_M \tag{6-9}$$

式中 μ_s 和 μ_m 分别是每摩尔表面活性剂在溶液相和胶团相中的化学势。非离子表面活性剂的 μ_s 可写作

$$\mu_s = \mu_s^0 + RT\ln a_s \tag{6-10}$$

式中,μ_s^0 是表面活性剂的标准化学势,a_s 为表面活性剂在溶液中的活度。对于非离子表面活性剂,由于临界胶团浓度很小,看作稀溶液,活度系数通常接近于1,可近似用浓度代替活度。与胶团成平衡的表面活性剂单体溶液的浓度就是临界胶团浓度 cmc,于是式(6-10)变为

$$\mu_s = \mu_s^0 + RT\ln X_s \tag{6-11}$$

由于胶团是由活性分子的非极性基团缔合而成,可以认为胶团内没有水分子,被视为单一成分的准相,故

$$\mu_m = \mu_m^0 \tag{6-12}$$

在胶团形成过程,1 mol 表面活性剂分子从溶液中转到胶团相的标准吉布斯函数变化 ΔG_m^0 为

$$\Delta G_m^0 = \mu_m^0 - \mu_s^0 = \mu_m - \mu_s + RT\ln X_s = RT\ln X_s \tag{6-13}$$

若胶团存在下的表面活性剂浓度为常数,且等于 cmc,摩尔分数为 X_{cmc}。则有

$$\Delta G_m^0 = RT\ln X_{cmc} \tag{6-14}$$

对于稀表面活性剂溶液,

$$X_{cmc} = \frac{n_s}{n_{H_2O} + n_s} \approx \frac{n_s}{n_{H_2O}} \tag{6-15}$$

式中,n_s 和 n_{H_2O} 分别是表面活性剂和水的摩尔数。对于稀溶液,水的摩尔数约等于1m³ 水的摩尔数,即 $n_{H_2O} \approx 55.5 \text{mol} \cdot \text{L}^{-1}$(20℃)。

将式(6-15)代入式(6-14)得

$$\Delta G_m^0 = RT(\ln cmc - \ln 55.5) \tag{6-16}$$

或

$$\ln cmc = \frac{\Delta G_m^0}{RT} + \ln 55.5 \tag{6-17}$$

将 Gibbs-Helmholtz 方程与式(6-14)结合得

$$\frac{\partial}{\partial T}\left(\frac{G_m^0}{T}\right)_p = R\left(\frac{\partial \ln X_{cmc}}{\partial T}\right)_p = -\frac{\Delta H_m^0}{T^2} \tag{6-18}$$

因此,每摩尔表面活性剂分子形成胶团的标准摩尔焓变为

$$\Delta H_m^0 = -RT^2\left(\frac{\partial \ln X_{cmc}}{\partial T}\right)_p \tag{6-19}$$

标准摩尔熵变为

$$\Delta S_m^0 = \frac{\Delta H_m^0 - \Delta G_m^0}{T} = -R\ln X_{cmc} - RT\left(\frac{\partial \ln X_{cmc}}{\partial T}\right)_p \qquad (6-20)$$

(2)离子型表面活性剂。对于离子型表面活性剂,计算 ΔG_m^0 时,除了要考虑表面活性剂从溶液中转移到胶团相的吉布斯函数变化外,还要考虑到 $(1-a)$ 摩尔反离子在转移过程中的吉布斯函数变化。故有

$$\Delta G_m^0 = RT\ln X_s + (1-a)RT\ln X_C \qquad (6-21)$$

式中,X_s 和 X_C 分别是表面活性离子和反离子的摩尔分数,a 为反离子被胶团束缚的分数。

对于不加电解质的 1-1 型离子表面活性剂溶液,方程式(6-21)可写成

$$\Delta G_m^0 = (2-a)RT\ln X_{cmc} \qquad (6-22)$$

对应的标准摩尔焓变为

$$\Delta H_m^0 = -2RT^2\left(\frac{\partial \ln X_{cmc}}{\partial T}\right)_p \qquad (6-23)$$

2. 质量作用模型

这一理论认为,表面活性剂分子缔合成胶团以及胶团解缔之间存在动态平衡,且可以应用质量作用定律来处理。

(1)非离子型表面活性剂。设 n 个表面活性剂分子缔合成一个胶团,即

$$nS \rightleftharpoons M$$

对于稀溶液,其平衡系数 K_m 为

$$K_m = \frac{X_m}{(X_s)^n} \qquad (6-24)$$

根据平衡常数与标准摩尔吉布斯函数变化关系可得

$$\Delta G_m^0 = -\left(\frac{RT}{n}\right)\ln K_m = -\left(\frac{RT}{n}\right)\ln X_m + RT\ln X_s \qquad (6-25)$$

由于 n 远大于1(一般大于50);在 cmc 以上一段浓度范围内,单体浓度保持为 cmc,同时聚集体浓度较小,于是上式第一项可忽略,公式还原为式(6-13)。由此可见,对于非离子型表面活性剂,两种热力学模型得出的结果一样。

(2)离子型表面活性剂。对于离子型表面活性剂(以阳离子型为例)形成胶团的平衡方程为

$$nS^+ + (n-x)C^- \rightleftharpoons M^{x-}$$

上式表示 n 个表面活性离子与 $(n-x)$ 个反离子 C^- 形成离子胶团 M^{x-}。稀溶液下,平衡系数为

$$K_m = \frac{X_m}{(X_s)^n(X_C)^{n-x}} \qquad (6-26)$$

因此,每摩尔离子型表面活性剂分子形成胶团的标准吉布斯函数变化为

$$\Delta G_m^0 = -\left(\frac{RT}{n}\right)\ln K_m = -\left(\frac{RT}{n}\right)\ln X_m + RT\ln X_s + \left(1 - \frac{x}{n}\right)RT\ln X_C \quad (6-27)$$

若 n 值很大,上式可简化为

$$\Delta G_m^0 = \left(2 - \frac{x}{n}\right)RT\ln X_{cmc} \quad (6-28)$$

这就是方程式(6-22),$a = \frac{x}{n}$ 为反离子被胶团束缚的分数。而胶团形成时的标准摩尔焓变为

$$\Delta H_m^0 = -(2-a)RT^2\left(\frac{\partial\ln X_{cmc}}{\partial T}\right)_p \quad (6-29)$$

6.5 表面活性剂的增溶作用

6.5.1 增溶作用

增溶作用是表面活性剂的一个重要性质,它与胶团的形成直接相关。表面活性剂在水溶液中形成胶团以后,能够使原来不溶或微溶的物质的溶解度显著增大,这种现象称为表面活性剂的增溶作用。起增溶作用的表面活性剂称为增溶剂(solubilizer),被增溶的物质称为增溶质或被增溶物(solubilized material)。在一定增溶剂中,能增溶的增溶质的饱和浓度称为增溶量,增溶量越大,表示表面活性剂的增溶能力越强。

增溶作用不同于溶解作用。尽管它们形成的溶液都是热力学稳定的、各相同性的透明溶液。但前者是由于胶团内部有着液烃相同的环境,因此,难溶于水的有机物进入胶团内部,成为热力学稳定体系;后者是以单分子溶于溶剂中。增溶作用与混合溶剂的作用也有区别。在混合溶剂中各组分含量较大,如 Orange OT 染料在水中几乎不溶,加入丙酮量达到 75% 浓度时,染料的溶解度增大到 $0.6g \cdot ml^{-1}$。它是由于大量丙酮的加入,大大改变了水的性质所致。这里丙酮起到助溶作用,称为助溶剂。而在增溶作用中,只需加入少量表面活性剂就能大大增加增溶质的溶解度,而溶剂性质并无明显变化。

增溶作用也不同于乳化作用。乳化作用是在乳化剂(主要是表面活性剂)作用下,使一种液体以液珠分散于与其不相混溶的液体介质中,形成的乳状液(emulsion)是热力学不稳定体系,其分散相和分散介质有明显的界面。有关乳状液的详细内容见第8章。

6.5.2 增溶模式

在水溶液中,表面活性剂浓度高于 cmc 不太多时所形成的胶团通常是球状的。其内核是表面活性剂疏水基烃链相互聚集形成的液烃环境,而亲水基朝外与水相接触。增溶作用是被增溶物进入胶团,通常有 4 种模式。图 6-8 描述了这几种增溶模式。

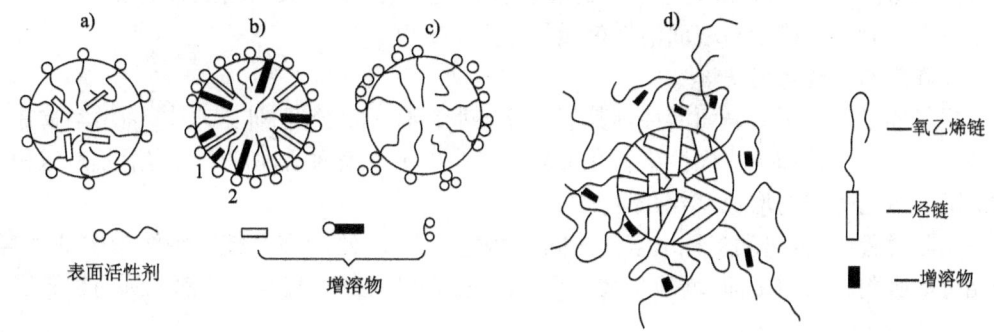

图 6-8 胶团增溶的几种模型
a)夹心型;b)栏栅型(其中 1—浅伸入,2—深伸入);c)吸附型;d)在聚氧乙烯亲水基链之间增溶

1. 夹心型模式

夹心型模式增溶是被增溶物进入胶团内核。短链的饱和脂肪烃、环烷烃以及其他不易极化的有机物,如正己烷、正庚烷、苯等,由于它们进入胶团内核的烃环境中而处于热力学稳定状态,被增溶物与内核物质同性相亲。层状结构的胶团发生增溶时也会是这种模式。例如,苯在脂肪酸皂液中增溶,它会进入胶团的层状结构烃链的夹层中,并使其距离胀大 3.6nm。

这种模式增溶时随着水溶液中表面活性剂浓度增大,增溶量与表面活性剂质量比也逐渐增大。这是由于增溶是在胶团内核中,增溶结果导致胶团胀大,需要更多表面活性剂分子填补胀大的表面空位。因此,浓度较大的表面活性剂溶液有利于形成较大胶团结构,因而增溶量也随之增加。

2. 栏栅型模式

被增溶物的亲水基在胶团表面,疏水基伸入胶团中心。增溶物的分子穿插在表面活性剂分子之间呈栏栅状,根据增溶物疏水性和亲水性强弱,还可以分成两种不同形式:一种是在栏栅的外表层(浅伸入)增溶,另一种是在栏栅中(深伸入)。栏栅型增溶是工业上应用范围最广的增溶模式,许多极性碳氢化合物,如烃链较大的醇类、脂肪酸、各种染料、脂肪胺、硫醇等在胶团中的增溶都是这种模式。增溶物的极性部分指向表面活性剂的极性基,非极性基伸向胶团内部。增溶物在栏栅层渗透的深度取决于其分子极性和非极性的相对强弱。长烃链、极性较弱的化合物比短烃链、极性较强的化合物在栏栅层中渗透更深。栏栅型比夹心型和吸附型的增溶量都大。通常随着表面活性剂浓度增加,增溶量也增大。

3. 吸附型模式

增溶物吸附于胶团表面而增溶。某些极性很弱的分子,如苯二甲酸二甲酯,既不溶于水也不溶于烃,其增溶是吸附于胶团表面。另外,一些染料和相对分子质量较大的极性化合物,它们不能进入胶团内部而只能吸附在胶团表面,增溶时并不使胶团胀大。这种增溶方式的增溶能力通常较小。虽然胶团数随表面活性剂浓度增大而增加,但吸附表面也正比于浓度,因此,增溶量与表面活性剂质量比为一定值。

4. 在氧乙烯链之间增溶

聚氧乙烯非离子型表面活性剂其氧乙烯亲水链有一定长度,伸入水中,而增溶物在氧乙烯链中增溶。苯和一些极性染料在聚氧乙烯非离子型表面活性剂中的增溶就是这种模式。随着氧乙烯链的增长,增溶量增大。

实际过程中,常出现多种增溶模式同时发生。例如,乙苯在月桂酸钾溶液中的增溶,开始可能吸附在胶团表面,增溶量增大后可能进入外层栏栅,甚至可能深入到内栏栅层。

6.5.3 影响增溶作用的因素

增溶作用与表面活性剂的胶团直接相关。因此,一切影响表面活性剂胶团化的因素及被增溶物的性质均会影响增溶作用,主要体现在增溶量的大小。

1. 表面活性剂结构和性质的影响

对于饱和烃和极性的有机物,在同系列表面活性剂水溶液中增溶能力随表面活性剂碳氢链增长而增加。这是由于这类物质主要增溶于胶团内核。表面活性剂碳链增长,其cmc值减小,胶团聚集数增大,增溶量增加。除了疏水基链长的影响外,其结构的变化也影响增溶能力。带支链的比同碳原子数直链的表面活性剂的增溶能力小,这可能是前者有效碳链短;带有不饱和键或芳香环也会使其增溶能力减弱。

聚氧乙烯非离子型表面活性剂对非极性有机物的增溶能力随疏水基链长的增加而增加,但随聚氧乙烯基链长的增加而减少。这与胶团聚集数和胶团内核大小有关。而对极性物质的增溶则往往随聚氧乙烯链长增加而增加。

表面活性剂的增溶能力受其类型的影响。一般来说,具有同样疏水基的不同类型表面活性剂的增溶量顺序为:非离子型 > 阳离子型 > 阴离子型。

在表面活性剂分子中引入第二个极性基团会对增溶作用发生影响。例如,向脂肪酸盐中引入磺酸基后,对非极性增溶物(如正辛烷)的增溶减少,而对极性物(如正辛酸)的增溶则增强。这可能是由于磺酸基的引入,使表面活性剂亲水性增加,临界胶团浓度上升,聚集数降低,故增溶非极性物质的能力减弱。另一方面,磺酸基离子的引入增大了表面活性剂极性基团的电性斥力,使胶团表面栏栅层扩大,有利于极性分子插入而增加其增溶量。

2. 被增溶物结构的影响

增溶物的结构包括链长、极性、支链、环化以及分子大小和形状等,它们对增溶量的影响是复杂的。脂肪烃与烷基芳烃,增溶的程度随增溶物链长增加而减少,随其不饱和程度增加而增加。对于多环芳烃,随增溶物的分子尺寸增大增溶量减少;同碳链的支链化合物与直链化合物对增溶量影响的差异不大;同类增溶物,分子越小,也就是摩尔体积越大,增溶量越小。

增溶物的极性对其增溶量有明显影响。具有相同碳原子数的脂肪醇比脂肪烃有更大增溶量;在脂肪醇同系物中,随着碳原子数的增加,极性减少,增溶量也减少。

3. 电解质的影响

无机盐加入会使表面活性剂 cmc 大为降低,聚集数增大,胶团变大。但对于增溶效果的影响却是不简单的。一般来说,在临界胶团浓度附近,少量电解质的加入可增加烃类的增溶量,减少极性有机物的增溶量。前者主要是电解质的加入增加胶团聚集数和尺寸的结果。另一方面,加盐使胶团极性基间的排斥作用力减弱,使极性基排列更为紧密。这不利于在表面活性剂分子之间作定向排列的极性有机物的栅栏型增溶。结果,极性有机物增溶量随电解质加入而降低。不过,对于一些极性很弱的有机物,如长链醇,其性质已接近非极性物,使它的增溶位置深入栅栏层深处,甚至内核。这种情况下,加盐也可使离子型表面活性剂溶液对它的增溶量升高。

在聚氧乙烯非离子型表面活性剂溶液中加入电解质,也会增大对烃的增溶。这是因为电解质增加了胶团聚集数。

6.6 表面活性剂在界面上的吸附

表面活性剂的吸附作用可分为两类,一是在溶液界面的吸附,包括气-液和液-液界面上的吸附作用;另一是在固-液界面的吸附作用。前者与起泡-消泡、乳化-去乳化、铺展、增溶、表面膜等许多重要界面现象相关;后者则是表面活性剂的润湿作用、分散作用、固体表面改性等的基础。

6.6.1 表面活性剂在液-液界面的吸附

表面活性剂分子的双亲结构决定了它在溶液中存在的形式。当表面活性剂溶于水后,根据相似相容原则,分子的极性部分倾向于留在水中,而疏水部分则倾向于伸出水面,或朝向非极性的有机溶剂中。由此必然造成表面活性剂分子自发地从溶液内部迁移至表面(或界面上),并整齐地取向排列。这种从水内部迁至表面,在表面富集的过程称为吸附。

表面张力和表面活性剂在体相和表面相浓度的关系可以用 Gibbs 吸附定理来处理。Gibbs 吸附定理解决了溶液表面吸附研究中的关键问题,成为这一领域研究工作的重要理论基础,而且它不限于溶液表面,还可应用于一切界面。

根据 Gibbs 规定,组分 i 的表面过剩 Γ_i 是以溶剂的表面过剩 $\Gamma_1 = 0$ 的惯例选定的,故 Γ_i 即表示 $\Gamma_i^{(1)}$。Gibbs 吸附定理的一般式为

$$-\mathrm{d}\sigma = \sum_i \Gamma_i \mathrm{d}\mu_i \tag{6-30}$$

式中,σ 为溶液表面张力;Γ_i 为溶质的表面吸附量,也叫表面过剩;μ_i 是溶质的化学势。

对于溶液,恒温条件下,溶质化学势和活度的关系为
$$d\mu_i = RTd\ln a_i \tag{6-31}$$
式(6-31)代入式(6-30)得
$$-d\sigma = RT\sum_i \Gamma_i d\ln a_i \tag{6-32}$$
对于二组分体系,上式可写成
$$-d\sigma = RT\Gamma_2 d\ln a_2 \tag{6-33}$$
即
$$\Gamma_2 = -\frac{1}{RT}\left(\frac{\partial \sigma}{\partial \ln a_2}\right)_T \tag{6-34}$$
对于稀溶液,可用浓度代替活度,上式变为
$$\Gamma_2 = -\frac{1}{RT}\left(\frac{\partial \sigma}{\partial \ln c}\right)_T = -\frac{c}{RT}\left(\frac{\partial \sigma}{\partial c}\right)_T \tag{6-35}$$

上式只适用于非离子型表面活性剂溶液,或者含有过量无机盐(所含无机盐的一种离子与表面活性剂反离子相同)、体系中保持离子强度恒定的离子型表面活性剂溶液。若离子型表面活性剂溶液不含过量无机盐或未保持离子强度恒定,由于表面活性离子、反离子以及相关的 H^+、OH^- 等要在表面上产生不同程度的吸附,Gibbs 吸附公式应表示成以下的形式

$$\Gamma_2 = -\frac{1}{nRT}\left(\frac{\partial \sigma}{\partial \ln c}\right)_T = -\frac{c}{nRT}\left(\frac{\partial \sigma}{\partial c}\right)_T \tag{6-36}$$

对于 1-1 型离子型表面活性剂,$n=2$。显然,如果无机盐存在但非过量,n 为 1~2 之间。

从 Gibbs 吸附公式可以看到:若 $\left(\frac{d\sigma}{dc}\right)_T < 0$,即溶质能够使溶剂的表面张力降低,则 $\Gamma_2 > 0$,说明该溶质在溶液表面的浓度大于在溶液体相中的浓度,发生正吸附;若 $\left(\frac{d\sigma}{dc}\right)_T > 0$,即溶质能够使溶剂的表面张力增大,则 $\Gamma_2 < 0$,那么表面层浓度低于溶液体相中的浓度,发生负吸附。

根据 Gibbs 吸附公式,实验测定不同表面活性剂浓度 c 下的表面张力 σ,由 $\sigma-c$(或 $\sigma-\ln c$)曲线求出一定浓度时的 $\left(\frac{d\sigma}{d\ln c}\right)_T$ 或 $\left(\frac{d\sigma}{dc}\right)_T$ 值,即可计算表面过剩 Γ 值。当表面活性剂浓度增大到一定值时,表面张力降到一极限值,即 σ_{cmc},此时所对应的吸附量为饱

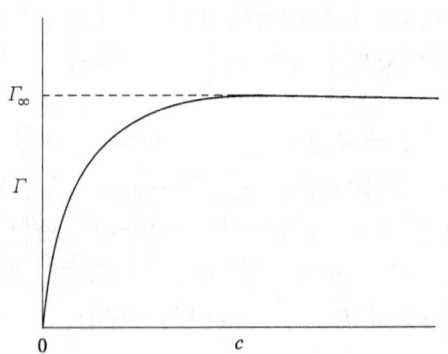

图 6-9 Langmiur 单分子层吸附等温线

和吸附量 Γ_∞。该值可反映表面活性剂在溶液表面的吸附能力,因而也称吸附效能。一般情况下,发生单分子层时,$\Gamma - c$ 曲线与 Langmiur 单分子层吸附等温线相似,如图 6-9 所示,故也可用 Langmiur 单分子层吸附公式表示溶液吸附量和溶液浓度的关系

$$\Gamma = \Gamma_\infty \frac{Kc}{1 + Kc} \tag{6-37}$$

式中 K 为经验常数,与溶质性质有关。当溶液浓度很稀时,$1 + Kc \approx 1$,上式可写成

$$\Gamma = \Gamma_\infty Kc \tag{6-38}$$

这时吸附量与浓度呈直线关系。当浓度很大时,$1 + Kc \approx Kc$,式(6-37)变为

$$\Gamma = \Gamma_\infty \tag{6-39}$$

此时的吸附量为一恒定值,即饱和吸附量,与浓度无关。

吸附量是单位表面积所具有的表面活性剂摩尔数($\text{mol} \cdot \text{m}^{-2}$),故可以利用 Γ 计算出每个吸附分子在溶液表面所占据的面积。当吸附到达饱和时,每个吸附分子占据的面积是

$$A_\infty = \frac{1}{\Gamma_\infty N_A} \tag{6-40}$$

式中 N_A 为 Avogadro 常数。显然,Γ_∞ 越大,则 A_∞ 越小,这时吸附层越紧密,表示表面活性剂的吸附能力越强。

实验结果表明,对于直链脂肪酸、醇、胺来说,只要疏水基的碳原子数目不大于8,不管碳链长度如何,同系物的 Γ_∞ 值总是相近。由此求得 ROH 的 $A_\infty = 0.274 \sim 0.289 \text{nm}^2$,RCOOH 的 $A_\infty = 0.302 \sim 0.310 \text{nm}^2$,$RNH_2$ 的 $A_\infty \approx 0.270 \text{nm}^2$。但应当指出,由于表面活性剂的极性基具有较强的水化作用,界面层的吸附分子周围不可避免存在水分子,而且,这里仅考虑了表面过剩量,因此,即使吸附达到饱和,所求得的 A_∞ 值也总大于分子的实际截面积。

表面活性剂的吸附能力与其本身结构的关系,可归纳为如下规律:

(1)对于 10 个碳链以上的同系物直链离子型表面活性剂,其烃链的长度对 Γ_∞ 的影响很小,当碳链增加到 16 个碳原子以上,由于长链卷曲而使 Γ_∞ 明显减小。

(2)疏水基中用碳氟链代替碳氢链后,仅导致吸附能力稍微增加,与此不同的是对其表面性质有明显改变。

(3)离子型表面活性剂亲水基对其吸附能力影响较大,羧酸盐通常比磺酸盐或硫酸盐类活性剂具有更大的饱和吸附量。对于季铵盐类的阳离子表面活性剂 $R(CH_2)_nN^+ \cdot (R')_3X^-$,其中 R' 基团越大,A_∞ 越大,Γ_∞ 越小。

(4)对于聚氧乙烯非离子型表面活性剂,聚氧乙烯既可以起到亲水基的作用,又可作为疏水基的一部分,当它浸在水中,聚氧乙烯基呈卷曲状。因此,随着氧乙烯的聚合度增加,A_∞ 增大,Γ_∞ 下降。在含有相当氧乙烯数时,随着疏水基烃链增加,吸附能力增大。

除了表面活性剂本身性质和结构影响外,外界条件也会对表面吸附产生影响。

(1) 中性无机盐的影响。将中性无机盐加到不含电解质的离子型表面活性剂水溶液中,会导致 Γ_∞ 增大。原因是离子型表面活性剂在水中离解而带电。在表面吸附时由于电性斥力而不能形成致密的吸附层。加入电解质后,反离子会减少它们之间的电性斥力,利于形成紧密吸附层,使 Γ_∞ 增大。对于非离子型表面活性剂,这一影响不大。

(2) 温度的影响。温度对离子型表面活性剂在溶液表面吸附的影响与对非离子型的不同。离子型表面活性剂的电性斥力通常不会因温度升高而减弱;反之,分子热运动会随温度升高而增强。因而,温度升高,使 Γ_∞ 下降。聚氧乙烯非离子表面活性剂的吸附量对温度不敏感。原因可能是由于下面两个因素相互补偿的结果:一方面由于温度升高,亲水基团键合水的作用减弱,导致 A_∞ 下降;另一方面由于温度升高,分子热运动加强,使 A_∞ 增大。

表面活性剂分子在表面上的定向排列,不仅在气-液界面上存在,在其他界面上也同样。例如,在两种互不相溶的液体(如水和烷烃)的界面,这种定向作用更加明显。因为活性剂分子中的疏水基与不溶于水的液体分子的性质相似,疏水基进入该液体的趋势更大。表面活性剂在固-液界面也存在分子定向作用。分子的取向决定于液体和固体的极性,以及三者之间的相互作用。如果分子的亲水基与固体表面紧密地结合,而将疏水基部分朝向水中,固体表面就变成疏水性。表面活性剂的固-液界面的这种定向排列,对固体表面进行改性具有重要作用。

6.6.2 表面活性剂在固-液界面上的吸附

表面活性剂在固体表面或固-液界面上的吸附在实际应用中具有重要意义,如洗涤、润湿、分散、印染、采油等都与此现象密切相关。在这些应用中,主要是利用表面活性剂分子的双亲结构特征,在固-液界面形成有一定取向和结构的吸附层,以改变固体表面性质。表面活性剂在固体表面上的吸附除遵循在溶液表面上吸附的一般规律外,由于构成界面的一相是固体,它具有较大的密度、多样的组成和固体表面的不可移动性、不均匀性等特点,使得表面活性剂在固-液界面上的吸附更为复杂,并有独特的性质和规律。本章主要讨论这些特殊的性质和规律。

表面活性剂在固-液界面上的吸附程度受3个因素影响:①固体表面结构基团的带电性、极性或非极性;②作为吸附质的表面活性剂分子结构,包括所属类型、疏水基烃链长短、直链还是支链、脂肪族还是芳香族;③水相的外界环境,如溶液的pH、电解质含量、有机添加物以及温度等。由这些因素共同决定所发生的吸附机理和吸附能力。

当表面活性剂浓度不大时,在固-液界面上,活性剂分子或离子可能以下面方式进行吸附:

(1) 离子交换吸附。吸附在固体表面上的反离子被同样电性的表面活性剂离子取代而引起的吸附作用(图6-10a)。

(2)离子配对吸附。固体表面未被反离子占据的部位与表面活性剂离子因电性作用而引起的吸附(图6-10b)。

(3)形成氢键产生的吸附。固体表面极性基团与表面活性剂分子或离子形成氢键而引起的吸附(图6-10c)。

(4)π电子极化引起的吸附。表面活性剂分子中富电子芳香环与固体表面的强正电性位置发生强烈的相互作用而导致的吸附。

(5)色散力引起的吸附。固体表面与表面活性剂分子间因范德华色散力而引起的吸附。这类机制引起的吸附量随表面活性剂相对分子质量增加而增大。色散力引起的吸附不仅能作为一种吸附机制,而且它是其他吸附类型的补充机制。例如,它能说明离子交换吸附机制中表面活性剂离子代替无机离子所产生的显著吸附能力。

(6)疏水作用引起的吸附。表面活性剂疏水基相互作用,并有从水溶液中逃逸的倾向,当这种倾向增大到一定程度,它们相互缔合而吸附,或者与已吸附在固体表面上的其他表面活性剂分子联结而产生吸附(图6-10d)。

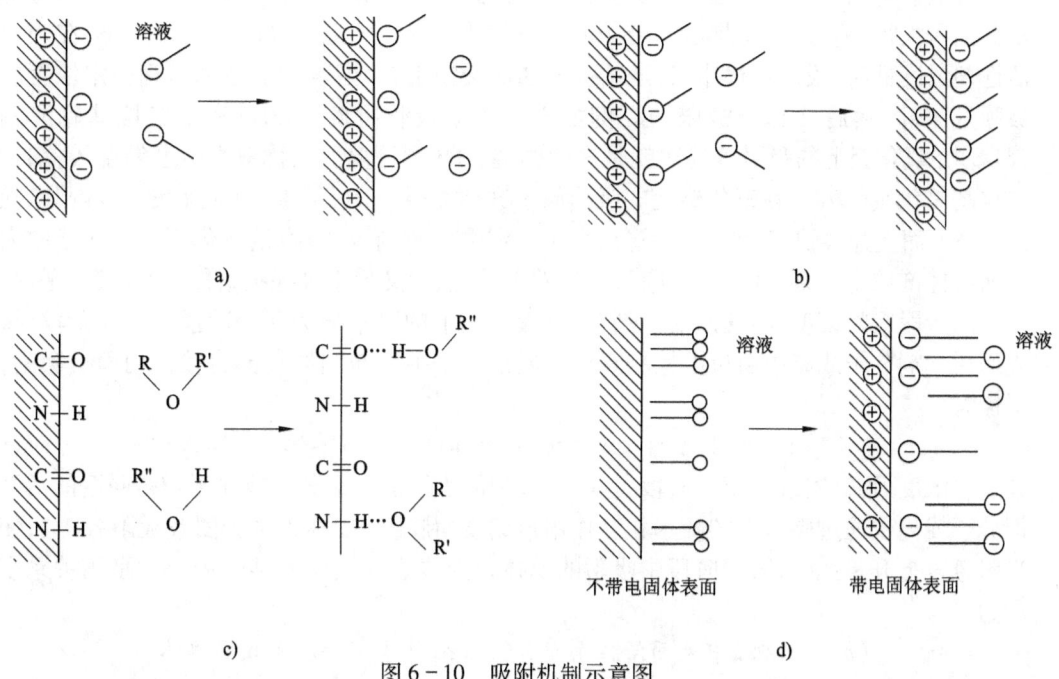

图6-10 吸附机制示意图

上述吸附机制中前4种仅发生在特定的表面活性剂和固体表面,而色散力作用和疏水作用引起的吸附普遍存在于各类表面活性剂在各种固体表面上的吸附。

表面活性剂在固-液界面上的吸附是非常复杂的,其最常见的吸附等温线有3种类型:L型、S型及其复合LS型。如图6-11。

长期以来,借助于气-液吸附的理论和公式来处理,结果总是难以令人信服。朱步瑶

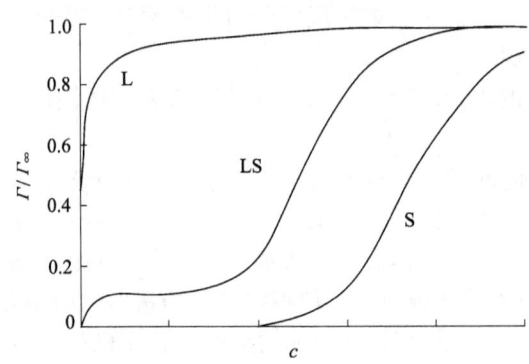

图 6-11　表面活性剂在固-液界面吸附的 3 种主要类型

等将两阶段吸附模型与质量作用模型相结合,提出了表面活性剂在固-液界面吸附的通用等温式,用来描述这 3 种基本类型等温线。L 型类似于 Langmuir 单分子层吸附,一般长链烷基羧酸盐都属于这种类型。但从实验结果得到的每个分子所占面积,要比分子本身的横截面积大得多。这可能是由于分子间电性斥力所致。S 型等温曲线的特点是,在表面活性剂浓度低时,吸附量很小,且随浓度增加而缓慢上升,当表面活性剂达到一定浓度后吸附量陡升,然后又趋于极限值。例如十二烷基溴化吡啶(DPB)和十二烷基硫酸钠(SDS)在氧化铝上的吸附等温线就是这种类型。LS 型等温线又称双平台型等温线,如十二烷基氯化铵(DAC)在氧化铝上的吸附属于这种类型。其特点是:在低浓度时,吸附量随浓度增加而上升很快,达到第一平台后,在一定浓度范围内,吸附量变化不大。继续增大表面活性剂浓度至某一值时,吸附量又突然上升,然后又趋于极限吸附量,形成第二平台。

两阶段吸附模型,即表面活性剂在固-液界面上的吸附分为两个阶段。第一阶段时,表面活性剂分子或离子通过电性相互作用或范德华引力与固体表面直接作用而被吸附,平衡时

$$\text{吸附位} + \text{表面活性剂单体} \rightleftharpoons \text{吸附单体}$$

到一定浓度后,吸附进入第二阶段,这时溶液中的表面活性剂分子或离子与被吸附的活性剂分子或离子通过碳氢链的疏水相互作用形成表面胶团(或称为半胶团或吸附胶团),使吸附急剧上升。此时,第一阶段中吸附的单体是形成表面胶团的活性中心。平衡关系表示为

$$(n-1)\text{溶液中表面活性剂单体} + \text{吸附单体} \rightleftharpoons \text{表面胶团单体}$$

其中 n 为表面胶团的聚集数。

该吸附模型对上述 3 类吸附等温线作出了定性和定量的解释,这里介绍其定性的方面。表面活性剂单体与固体表面相互作用而发生吸附。由于表面吸附位置数量的限制,单体吸附随溶液浓度上升会趋于一饱和值。溶液浓度再增加,进而发生疏水缔合,开始形成表面胶团,使吸附量再次上升。由于固体表面的影响,表面胶团大量形成的浓度一般出现在低于临界胶团浓度的区域,导致在这个浓度范围内吸附量突然上升。溶液达到临界

胶团浓度后,由于在溶液中大量形成胶团并使单体浓度不再随溶液总浓度上升而显著变化,表面活性剂在固-液界面上的吸附基本不变,趋于极限吸附量。这就是 LS 双平台型吸附等温线形成的机理。如果溶液的浓度达不到疏水缔合的浓度范围,由于只发生单体吸附,吸附曲线便只能是 L 型。如果表面活性剂的疏水效应较强,其发挥作用的浓度范围很低,以至于与单体和固体表面相互作用的浓度范围相同,则疏水效应引起的吸附和单体在同一浓度区域发生,吸附曲线也将表现为 L 型。这也可以说是第一平台和第二平台叠加的结果。如果表面活性剂与固体表面的相互作用很弱或固体表面的吸附位很少,则第一阶段的单体吸附很少,吸附曲线的第一平台很低甚至难以显示,则等温线将呈现 S 型。

在实际体系中,等温曲线可能呈现多阶式或出现最高点等较为复杂的形式。例如十二烷基硫酸钠和十四烷基羧酸钾在石墨上的吸附等温线有明显的最高点,如图 6-12。一般认为最高点的出现是存在少量高活性杂质的结果,在溶液中形成胶团前,杂质的吸附量导致吸附量偏大。溶液中形成胶团后,可将杂质增溶其中,使杂质在溶液中的浓度下降,固-液界面吸附平衡向解吸方向移动而在吸附等温线上形成最高点。也有人认为最大值的出现是由于表面活性剂浓度较大时生成胶团的缘故,使表面活性剂单体的有效浓度相对地较少,因此吸附量也逐渐降低。这种解释与图中曲线开始下降时对应的浓度在 cmc 附近相互印证。

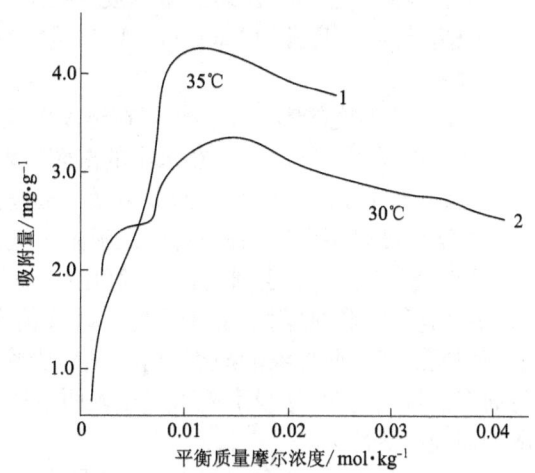

图 6-12 十四酸钾(1)和十二烷基硫酸钠(2)在石墨上的吸附

影响表面活性剂在固-液界面上吸附的因素通常有以下几种:

(1)表面活性剂碳氢链长度。不同碳氢链长的表面活性剂在固体表面吸附的程度有所不同。一般而言,不论何种类型表面活性剂,也不论吸附剂本身的性质如何,碳氢链越长的活性剂越容易吸附在固体表面上,其吸附量也越大。

(2)表面活性剂类型。由于吸附剂在中性的水环境中表面大多带负电荷,因而较容易吸附阳离子型表面活性剂,而不易吸附阴离子型表面活性剂。对于非离子型表面活性剂,除疏水基的影响外,亲水基影响也很大,吸附量通常随氧乙烯基的聚合数增加而增大。

在碳氢链两端具有两个离子基团的活性剂,或者疏水基能与吸附剂表面发生强烈相互作用的表面活性剂(例如富芳香环的表面活性剂与带正电荷的吸附剂表面),当它们吸附时,常平躺于表面,结果导致饱和吸附量比一般单离子基团的表面活性剂的吸附量要小。

(3)吸附剂表面性质。吸附剂大致可以分为 3 类:一类是带有强烈电吸附位置,如硅酸盐、二氧化钛、氧化铝、硅胶、离子交换树脂、羊毛、棉纤维等。另一类是没有强烈带电吸附位,但具有极性的吸附剂,如在中性溶液中的棉花、聚酯、聚酰胺等。第三类是非极性吸附剂,典型的是石蜡、聚四氟乙烯、聚丙烯、石墨等。

不同类型的吸附剂与表面活性剂分子或离子间相互作用的性质和强度不同,因而吸附能力也各不相同。在第一类吸附剂上,可以通过离子交换、离子对吸附和疏水键形成而进行吸附。一典型例子是烷基硫酸钠在带正电的氧化铝上的吸附。发生在第二类吸附剂上的吸附主要是通过色散力和/或分子间形成的氢键。如聚酯、聚丙烯腈等,主要靠色散力吸附。而对于含有—OH 或—NH 的吸附剂,如尼龙纤维、棉纤维,能较多地吸附聚氧乙烯非离子型表面活性剂。在第三类非极性吸附剂上,阴离子型和阳离子型表面活性剂有相似的吸附等温线,且常为 Langmiur 型,一般在 cmc 值附近达到极限值。这种吸附主要依靠色散力。

(4)温度。温度的影响主要体现在温度对表面活性剂在水中溶解度的影响。对于离子型表面活性剂,温度升高,其在水中的溶解度增大,自水中逃逸而吸附在固体表面的趋势减弱,因而离子型表面活性剂的吸附量一般随温度升高而降低。非离子型表面活性剂在水中的溶解度随温度升高而降低,故吸附量随温度升高而增大。

(5)溶液 pH 值。对于氧化铝、二氧化钛、钛铁矿、羊毛、棉纤维、尼龙纤维等吸附剂对阳离子表面活性剂的吸附来说,吸附量随 pH 值升高而增大,但对于阴离子型表面活性剂则正好相反。产生此现象的原因与 pH 值对吸附剂表面性质的影响有关。在高 pH 值时,吸附剂表面带负电荷,易吸附阳离子型表面活性剂,在低 pH 值时,表面带正电荷,易吸附阴离子型表面活性剂。

(6)无机盐。中性无机盐的加入,会导致离子型表面活性剂在带相反电荷的吸附剂上的吸附量减少,却增加了在带相同电荷的吸附剂上的吸附量。对于后者这显然是无机盐的加入削弱了相同电荷之间的电性排斥。在阳离子型表面活性剂溶液中加入阴离子型表面活性剂,或者在阴离子型表面活性剂中加入阳离子型表面活性剂,都将促进吸附的进行。

6.7 反 胶 团

表面活性剂在水溶液中形成的胶团为正胶团,也就是我们通常所说的胶团。这种胶团是亲水基朝外与水溶液接触,疏水基团向里相互靠拢形成液烃的微环境。与此不同,表面活性剂在有机溶剂中形成的胶团是其非极性尾朝外、极性头向内含水分子内核的聚集体,称为反胶团或逆胶团(reversed micelle)。

关于反胶团的研究难度较大,现还很不充分。常用于研究胶团形成的表面张力测定法和电导法都不适用。能显著降低水溶液表面张力的大多数表面活性剂并不能降低非极性溶剂的表面张力,有时甚至使溶剂表面张力升高。因此,一般情况下,无法用表面张力测定法来研究非水体系中胶团的形成。另一方面,由于离子型表面活性剂在非水体系中不易电离,主要以离子对的形式存在,因而电导法也不是有效方法。不过,不论在何种溶剂体系中形成胶团,体系都具有纳米级的粒子形成,故溶液的依数性有变化,如沸点升高,凝固点降低,渗透压、蒸汽压降低,以及光散射、扩散法等仍可以用来研究胶团的形成。

在非水溶液中形成聚集体的机制不同于在水体系中,后者是依靠表面活性剂疏水基的疏水效应,是熵驱动的过程。而反胶团形成的动力往往不是熵效应,而是表面活性剂亲水基之间以及水与亲水基之间彼此结合或者形成氢键的结合能。也就是过程的焓变起着重要作用。表面活性剂分子的空间障碍则会阻碍反胶团的形成。从几何特征来说,排列参数 $R[=V_c/(A_0 l_c)]$ 大于 1 的双亲分子易形成反胶团[见本章 6.4]。通常有两个具有分支结构的疏水尾巴的小极性头的双亲分子,例如异构的琥珀酸酯磺酸盐就属于这一类。当表面活性剂的反离子或表面活性剂分子本身有较大体积时,在非极性溶剂中则难以形成反胶团。另外,极性基的性质在缔合过程中起主要作用。通常离子型表面活性剂形成较大的反胶团,其中阴离子型硫酸盐又优于阳离子型季铵盐。目前研究和使用最多的阴离子表面活性剂是丁二酸-2-乙基己基酯磺酸钠(AOT)。该表面活性剂分子极性头小,有双链,形成反胶团时不必加入助表面活性剂,形成的反胶团大,有利于一些较大的水溶性分子如蛋白质分子的进入。

与正常胶团相比,反胶团有如下特点:

(1)反胶团聚集数和尺寸都较小,聚集数通常在 10 左右,有时只由几个单体分子聚集而成。

(2)形成反胶团时,没有明显的 cmc 值。

(3)反胶团形态不像正常胶团那样形态多样,主要是球形。

(4)反胶团也具有增溶能力,但被增溶的是水、水溶液和一些极性有机物。

反胶团的极性核溶入水后形成"微水池",在此基础上具有再溶解一些原来不能溶解的水溶性物质,即所谓的二次增溶。例如可以使蛋白质、氨基酸、酶等这些生物活性物质加溶到非水溶剂体系中。由于胶团的屏蔽作用,不与有机溶剂直接接触,而水池的微环境又保护了生物活性物质的活性,达到溶解和分离生物物质的目的。

反胶团作为微反应环境,可用于纳米级微粒的制备。通常,用反胶团制备纳米级微粒最直接的方法就是将含有反应物如无机盐和还原剂的两个反胶团溶液相混合,如图 6-13 所示。反应物皆溶于水核内,通过胶团水核的相互碰撞,含不同反应物的水核之间进行物质交换,生成产物,产生晶核,然后逐渐长大,形成纳米粒子。由于无机盐在油相中的溶解度很小,液滴中的反应物金属盐和还原剂通过连续油相的质量传递受到严重限制。因此,在反胶团反应介质中,液滴之间相互吸引和渗透(percolation)对于粒子成核和生长是极其重要的。

粒子的成核与生长在微水核内进行,不同水核内的晶粒和粒子之间的物质交换受阻,在其中生成的粒子尺寸也就得到了控制。含水量与表面活性剂的摩尔比是反胶团的一个重要参数,其决定反胶团的大小和聚集数。因此水与表面活性剂的摩尔比也是控制纳米粒子大小的主要因素。

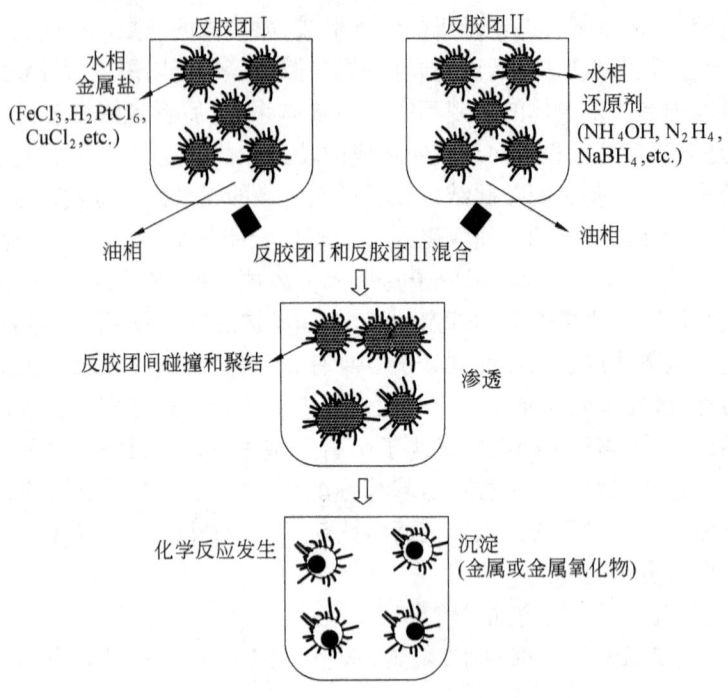

图6-13 两反胶团溶液混合制备微粒的机理示意图

在反胶团中用超临界 CO_2 来代替传统的有机溶剂合成纳米粒子可解决溶剂的分离问题。超临界流体(SCF)与通常的流体相基本相似,但其具有密度变化灵敏、扩散系数大、粘度小等特点。它能够通过一个连续相有选择性地控制溶剂和表面活性剂的尾链,同时,能够影响互相的碰撞和交换过程来控制在 SCF 反胶团中制备的纳米粒子的大小和性质。

6.8 囊 泡

许多天然和合成的表面活性剂在水中不能缔合成胶团,分散于水中时会形成囊泡(vesile)。囊泡是双亲分子定向双分子层为基础的封闭双层结构,其中包含一个或多个水室(图6-14)。脂质体(liposome)是一类特殊的囊泡,特指由磷脂形成的这种结构,是人类最先发现的囊泡体系。

如果只有一个封闭双层包裹着水相,称为单室囊泡。多室囊泡则由多个双亲分子封闭双层成同心球式的排列,不仅中心部分而且各个双层之间都包含水。囊泡的形状大多为近似球形、椭球形或扁球形。常见的囊泡的线性尺寸为 30~100nm,也有达到 $10\mu m$ 的单室囊泡。多室囊泡一般比较大,约为 $1\mu m$。可以看到囊泡大小位于胶体分散的范围,它是表面活性剂的有序组合体在水中的分散体系,是热力学不稳定体系,只具暂时的稳定性。

囊泡的形成可采用多种方法,常见的有溶胀法、乙醚注射法和超声法。

溶胀法是最简单的制备囊泡的方法,它是让双亲化合物在水中溶胀,自发生成囊泡。例如,将磷脂溶液涂于锥形瓶内壁,待溶剂挥发后形成磷脂膜附着在瓶上。然后加水于瓶中,磷脂膜便自发卷曲,形成囊泡进入溶液中。

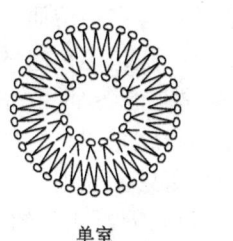 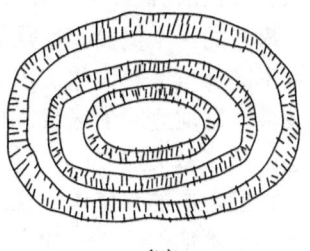

单室　　　　　多室

图 6-14　囊泡

乙醚注射法是将双亲化合物制成乙醚溶液,然后注射到水中,除去有机溶剂即可形成囊泡。反过来,将水溶液引入磷脂的乙醚溶液中,再除去有机溶剂,能制备多室脂质体囊泡。

上述两种方法可以认为是自发形成囊泡的方法,其大小、电荷和渗透性可以通过调节改变双亲物质的相对含量或链长来调节,因而引起人们极大的兴趣。有的双亲物质不能自发形成囊泡,但可以在超声条件下形成。这样制备的囊泡多为大小不一的多室囊泡。将其压过孔径由大到小的系列聚碳酸酯膜,可以得到尺寸较小和分散性较好的多室囊泡。另外,多室囊泡经凝胶过滤或经挤压小孔可得到单室囊泡。

囊泡的形成与双亲化合物的分子构型有关。一般认为双亲化合物(通常是表面活性剂)分子构型要满足的临界排列参数 R 约小于 1 的条件。其分子结构特点是带有两条碳氢链尾巴和较大头极性基的表面活性剂,如双棕榈酰磷脂酰胆碱。

$$C_{15}H_{31}-\overset{O}{\overset{\|}{C}}-CH_2$$
$$C_{15}H_{31}-\overset{\|}{\underset{O}{C}}-\overset{|}{\underset{CH_2-O-\overset{|}{\underset{O^-}{P}}-O-CH_2-CH_2-N^+(CH_3)_3}{CH}}$$

最近的研究也发现,单链的阴阳离子表面活性剂混合物、单链的碳氢表面活性剂与全氟表面活性剂混合物,甚至两种阳离子表面活性剂混合物也可以自发形成囊泡。它们有时甚至在无胶团生成的低浓度区已有囊泡生成。

囊泡与胶团溶液不同,囊泡是不均匀、非平衡体系,它只具有暂时的稳定性,有的可以稳定几周甚至几个月。这是由于形成囊泡的物质在水中溶解度很小,转移的速度很慢,而且相对于层状结构,囊泡结构具有熵增加的优势。研究发现,多室囊泡越大越稳定。采用可聚合的表面活性剂,在形成囊泡后再进行聚合,可增强囊泡的稳定性。

通常分子进出囊泡需要较长的时间,可长达数小时、数日甚至数周。从应用角度来看,这个特性在药品输送和缓释功能方面非常重要。

囊泡的一个重要特性是能够包容多种溶质。它可以按照溶质的极性把它们包容在囊泡的不同部位。较大的亲水溶质一般包容在它的中心部位,小的亲水溶质包容在中心部位及极性基层之间的区域,也就是它的各个"水室"之中。而疏水溶质则在各个双亲分子双层的碳氢基夹层之中。对于本身就是双亲性的分子,如胆固醇、蛋白质之类的化合物,可以插到定向的双层中形成混合双层。囊泡的这种特殊的包容作用使其具有同时运载水溶性和水不溶性药物的能力。但是,需要注意的是这些被包容的物质有时对囊泡结构也会产生影响。

另外,温度的变化会引起囊泡的双层膜发生相变,对双棕榈酯 L-α-卵磷脂量热实验显示,在一定温度时体系中发生了伴有热效应的过程。它主要来自双层膜中碳链结构的变化。温度较低时,形成囊泡的双亲分子饱和碳氢链成全反式构象,这种非常有序的状态称作凝胶态。温度升高到一定时,碳氢链失去全反式构象,链节旋转更为自由,变为流体,发生相变并产生较大的焓变。发生此过程的温度叫做相转变温度。相变前后囊泡性质不同。例如被包容的物质进出囊泡的速度不同。在相转变温度以上,烷基处于似液烃状态时,溶质通过双层的速度明显高于在相转变温度以下的情况。这种特性对于生物膜是至关重要的。另外,在制备囊泡时,采用透膜法需保持体系温度在相转变温度以上,而采用超声法时则保持体系温度在相转变温度以下为佳。一般来说,相转变温度随体系组成而异。增加碳氢链的长度会升高相转变温度,碳氢链不饱和化和支化则使之降低。

囊泡的应用除上面提到的可作为药物载体以及有助于生物膜的研究外,还可以为一些化学反应及生物化学提供适宜的微环境。例如,一些在水中起作用的微生物的功能常常因存在有机溶剂而受到抑制,而这些有机溶剂又是溶解烃或其他不溶于水的反应成分所必需的。如果利用囊泡,则能使对环境极性有不同要求的成分分别处于囊泡的不同部位,而且有了相互接触进行反应的机会。

归纳与讨论

(1)表面活性剂是一大类有机化合物。由于其特殊的双亲结构,它们的性质极具特色,应用也极为广泛、灵活,有"工业味精"之美称。表面活性剂分子在溶液中和界面上可以自动聚集形成分子有序组合体,从而在诸多重要过程,如润湿、铺展、乳化、增溶、分散、洗涤等中发挥重要作用。

(2)胶体体系是粒子大小在 1~100nm 范围的、高度分散的多相分散体系。体系比表面积巨大,表面能高,是热力学不稳定体系。表面活性剂在界面的吸附能显著降低界面张力,从而降低体系的表面能。同时,吸附在界面的表面活性剂分子还起到空间位阻作用,这都有利于体系的稳定。因此,表面活性剂通常可以作为胶体体系、粗分散体系的稳定剂。

(3)人类的日常生活、工农业生产、多学科和技术的进步对表面活性剂的品种和性能提出越来越高的要求,促使表面活性剂科学不断发展,迄今方兴未艾。表面活性剂科学可以分为两大部分:表面活性剂合成化学和表面活性剂物理化学。本章主要介绍了后者的部分内容。

表面活性剂物理化学研究表面活性剂性能、作用的规律和原理。它起始于表面活性剂溶液表面张力的研究。19世纪末Gibbs提出的Gibbs吸附公式和20世纪初Szyszkowski导出的表面活性剂水溶液表面张力与浓度的关系式,使人们对表面活性剂在溶液表面的吸附不仅有定性的认识,也有了定量的处理方法。至今,这些公式仍被广泛应用。计算机和各种实验技术的发展使表面活性剂物理化学的研究向分子水平推进,这些研究成果又推动表面活性剂在各方面的应用,使之不断推陈出新。

表面活性剂溶液结构和性能是表面活性剂物理化学研究的另一个重要内容。自从20世纪20年代,McBain提出胶团概念以来,此领域不断发展,新发现、新成果层出不穷,已从一个简单的概念发展出多种形态的超分子结构和有序组合体,包括各种形态的胶团、囊泡、液晶、单分子膜、双分子膜、微乳液等。

习 题

(1) 在一定浓度的 $C_{12}H_{25}(OC_2H_4)_7OH$ 水溶液中,每个吸附 $C_{12}H_{25}(OC_2H_4)_7OH$ 分子在表面所占面积 $0.72nm^2$,问表面吸附量是多少?

(2) 解释肥皂在使用中出现皂垢的原因,如何加以改善?

(3) 单硬脂酸甘油酯是常用的乳化剂,试计算它的 HLB 值。如果将其与 HLB = 11.6 的聚氧乙烯单硬脂酸酯复合使用,希望获得 HLB = 5.8 的复合乳化剂,问如何配比?

(4) 在覆盖有薄薄的油层的水溶液中,将一支烧热的金属针插入,可观察到插针处的油向四周散开,请解释为什么?

(5) 简述增溶作用、助溶作用以及溶解作用之间的区别。

(6) 以阴离子型表面活性剂为主要成分的洗涤剂在使用时,如何确定其适宜的温度和浓度?

(7) 举例说明表面活性剂有序自组装聚集体,如(反)胶团、囊泡等在实践中的应用。

参 考 文 献

1 赵国玺,朱步瑶. 表面活性剂作用原理. 北京:中国轻工业出版社,2003.
2 郑忠,胡纪华. 表面活性剂的物理化学原理. 广州:华南理工大学出版社,1995.
3 肖进新,赵振国. 表面活性剂应用原理. 北京:化学工业出版社,2003.
4 陈宗淇,王光信,徐桂英. 胶体与界面化学. 北京:高等教育出版社,2001.
5 J Ch Liu, Yutaka Ikushima, Zameer Shervani. Environmentally beign preparation of metal nano – particles by using water – in – CO_2 microemulsions technology. Current Opinion in Solid State and Materials Science. 2003, 7: 255 – 261.
6 Capek I. Preparation of metal nanoparticles in water – in – oil (W/O) microemulsions. Advances in Colloid and Interface Science. 2004, 110: 49 – 74.

7 界面物理化学

内容提要

任何有限的物质都存在着界面,在特殊情况下也呈现出表面。同样物质,界面的性质不同于体相的性质。而高分散体系具有更大的界面,因而界面的性质在体系中更为突出。本章从物理化学的角度来讨论界面的共同性质(除在物理化学课程中讨论过的以外)。内容包括:

(1) 表面张力。这是一个重要的物理化学参数。这里介绍表面张力的热力学概念及其影响因素,测定表面张力的方法,并从分子水平探讨表面张力的本质。

(2) 毛细现象。这是一种重要的界面现象,包括毛细管上升速度,毛细管力及毛细管冷凝。

(3) 表面膜。一种液体在另一种不溶性液体或固体上展布,形成薄膜。膜现象是构成界面现象的重要部分。

(4) 吸附。包括固体对气体及在溶液中的吸附。这里从吸附过程热力学、吸附速度及等温吸附理论三方面来阐述。

(5) 润湿。研究液滴落在固体表面上的形状及它们之间的相互作用,着重讨论两个重要的物理量:接触角和润湿热。

7.1 表面张力及其测定

7.1.1 表面张力和界面张力

通常把一个相与它本身的饱和蒸气相接触的面称为(相)表面;而把两个不同物质的相接触的面称为(相)界面。但是在实际情况中则往往把一相为空气的接触面称为表面。

纯液体分子之间存在着短程范德华力。之所以称它为"短程"是因为它的作用范围很短,大约相当于分子直径的数量级。由于这种力的作用,使表面层的分子受到一指向液体内部并垂直于界面的吸引力。结果好像表面层液体对其内部液体施加压力,由此产生单位面积上的力称为"内压力"。由于"内压力"的存在,使得液面有自动收缩的趋势。当这一收缩达到平衡以后,单位长度的收缩张力称为表面张力。内压力与表面张力同样是由于表面层受到不对称力作用而产生的,但它们的表现形式却不一样。内压力是垂直作用于界面,而表面张力则是沿着表面的切线方向垂直作用于分界边缘上。图7-1是液体表面张力的实验示意图。在一个铂丝框中有一层液膜。如果不在可移动铂丝上加上外力,则液膜将因表面张力作用而收缩。现加上一外力 f,使其达到平衡。此时有

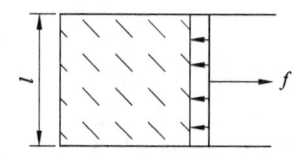

图7-1 液体表面张力实验示意图

$$f = 2\sigma l$$

移项得

$$\sigma = \frac{f}{2l} \tag{7-1}$$

式中,σ 为表面张力。可见它体现了在单位长度的作用线上液体表面的收缩力。它垂直于分界边缘并指向液体内部。单位为 $N \cdot m^{-1}$ 或 $mN \cdot m^{-1}$。

同样在界面上也会出现这种收缩力,称为界面张力。由于在界面层上的分子受到本相分子的作用力与受到外相分子的作用力是不相等的,因此界面层也出现不平衡力。但这一不平衡力通常比表面层的不平衡力小,所以界面张力大小通常是介于界面层两侧的两个相的表面张力之间。除非是这两个相发生强烈的相互作用。例如水-正丁醇界面张力由于它们的羟基强烈作用而远小于各自的表面张力。表7-1列出了一些物质的表面张力及界面张力。

表7-1 某些物质表面张力 σ 及与水的界面张力 σ_i(20℃)

物 质	$\sigma/mN \cdot m^{-1}$	$\sigma_i/mN \cdot m^{-1}$	物 质	$\sigma/mN \cdot m^{-1}$	$\sigma_i/mN \cdot m^{-1}$
水	72.8	—	正己烷	18.4	51.0
苯	28.9	35.0	正辛烷	21.8	50.8
四氯化碳	26.9	45.1	溴苯	35.8	38.1
正辛醇	27.5	8.5	水银	485	375

7.1.2 表面吉布斯函数及其他表面热力学量

图7-2描述这样一个体系:在一个带有可滑动盖的箱子里充满液体。设箱盖的材料与液体的界面张力为零。如果盖子往右边移一段距离,使露出液面的面积为 dA,则它所耗费的功为 σdA(设无摩擦阻力)。这功是恒温恒压可逆非膨胀功。它等于该过程吉布斯函数的增加。即

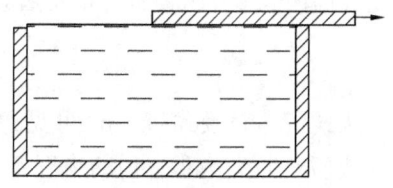

图7-2 液体表面吉布斯函数实验

$$dG_{T,p} = \sigma dA$$

或者

$$\sigma = \left(\frac{\partial G}{\partial A}\right)_{T,p} \tag{7-2}$$

式(7-2)的物理意义是：对单组分体系来说，在恒温恒压情况下，扩展单位表面积所导致体系吉布斯函数的变化等于表面吉布斯函数，简称为(比)表面能 σ，单位为 $J \cdot m^{-2}$。

由于总表面吉布斯函数 G 等于(比)表面吉布斯函数 G^s 乘以表面积 A，故式(7-2)可以写作

$$\sigma = \left(\frac{\partial(G^s A)}{\partial A}\right)_{T,p} = G^s + A\left(\frac{\partial G^s}{\partial A}\right)_{T,p} \tag{7-3}$$

对于单组分液相来说，(比)表面吉布斯函数 G^s 与表面积无关，即 $\left(\frac{\partial G^s}{\partial A}\right)_{T,p} = 0$，故式(7-3)可表示为

$$\sigma = G^s = \left(\frac{\partial G}{\partial A}\right)_{T,p} \tag{7-4}$$

这就是通常所说的在恒温恒压下，(比)表面吉布斯函数数值上等于表面张力。但它们的物理意义是不相同的。对固体来说，(比)表面吉布斯函数与表面张力的数值就不相等，因为许多固体是各向异性的，而且固体结构基元移动困难，当形成一个新的固体表面后往往产生一些应力，这样导致 $\left(\frac{\partial G^s}{\partial A}\right)_{T,p} \neq 0$，表面张力与比表面吉布斯函数的关系必须用式(7-3)来描述。理论上估计离子晶格晶体的($\sigma - G^s$)值在 $0.1J \cdot m^{-2}$ 数量级，可见它们的差值并不小。

除了(比)表面吉布斯函数以外，还有两个重要的表面热力学量：(比)表面熵 S^s 和(比)表面内能 U^s。按照热力学关系式有 $\left(\frac{\partial G}{\partial T}\right)_p = -S$，将式(7-4)对 T 微分得

$$\left(\frac{\partial \sigma}{\partial T}\right)_p = \left(\frac{\partial G^s}{\partial T}\right)_p = -S^s \tag{7-5}$$

上式表明：负的比表面熵值等于恒压下表面张力的温度系数。对于液体或固体来说，由于其压缩性很小，故亥姆霍兹函数 F 值与吉布斯函数 G 值差异不大，可写为 $U = G + TS$。对于比表面内能 U^s，比表面吉布斯函数 G^s 和比表面熵 S^s 之间的关系有

$$U^s = G^s + TS^s = \sigma - T\left(\frac{\partial \sigma}{\partial T}\right)_p \tag{7-6}$$

从式(7-5)及式(7-6)可见，只要知道表面张力及其温度系数，就可以求得 S^s 和 U^s。式(7-6)右边第二项的物理意义由下式可见：在可逆过程条件下有

$$\delta Q = TdS = TS^s dA$$

所以

$$\frac{\delta Q}{dA} = TS^s = -T\left(\frac{\partial \sigma}{\partial T}\right)_p = Q^s \tag{7-7}$$

式中，Q^s 为比表面热。可见比表面内能 U^s 与比表面吉布斯函数 G^s 是不相等的，它们之间相差一个比表面热。意即在绝热可逆条件下，扩大表面积，由于表面热的影响将发生体系的变冷却效应。如欲保持原来的温度，必须从外界吸收相当于 Q^s 的热量。相反，当表面消失时，在不作机械功的情况下，表面能的减少常表现为热量的放出，使体系温度升高。对一般液体来说，温度升高，表面张力下降，故其温度系数 $\left(\frac{\partial \sigma}{\partial T}\right)_p$ 为负值。所以纯液体的比表面内能 U^s 常大于其比表面吉布斯函数 G^s。表 7-2 列出了一些液体的这些数据。

表 7-2　一些液体在 20℃ 下的 σ, $\left(\frac{\partial \sigma}{\partial T}\right)_p$ 及 U^s

物　质	σ/mN·m^{-1}	$\left(\frac{\partial \sigma}{\partial T}\right)_p$/mN·m^{-1}·K^{-1}	U^s/mJ·m^{-1}
正己烷	18.4	-0.105	49.2
乙　醚	17.0	-0.116	51.0
正辛烷	21.8	-0.096	49.9
四氯化碳	26.9	-0.092	53.9
二甲苯	28.5	-0.081	52.2
苯	29.0	-0.091	58.0
氯　仿	28.5	-0.135	68.3
二硫化碳	32.3	-0.138	72.7
水	72.8	-0.152	117.3
水　银	485	-0.220	548

7.1.3　影响表面张力的因素

影响表面张力的因素很多，但归纳起来主要是由体系本身的性质及外界条件所决定。表面张力实际上是物质内部原子、分子相互吸引力的一种反映，也就是物质内聚力的反映。如果这一作用力较大，显然其表面张力也较大。而任何能够改变这一作用力的因素都将会影响到表面张力。例如加入少量的表面活性物质，它将会浓集于界面上，而将原来表面覆盖一部分，使其表面张力明显下降。下面就其主要的影响因素进行讨论。

1. 温度对表面张力的影响

温度对表面张力的影响常用表面张力的温度系数 $\left(\frac{\partial \sigma}{\partial T}\right)_p$ 来表示。从表 7-2 已看到

一些物质的这一数值。一般来说,温度升高,表面张力下降。因为温度升高,物体膨胀,分子间的距离增大。同时分子的热运动也加剧。这两个因素都会导致分子间的吸引力减弱。可以想像,当温度到达临界温度时,分子间的内聚力为零,因而表面张力也为零。

对于许多纯液体的表面张力与温度关系可以用 Eötvös 关系式来描述

$$\sigma\left(\frac{M}{\rho}\right)^{2/3} = k(T_c - T) \qquad (7-8)$$

式中　M——液体摩尔质量;

　　　ρ——液体在温度 T 时的密度;

　　　T_c——液体临界温度;

　　　k——常数。

对非极性液体来说,$k \approx 2.2 \times 10^{-4}$ mJ·K^{-1};而对极性液体来说,则 k 值要小得多。如果忽略温度对密度的影响,则 $\sigma - T$ 应成线性关系。并且可以用外推法求出 $\sigma = 0$ 时的温度即为临界温度 T_c。图 7-3 描述了 CCl_4 的表面张力 σ 与温度的关系。从图可见,$\sigma - T$ 几乎成直线。并且外推 $\sigma = 0$ 时,$T_c = 280℃$。

在实际测试过程中,当温度比临界温度略低时,液体的表面已不太清楚。所以 Ramsay-Shields 提出一个校正公式

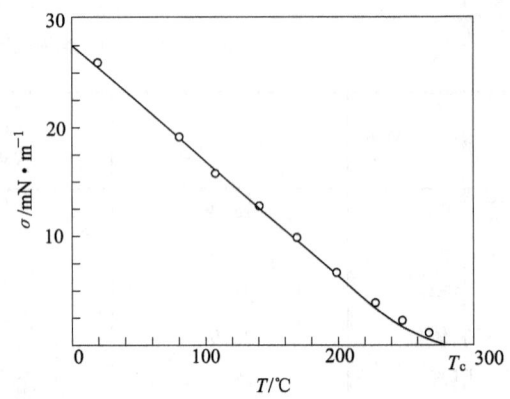

图 7-3　CCl_4 表面张力与温度之间关系

$$\sigma\left(\frac{M}{\rho}\right)^{2/3} = k(T_c - T - 6) \qquad (7-9)$$

这一公式适用于绝大多数摩尔质量不大的非缔合液体。

2. 压力对表面张力的影响

如果考虑到表面吉布斯函数的影响,则一个封闭体系的吉布斯函数可表示为

$$dG = -SdT + Vdp + \sigma dA \qquad (7-10)$$

在恒温条件下式(7-10)可以写作

$$dG_T = V_T dp + \sigma_T dA \qquad (7-11)$$

由于 G 是状态函数,dG 必为全微分,故有

$$\left(\frac{\partial \sigma}{\partial p}\right)_{T,A} = \left(\frac{\partial V}{\partial A}\right)_{T,p} \qquad (7-12)$$

式(7-12)表明:在恒温恒表面积下,压力对表面张力的影响等于在恒温恒压下相应数量的分子从体相中移到表面相时体积的变化。由于体相的密度较表面相的密度大,所

以 $\left(\frac{\partial V}{\partial A}\right)_{T,p}$ 必然是正值。也就是说增加压力会使表面张力增大。

如果增加液体表面上的压力是引入另一组分的气体,例如是惰性气体,这样就会将气相的物质性质改变,使原来的表面相变成界面相,并使液体表面上吸附一些气体。这一吸附量相应会导致体积变化 ΔV_a

$$\Delta V_a = -\Gamma \frac{RT}{p} \tag{7-13}$$

式中,Γ 为单位表面积吸附气体的物质的量。因此单位面积中总体积变化 ΔV 包括由吸附引起体积变化项 ΔV_a 及由表面相与体相密度差引起的体积变化项 ΔV^s,故有

$$\left(\frac{\partial \sigma}{\partial p}\right)_{T,A} = -\Gamma \frac{RT}{p} + \Delta V^s \tag{7-14}$$

在这种情况下,压力对表面张力的影响将取决于 ΔV_a 和 ΔV^s 项的相对数值。如果 ΔV_a 项控制,则压力增加会使表面张力下降;如果 ΔV^s 项控制,则压力增加会使表面张力增大。

加压用的气体性质也明显地影响到液体的表面张力。例如,20℃时纯水与空气接触的 $\sigma = 72.6 \text{mN} \cdot \text{m}^{-1}$;与二乙醚饱和空气接触的 $\sigma = 17.06 \text{mN} \cdot \text{m}^{-1}$。出现这种情况是显而易见的,因为此时的 σ 实为界面张力。不同的界面当然产生不同的界面张力。

3. 化学组分对表面张力的影响

表面张力是由于界面两侧两相中的分子吸引力差异所引起,而这一差异往往是由于两相的分子不同及密度不同所导致。因此表面张力必然与两相分子的性质及两相的密度有关。

Macleod D B 在恒温下研究非缔合液体气-液平衡时表(界)面张力与气、液两相密度 ρ_0, ρ_1 之间的关系,得到如下公式

$$\frac{\sigma^{1/4}}{\rho_1 - \rho_0} = C \tag{7-15}$$

式中,C 在一定温度范围内是常数,但取决于液体的性质。后来经过 S. Sugden 的整理,将式(7-15)两边乘以液体摩尔质量 M,得

$$\frac{M\sigma^{1/4}}{\rho_1 - \rho_0} = MC = [P] \tag{7-16}$$

式中,$[P]$ 为等张比容(Parachor)。当温度远离临界温度时,$\rho_1 - \rho_0 \approx \rho_1$,式(7-16)可以简化为

$$\frac{M}{\rho_1}\sigma^{1/4} = [P] \tag{7-17}$$

式中,M/ρ_1 为液体摩尔体积。等张比容 $[P]$ 的物理意义由式(7-17)可见:在表面张力 $\sigma = 1$ 时的温度下,液体的摩尔体积即为其等张比容 $[P]$。

从一级近似来说,有机化合物的等张比容 $[P]$ 与其结构无关,而只取决于其化学组分

及结构基元。它随着链长增加而增大。具有不同功能团的化合物,其$[P]$值也不相同。而异构体则影响不大。如1-硝基丙烷的$[P]=209.7$,而2-硝基丙烷的$[P]=210.9$,它们的组分一样,仅硝基的位置不同。因此只要知道原子和结构基元的$[P]$值,就可以求得该物质的$[P]$值。表7-3列出了原子及结构基元的$[P]$值。

表7-3 原子及结构基元的等张比容

原 子	原子等张比容	结构基元	结构基元等张比容
碳	9.0	单 键	-9.5
氢	15.5	双 键	19.0
氧	20.0	叁 键	38.0
酯中的氧	60.0	三节环	12.5
氮	17.5	四节环	6.0
氟	25.5	五节环	3.0
氯	55.0	六节环	0.8
溴	69.0	支 链	-3.0
碘	90.0		

例 试求20℃下戊烯的表面张力。已知20℃时戊烯的密度$\rho_1=0.6405\text{g}\cdot\text{cm}^{-3}$。

解 从戊烯的分子结构知道它含有5个C原子,10个H原子和一个双键,摩尔质量$M=70\text{g}\cdot\text{mol}^{-1}$。从表7-3数据可查得原子及结构基元的等张比容如下$[P]_C=9.0$,$[P]_H=15.5$,$[P]_==19.0$,所以戊烯的等张比容$[P]=5\times9.0+10\times15.5+19.0=219$(这与实验求得的1-戊烯$[P]=219.4$,2-戊烯$[P]=218.2$很吻合)。将求得$[P]$值及已知的$M,\rho_1$值代入方程式(7-17)得

$$\sigma=\left([P]\frac{\rho_1}{M}\right)^4=\left(219\times\frac{0.6405}{70}\right)^4\text{mN}\cdot\text{m}^{-1}=16.12\text{mN}\cdot\text{m}^{-1}$$

除了上述三个因素影响表面张力以外,还有试样的大小(只有试样很小时才有较明显的影响)及电、磁场的影响,在此不予讨论。

7.1.4 表面张力与分子间力——表面张力的色散成分

表面张力的产生是由于表面层分子受到不平衡力的作用,使这些分子受到一个垂直于表面而指向物体内部的作用力。而分子间力就是产生这种作用力的根源。因此考虑表面张力时就要考虑体系本身分子间的作用力,而当考虑界面张力时就必须考虑界面两侧不同分子间的作用力。

分子间的作用力有三种。第一种是Born力。它是由于原子或分子靠拢到足够近的距离时,它们的外层电子云相互重叠而产生的排斥力。这一排斥力只有在分子间距离很

短的情况下才出现,而且随这一距离的微小缩短而迅速增大;随距离的微小增长而急剧趋于零。通常情况下,原子、分子之间的距离还未短到产生 Born 斥力的程度。所以它对表面张力的贡献实际上可以不予考虑。第二种力是范德华力。它包括了极性分子的永久偶极矩间的静电力(Keeson 力),极性分子的永久偶极矩和由它对非极性分子诱导产生的诱导偶极矩之间的相互作用力——诱导力(Debye 力),以及非极性分子的瞬时偶极矩之间的相互作用力——色散力(London 力)。对于极性分子来说,这 3 种力都存在。但对非极性分子来说,则只有色散力。所以色散力是普遍存在于任何分子之间的吸引力,而且它有较大的作用范围。这 3 种力对表面张力的贡献分别为 σ^E、σ^I、σ^d。第三种力是特殊吸引力。它不像范德华力那样总是存在于分子之间,只有在特殊情况下才存在。这种力归纳起来有氢键力、金属键力、电子相互作用力和离子相互作用力等。它们对表面张力的贡献分别为 σ^h,σ^m,σ^π 和 σ^i。

表面张力是由分子间力而产生,而分子间力包括上述各种力。所以表面张力可以看作是各种力对表面张力贡献部分的代数和,即

$$\sigma = \sigma^d + \sigma^I + \sigma^E + \sigma^h + \sigma^m + \sigma^\pi + \sigma^i = \sigma^d + \sigma^{sp} \tag{7-18}$$

式中 σ^d——色散力对表面张力的贡献部分,称为表面张力的色散项;

σ^{sp}——除色散力以外其余各种力对表面张力的贡献部分。

并不是对所有物质来说式(7-18)中各种力对表面张力的贡献部分都存在。但是不管怎样,表面张力的色散项总是存在的。例如对汞来说,其表面张力由两部分贡献,色散力的贡献及金属键力的贡献,故 $\sigma_{Hg} = \sigma_{Hg}^d + \sigma_{Hg}^m$;对水来说则有 $\sigma_W = \sigma_W^d + \sigma_W^h$;而对非极性的饱和烃分子来说,$\sigma_H = \sigma_H^d$,即只有色散项存在。所以实际上测得烃的表面张力就等于其色散项。

由于色散项 σ^d 是个非常重要的物理量,通过它可以求得界面张力、接触角、展布系数、润湿热等,所以就需要求出其数值。计算 σ^d 的方法有两种:微观法和宏观法。前者是通过一些微观的物理化学参数来确定它,而后者则通过一些宏观的物理化学参数来确定它。微观法最重要的计算式是 London 推导出来的关系式

$$\sigma^d = \frac{\pi N^2 \alpha^2 I}{8x^2} \tag{7-19}$$

式中 N——单位体积物质的分子数;

α——分子的极化率;

I——离解能;

x——分子间距离。

由式(7-19)算得 σ^d 的单位是 $eV \cdot cm^{-2}$,若要化成 $N \cdot m^{-1}$,则必须乘上转换系数 1.602×10^{-15}。

例 已知水的 $\alpha = 1.48 \times 10^{-3} nm^3$,$I = 12.6 eV$,$N = 3.34 \times 10^{22} cm^{-3}$,$x = 0.276 nm$,求水的表面张力的色散项 σ^d。

解 将上述数据代入式(7-19)中,得

$$\sigma^d = \frac{3.1416 \times (3.34 \times 10^{22})^2 \times (1.48 \times 10^{-24})^2 \times 12.6}{8 \times (0.276 \times 10^{-7})^2} \times 1.602 \times 10^{-15} \text{mN} \cdot \text{m}^{-1}$$

$$= 25.4 \text{mN} \cdot \text{m}^{-1}$$

这一数值与水的表面张力色散项的公认值$(21.8 \pm 0.7)\text{mN} \cdot \text{m}^{-1}$有较大的偏差(16.8%)。这是由于在推导式(7-19)时,是假设体相内部分子的色散能与表面分子的色散能相同所致。实际上要用式(7-19)计算色散表面张力是有困难的,因为许多物质难以准确测定其离解能。

宏观法求色散项σ^d可以通过实验测定界面张力σ_{12}以及纯液相的表面张力σ_1,σ_2而求得。根据 F. M. Fowkes 公式

$$\sigma_1^d = \frac{(\sigma_1 + \sigma_2 - \sigma_{12})^2}{4\sigma_2^d} \tag{7-20}$$

式中 σ_1^d——待求液体的表面张力色散项;

σ_2^d——参考液体的表面张力色散项。

如果选液体饱和烃作为参考相,则由于饱和烃为非极性物质,分子间力只有色散力存在,所以测得它的表面张力即为色散项,即$\sigma_2 = \sigma_2^d$。这样从式(7-20)便可算得σ_1^d值。例如测定水的σ_1^d,则可选择各种饱和烃作参考相,它们的表面张力如表7-4所示。水的表面张力$\sigma_1 = 72.8 \text{mN} \cdot \text{m}^{-1}(20℃)$,将数据代入式(7-20),计得$\sigma_1^d$,其平均值为$(21.8 \pm 0.7)\text{mN} \cdot \text{m}^{-1}$,标准误差约为3%。

表7-4 水的表面张力色散项 σ_1^d 测定*

饱和烃(2)	表面张力 σ_2/mN·m^{-1}	界面张力 σ_{12}/mN·m^{-1}	色散项 σ_1^d/mN·m^{-1}
正己烷	18.4	51.1	21.8
正庚烷	20.4	50.2	22.6
正辛烷	21.8	50.8	22.0
正癸烷	23.9	51.2	21.6
正四癸烷	25.6	52.2	20.8
环己烷	25.5	50.2	22.7
萘烷	29.9	51.4	22.0
白油(25℃)	28.9	51.5	21.3
平均值			21.8 ± 0.7

注:* 水的表面张力 $\sigma_1 = 72.8 \text{mN} \cdot \text{m}^{-1}(20℃)$

用同样方法可以确定汞的$\sigma_{Hg}^d = (200 \pm 7)\text{mN} \cdot \text{m}^{-1}$。参考相虽然取10种不同的饱和烃,但算得$\sigma^d$的偏差都在3.5%范围内。在20℃下汞的界面张力$\sigma_{Hg} = 485 \text{mN} \cdot \text{m}^{-1}$,可见在汞中色散项占总值的41.3%,而在水中色散项则占总值的30%。

7.1.5 表面张力与界面张力的定量关系

纯液体在室温下的表面张力一般在 $10 \sim 80 \mathrm{mN \cdot m^{-1}}$。有机液体的这一数值较低,而水则在这一范围的高值处。水和烃的界面张力处于这两种纯液体的表面张力的数值之间。如果有机相含有能与水相互作用的极性基团,则会使它们之间的界面张力低于这两种液体中任一种液体的表面张力。如 20℃下水的 $\sigma_1 = 72.8 \mathrm{mN \cdot m^{-1}}$,正辛醇的 $\sigma_2 = 27.5 \mathrm{mN \cdot m^{-1}}$,而它们的界面张力 $\sigma_{12} = 8.5 \mathrm{mN \cdot m^{-1}}$。

两不互溶液体相互接触形成界面层的结构,已由 Fowkes 提出如图 7-4 所示的界面模型——Fowkes 模型。

在界面相中液相 1 的分子除了受本相内分子的吸引以外,还受到液相 2 中分子对它的吸引。由于这一力的存在,要将液相 1 中的分子从体相移到界面相所需要的功减少了。Fowkes 认为这一减少的功 ΔE^S 等于液相 1 和液相 2 中表面张力色散项的几何平均值,即

$$\Delta E^S = \sqrt{\sigma_1^d \sigma_2^d} \quad (7-21)$$

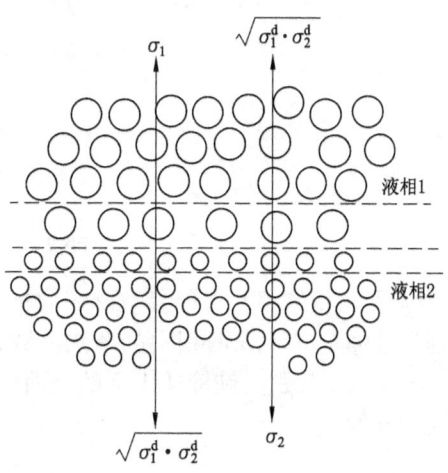

图 7-4 Fowkes 的液-液界面模型

结合图 7-4 可见,将一个液相 1 分子从液相 1 带到界面相所需要做的功为

$$W_1 = \sigma_1 - \Delta E^S = \sigma_1 - \sqrt{\sigma_1^d \sigma_2^d} \quad (7-22)$$

同样将一个液相 2 分子从液相 2 带到界面相所需要做的功为

$$W_2 = \sigma_2 - \Delta E^S = \sigma_2 - \sqrt{\sigma_1^d \sigma_2^d} \quad (7-23)$$

因此要形成界面相需要的总功等于 $W_1 + W_2$,即为界面张力 σ_{12},其计算公式为

$$\sigma_{12} = \sigma_1 + \sigma_2 - 2\sqrt{\sigma_1^d \sigma_2^d} \quad (7-24)$$

式(7-24)与式(7-20)完全相同。利用该式可以通过实验测得表面张力及界面张力,从而求得 σ_1^d,也可以从已知 σ^d 及表面张力求得界面张力 σ_{12}。例如,求汞-水的界面张力 $\sigma_{\mathrm{Hg-W}}$ 则可以将它们的表面张力数据 $\sigma_{\mathrm{Hg}} = 484 \mathrm{mN \cdot m^{-1}}(20℃)$,$\sigma_\mathrm{W} = 72.8 \mathrm{mN \cdot m^{-1}}$(20℃)以及由前面所求得的 $\sigma_\mathrm{W}^d = 21.8 \mathrm{mN \cdot m^{-1}}$,$\sigma_{\mathrm{Hg}}^d = 200 \mathrm{mN \cdot m^{-1}}$ 代入式(7-24),则求得 $\sigma_{\mathrm{Hg-W}} = 424.8 \mathrm{mN \cdot m^{-1}}$。这与最好的实验值 $426.7 \mathrm{mN \cdot m^{-1}}$ 是接近的。但要注意,用式(7-24)来计算界面张力是假设两液相之间的界面只存在着色散力。而这一条件对大多数液-液界面是符合的。

上面讨论界面张力是采用 Fowkes 的界面模型,即认为液相 1 与液相 2 是完全不互溶

的。但是在实际情况下它们多少总有些相互溶解,特别是时间放长了以后。这样便影响到它们的界面张力,可以想像,由于两液相的相互溶解而缩小了它们之间的差异,因而界面张力减少。所以有时发现在测定界面张力时,其数值会随时间而下降。从表7-4数据可知,正己烷与水的界面张力 $\sigma_{12} = 51.1 \mathrm{mN \cdot m^{-1}}$,但是当经过足够长的时间以后,出现微量溶解。在25℃下正己烷在水中的溶解度为 $10 \mathrm{mg \cdot kg^{-1}}(\mathrm{H_2O})$,而此时的界面张力 $\sigma_{12} = 50.8 \mathrm{mN \cdot m^{-1}}$,显然比开始未溶解时的界面张力减少。

当液体1与液体2相互接触而出现微溶时,即液体1中溶有微量液体2而构成 a 相。同样液体2中溶有微量液体1而构成 b 相。那么 a,b 两相的界面张力 σ_{ab} 可近似表示为

$$\sigma_{ab} = g_a + g_b - 2\phi_{ab}\sqrt{g_a g_b} \tag{7-25}$$

式中

$$g_a \approx x_{1a}\sigma_1 + x_{2a}\sigma_2 \tag{7-26}$$

$$g_b \approx x_{1b}\sigma_1 + x_{2b}\sigma_2 \tag{7-27}$$

$$\phi_{ab} \approx \phi_{12} = \sqrt{\frac{\sigma_1^d \sigma_2^d}{\sigma_1 \sigma_2}} \tag{7-28}$$

ϕ_{ab} 为 a,b 两相的相互作用参数。在此把它看作为纯液体 1,2 的相互作用参数;x_{1a} 和 x_{1b} 分别为液体1在 a,b 两相中的摩尔分数;x_{2a} 和 x_{2b} 分别为液体2在 a,b 两相中的摩尔分数。σ_1 和 σ_2 分别为纯液体 1,2 的表面张力。当两液体不相互溶解时,则式(7-25)还原为式(7-24)。

7.1.6 溶液的表面张力

第6章的图6-1显示了水中加入不同种类物质时,水溶液表面张力的变化,主要有3类。

第一种类型的曲线是简单无机盐电解质在水中形成溶液的情况(图6-1A线)。这些物质属于强电解质,也有些是含有多个羟基基团,具有强水化能力的有机化合物。它们的加入使水溶液表面张力略微增大,且服从下面的线性方程式

$$\frac{\sigma - \sigma_0}{\sigma_0} = k'c$$

或者

$$\sigma = \sigma_0 + k'\sigma_0 c = \sigma_0 + kc \tag{7-29}$$

式中 σ,σ_0——溶液及纯水的表面张力;

c——水溶液的浓度,$\mathrm{mol \cdot m^{-3}}$;

k——特征常数,由溶质的性质决定。

若以 $\sigma - c$ 作图,显然为一直线。图7-5所描述的NaCl水溶液的 $\sigma - c$ 实验数据完全证实了它的正确性。

简单无机盐电解质之所以能增加水的表面张力,是因为它在水中完全电离出离子,而

带电离子与极性水分子发生强烈作用使离子水化。它的加入实际上是增加了体相内部粒子之间的相互作用，并出现负吸附——溶液表面浓度低于体相浓度。因而要将溶液体相中粒子移到表面层更加困难。表面张力也随之增大，并且随着浓度增加这一作用越来越大。矿泉水能高出杯面而不溢出就是一个具体例子。除了无机盐电解质外，强烈亲水的物质也有同样的情况。

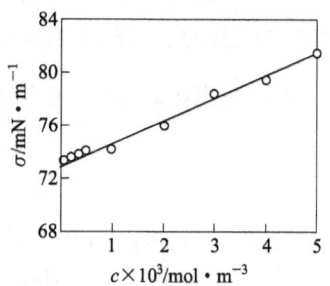

图 7-5　20℃下 NaCl 水溶液的表面张力-浓度图

第二种类型的曲线如图 6-1B 线所示。这类物质加入会使水的表面张力下降，随着浓度增加，溶液的表面张力下降越甚。但不像第一种类型曲线那样成线性关系。许多不离解的有机化合物、短链、低摩尔质量的脂肪酸、醇、醛的水溶液都是属于这种类型。其表面张力与浓度之间关系可以用以下半经验式来描述。它适用于有机物的水溶液。

$$\frac{\sigma_0 - \sigma}{\sigma_0} = b\ln\left(\frac{c}{a} + 1\right) \tag{7-30}$$

式中　a——溶质的特征常数，不同溶质有不同的数值；
　　　b——特征常数，对有机化合物的同系物来说，b 值变化不大；
　　　c——溶液浓度。

从式(7-30)可见，在一定浓度 c 及 b 值下，a 值越小，则 $\frac{\sigma_0 - \sigma}{\sigma_0}$ 值越大，即降低表面张力的能力就越强。而这种降低表面张力能力的强弱通称为表面活性。物质的表面活性越大，即其降低表面张力的能力就越强。所以 $\frac{1}{a}$ 值可以描述物质活性的大小。

如果知道物质的 a，b 值，就可以通过式(7-30)计算出不同浓度溶液的表面张力，并可与实验值比较以验证该式的准确性。表 7-5 列出了两种有机物在不同浓度水溶液中 σ 的计算值与实验值。

表 7-5　丙醇水溶液($T = 15℃, b = 0.1973, a = 0.1515$)及异丁酸
水溶液($T = 18℃, b = 0.1784, a = 0.0450$)的表面张力

有机物 c/mol·m^{-3}	丙醇水溶液		异丁酸水溶液	
	σ(实验)	σ(计算)	σ(实验)	σ(计算)
0	73.4	—	73.0	—
250	59.3	53.9	48.3	48.5
500	51.9	52.3	40.7	40.6
1000	43.5	44.0	32.6	32.0

注：* 表中 σ 的单位为 mN·m^{-1}。

从表中数据可见,实验值与理论计算值是吻合的。另外也可看到丙醇的 a 值大于异丁酸的 a 值,而后者降低表面张力比前者更甚,即异丁酸的表面活性比丙醇的大。

当溶液很稀时,即 c 很小情况下,$\ln\left(\dfrac{c}{a}+1\right) \approx \dfrac{c}{a}$,故式(7-30)可以写作

$$\frac{\sigma_0 - \sigma}{c} = \frac{b\sigma_0}{a} \tag{7-31}$$

式(7-31)描述了 $\sigma - c$ 成直线关系,直线的截距为 σ_0,而斜率为 $-(b\sigma_0/a)$。但这一直线与式(7-29)直线方程不同。式(7-29)是描述无机盐稀水溶液的表面张力随浓度而线性增加;而式(7-31)则是描述很稀有机物水溶液的表面张力随浓度而线性减少。图 6-1 也清楚地见到,曲线 B 在浓度很低时可以看作为直线。式(7-31)也表明 $\dfrac{\sigma_0 - \sigma}{c}$ 值与溶液浓度无关,只取决于物质的性质。Traube 比较了许多同系有机化合物的 $\sigma - c$ 曲线,发现同系物中每增加一个 CH_2 基团,$\dfrac{\sigma_0 - \sigma}{c}$ 值增加 3 倍,这就是 Traube 规则。这一规则表明,当同系物中每增加一个 CH_2(基团量为 14),要达到同一表面张力,则浓度为原来的 1/3。图 7-6 描述了脂肪酸同系物的表面张力与浓度关系曲线。表明同系物中摩尔质量增加使表面张力降低得更多。表 7-6 列出了上述脂肪酸水溶液的 σ_0,b,a 及 $\dfrac{\sigma_0 - \sigma}{c}$ 值。从表中数据清楚地见到,脂肪酸系每增加一个 CH_2 基团,$\dfrac{\sigma_0 - \sigma}{c}$ 值约增加 3 倍。证明 Traube 规则基本上是正确的。

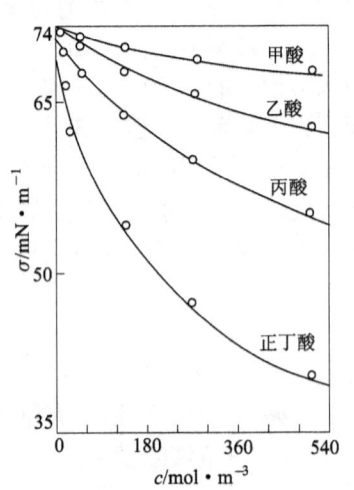

图 7-6 脂肪酸水溶液的 $\sigma - c$ 曲线

表 7-6 脂肪酸水溶液的一些表面张力参数

脂肪酸	$M/g \cdot mol^{-1}$	$\sigma/mN \cdot m^{-1}$	b	a	$\dfrac{\sigma_0 - \sigma}{c}/mN \cdot m^2 \cdot mol^{-1}$
甲 酸	46	37.1	0.1252	1.370	3.39
乙 酸	60	27.6	0.1252	0.352	9.82
丙 酸	74	26.7	0.1319	0.112	31.4
正丁酸	88	26.5	0.1792	0.051	93.1

这类有机物加入水中之所以能够降低表面张力是因为它们的极性很小,而水的极性很强。有机物的加入实际上会使水溶液内部粒子间相互作用力减弱,并出现正吸附——

溶液表面浓度大于体相浓度。因而将体相中粒子移到表面层变得容易,表面张力也随之下降。

第三种类型的曲线如图6-1C线所示。也就是表面活性剂对水溶液表面张力的影响情况。表面张力的大小取决于表面的分子性质,即表面组成,特别是处于表面最外层的原子或基团的性质。非极性分子或基团间的相互作用弱于极性分子,不同的非极性基团的相互作用强度不同,对液体表面张力的贡献也不同。几种非极性基团对表面张力的贡献大小顺序为 $-CH_2=CH_2-$（苯环上）$>-CH_2->CH_3->-CF_2->CF_3-$。分子间相互作用贡献小的原子或基团占据表面,表面张力就较低;反之,表面张力就较高。

表面活性分子在水溶液表面吸附的过程也是溶液表面最外层化学组成变化的过程,是以非极性基团逐步代替水分子的过程。随着溶液浓度的增加,表面活性剂在表面上的浓度增大,占据表面的非极性基团也逐渐增大,因此,水溶液的表面张力随浓度增加而降低。当表面活性剂在溶液表面的吸附达到饱和,溶液表面最外层的化学组成不再随溶液浓度升高而变化时,溶液的表面张力也就不再降低。在此以前微小浓度的增加都导致σ迅速下降,它们之间的关系也仍可采用方程式(7-30)来表示。它可以写成另一种形式

$$\sigma = \sigma_0 - \sigma_0 b\ln(c+a) + \sigma_0 b\ln a$$
$$= \sigma'_0 - \sigma_0 b\ln(c+a)$$

表7-6已指出:同系物的链越长的分子,其表面活性越大,a值越小。因此在多碳原子的表面活性剂中$c+a \approx c$,所以

$$\sigma = \sigma'_0 - \sigma_0 b\ln c \tag{7-32}$$

式(7-32)表示$\sigma-\ln c$成直线关系。图7-7是十二烷基磺酸钠($C_{12}H_{25}SO_3Na$)水溶液的$\sigma-\ln c$图。从图中可见,当$\ln c=10$时,有一转折点。这一浓度称为表面活性剂的临界胶团浓度(cmc)。低于此浓度则符合式(7-32),直线的斜率为$-\sigma_0 b$,但高于此浓度则接近于一水平线。

表面活性剂降低水表面张力的能力取决于它在极限吸附时以什么样的基团来代替原来处于表面最外层的水以及能取代到何种程度。根据非极性基团对表面张力的贡献情况,不难理解碳氟链表面活性剂降低水表面张力能力远大于碳氢链表面活性剂的现象了。

表面活性剂的类型也影响其降低水表面张力的能力。相同疏水基化学组成的表面活性剂的吸附量越大,所形成的吸附膜越紧密,降低水表面张力的能力(即σ_{cmc})便越强。离子型表面活性剂由于同电性相互排斥作用,在溶液表面的吸附不能紧密排列,其极限吸附量较小;而非离子表面活性剂分子间无电性排斥力,只有极性头大小影响其排列紧密程度,故排列较为紧密。因此,非离子表面活性剂降低水表面张力的能力通常比离子型的强。同类型表面活性剂,如果疏水基具有分支结构,其降低表面张力的能力会更强。例如$C_{13}H_{27}CH(CH_3)SO_4Na$的$\sigma_{cmc}$约为38mN·m^{-1},而$C_9H_{19}CH(C_5H_{11})SO_4Na$及$C_7H_{15}CH\cdot(C_7H_{15})SO_4Na$的$\sigma_{cmc}$分别是31mN·m^{-1}和28mN·m^{-1}。由于每个分支链表面活性分子

拥有两个碳氢链,尽管平均分子面积较大,实际上每个碳氢链所占的面积均比相应的直链表面活性剂小,亦即表面吸层中疏水基密度较大,因此表现出 σ_{cmc} 较低。对于两性离子表面活性剂都接有一定长度疏水基时,也有类似的情况,如 $C_{10}H_{21}N^+(CH_3)_2$—$C_{10}H_{21}SO_4^-$。

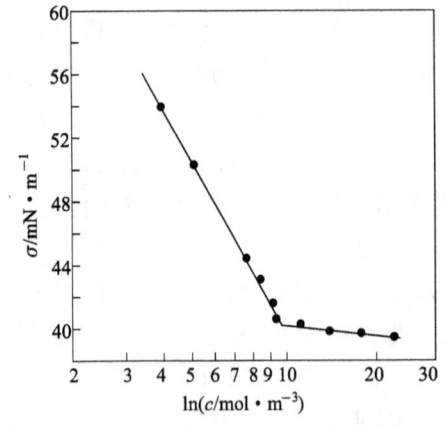 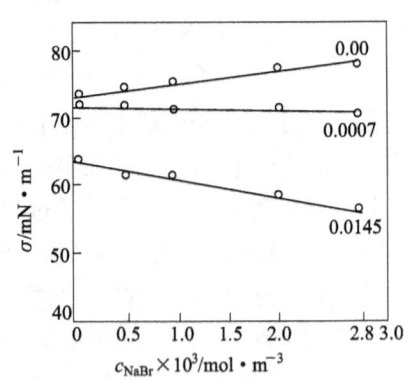

图 7-7　25℃下十二烷基磺酸钠水溶液的表面　　图 7-8　15℃,NaBr 水溶液中加入异戊醇
　　　　张力与浓度的对数关系　　　　　　　　　　　　对其表面张力的影响(线上数字
　　　　　　　　　　　　　　　　　　　　　　　　　　为异戊醇的浓度 mol·m^{-3})

如果在原来溶液中加入微量的第三组分杂质,会明显地影响到原溶液的表面张力。例如在溴化钠的水溶液中,$\sigma-c$ 的关系服从式(7-29)。随着 NaBr 浓度的增加,溶液的表面张力微小增加。但是当该溶液中加入少量异戊醇以后,直线的斜率即式(7-29)中的 k 值从正值减小到零,并进而变为负值。从图 7-8 中直线上标明的异戊醇浓度可见,微量的异戊醇不但能改变其 k 值,而且使其表面张力明显下降。可见微量杂质影响之甚,这一点在测定表面张力时必须引起注意。

7.1.7　表(界)面张力的测定

表面张力是表面化学中一个重要的物理量,许多表面现象及计算都涉及到它。因此有必要介绍一些表面张力的测试方法。测试方法可以分为两大类:静态法与动态法。静态法是基于平衡的静止液面的测定。其测定是根据两种不同的基本原理:一是 Laplace 方程——曲面两侧的压力差取决于其表面张力及曲率半径。因此只要测定一定曲率半径下的压力差就可求得表面张力。下面介绍的毛细管上升法和滴重法都是根据这一原理。另一原理是使它们形成液膜,并测定使液膜扩展到破裂为止所需的力。下面介绍的环法属于此例。第一种原理的测试方法较精确,而第二种精确度较差,但方便、快速。至于动态法则是根据:当液体表面发生周期性的扩张和收缩(振动)时,表面张力将会起到促进或阻碍的作用,即总要使它恢复原状。通过测定这一振动的波长,就可以确定液体的表面张力。动态法测得表面张力往往不同于静态法测得的数值。尤其在溶液中,由于它经常保持新鲜的表面,没有足够时间使它达到吸附平衡。

1. 毛细管上升法

当一半径为 r 的毛细管插入待测试样液时,若液体对毛细管壁润湿,则毛细管中的液体上升,且液面呈凹弯月面状。设该弯月面的曲率半径为 R',液柱上升的高度为 h,它等于试样液面到毛细管内液体弯月面下端的距离。毛细管中液面的曲率半径 R'、毛细管半径 r 和接触角 θ 之间关系可从图 7-9 中见到

$$R' = \frac{r}{\cos\theta} \qquad (7-33)$$

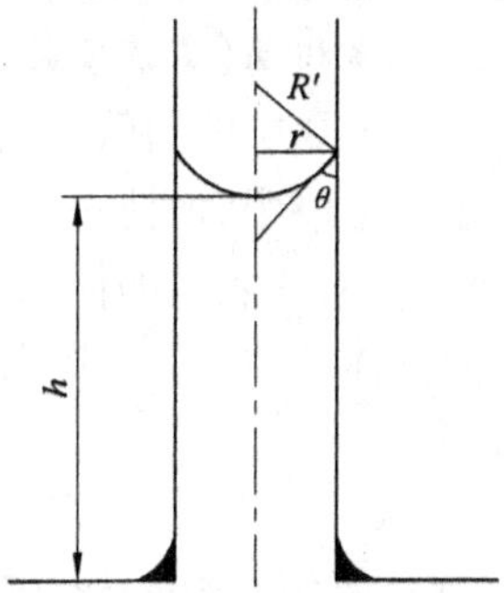

根据 Laplace 方程,在弯月面两侧所产生的压力差为

$$\Delta p = \frac{2\sigma}{R'} = \frac{2\sigma\cos\theta}{r} \qquad (7-34)$$

图 7-9 毛细管上升示意图

由于这一压力差是指向曲率中心,在这一压力差作用下使毛细管中的液体上升。当它达到平衡时,高度为 h 的液柱所产生的静压力等于压力差 Δp,即

$$\Delta p = \rho g h \qquad (7-35)$$

式中 ρ——液体的密度;
g——重力加速度。

联立式(7-34)和式(7-35)可得

$$\sigma = \frac{rh\rho g}{2\cos\theta} \qquad (7-36)$$

这就是毛细管上升法测定表面张力的基本计算公式。但它必须进行校正,因为:

第一,在推导公式时,把 h 高度的液体当作是毛细管内所有液体,而把 h 以上到液体弯月面之间的液体忽略了。所以要加上这一项的校正。通常的校正方法是在 h 高度上加上一校正高度 h'。若把弯月面看作半球面,根据几何原理可导出如下公式

$$h' = \frac{1}{3}r - 0.1288\frac{r^2}{h^2} + 0.1312\frac{r^3}{h^3} \qquad (7-37)$$

在毛细管半径较小的情况下,可取一级近似,即 $h' \approx \frac{1}{3}r$。

第二,在实际情况中,由于液体的蒸发,在毛细管上方实为该液体的饱和蒸气而不是真空。所以液柱还受到其本身蒸气浮力的作用。液柱的质量减去它所受到的浮力才等于 Δp。若液体的密度与蒸气的密度差为 $\Delta \rho$,则液柱实际质量为 $\Delta \rho g h$。当同时考虑到这两个校正因素时,式(7-36)可以写作

$$\sigma = \frac{\Delta \rho g r}{2\cos\theta}\left(h + \frac{1}{3}r\right) \qquad (7-38)$$

对于水和其他许多液体来说,如果玻璃毛细管很清洁,则可近似获得接触角为零。如果液体试样对毛细管不润湿,则曲面呈凸弯月面,且毛细管内液柱下降。测定液柱下降的高度同样也可求得其表面张力。

2. 滴体积法(或滴重法)

图 7-10 中的内管是用一支吸量管吹制成,管端磨平并垂直地安装在套管内。将套管置于恒温槽中,保持一定温度,用读数显微镜测准管端外直径 $2r$。当液体自管中滴出时,可以从液体滴出的体积和读数求得每滴液体的体积 V(或称量滴出液体的重量,而得到每滴液体的重量)。平衡时,液体的表面张力 σ 乘以管口外周界长 $2\pi r$ 应等于液滴重 $\Delta\rho V g$,即

$$2\pi r\sigma = \Delta\rho V g \tag{7-39}$$

式中,$\Delta\rho$ 为液体密度与空气密度之差;g 为重力加速度。实验证明,式(7-39)只适用于理想情况。图 7-11 是液滴滴落时的实际情况,这是一个液滴滴落时的高速拍摄的连续照片示意图,说明滴落的液滴仅仅是平衡悬滴的一部分,而且滴落的液滴不垂直于管端平面。因此实际计算时,必须对式(7-39)加以校正。

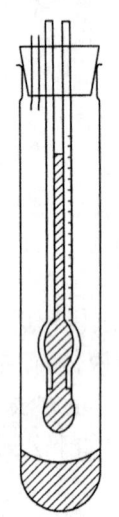

图 7-10 滴体积法的装置

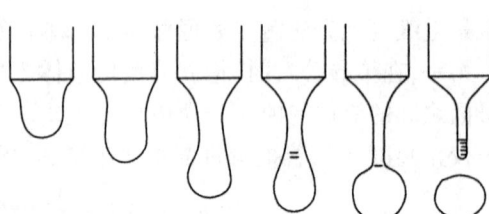

图 7-11 液滴滴落时的快速照相图

以 $f(V/r^3)$ 表示校正因子,与 V/r^3 有关,因此式(7-39)应改成:

$$\Delta\rho V g = 2\pi r f(V/r^3)\sigma$$

或

$$\sigma = \frac{\Delta\rho V g}{2\pi r f(V/r^3)} = \frac{\Delta\rho V g}{r} F \tag{7-40}$$

式中,$F = 1/[2\pi f(V/r^3)]$。表 7-7 列出校正因子 F 的数值。校正因子表值是用不同半

径的滴液管,对水和苯进行滴体积的测定,并以毛细管上升法测定的表面张力作为标准值计算得到的。

表7-7 滴重法的校正因子 F 值*

V/r^3	F	V/r^3	F	V/r^3	F
5000	0.172	2.637	0.26224	0.168	0.2550
250	0.198	2.3414	0.26350	0.771	0.2534
58.1	0.215	2.0929	0.26452	0.729	0.2517
24.6	0.2256	1.8839	0.26522	0.692	0.2499
17.7	0.2305	1.7062	0.26562	0.658	0.2482
13.28	0.23522	1.5545	0.26566	0.626	0.2464
10.29	0.23976	1.4235	0.26544	0.597	0.2445
8.190	0.24398	1.3096	0.26495	0.570	0.2430
6.662	0.24786	1.2109	0.26407	0.541	0.2430
5.522	0.25135	1.124	0.2632	0.512	0.2441
4.653	0.25419	1.048	0.2617	0.483	0.2460
3.975	0.25661	0.980	0.2602	0.455	0.2491
3.433	0.25874	0.912	0.5885	0.428	0.2526
2.995	0.26065	0.865	0.2570	0.403	0.2559

注:* V/r^3 在 2.637~1.2109 之间时,校正项的实验误差在 0.1% 以内。在 10.29~0.865 之间为 0.2% 以内。

根据实验测得的 r、V 数据计算出 V/r^3 的值,并由表7-7查得 F 值。然后用式(7-40)就可以计算得到表面张力。

3. 环法

图7-12是环法测定界面张力的示意图。它是将一细金属丝环放入试样中,测定金属丝环提高到它与界面分离为止所需要的力 F。这一力完全用于克服试样的界面张力。如果把界面看作为圆的一部分,那么按力的平衡原理有

$$\begin{aligned} F &= 2\pi\sigma R' + 2\pi\sigma(R' + 2r) \\ &= 4\pi\sigma(R' + r) \\ &= 4\pi\sigma R \end{aligned} \quad (7-41)$$

式中 R'——环的内径;
r——金属丝的半径;

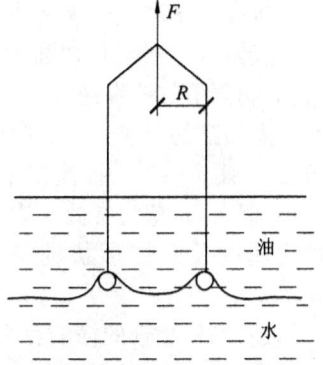

图7-12 环法测界面张力的剖面图

$(R' + r) = R$——环的平均半径。

如果实验测得拉力 F 就可求得界面张力 σ。但实际情况是比较复杂的。一是界面张力并非垂直；二是金属丝环被提高时，界面的形状是复杂的。它与环的大小、金属丝的粗细及界面的性质有关。考虑到这些因素的影响，必须引入一个校正因子 β。故式(7-41)可写作

$$\sigma = \frac{\beta F}{4\pi R} \quad (7-42)$$

校正因子 β 是 R/r 及 R^3/V 的函数。Harkins 和 Jordan 把它们归纳成图表的形式以便于查找。图 7-13 就是描述不同 R/r 值下，β 与 R^3/V 之间的关系。只要知道 R/r 及 R^3/V 值，即可从图中查出 β 值。V 为环拉起液体的体积，可由式 $V = \frac{m}{\rho} = \frac{F}{\rho g}$ 求得。

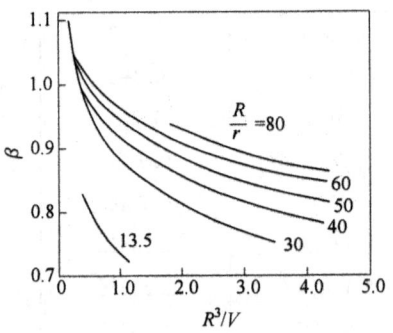

图 7-13 环法中校正因子 β 图

另外也可以用 Waters 导出的方程求 β 值

$$(\beta - a)^2 = \frac{4b}{\pi^2} \frac{1}{R^2} \times \frac{F}{4\pi R(\rho_1 - \rho_2)} + C \quad (7-43)$$

式中　ρ_2, ρ_1——分别为界面上、下两相的密度；

$a = 0.7250$；

$b = 0.09075 s^2 \cdot m^{-1}$；

$C = 0.04534 - 1.679 \frac{r}{R}$。

4. 动力学方法——流动法

当液体从一根截面为圆形的垂直小管中连续流出来时，其液滴落下的线性速度 u 是随着下落距离而加大。如果不考虑粘度的影响，只有重力加速度作用，线性速度每秒增加 $9.81 m \cdot s^{-1}$。而流出来的液柱半径 r 却随着下落而减小，但 $\pi r^2 u$ 却为常数。表面张力将会阻碍液柱变细。通过线速度及液柱形状的测定，就可以计算出表面张力 σ。

但是，如果小管的横截面积不是固定的圆形，而是从扁椭圆形—圆形—长椭圆形—圆形—扁椭圆形这样的周期重复地变化，则其液柱的形状也跟着发生变化，剖面如图 7-14 所示。其振动频率 ω 随 σ/r 的增加而增大。因为从 Laplace 方程可见，σ/r 实际上是一个向内的收缩力。另外，ω 也随着液体的密度 ρ 和圆形横截面半径 r 的增加

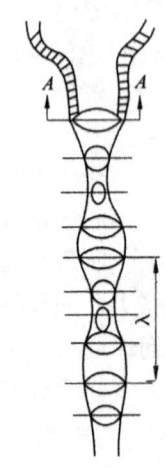

图 7-14 喷液口及流出液柱形状剖面图

而减少。因为 ρ 和 r 越大,则流出的液体越多。这几个量之间的关系可以用量纲分析法来确定。

取 ω 的量纲为 T^{-1};σ/r 的量纲为 $MT^{-2}L^{-1}$,r 的量纲为 L;ρ 的量纲为 ML^{-3}。用量纲分析,有

$$\omega^k = nr^p(\sigma/r)^q \rho^v$$

即

$$T^{-k} = L^p M^q T^{-2q} L^{-q} M^v L^{-3v}$$
$$= L^{p-q-3v} M^{q+v} T^{-2q}$$

解之得

$$k = 2q$$
$$p = -2q$$
$$v = -q$$

因此有

$$\omega^2 = n\frac{\sigma}{r^3 \rho} \tag{7-44}$$

式中,n 为依赖于喷液口形状的数字,通常在 $1 \sim 0.1$ 之间。实际上所测得的数值不是振动频率 ω 而是波长 λ 和线性速度 u,它们之间的关系为:$\omega\lambda = u$,所以式(7-44)可以写作

$$\sigma = \frac{u^2 r^3 \rho}{n\lambda^2} \tag{7-45}$$

Bohr 作了更精确的数学处理,得到如下公式

$$\sigma = \frac{4\rho V^2(1 + 37b^2/24a^2)}{6\pi\lambda^2(1 + 5\pi^2 a^2/3\lambda^2)} \tag{7-46}$$

式中　V——体积流速;
　　　a——最大与最小半径之和;
　　　b——最大与最小半径之差。

喷液口的尺寸要适当选择。例如一个典型的实验是喷液口的尺寸约为 3×10^{-4}m,体积流速约为 10^{-6}m$^3 \cdot$s^{-1},得到的波长约为 5×10^{-3}m。

在测定表面张力时必须注意两点:一是测试时必须保持试样温度恒定。因为温度对表面张力的影响是明显的;二是试样要高纯度,测度仪器要十分清洁。因为表面张力对杂质是极为敏感的,尤其是表面活性物质,只要有一个分子厚的表面膜存在就会大大地降低液体的表面张力。对高表面张力的液体更是如此。

纵观上述表面张力测试方法,各有其优缺点。选用何种方法进行测量,取决于要求实验的精确度及要求测试的速度。毛细管上升法是最精确的方法,而且是一种绝对测试方法。本章所介绍的并未包括对这种方法进行精确的处理。滴重法无论测定表面张力或界面张力,从测定的精确度及测试速度来说都是一个很好的方法,而且设备简单。同时由于

每次液滴的滴出都形成新的表面。所以,即使表面吸附迅速的液体,也不会给这种测试方法带来影响。对于表面吸附不明显的液体也可采用环法。它经过 Harkins 校正以后,也得到了很好的结果。动态法虽然目前还不很完善,但它能测定最新鲜的液体的表面张力。其他方法就不在这里介绍了。

7.2 毛细现象

7.2.1 毛细管上升速率

当液体对毛细管润湿时,液体在毛细管中上升,其平衡高度可以通过式(7-36)来确定。而它在毛细管中上升的速度可以用 Poiseuille 方程式来描述。如果毛细管足够细,那么液体在毛细管中的流动将是层流。在横截面为圆形的毛细管中,层流的线性流速可以表示为

$$u = \frac{r^2(p - p_t)}{8\eta\, h_t} \tag{7-47}$$

式中　η——液体的粘度;

h_t——经过时间 t 以后毛细管中流柱上升的高度;

r——毛细管半径;

p——毛细管中液体弯月面所产生的附加压,即 Laplace 方程中的压力差 $\frac{2\sigma}{r}$;

p_t——h_t 所产生的静水压,即为 $\rho g h_t$。

线性速度可以用 dh_t/dt 来描述,则式(7-47)可以写成

$$\frac{dh_t}{dt} = \frac{r^2}{8\eta\, h_t}\left(\frac{2\sigma}{r} - \rho g h_t\right) = \frac{\rho g r^2}{8\eta\, h_t}(h - h_t) \tag{7-48}$$

对式(7-48)进行积分,并整理得

$$t = \frac{8\eta}{r^2 g\rho}\left(h\ln\frac{h}{h - h_t} - h_t\right) \tag{7-49}$$

式中,h 为液体在毛细管中上升达到平衡时的高度。

如果毛细管水平放置,则不产生重力液柱,即 $\rho g h_t = 0$,此时式(7-48)可简化为

$$\frac{dh_t}{dt} = \frac{\sigma r}{4\eta\, h_t} \tag{7-50}$$

积分式(7-50),可得

$$t = \frac{2\eta\, h_t^2}{\sigma r} \tag{7-51}$$

式(7-51)表示,润湿液柱的长度与毛细管浸入液体中的时间的平方根成正比。

表 7-8 列出了半径 $r = 3.54 \times 10^{-4}$m 的玻璃毛细管与各种润湿液体 ($\theta = 0$) 接触时，根据式 (7-51) 的计算值 $\left(\dfrac{\sigma r}{2\eta}\right)^{1/2}$ 与实验观察值 $\left(\dfrac{h_t}{t^{1/2}}\right)$ 的数据，比较发现它们是非常吻合的，足以证明式 (7-51) 的正确性。

值得注意的是，上面公式都只适用于：①液体完全润湿毛细管，即 $\theta = 0$。若 $\theta > 0$，则必须以 $\sigma \cdot \cos\theta$ 校正项代替式中 σ 项。②毛细管横截面应为圆形。③毛细管内液体流动应为层流。④液体应为牛顿流型（参阅第 9 章）。

表 7-8　一些润湿液体在 $r = 3.54 \times 10^{-4}$m 的玻璃毛细管中 $\left(\dfrac{\sigma r}{2\eta}\right)^{1/2}$ 的计算值与实验值的比较

物　质	$(\sigma r/2\eta)^{1/2}$ 值	
	计算值	观察值（从 $h_t/t^{1/2}$ 计得）
异丁醇	3.75	3.70
异丙醇	4.10	4.20
乙　醇	5.52	5.65
甲　醇	8.16	7.90
三氯甲烷	8.70	8.60
苯	8.90	9.90
乙　醚	11.30	10.95
水	11.31	11.40

7.2.2　毛细力

众所周知，在弯曲面的两侧会出现压力差 Δp，其大小除了取决于曲面的表面张力 σ 以外，还取决于曲率半径 R_1 和 R_2。它们之间的定量关系可用 Laplace 方程表示

$$\Delta p = \sigma \left(\frac{1}{R_1} + \frac{1}{R_2}\right) \tag{7-52}$$

当曲面为球面时，$R_1 = R_2 = R'$，式 (7-52) 可写成

$$\Delta p = \frac{2\sigma}{R'} \tag{7-53}$$

当曲面为圆柱面时，$R_1 = \infty$，$R_2 = R'$，式 (7-52) 可写成

$$\Delta p = \frac{\sigma}{R'} \tag{7-54}$$

如果曲率半径为正值，$R' > 0$，即曲率中心在物体的内部，物体呈凸面状，则 $\Delta p > 0$。平衡时曲面内体系的压力大于曲面外压力，产生一个正压力。如毛细管中液体呈凸面状，则液柱必然下降，直到其下降深度所减少的静水压 $\rho g h$ 等于正附加压 Δp 为止。如图 7-15a 所示。相反，若曲率半径为负，$R' < 0$，即曲率中心落在物体的外部，物体呈凹面状，则

$\Delta p < 0$。平衡时曲面外体系的压力小于曲面内的压力,产生一个负压力。如毛细管中液体呈凹面状,则液柱必然上升,直到其上升高度所增加的静水压 $\rho g h$ 等于负附加压为止。如图 7-15b 所示。

上述所讨论的两种情况是毛细管插入液体中产生正压力和负压力的情况。由于毛细管壁是固定不动的,所以必然导致管中的液柱下降和上升。即在压力差作用下,曲面总向着其曲率中心的方向移动。如果毛细管壁是可移动的,则对于图 7-15a 的情况来说,管内产生正压力而迫使两边毛细管壁相互远离;相反,对图 7-15b 的情况来说,则管内产生负压力,而使两边的毛细管壁相互靠拢。这就是通常称作的毛细力。

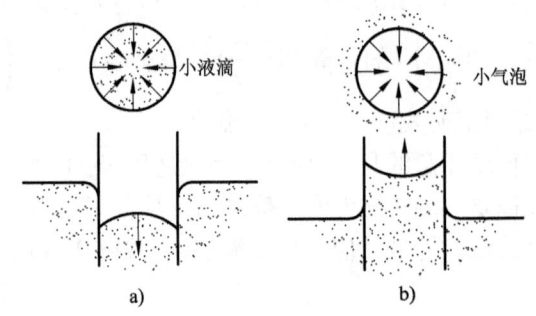

图 7-15 a)体系表面曲率半径 $R'>0$ 和 b)$R'<0$ 时附加压 Δp 的方向及相应的毛细管现象

现取一块小浮片,垂直插入液体中,若浮片的两边对液体润湿程度相同,则它处于对称状态。但是,如果浮片两边对液体润湿程度不同,例如浮片右边对液体润湿,而在左边的接触角 $\theta = 90°$,则出现如图 7-16 所示的情况。

设作用在水平面上的大气压力为 p_0,在水平面上高度为 h 弯月面处的静水压为 $(p_0 - \rho_2 g h)$,而在同一处气相压力为 $(p_0 - \rho_1 g h)$。式中 ρ_1 和 ρ_2 分别为气相和液相密度,g 为重力加速度。它们之差值为 $(\rho_2 - \rho_1)gh$。作用在长度为 dh,宽为 w 的长条上的力 F 为

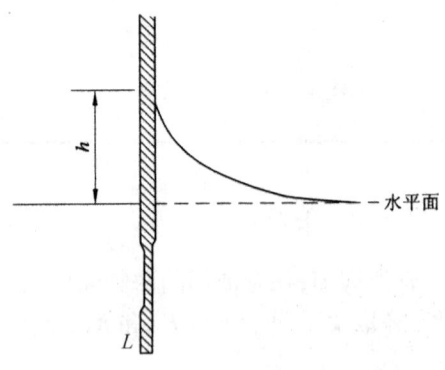

图 7-16 不对称浮板插在液体中的情况

$$dF = (\rho_2 - \rho_1)ghwdh \tag{7-55}$$

对式(7-55)积分,则可得到作用在整个面上的力。

$$F = \int_0^h (\rho_2 - \rho_1)ghwdh = \frac{1}{2}(\rho_2 - \rho_1)gwh^2 \tag{7-56}$$

式中,h 为液体在右面上升的高度。看来浮片受到这一力的作用会向右移动,但是实际上在浮片的左面,在宽度为 w 的面上,由于表面张力作用而受到一个向左的水平力 F'

$$F' = w\sigma \tag{7-57}$$

当浮片不动时,则两方向相反的力达到平衡,$F = F'$,此时有

$$h^2 = \frac{2\sigma}{(\rho_2 - \rho_1)g} \tag{7-58}$$

这就是浮片达到平衡时,右边液体上升的最大高度。由于上升这些液体,将会使浮片顺时针向下倒转。为了消除这一扭力矩,可以在浮片底部加上负载 L,如图 7-16 所示。

如果不是一块浮片,而是两块完全相同的浮片,它们对液体同样润湿,且每个面对液体的接触角都为 θ 值。当它们平行互相靠拢(如图 7-17 所示)时,两浮片之间的液体上升并产生负压力,这样外界大气压就会迫使两块浮片进一步互相靠拢。这就是毛细引力。作用在每块浮片上的毛细引力可以用式(7-56)表示。但此处 h 值是指液面到两浮片之间弯月面的底面距离。而这一距离可以通过下面的方法求得:两浮片间液柱重 $(\rho_2 - \rho_1)gh$ 等于曲面产生的负压力 Δp。由于曲面为圆柱状,且假设 $r = \frac{1}{2}\delta$,则曲率半径 $R' = \frac{r}{\cos\theta} = \frac{\delta}{2\cos\theta}$,故 $\Delta p = \frac{2\sigma\cos\theta}{\delta}$,所以 $\frac{2\sigma\cos\theta}{\delta} = (\rho_2 - \rho_1)gh$,解之求得

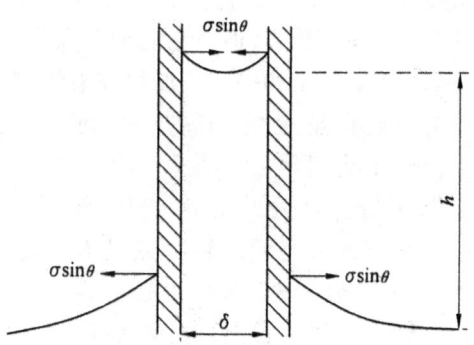

图 7-17 两个平行平面插入润湿液体中产生的毛细吸力

$$h = \frac{2\sigma\cos\theta}{(\rho_2 - \rho_1)g\delta} \tag{7-59}$$

将式(7-59)代入式(7-56),就可以求得毛细引力

$$F = \frac{2w\sigma^2\cos^2\theta}{(\rho_2 - \rho_1)g\delta^2} \tag{7-60}$$

至于表面张力对浮片的作用,由于作用在两浮片四个面上的表面张力的水平方向分量都为 $\sigma\sin\theta$,而且它们的方向相反。虽然它们仍会产生一个力矩,但可以用上面方法引入一负载 L 将其消除,而使它们相互抵消。如果液体完全润湿两浮片,则 $\theta = 0$,此时式(7-60)可以写作

$$F = \frac{2w\sigma^2}{(\rho_2 - \rho_1)g\delta^2} = \frac{w\sigma h}{\delta} \tag{7-61}$$

如果两块长为 l,宽为 w 的长方形清洁薄板,水平放置,中间灌入完全润湿它的液体,如图 7-18 所示。设圆柱形液面的曲率半径近似等于 $\frac{1}{2}\delta$,由此产生的压力差 Δp 可由式(7-54)求得,$\Delta p = \frac{2\sigma}{\delta}$ 为负压力。而薄板的面积为 lw,故它们所受到的毛细引力为

$$F = \frac{2wl\sigma}{\delta} \qquad (7-62)$$

在日常生活中常见到,当两块干净的玻璃板中间灌满水时,要把它们拉开是很费力的。这正是由于毛细引力之故。

另外一种相反的情况是两块浮片不为液体所润湿,即 $\theta > 90°$。当它们靠拢时,两浮片间液面下降并产生正压力,迫使它们相互远离。这就是毛细斥力。但是如果一块浮片被液体润湿,而另一块不被润湿,当它们靠拢时,通常也会产生毛细斥力。图 7-19 描述了这种情况。A 浮片的 $\theta_1 < 90°$,B 浮片的 $\theta_2 > 90°$,它们的转折点是 O 点。若 $\theta_1 = 180° - \theta_2$,则 O 点必在两浮片距离的中间位置上。对 A 浮片来说,内侧面的液体由于受 B 浮片影响,上升高度没有外侧面液体上升得那样高;对 B 浮片来说,内侧面的液体由于受 A 浮片的影响,下降深度没有外侧面液体下降得那样深。因而形成如图 7-19 所示的液体表面的

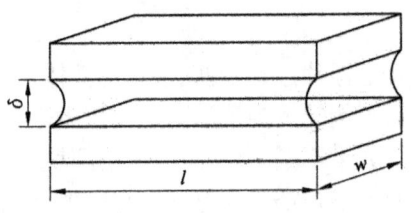

图 7-18 两个水平板之间放入润湿液体产生毛细引力

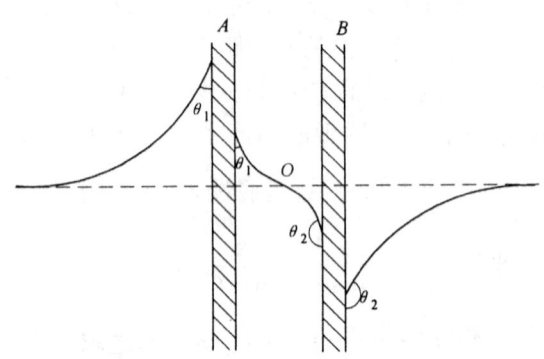

图 7-19 具有不同润湿性能的两平板插入液体中产生毛细斥力

形状,使两浮片之间产生正压力,出现毛细斥力,两浮片向外移动。这种情况产生的毛细斥力当然比两块浮片都不润湿时所产生的毛细斥力小。

毛细力在工业和科学上很重要。例如一些干粉没有粘性,但加入水能对它润湿,使粉体粒子之间存在毛细吸力,从而使它具有一定粘性和可塑性。又如在粉体高温烧结过程中,一旦高温出现可润湿固体粒子的液相时,毛细吸力的出现使粒子相互靠拢而导致材料致密化。

7.2.3 毛细管凝结

Kelvin 方程式说明了小液滴的饱和蒸气压比正常液体的饱和蒸气压高;而小气泡中饱和蒸气压则比正常液体的低。当液体对毛细管壁润湿时,其液-气界面呈凹面状,因此毛细管内液体蒸气压比正常的饱和蒸气压低,这样便出现了毛细管凝结现象。当毛细管外面的蒸气压还未达到饱和时,对一定细度的毛细管来说,可能已达到饱和甚至过饱和的程度,因而在管内凝结成液体。相反,若要进行蒸发,则毛细管内的液体比正常液体更难蒸发。在一定温度和相对蒸气压下,只有按照 Kelvin 方程式计算所得到的毛细管半径才

能发生凝结。这一半径称为 Kelvin 半径 r_k。半径比它大的毛细管都不能发生凝结,只有半径等于或小于它的毛细管才能发生。所以 r_k 表示了要发生毛细管凝结现象所要求的最大毛细管半径。毛细管的形态不同,所具有的 r_k 值不同。

设在一定温度下,毛细管内液面曲率半径为 R_1 和 R_2,与它平衡的饱和蒸气的蒸气压力为 p。由于曲面压力差导致摩尔吉布斯函数变化为

$$\Delta G = \int V dp = V \Delta p = V\sigma\left(\frac{1}{R_1} + \frac{1}{R_2}\right) \tag{7-63}$$

式中,V 为液体摩尔体积,设与压力无关。

由于毛细管内饱和蒸气压不同而导致摩尔吉布斯函数的变化为

$$\Delta G = \int_{p_0}^{p} V dp = RT\ln\frac{p}{p_0} \tag{7-64}$$

式中 R——摩尔气体常数;

p_0——正常液体的饱和蒸气压。

当毛细管内液体与蒸气达到平衡时,则有

$$RT\ln\frac{p}{p_0} = V\sigma\left(\frac{1}{R_1} + \frac{1}{R_2}\right) \tag{7-65}$$

下面列举两种毛细管形状来讨论。

1. 气-液平衡发生在半径为 r 的毛细管中

图 7-20 描述了在这种形状的毛细管中达到气-液平衡时液面的形状是一半径为 R' 的球形面,管壁有厚度为 δ 的吸附层,则 $r_k = r - \delta$,以及 $R' = -\dfrac{r_k}{\cos\theta}$。考虑这些条件以及式(7-53),则式(7-65)可以表示为

$$r_k = -\frac{2\sigma V}{RT\ln x_v}\cos\theta \tag{7-66}$$

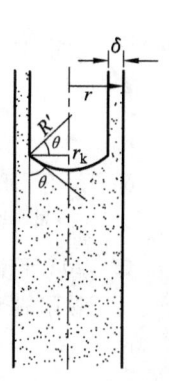

图 7-20 毛细管中的气-液平衡

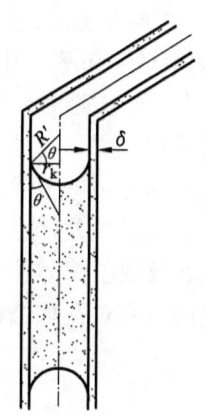

图 7-21 两平行板中的气-液平衡

式中，$x_v = \dfrac{p}{p_0}$ 为毛细管内液体的相对饱和蒸气压。

2. 气-液平衡发生在距离为 $2r$ 的平行板中

图 7-21 描述了两平衡板中达到气-液平衡时液面的形状是一半径为 R' 的圆柱形面，板壁有厚度为 δ 的吸附层。考虑到式(7-54)，则式(7-65)可以写成

$$r_k = -\frac{\sigma V}{RT\ln x_c}\cos\theta \tag{7-67}$$

式中　x_c——两平板间液体的相对饱和蒸气压。

由此可见：第一，相对饱和蒸气压越大，则毛细管的 Kelvin 半径 r_k 就越大；第二，圆形毛细管的 r_k 比平板形毛细管的 r_k 大一倍，这就意味着圆形毛细管更容易凝结；第三，正常液体在其饱和蒸气压下蒸发与凝结是个可逆过程，但在毛细管中进行的过程则为不可逆。图 7-22 描述了在开口毛细管中凝结与蒸发的过程。

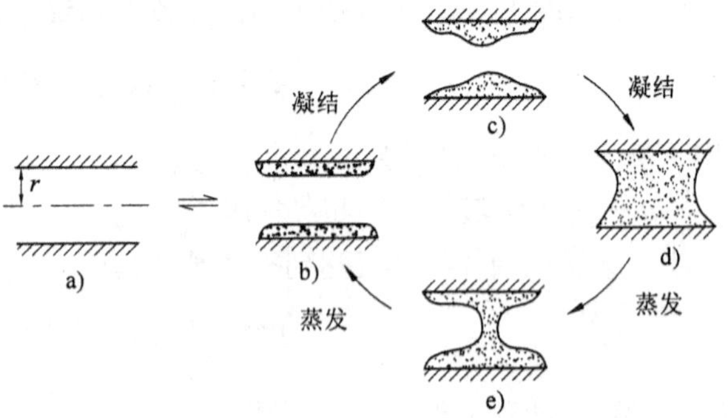

毛细管在发生凝结前因吸附作用，孔壁已形成一吸附层。气-液界面是一个圆柱面，如图 7-22b 所示。此时开始发生凝结，其相对饱和蒸气压 x_c 可用方程式(7-67)确定。逆过程开始蒸发时气-液界面为一半球面。如图 7-22d 所示。此时可用方程式(7-66)确定其相对饱和蒸气压 x_v。比较这两式得：$x_c^2 = x_v$，这就意味着凝结相对饱和蒸气压 x_c 比蒸发相对饱和蒸气压 x_v 大，因为 x 总是小于 1。所以在毛细管中发生等温吸附和脱附时，吸附等温线和脱附等温线并不重叠。脱附等温线总是在吸附等温线之上而形成一滞后回线。图 7-23 描述了在 20℃ 时，苯在活性炭上吸附的滞后回线。吸附滞后回线的形状反映了固体孔隙结构，因此可以通过吸附滞后回线的研究对孔隙结构进行分析。

图 7-22　开口毛细孔的凝结与蒸发情况

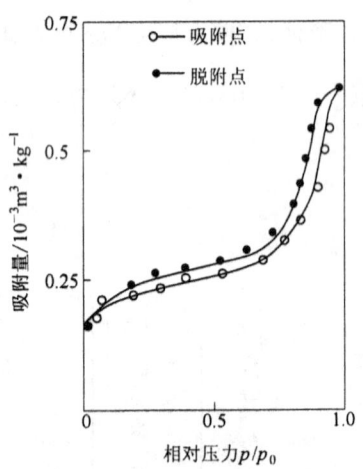

图 7-23　20℃下苯在活性炭中吸附的滞后回线

7.3 表面膜

7.3.1 一种液体在另一种不相溶液体上的铺展

当一滴油滴在干净水的表面上时,可能出现3种情况。

(1)油滴在水面上形成凸透镜状(称为液镜)但并不铺展开来。如图7-24所示。图中σ的下标o表示油,a表示空气,w表示水。

(2)能在水面上铺展成一薄膜,直到它均匀分布在水面上形成一"双面膜"(duplex film)。所谓"双面膜"是指膜的厚度足以形成两个界面,一个是膜与水的界面;一个是膜与空气的界面。两个界面分别有各自的界面张力。

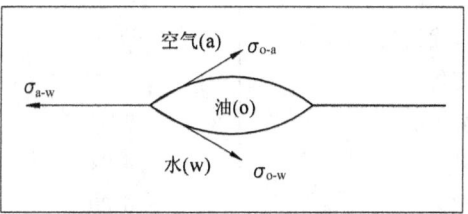

图7-24 在水表面上不能铺展的油滴

(3)油滴铺展成单分子层,而多余的油滴则在水面上形成液镜。如图7-25所示。这里先讨论前两种情况。

Harkins从热力学观点出发,根据吉布斯函数的变化来说明铺展。在液滴铺展时,σ_{a-w}消失,同时产生了σ_{o-w}和σ_{o-a}。他定义过程中表面吉布斯函数的降低为铺展系数S,即

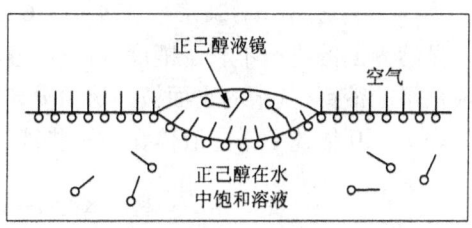

图7-25 正己醇在水表面上铺展

$$S_{o/w} = \sigma_{a-w} - (\sigma_{o-a} + \sigma_{o-w}) \tag{7-68}$$

当$S \geq 0$时,液体铺展。表7-9列出了一些有机液体在水面上的铺展系数。

油相中的杂质,如十六烷中的油酸可以降低σ_{o-w},足可以使S为正值。而水相中的杂质通常会降低S,因为杂质总会使σ_{w-a}降低得比σ_{o-w}更甚。正辛烷能在干净水面铺展而不能在污水表面铺展就是这一原因。

上面讨论到铺展系数时并没有考虑到液体彼此的相互溶解。因为严格来说,绝对不互溶的两液相是没有的,它们多少总有点溶解。例如当正己醇初期在水面上铺展时的铺展系数为

$$S_{开始} = [72.8 - (24.8 + 6.8)] \text{mN} \cdot \text{m}^{-1} = 41.2 \text{mN} \cdot \text{m}^{-1}$$

随着时间的流逝,正己醇-水相互小部分溶解,界面张力也随之变化。σ_{w-a}减小到28.5mN·m^{-1},σ_{o-w}减小到24.7mN·m^{-1},此时的铺展系数为

表 7-9 20℃时一些有机液体在水面上的铺展系数

铺展液体	$S/mN\cdot m^{-1}$	不铺展液体	$S/mN\cdot m^{-1}$
丁酸	45.66	二溴乙烯	-3.19
正辛醇	35.70	二硫化碳	-6.94
硝基甲苯	26.32	一碘代苯	-8.74
油酸	24.62	溴仿	-9.58
壬酸乙酯	20.90	液态石蜡	-13.64
溴代乙烷	17.44	二磺甲烷	-26.50
氯仿	13.04		
异戊烷	9.44		
苯	8.94		
甲苯	6.80		
硝基苯	3.76		
己烷	3.41		

$$S_{终止} = [28.5 - (24.7 + 6.8)]\,mN\cdot m^{-1} = -3.0\,mN\cdot m^{-1}$$

显然界面的终态不利于铺展。这样使得早期的铺展停止,而且会导致膜轻微收缩而形成很平的液镜,其余的水面被一层单分子正己醇层所覆盖。表面情况如图 7-25 所示。表 7-10 描述了一些液体在另一些液体上开始和最终的铺展系数,从该表可见:

表 7-10 一些液体在另一些液体上开始和最终的铺展系数

液体$_{(w)}$	液体$_{(o)}$	$\dfrac{\sigma_w}{mN\cdot m^{-1}}$	$\dfrac{\sigma_o}{mN\cdot m^{-1}}$	$\dfrac{\sigma_{o(w)}}{mN\cdot m^{-1}}$	$\dfrac{\sigma_{w(o)}}{mN\cdot m^{-1}}$	$\dfrac{\sigma_{w-o}}{mN\cdot m^{-1}}$
水	异戊醇		23.7	23.6	25.9	5
	苯		28.9	28.8	62.2	35
	CS$_2$	72.8	32.4	31.8	—	48.4
	正庚醇		27.5	—		7.7
	CH$_2$I$_2$		50.7			41.5
	异戊醇	44	-2.7	-54	-7.3	
	苯	8.9	-1.6	-78.9	-68.4	
	CS$_2$	-7	-9.9	-89		
	正庚醇	40	-5.9	-56		
	CH$_2$I$_2$	-27	-24	-73		

(1) 在油$_{(o)}$中溶有少量水$_{(w)}$及水$_{(w)}$中溶有少量油$_{(o)}$的表面张力都发生下降,而且杂质溶解于水,使水的表面张力σ_{w-o}下降更甚。

(2) 水$_{(w)}$在油$_{(o)}$上的铺展系数$S_{w/o}$和油$_{(o)}$在水$_{(w)}$的铺展系数$S_{o/w}$是不相同的。这是两种截然不同的铺展情况。后者的铺展系数用式(7-68)表示,而前者的铺展系数可写成

$$S_{w/o} = \sigma_{o-a} - (\sigma_{w-a} + \sigma_{o-w}) \tag{7-69}$$

(3) 纯水$_{(w)}$、油$_{(o)}$相的铺展系数$S_{w/o}$或$S_{o/w}$与水、油溶液的铺展系数$S_{w(o)/o(w)}$或$S_{o(w)/w(o)}$是不相同的。对于油在水上的铺展情况,因为溶有杂质后σ_{w-a}下降比σ_{o-a}下降大得多,从式(7-68)可见$S_{o/w}$将明显下降,对铺展不利;相反,当水在油中铺展时,按式(7-69)$S_{w/o}$会增大,对铺展有利。这已从表中数据得到证实。

(4) 在油液体分子中引进极性基团或代以更强的极性基团均可使σ_{o-a}增大,而使σ_{o-w}减小,结果导致S增大。故分子中引进极性基团会增大它在水中的铺展能力。如表中异戊醇和正庚醇带有 OH 极性基团,使其$S_{o/w}$明显较其他为大。

7.3.2 液体在固体表面上的铺展

液体在固体表面上的铺展与在另一不相溶液体上铺展相似,铺展系数也可以定义为

$$S_{L/S} = \sigma_S - (\sigma_{SL} + \sigma_L) \tag{7-70}$$

这个公式只能描述开始的铺展情况,实际上经过一段时间以后,固体表面会吸附一层液体的薄膜。此时固体的表面张力不是σ_S,而是$\sigma_{S'}$,相应的铺展系数应为

$$S_{L/S'} = \sigma_{S'} - (\sigma_{SL} + \sigma_L) \tag{7-71}$$

若将 Young 方程$\sigma_S = \sigma_{SL} + \sigma_L \cos\theta$代入式(7-71)则得

$$S_{L/S'} = \sigma_L(\cos\theta - 1) \tag{7-72}$$

由此式可见:除$\theta = 0°$时,$S_{L/S'} = 0$以外,其余任何情况下$S_{L/S'} < 0$。也就是说液体在固体上的铺展系数$S_{L/S'} \leq 0$。当$S_{L/S'}$等于零时为铺展,小于零时为不铺展。这一点与液-液铺展是不相同的。表 7-11 列出了一些液体在烃类固体表面上的接触角和最终铺展系数。

从表 7-11 中数据可见,从三十六烷到聚乙烯,甲基(CH_3—)减少而次甲基(—CH_2—)依次增加。对同一液体来说,接触角随着固体表面次甲基的增加而减少。当固体表面的甲基占优势时,它具有较低的表面张力,对水的润湿能力较差;相反,次甲基在表面占优势时,它对水润湿能力较强。另外,在指定固体的情况下,同系物(甚至不同系物)液体的表面张力的减少会导致接触角减少,铺展系数增加。

当固体表面吸附另一些单分子层的物质后,则其表面会发生改性。例如许多有机极性液体能在高能金属表面上铺展,而不能在低能表面上铺展。如果在金属的表面上覆盖一薄层低表面能的物质,就会使金属表面从对该液体铺展变成不铺展。表 7-12 列出了

一些液体在吸附了单分子层低表面能物质的金属铂上的接触角。

表7-11 20℃下,一些液体在固体烃表面上的接触角和最终铺展系数

液 体	$\dfrac{\sigma_L}{mN \cdot m^{-1}}$	正三十六烷(固)		石蜡(固)		聚乙烯(固)	
		θ/度	$\dfrac{S_{L/S'}}{mN \cdot m^{-1}}$	θ/度	$\dfrac{S_{L/S'}}{mN \cdot m^{-1}}$	θ/度	$\dfrac{S_{L/S'}}{mN \cdot m^{-1}}$
正烷烃							
十六烷烃	27.6	46	-8.4	27	-3.0	铺展	
十四烷烃	26.7	41	-6.6	23	-2.1	铺展	
十二烷烃	25.4	38	-5.4	17	-1.1	铺展	
癸烷烃	23.9	28	-2.8	7	-0.2	铺展	
壬烷烃	22.9	25	-1.8	铺展		铺展	
其他液体							
水	72.8	111	-98.9	108	-95.3	94	-77.9
甘油	63.4	97	-71.1	96	-70.1	79	-51.3
甲酰胺	58.2	92	-60.2	91	-59.2	77	-45.1
叔丁基萘	33.7	53	-14.4	38	-7.1	7	-0.2
二硫化碳	—	53	-12.5	—		—	
正庚酸	28.3	49	-9.5	—		—	
甲基苯基硅氧烷	26.1	49	-8.7	—		—	
聚甲基硅氧烷	19.9	~20	-0.2	铺展		铺展	

表7-12 20℃下,一些液体在吸附了单分子层低表面能物质的铂上的接触角

液 体	$\dfrac{\sigma_L}{mN \cdot m^{-1}}$	以单分子层吸附在铂上的物质的接触角(度)			
		2-乙基-己基胺	2-戊基十四烷酸	癸二酸	苯 胺
水	72.8	77	79	55	79
甘油	63.4	66	—	47	42
二碘二甲烷	50.8	53	—		
四溴乙烷	49.7	49	55		
磷酸三甲酯	40.9	40	44	20	31

7.3.3 膜压与单分子膜

许多不溶性物质(或溶解度很小、或溶解速度极慢的物质),如长链的脂肪酸和醇类可以借助合适的溶剂而铺展在水面上。如果有足够表面积的话,它可以形成一单分子层。这就是前面所述的第三种情况。组成这一层的分子作定向排布:极性基团如—COOH,—OH指向水相,而非极性的烃链总离开水相。一旦单分子层形成就产生一个表面附加压强,其值可以通过这样一个实验来确定:将石蜡溶于石油醚或苯中形成溶液。取一长方形

的浅平槽,槽边装有刻度标尺,用以测定膜的面积,槽上一端横放一支可移动的尺,用以清洁水面和改变膜的面积。槽上的另一端横放一块浮片。实验时,将已知量的试样溶液滴铺在水面上,待溶剂全部挥发或完全溶于水后,就发现表面膜对浮片产生一个压力,推动浮片向右移动。如果将浮片连上一个扭力天平,利用金属丝的扭力使浮片回复至原处。从扭转的刻度就可以知道表面膜对浮片所施的力。这就是膜天平的原理。示意图如图 7-26 所示。

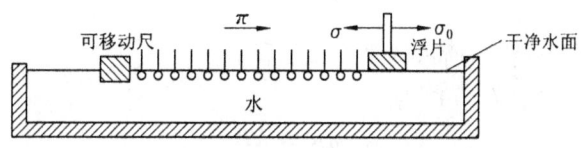

图 7-26 膜天平的原理

上面所测得的膜对 1cm 浮片所施之力称为膜压或称表面压。它实为纯溶剂的表面张力与覆盖表面膜后的表面张力之差。可表示为

$$\pi = \sigma_0 - \sigma \tag{7-73}$$

式中　σ_0——纯溶剂表面张力;

σ——覆盖单分子膜后的表面张力;

π——膜压。

膜压随着形成单分子膜的面积大小而变化。如果实验中每改变一次移动尺的位置,测得其膜压 π 和单个分子在表面上所占有的面积 A,如此不断重复,即可绘制出 $\pi-A$ 曲线图,膜压的数值看来似乎很小,只有百分之几的 $N \cdot m^{-1}$,但由于膜厚度很薄,所以相对应的体相压力还是很大的。例如:膜压 π 为 $10^{-2}N \cdot m^{-1}$,膜厚度 δ 为 1nm 的液膜,相当于体相压力 p 为

$$p = \frac{\pi}{\delta} = \frac{10^{-2}}{10^{-9}}N \cdot m^{-2} = 10^7 N \cdot m^{-2}$$

单分子膜可以看作是二维平面物质的聚集状态。与三维空间物质的气态、液态和固态相似,它也具有不同的物理态。表面单分子膜的分类最好是根据包括端基在内的成膜分子间侧面粘附力来分,因为这是成膜的本质。当然,离解度、pH 值、温度等对决定膜性质起着重要的作用,但它们只是外部影响因素。膜通常可以分为:

1. 气膜(G 膜)

在气膜中的分子是独立分开,而且能在表面上自由运动。一个理想气膜原则上要求膜分子大小和膜分子间的侧向粘附力小到可以忽略不计。当然,这一理想状态实际上是不存在的。但是有些不溶性的膜接近这种状态,特别是大面积、低膜压的情况。如果一个表面活性剂的溶液足够稀,稀到在表面上溶质与溶质的相互作用力可以忽略,那么其表面张力与浓度的关系可用方程式(7-31)表示。该式整理后得 $\sigma = \sigma_0 - Bc$。式中,$B = \frac{b}{a}\sigma$。

对一定温度和指定体系来说为常数。因此 $\pi = Bc, \dfrac{d\sigma}{dc} = -B$。将它代入 Gibbs 吸附方程得

$$\Gamma_2 = -\frac{c}{kT}\frac{d\sigma}{dc} = -\frac{c}{kT}(-B) = \frac{Bc}{kT} = \frac{\pi}{kT} \qquad (7-74)$$

又因为

$$\Gamma_2 = \frac{1}{A} \qquad (7-75)$$

式中　A——每个分子在膜中所占的平均截面积。

将式(7-75)代入式(7-74)得

$$\pi A = kT \qquad (7-76)$$

这就是理想气膜方程式。通过它可以求出理想气膜的膜压。例如十六烷基三甲基溴化铵在水中形成气膜,其理论上的 $\pi-A$ 曲线(虚线)及实际在空气-水和油-水界面上的 $\pi-A$ 曲线(实线)如图 7-27 所示。膜分子离解出 $C_{16}H_{33}N(CH_3)_3^+$ 离子,它们在水溶液中相互排斥,因此在 $\pi-A$ 曲线的所有位置上膜压都很大。而且在油-水界面上膜压比空气-水界面的膜压还大,因为油能渗到膜分子的烃链之间去,这样便大大地消除链间相互吸引力。而空气-水界面的 $\pi-A$ 曲线与理论上曲线极为接近。

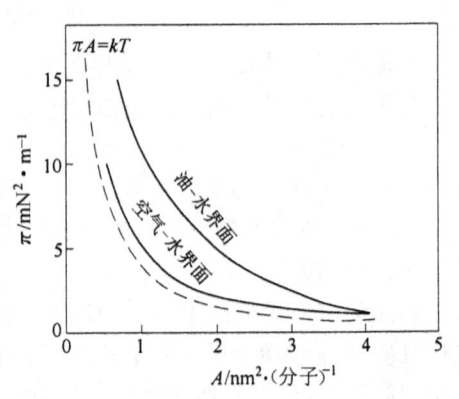

图 7-27　20℃时,十六烷基三甲基溴化铵在空气-水及油-水界面上的 $\pi-A$ 曲线

当压力很小($\pi < 10^{-4}\mathrm{N\cdot m^{-1}}$)及面积很大($A > 10\mathrm{nm}^2$)时,气膜可以当作理想气膜来处理。而当压力增大,面积减小时,与理想气膜方程有偏差,此时可用下面校正方程式

$$\pi(A - A_0) = xkT \qquad (7-77)$$

式中　A_0——常数,是分子横截面积的校正因子;
　　　x——与分子间侧向引力有关的常数。

这个公式与三维空间的 Amagat 公式 $p(V-b) = xRT$ 相似。

通过式(7-76)也可以求得表面膜物质的摩尔质量。若 $n\mathrm{mol}$ 分子在膜中所占的面积为 A',则式(7-76)可以写成

$$\pi A' = nRT = \frac{m}{M}RT \qquad (7-78)$$

式中　M——膜物质的摩尔质量;
　　　m——膜物质的质量。

如果为非理想膜,则式(7-78)在极限情况下仍然适用,即

$$\lim_{\pi \to 0} \pi A' = \frac{m}{M} RT \tag{7-79}$$

若以 $\pi A'$ 对 π 作图可得一曲线,将曲线外延至 $\pi = 0$ 处,得截距为 $\frac{m}{M}RT$,从而可以求得膜物质的摩尔质量 M。

例 在 20℃ 下,每平方米含 8×10^{-7} kg 的蛋白质单分子膜会使其水溶液的表面张力降低 3.5×10^{-5} N·m^{-1}。试求该蛋白质的摩尔质量。

解 因为该蛋白质单分子膜很稀,故可近似把它看作为理想气膜,采用方程式(7-78),经整理并将已知数据代入,可求得

$$M = \frac{c}{\pi} RT = \frac{8.0 \times 10^{-7} \times 8.314 \times 298}{3.5 \times 10^{-5}} \text{kg} \cdot \text{mol}^{-1} = 55.68 \text{kg} \cdot \text{mol}^{-1}$$

2. 液扩展膜(L_1 膜)

L_1 膜通常可以从带有轻微极性的长链化合物如酸、醇、胺等在水面上铺展得到。这种膜比气态难于压缩,但比液体又易于压缩。在 $\pi - A$ 曲线中外推至 $\pi = 0$ 处的 A 值为 $0.4 \sim 0.7 \text{nm}^2$。在低压下,L_1 膜能以一级相转变的形式转变成气膜,就像液体转变成气体一样。

L_1 膜服从下面的状态方程式

$$(\pi - \pi_0)(A - A_0) = kT \tag{7-80}$$

式中,π_0 为与基相液体和膜液体的表面及界面张力有关的常数,是描述它们分子间相互作用力的校正因子,$\pi_0 = \sigma_w - \sigma_{w-o} - \sigma_{o-a}$;$A_0$ 为分子面积的校正因子。

式(7-80)与式(7-76)比较,实际上是 L_1 膜在 G 膜状态方程中引入两个校正因子。一个是分子间相互作用力的校正因子 π_0,另一个是分子面积校正因子 A_0。这就是说,理想气膜把膜分子大小和膜分子间侧向粘附力忽略了。但在 L_1 膜中这两个因素都必须考虑。

3. 液凝聚膜(L_2 膜)

L_2 膜是一种半固态膜,在膜分子的极性基团之间有一定量的水。压缩时水被挤出直到形成固膜为止。有时极性基团较大,它们受压时发生交错排列——压缩重排。

L_2 膜显示出较低的压缩性和较小的 A 值。膜面的分子排列得较紧密,平均每个膜分子所占据横截面积比每个分子烃链真实的横截面积约大 20%。但它也具有流动性,故称液凝聚膜。L_2 膜的 $\pi - A$ 线接近一直线,并可以用下面的方程式来描述。

$$A = b - a\pi \tag{7-81}$$

式中,a, b 都为常数。a 值一般很小,其数量级为 $10^{-3} \sim 10^{-2}$。而 $\pi - A$ 的斜率为 $-\frac{1}{a}$。很小的 a 值意味着 $\pi - A$ 线几乎为垂直状态。

4. 固膜(S 膜)

S 膜通常呈现高密度,是一刚性或可塑性的相。许多链足够长的脂肪酸、醇在足够低的温度下可以形成这种膜。软脂酸、硬脂酸在室温下就形成 S 膜。当膜面积很小时,脂肪酸分子都不能彼此完全分隔开来,烃链之间的粘附强到足以使膜分子在表面上以小束或小岛的形式出现。固膜的膜方程仍可用式(7-81)表示。$\pi - A$ 线为一很好的直线,而且很陡,如果将 π 外延到零处,则可得每个膜分子平均所占据的面积 $A \approx 0.2\text{nm}^2$。

将硬脂酸在稀 HCl 溶液中铺展,大约在膜面积为 $0.25\text{nm}^2 \cdot (\text{分子})^{-1}$(相应于端基开始堆积)时,膜压开始升高,如图 7-28 所示。在膜面积约为 $0.205\text{nm}^2 \cdot (\text{分子})^{-1}$ 时,$\pi - A$ 直线变得很陡。当端基交错堆积,而烃链交联时,出现更大的堆积。对于直链脂肪酸来说,不管链的长度如何,极限面积都为 $0.205\text{nm}^2 \cdot (\text{分子})^{-1}$。膜分子的堆积距离不可能比该物质在晶态时距离更短。通过 X 光衍射测得硬脂酸分子在通常温度下的横截面积为 $0.185\text{nm}^2 \cdot (\text{分子})^{-1}$。任何企图将 S 膜压缩超过这一极限面积都会导致膜的破裂。

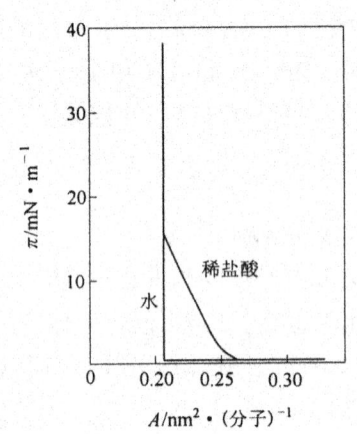

图 7-28　20℃时,硬脂酸在水及稀盐酸铺展的 $\pi - A$ 曲线

将膜压缩可以观察到由气膜向固膜的过渡。图 7-29 描述了十四烷基酸在盐酸溶液上压缩过程的典型 $\pi - A$ 曲线。在 $A > 5\text{nm}^2 \cdot (\text{分子})^{-1}$ 时,形成气膜。当压缩到 $A \approx 0.5\text{nm}^2 \cdot (\text{分子})^{-1}$ 时,可得到液扩展膜。再进一步压缩到 $A \approx 0.25\text{nm}^2 \cdot (\text{分子})^{-1}$ 时,将得到液凝聚膜。最后压缩到 $A \approx 0.2\text{nm}^2 \cdot (\text{分子})^{-1}$ 时,得到固膜。由气膜到液扩展膜中间有一个 $G - L_1$ 膜共存平衡区。图中出现的一水平线,也就是说在恒温下压缩气膜,此时其膜压不会升高,仅由 G 膜转变成 L_1 膜。直到气膜全部消失,π 值才开始上升。这一点与三维空间的气体压缩成液体极其相似。G 膜转变成 L_1 膜也有一临界温度,若超过这一温度,则 $G - L_1$

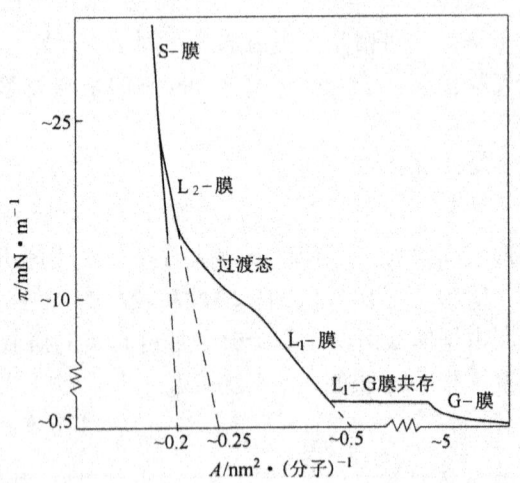

图 7-29　25℃时,十四烷基酸在浓度为 $10\text{mol} \cdot \text{m}^{-3}$ HCl 溶液压缩过程的 $\pi - A$ 等温曲线

膜共存平衡区消失。当压力进一步增加,从 L_1 膜转变成 L_2 膜也要经过一过渡态,它实际上是 L_1-L_2 膜共存平衡区,是一曲线而非水平线。随着温度的升高,这一过渡态要在更高的 π 值下才能出现,而且过渡范围变得越来越窄。与图 7-29 的压缩过程相对应,各表面膜分子的排布可用图 7-30 示意图表示。

从图中可见,G 膜分子平躺在液面上,占据较大的面积;L_1 膜分子的链烃部分躺在液面上,而有些则竖起来,L_2 膜及 S 膜分子的链烃基本上都竖起来,只是 S 膜比 L_2 膜更紧密而已。

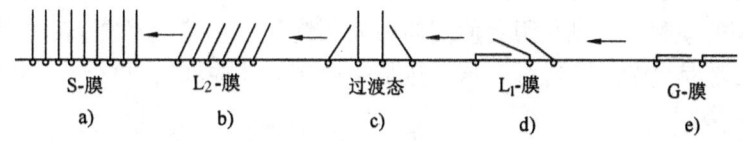

图 7-30 二维膜的各种物理状态示意图

较长的链和较低的温度有利于形成 S 膜或 L_2 膜,而较短的链和较高温度则有利于形成 L_1 膜或 G 膜。链长每增加一个[—CH_2—]基团的作用大概相当于温度降低 5～8K。

离解的单分子膜具有更低的"扩展温度"。所谓"扩展温度"是指当低于这一温度会形成 S 膜或 L_2 膜,而高于这一温度则会形成扩展膜,若在基质溶液中加入少量多价离子可溶性盐,就会导致"扩展温度"的升高。

分子的形状也会影响膜的形成。例如巨大的端基、弯曲或分枝烃链都会有空间阻障,而难以形成 S 膜,有利于形成扩展膜。多个极性基的分子有利于形成扩展膜。因为极性基与极性水分子相互作用,有利于分子平铺在水平面上,要形成 S 膜则必须克服它们间的吸引力才能使分子竖起来。

7.4 吸 附

7.4.1 化学吸附与物理吸附

液体或固体表面中的原子、分子是处于力场的不饱和状态,且表面吉布斯函数较大,处于不稳定状态。自发过程的结果会降低其表面吉布斯函数。而自发过程的进行有两种形式:一是表面收缩,使体系达到表面积最小,表面吉布斯函数也降到最小而处于稳定状态;一是通过表面吸附,使表面张力降低,表面力场不平衡的程度有所下降,从而使体系处于稳定状态。在恒温恒压下有

$$dG = Ad\sigma + \sigma dA \tag{7-82}$$

式中 A——体系的表面积;
σ——体系的表面张力;

G——体系的表面吉布斯函数。

当物体,例如纯液体的表面张力不变,即 $d\sigma = 0$,则上式可写为 $dG = \sigma dA$,过程自发进行(即 $dG < 0$)必然是表面积收缩(即 $dA < 0$)的直接结果。因为液体是容易流动的,所以液体表面层的分子很易通过位移收缩而达到表面积最小的稳定态。但是固体则不行,因为固体的原子、分子是不易流动的,其表面积可看作不变,即 $dA = 0$,故上式可写作 $dG = Ad\sigma$。因自发进行的过程 $dG < 0$,故必然是表面张力 σ 减少。这就是吸附过程。

当气体分子运动碰到固体表面时,由于气体分子受固体表面的不饱和力场的作用,便会暂时停留在固体表面上,使气体分子在固体表面上的浓度增大。这种现象称为气体分子在固体表面的吸附。可见吸附会使固体表面不饱和力场趋于平衡,表面吉布斯函数降低。过程也必然是一个自发过程。这一过程是由于固体表面的气体分子浓度提高,表面张力下降的结果。

固体吸附气体或蒸气时靠两种力的作用:一种是范德华力,另一种是剩余化学价键力。由范德华力所引起的吸附称为物理吸附;而由剩余化学价键力所引起的吸附称为化学吸附。由于范德华力存在于任何两个分子之间,所以物理吸附可发生在任何固体表面上。但是剩余化学价键力仅由于固体表面层的化学键被打断而产生。只有剩余价键力的存在,化学吸附才存在。而随着吸附的进行,剩余价键力得到满足,化学吸附随即消失。

物理吸附平衡通常很快就达到,因为这一过程不需要活化能(除非包含复杂的毛细管冷凝),过程是可逆的。物理吸附有可能是多层吸附,而且在其饱和蒸气压下,物理吸附与液化联系起来。化学吸附只能形成单分子层,这一过程的进行需要一定活化能,因而过程缓慢且是不可逆的。物理吸附和化学吸附的本质可用图 7-31 的位能曲线来说明。图中是描述 X_2 双原子气体分子在金属 M 上吸附的位能曲线。

曲线 P 描述 M 和 X_2 物理相互作用能。它通常包含短程范德华吸引力,使位能为负值。这吸引力来自色散力。另外还包含更短距离的排斥力,使位能为正值,这一斥力来自电子云的重叠,这就是 Born 排斥力。如果分子有永久偶极矩,那么它还应包含静电力和诱导力。

曲线 C 描述化学吸附,此过程中 X_2 离解成 2X。因此,这一能量等于在远距离上 X_2 的离解能。两条位能曲线都有一谷值(最小值),这一谷值的深度相当于吸附热。从图上可见,化学吸附热比物理吸附热更大,而且发生在更靠近固体表面处。最后结果是化学吸附会形成两个 M—X 化学键。

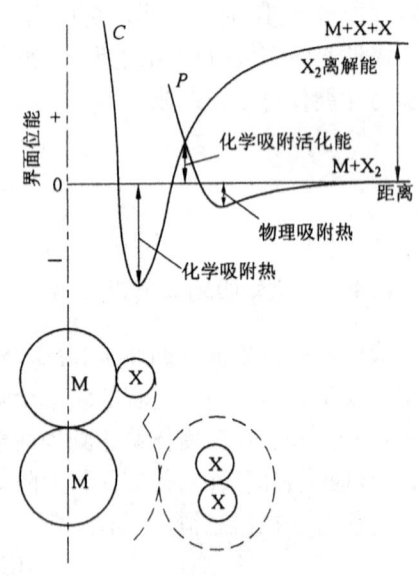

图 7-31 物理吸附和化学吸附的位能曲线

化学吸附之前往往先发生物理吸附。如果不是这样的话,则化学吸附的活化能等于被吸附气体分子离解能。事实上,被吸附气体分子首先发生物理吸附,这样使得气体分子能沿着低能量的途径接近固体表面,最后发生化学吸附。从物理吸附过渡到化学吸附是发生在 C,P 曲线的交点处,该点的能量等于化学吸附的活化能。实际上由于波动力学效应的影响使得这一过渡不是在交点而是沿着交点的略低处进行。吸附活化能的大小与 P,C 曲线的形状有关,而且不同的体系差别很大。例如氢在许多金属表面上的化学吸附活化能就很低。如果化学吸附活化能很大,那么在低温下化学吸附速率很慢,以致实际上所观察到的只有物理吸附。

总结上述两类吸附的特征如下表:

表7-13 物理吸附和化学吸附的主要特征

吸附类型 吸附性能	物 理 吸 附	化 学 吸 附
作用力	范德华力	剩余价键力
吸附热	少;与气体凝聚热同数量级	大;与化学反应热同数量级
选择性	无选择性	有选择性
吸附速度	快;几乎不要活化能	较慢;需要一定的活化能
形成吸附层	单分子或多分子吸附层均可	只能形成单分子吸附层

7.4.2 吸附热

无论是物理吸附或化学吸附,当气体分子被固体表面吸附以后,气体分子就从三维空间运动被限制为二维平面运动。因此,气体吸附过程是伴随着熵减少的过程,即 $\Delta S = (S_a - S_g) < 0$。另外,由于吸附是自发过程,$\Delta G < 0$,由热力学关系式 $\Delta H = \Delta G + T\Delta S$ 可见,$\Delta H < 0$,即固体对气体的吸附过程通常是放热过程。

当气体与吸附在固体表面上的气体达到平衡时,平衡温度与平衡压力之间关系仍服从 Clapeyron 方程

$$\left(\frac{\partial p}{\partial T}\right)_{n_s} = \frac{S_g - S_a}{V_g - V_a} \tag{7-83}$$

在可逆过程中:$S_g - S_a = \dfrac{Q_i}{T}$,代入式(7-83),得

$$\left(\frac{\partial p}{\partial T}\right)_{n_s} = \frac{Q_i}{T(V_g - V_a)} \tag{7-84}$$

式中,下标 n_s 表示等吸附量情况;Q_i 为等吸附量时的吸附热(取正值),简称等量吸附热;V_g 和 V_a 分别表示气体和吸附在固体表面上气体的摩尔体积。

假设：①$V_g \gg V_a$，即 V_a 可以忽略；②气体服从理想气体状态，即方程 $V_g = \dfrac{RT}{p}$；③等量吸附热 Q_i 与温度无关。则式（7-84）可以写成另一微分式

$$\left(\dfrac{\partial \ln p}{\partial T}\right)_{n_s} = \dfrac{Q_i}{RT^2} \tag{7-85}$$

其积分形式可以写成

$$\ln \dfrac{p_2}{p_1} = -\dfrac{Q_i}{R}\left(\dfrac{1}{T_2} - \dfrac{1}{T_1}\right) \tag{7-86}$$

或者

$$\ln p = -\dfrac{Q_i}{RT} + B \tag{7-87}$$

式中，B 为积分常数。通过这两个积分方程式可以测定同一表面覆盖率在不同温度下的平衡压，就能够确定等量吸附热 Q_i。例如，图 7-32 为实验测得不同温度下氯乙烯在木炭上的吸附等温线，当氯乙烯的吸附量为 $0.102 \mathrm{kg \cdot kg^{-1}}$（木炭）时（即固体表面覆盖率 $\theta = 0.2$），相应 -15.3℃，0℃ 及 20℃ 下的平衡压为 26.7Pa、84.0Pa 及 319.9Pa。若以 $\ln p - \dfrac{1}{T}$ 作图，则可得一直线。直线的斜率为 $-5330\mathrm{K}$。根据方程式（7-87），则可求得 $Q_i = 44.3 \mathrm{kJ \cdot mol^{-1}}$。同样可以求得在不同吸附量（不同表面覆盖率 θ）下的 Q_i 值，并列入表 7-14 中。

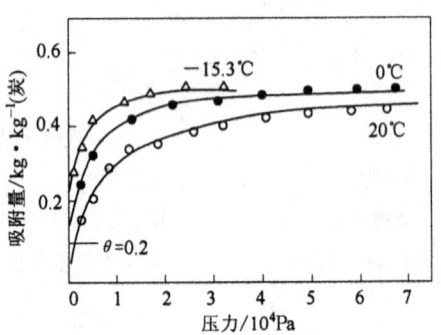

图 7-32　不同温度下氯乙烯在木炭上的吸附等温线

表 7-14　聚乙烯在木炭上吸附时，θ 值与 Q_i 及 Q_d 的关系

θ	0.06	0.08	0.10	0.20	0.30	0.40	0.50	0.60	0.70	0.80
$Q_i/\mathrm{kJ \cdot mol^{-1}}$	57.1	47.5	46.6	44.5	41.6	40.3	40.3	41.2	38.2	37.4
$Q_d/\mathrm{kJ \cdot mol^{-1}}$	54.8	45.2	44.2	42.3	39.3	38.0	38.0	38.9	35.9	35.1

从表 7-13 的数据可见，由于固体表面的不均匀性，所以吸附热与固体表面覆盖率 θ 有关。随着 θ 增大，吸附热减少。这是由于固体表面活性高的部位首先吸附气体，放出的热量也较多，到后来表面活性低的部位吸附气体，放出的热量相对较少。但是也有一种情况是：开始吸附时，吸附热随着吸附量的增加而增大，然后再减少。如氮气在石墨化了的炭黑粉上的吸附热就是这样。这是因为它是多分子层吸附。当气体发生第二或第三层吸

附时,由于后来的分子与已吸附的分子相互作用而增加了它与固体表面的相互作用,故其吸附热随表面覆盖率的增加而增大。但当吸附量再继续增大,这一影响迅速减少,以致吸附热又下降。

除了等量吸附热 Q_i 以外,还有积分吸附热 Q_n 和微分吸附热 Q_d。如果用量热法测定吸附一定量气体 n 所放出的热量为 Q,则积分吸附热 Q_n 可表示为

$$Q_n = \left(\frac{Q}{n}\right)_V \tag{7-88}$$

可见它表示从零到某一覆盖率 θ 范围内的平均吸附热,而且具有吸附过程中吸附质的体积不变的条件,因此它也可以表示为

$$Q_n = \int_0^\theta Q_i d\theta \tag{7-89}$$

微分吸附热 Q_d 定义为

$$Q_d = \left(\frac{\delta Q}{\delta n}\right)_{T,V} = \left(\frac{\delta Q}{\delta \theta}\right)_{T,V} \tag{7-90}$$

微分吸附热也随 θ 而变化,这一点从表 7-13 的数据中也可以看到。它与等量吸附热有如下关系

$$Q_d = Q_i - RT \tag{7-91}$$

微分吸附热 Q_d 比等量吸附热 Q_i 小 RT。由于这一差值不大,故往往可以把它们看作相等。

吸附位能与吸附热之间的关系如图 7-33 所示。图中曲线描述了吸附剂与吸附质分子相互作用位能与它们之间距离的关系。相互作用位能来自 Born 斥力和范德华吸引力的综合结果。当吸附质分子与固体表面距离很远时,位能为零;当它们靠近到一定距离时,位能最低,体系处于最稳定状态。此时它们之间的距离为平衡距离。但吸附质分子并非固定在这一距离上,而是以它为中心发生振动。即使在绝对零度也还有零点振动能 E_V^0。当温度升高到 T 时,其振动能为 E_V。V_0 为吸附位能,又称相互作用位能。它是由于吸附后分子的转动、平动受到限制而导致位能发生变化。ΔE 为吸附剂与吸附质分子的结合能。从图上可

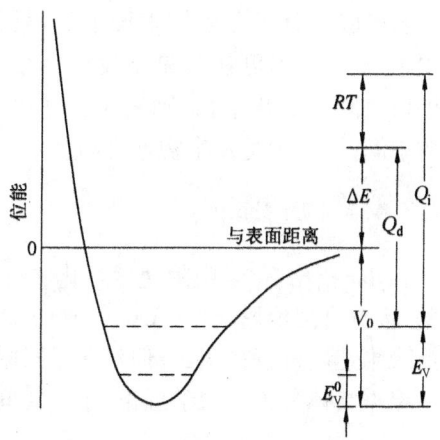

图 7-33 吸附剂与吸附质相互作用位能曲线与吸附热之间的关系

见,吸附热是不包括振动能的。因为吸附前后并不改变吸附质分子的振动。但移动和转动都受到限制。所以 $Q_d = (V_0 - E_V) + \Delta E$。从微分吸附热的定义式(7-88)可见,它是指

在恒温、恒容下改变微小吸附量时的热效应。故它不包括体积功。但是等量吸附热 Q_i 还多一项体积功。它是由等量吸附时体积增大引起的。对 1mol 理想气体来说，近似等于 RT。所以 Q_i 与 Q_d 相差 RT，这一点从图 7-33 也可清楚地见到。

7.4.3 停留时间

当吸附速度等于解吸速度时，吸附达到平衡。此时被吸附在固体表面上的分子停留一段时间以后会重新进入气相，而气相的分子又会被吸附在固体表面上。被吸附的气体分子在固体表面上的停留时间 τ 可以用 Frenkel 式表示

$$\tau = \tau_0 \exp\left(\frac{Q_i}{RT}\right) \qquad (7-92)$$

式中，Q_i 为等量吸附热；τ_0 为吸附分子在垂直于固体表面上的振动时间，其数值在 $10^{-12} \sim 10^{-13}$ s 之间。它可以用统计热力学方法来处理。显然 τ_0 与温度有关。如果求得 τ_0 及 Q_i，则可以求得相应温度的停留时间 τ。图 7-34 描述了 25℃时，τ 与 Q_i 的关系。当被吸附分子在固体表面上的停留时间少于 10^{-13} s，则可认为是不发生吸附；如果停留时间大于几十秒，则发生化学吸附；在此中间，则认为是发生物理吸附。

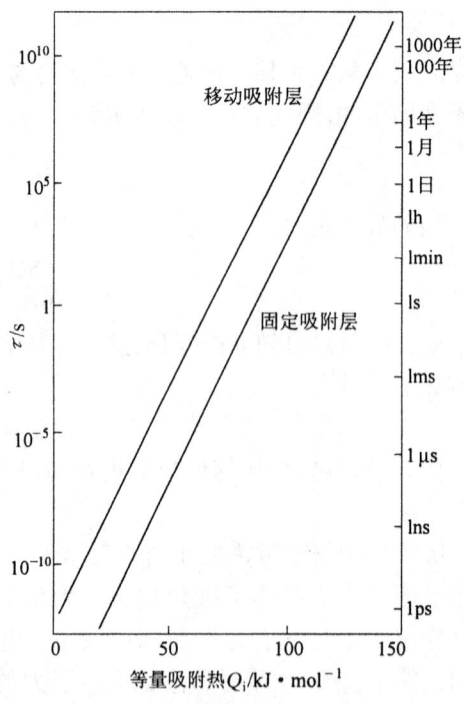

图 7-34　25℃时，移动吸附层与固定吸附层的停留时间与等量吸附热的关系

7.4.4 吸附速度

Taylar 指出：化学吸附速度与化学反应速度相似，是与温度及活化能的指数函数成正比的，也符合阿伦尼乌斯(Arrhenius)方程。对于物理吸附来说，几乎不需要什么活化能，因此吸附速度进行得很快；但对化学吸附来说，则需要一定的活化能，因而吸附速度较慢。

根据气体分子动力学理论，单位时间内碰到单位器壁面积上的分子数，即碰撞数为

$$Z = \frac{p}{\sqrt{2\pi mkT}} \qquad (7-93)$$

式中　m——单个分子的质量。

将式(7-93)右边的分子、分母分别乘上 Avogadro 数 N_A，则得

$$Z = \frac{N_A p}{\sqrt{2\pi MRT}} \qquad (7-94)$$

式中 M——气体的摩尔质量;

R——摩尔气体常数;

T,p——该气体的温度和压力。

如果吸附过程不需要活化能,那么在单位压力下气体碰撞到面积为 A 的吸附位置上的分子数即为其吸附速率 k_a

$$k_a = \frac{N_A A}{\sqrt{2\pi MRT}} \tag{7-95}$$

但是在化学吸附中是需要吸附活化能的。也就是说并非所有的碰撞分子都能发生吸附,只有具有比分子的平均能量高出吸附活化能 E_a 的气体分子才能被吸附。这种能被吸附的气体分子数为总分子数乘上 $\exp\left(-\dfrac{E_a}{RT}\right)$。另外还要考虑到固体表面的实际情况,并非活化分子碰到所有固体表面都能被吸附,而是在 A 面积中的一部分才能起到吸附作用的。因此 A 必须乘上凝聚系数 C。考虑到这些条件,其吸附速率 k_a 应表示为

$$k_a = \frac{N_A C A \exp\left(-\dfrac{E_a}{RT}\right)}{\sqrt{2\pi MRT}} = k_0 \exp\left(-\dfrac{E_a}{RT}\right) \tag{7-96}$$

式中,k_0 为指前因子,或称频率因子,它与碰撞频率有关,其值为

$$k_0 = \frac{N_A C A}{\sqrt{2\pi MRT}} \tag{7-97}$$

由式(7-96)可见,它与化学反应的阿伦尼乌斯方程式是相同的,在化学反应中的 k_0 值与两个分子之间的碰撞频率有关,而在吸附中则与分子对固体吸附表面的碰撞频率有关。

相应的吸附速度 R_a 可表示为

$$R_a = \frac{\mathrm{d}\theta}{\mathrm{d}t} = k_a f(\theta) p \tag{7-98}$$

式中 θ——已被气体吸附的固体表面占总表面的分数,即覆盖率;

$f(\theta)$——有效表面的函数。

吸附活化能 E_a 取决于吸附质及吸附剂的性质,当然也包括固体的表面性质。表 7-15 列出了一些气体在不同吸附剂上的 E_a 值。

表 7-15　一些气体在不同吸附剂上的吸附活化能 E_a

气　体	吸附剂	温度范围/℃	吸附活化能 E_a/kJ·mol^{-1}
H_2	Fe	80～120	43.9
H_2	Ni	0～30	6.3
N_2	W	400～750	41.8～104.5
H_2	ZnO	～400	46.0

很多时候吸附活化能 E_a 与被吸附的表面积的分数 θ 有关,可以用一个经验方程式来描述

$$E_a = E_0 + \alpha\theta \tag{7-99}$$

式中 E_0——与 θ 无关的活化能部分;

$\alpha\theta$——吸附活化能的 θ 校正部分;

α——取决于吸附质及吸附剂性质的系数。

考虑到式(7-99),则式(7-98)可以写成

$$R_a = \frac{d\theta}{dt} = k_0 f(\theta) p \exp\left(-\frac{E_0 + \alpha\theta}{RT}\right) \tag{7-100}$$

图 7-35 描述了 N_2 在强烈还原的铁催化剂表面上吸附时吸附活化能 E_a,解吸活化能 E_d 和吸附热 Q_i 随 θ 的变化情况。

脱附同样需要活化能 E_d,与化学反应的逆向反应活化能相似,它等于吸附活化能与吸附热之和,即

$$E_d = E_a + Q_i \tag{7-101}$$

由于吸附通常都是放热,所以解吸活化能要比吸附活化能大。另外 E_a 与覆盖率 θ 有关,故 E_d 也与 θ 有关。

同样,根据 Langmuir 吸附模型,解吸速度 R_d 可表示为

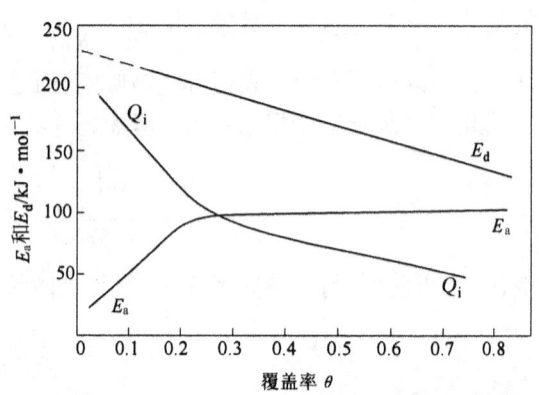

图 7-35 N_2 在强还原铁催化剂表面上吸附的吸附活化能 E_a,解吸活化能 E_d 和吸附热 Q_i 与覆盖率 θ 之间关系。$Q_i = E_d - E_a$ 计算所得

$$R_d = \frac{1}{\tau_0}\exp\left(-\frac{E_d}{RT}\right) f'(\theta) \tag{7-102}$$

若取 $k_d = \frac{1}{\tau_0}\exp\left(-\frac{E_d}{RT}\right)$,$k_d$ 为解吸速度常数,则式(7-102)可以写成

$$R_d = k_d f'(\theta) \tag{7-103}$$

在一定温度下,吸附的净速度为

$$\frac{d\theta}{dt} = R_a - R_d = k_a f(\theta) p - k_d f'(\theta) \tag{7-104}$$

而当吸附与解吸达到平衡时,则有 $R_a = R_d$,所以

$$k_a f(\theta) p = k_a f'(\theta) \tag{7-105}$$

在理想吸附的情况下,即吸附剂表面是均匀的,各吸附活性中心的能量相同,被吸附分子之间无相互作用力,且一个分子只占据一个吸附中心,则 k_a,k_d 与 θ 无关,以及

$f(\theta) = 1 - \theta$, $f'(\theta) = \theta$。考虑到这些条件,式(7-105)可以写成
$$k_a p(1 - \theta) = k_d \theta$$
整理后得
$$\theta = \frac{kp}{1 + kp} \tag{7-106}$$

式中,$k = \dfrac{k_a}{k_d}$ 也是与 θ 无关的常数。这就是 Langmuir 吸附等温方程式。

7.4.5 二维状态方程与等温方程

气体在固体表面的吸附过程可以看作是气体由三维状态变成二维状态(膜状态)的过程。因此对气体的吸附等温方程可以从二维膜状态方程来推导。当然这只适用于单分子层的吸附,因为膜方程是指单分子层而言。

实际气膜可以用膜方程式(7-77)来描述。它是理想气膜加上吸附分子真实面积的校正因素 A_0 和吸附分子之间作用力的校正因素 x。若只考虑其中的一种校正因素,则可以使它进一步简化。现分别讨论如下。

第一种情况,$A_0 = 0$,则膜方程式(7-77)可简化为
$$\pi A = xkT \tag{7-107}$$

将式(7-107)微分,代入 $\pi = \sigma_0 - \sigma$,$d\pi = -d\sigma$,则
$$d\pi = -d\sigma = -\frac{xkT}{A}d\ln A \tag{7-108}$$

又根据 Gibbs 吸附等温方程
$$-d\sigma = \Gamma_2 d\mu_2 \tag{7-109}$$

对于气相的化学位有
$$\mu_2 = \mu_2^*(T) + RT\ln f \tag{7-110}$$

式中,f 为气体的逸度。在稀薄气体中 $f = p$,将方程式(3-110)代入方程式(7-109),并整理得
$$\Gamma_2 = -\frac{1}{RT}\frac{d\sigma}{d\ln p} \tag{7-111}$$

若考虑到以吸附量 Γ(分子数·m^{-2})代替吸附量 Γ_2(mol·m^{-2}),则式(7-111)可写成
$$\Gamma = -\frac{1}{kT}\frac{d\sigma}{d\ln p} \tag{7-112}$$

将方程式(7-108)代入式(7-112)中,得
$$\Gamma = -\frac{x}{A}\frac{d\ln A}{d\ln p} \tag{7-113}$$

因为 $\Gamma = \dfrac{1}{A}$,故式(7-113)可写成

$$x\mathrm{dln}\Gamma = \mathrm{dln}p \tag{7-114}$$

将式(7-114)进行不定积分,得

$$\ln\Gamma = \frac{1}{x}\ln p + k' \tag{7-115}$$

令积分常数 $k' = \ln k$,则式(7-115)可写成

$$\Gamma = kp^{1/x} \tag{7-116}$$

这就是 Freundlich 等温吸附式。这一公式一向是以经验公式的形式出现,现在从理论上作出推导。

Freundlich 等温吸附式在用于高低压力的气体吸附时都发生偏差,它只适用于中等压力的范围。这一点由推导公式时所作的假设所决定。推导时假设不考虑膜分子所占据的面积,而只考虑分子间的相互吸引力。在高压时气体的吸附量增大,此时膜分子所占据的面积不能忽略;当气体压力极低时,气体吸附量很小,膜分子间的吸引力可能忽略。这两点都不符合推导公式时所作的假设,只有吸附气体压力在中等压力范围才适合这一假设。

第二种情况,$x=1$,则膜方程式(7-77)可以简化为

$$\pi(A - A_0) = kT \tag{7-117}$$

将式(7-117)微分,得

$$\mathrm{d}\pi = -\mathrm{d}\sigma = -kT\frac{\mathrm{d}A}{(A-A_0)^2} \tag{7-118}$$

将式(7-118)的 $-\mathrm{d}\sigma$ 值代入式(7-112),并考虑到 $\Gamma = \frac{1}{A}$,则有

$$-\frac{A}{(A-A_0)^2}\mathrm{d}A = \mathrm{dln}p \tag{7-119}$$

以 A_0^2 除式(7-119)左边的分子和分母,且令 $x = \frac{A}{A_0}$,则得

$$-\frac{x}{(x-1)^2}\mathrm{d}x = \mathrm{dln}p \tag{7-120}$$

将式(7-120)进行不定积分,则得

$$-\ln(x-1) + \frac{1}{x-1} = \ln p + C \tag{7-121}$$

式中,C 为积分常数。令 $C = \ln k$,k 为另一常数,且考虑到

$$x = \frac{A}{A_0} = \frac{1}{\theta} = \frac{\text{一个膜分子平均占据面积}}{\text{一个膜分子本身真实面积}} \tag{7-122}$$

式中,θ 为吸附在固体表面上的气体所占的面积与固体总面积的比,即覆盖率,或相对吸附量。将式(7-122)代入式(7-121),得

$$\ln\frac{\theta}{1-\theta} + \frac{\theta}{1-\theta} = \ln p + \ln k \tag{7-123}$$

整理,得

$$kp = \frac{\theta}{1-\theta}\exp\left(\frac{\theta}{1-\theta}\right) \tag{7-124}$$

这就是 Volmer 吸附等温方程式。若 θ 很小,则 $\exp\left(\dfrac{\theta}{1-\theta}\right) \approx 1$,式(7-124)可以写成

$$\theta = \frac{kp}{1+kp} \tag{7-125}$$

这就是 Langmuir 单分子层吸附等温方程。

除了上面采用的理想气体型的二维状态方程推导等温吸附方程外,还可以用其他的二维状态方程,如范德华型和维利型的二维状态方程来推导。由它们推导出来的相应吸附等温方程式列入表 7-16 中。

表 7-16 二维状态方程及相应的吸附等温方程

状 态 方 程	相 应 吸 附 等 温 方 程
理想气体型: $\pi A = kT$ $\pi(A - A_0) = kT$	$\ln kp = \ln \theta$ $\ln kp = \dfrac{\theta}{1-\theta} + \ln \dfrac{\theta}{1-\theta}$
范德华气体型: $\left(\pi + \dfrac{a}{A^2}\right)(A - A_0) = kT$ $\left(\pi + \dfrac{a}{A^3}\right)(A - A_0) = kT$ $\left(\pi + \dfrac{a}{A^3}\right)\left(A - \dfrac{A_0}{A}\right) = kT$	$\ln kp = \dfrac{\theta}{1-\theta} + \ln \dfrac{\theta}{1-\theta} - c\theta$ $\ln kp = \dfrac{\theta}{1-\theta} + \ln \dfrac{\theta}{1-\theta} - c\theta^2$ $\ln kp = \dfrac{1}{1-\theta} + \dfrac{1}{2}\ln \dfrac{\theta}{1-\theta} - c\theta$ 注:$c = \dfrac{2a}{A_0 kT}$
维利气体型: $\pi A = kT + a\pi - \beta\pi^2$	$\ln kp = \dfrac{\phi^2}{2\omega} + \dfrac{1}{2\omega}(\phi+1)\left[(\phi-1)^2 + 2\omega\right]^{1/2}$ $\qquad - \ln\left\{(\phi-1) + \left[(\phi-1)^2 + 2\omega\right]^{1/2}\right\}$ 注:$\phi = \dfrac{1}{\theta}, \omega = \dfrac{2\beta kT}{a^2}$

如果固体表面上的吸附质不是气体膜,而是凝聚膜,如液膜或固膜,那么相应的膜状态方程可以用式(7-81),或者用另外一种形式表示

$$\pi = b - aA \tag{7-126}$$

常数 a,b 是不相同的。将式(7-126)微分,得

$$\mathrm{d}\pi = -a\mathrm{d}A \tag{7-127}$$

考虑到 $\mathrm{d}\pi = -\mathrm{d}\sigma$，则式(7-112)可以写成

$$\Gamma = \frac{1}{kT}\frac{\mathrm{d}\pi}{\mathrm{dln}p} \tag{7-128}$$

将式(7-127) $\mathrm{d}\pi$ 值代入式(7-128)，并以 $\Gamma = \frac{1}{A}$ 代入，得

$$-a\left(\frac{1}{\Gamma}\right)\mathrm{d}\left(\frac{1}{\Gamma}\right) = kT\mathrm{dln}p \tag{7-129}$$

注：*k 为 Boltzman 常数。

积分式(7-129)，得

$$\ln\frac{p}{p_0} = B - \frac{a}{2kT}\left(\frac{1}{\Gamma}\right)^2 \tag{7-130}$$

式中　B——积分常数；
　　　Γ——吸附量，以(分子数·m^{-2})表示；
　　　p_0——凝聚物的饱和蒸气压。

方程式(7-130)与 Harkins-Gura 吸附等温方程完全相同。

$$\ln\frac{p}{p_0} = B - \frac{K}{V^2} \tag{7-131}$$

因吸附量 Γ 也可以用吸附体积 V 表示。式中 B,K 为常数。

7.4.6　固体在高聚物溶液中的吸附

前面讨论的主要是固体对气体或蒸气的吸附，而固体对溶液的吸附将构成吸附的另一重要内容。溶液可以是非电解质溶液、电解质溶液和高聚物溶液。前两种吸附在一般物理化学中有所涉及，这里主要讨论固体在高聚物溶液中的吸附，因为它在胶体体系的稳定与聚沉、固体表面的处理、涂层和膜技术等方面，都具有重要的意义。

1. 吸附聚合物分子的构型

高聚物分子的吸附比小分子吸附复杂得多。原因是在溶液中高聚物分子的大小是有很大差异的，而且其分子具有一定的挠曲性和一定数量的活性基团，这些活性基团往往能吸附在固体的表面上使吸附的高聚物分子具有一定形状。其吸附分子的构型取决于固体吸附剂和高聚物吸附质的性质以及它们之间的相互作用。固体表面吸附点的数目、高聚物分子的链长、活性基团的数目和位置以及高聚物在溶剂中的溶解度等都是影响其吸附构型的重要因素。可以将吸附高聚物分子的构型分成六种形式。如图 7-36 所示。

当高聚物分子以一端吸附在固体表面上，而其余部分都伸展到溶液中就形成了如图 7-36a 的吸附构型；如果分子链以两个或三个活性基吸附在固体表面上，则形成如图 7-36b 那样的环状吸附构型；图 7-36c 的情况是高聚物分子的所有活性基都吸附在固体

表面上,使整个分子平躺在上面;当聚合物的摩尔质量较大,或者它在溶剂中的溶解度较差时,高聚物分子在溶液中往往呈球形线团状。而线团状的分子仅以最小活性点吸附在固体表面上形成图7-36d的吸附构型,此时吸附的分子保持它在溶液中的形状,吸附层的厚度就等于线团的直径,而它可以从分子的旋转半径求得。还有一种形式如图7-36e所示,其特点是分子链节的密度随距固体表面距离而有一定分布,在固体表面上链节密度最大,随着与固体表面距离的增大而减少。以上都是单分子层吸附。但也有些是多分子层吸附,形成图7-36f的吸附构型。不管怎样,这些都属于简单的吸附构型。实际情况下,特别是在高聚物分子的形状较复杂,相对分子质量分布范围较广的情况下,它往往以几种吸附构型的混合形状出现。

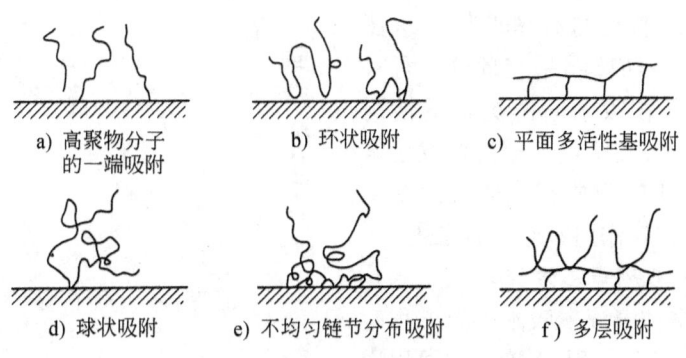

图7-36 吸附高聚物分子的构型

2. 吸附速率

固体从溶液中吸附高聚物的速率主要取决于吸附剂与吸附质的性质,当然也与外界条件如温度、搅拌溶液的速度等有关。重要的是固体吸附剂中孔隙的大小和数量,吸附质摩尔质量的大小以及它们的相互关系。表面光滑的吸附剂很快就达到吸附平衡;而多孔的吸附剂则要很长的时间才能达到吸附平衡。例如聚醋酸乙烯酯在表面光滑的铁粉吸附剂上吸附只需1h就达到吸附平衡;而它在多孔的氧化铝粉末上吸附7h还未达到吸附平衡。至于吸附质摩尔质量的影响也是很明显的,摩尔质量越大,扩散越缓慢,要从溶液中扩散到吸附剂表面或孔隙去进行吸附所需的时间越长。例如活性炭在不同摩尔质量的聚乙二醇的水溶液中吸附,其吸附平衡时间明显随吸附质摩尔质量增加而增大。要达到平衡吸附量的90%,对该聚合物的单体来说,吸附平衡时间小于15s;对摩尔质量为600kg·mol^{-1}的聚合物要2.5min;对摩尔质量为6000kg·mol^{-1}的聚合物要9.0min。

如果吸附剂表面是平坦的,且没有多孔结构,而聚合物溶液是稀溶液,则其吸附速率可以近似用气相吸附的Langmiur等温式表示。C. Peterson等研究了平表面活性炭在聚醋酸乙烯醋-苯稀溶液($10^{-4} \sim 10^{-6}$kg·dm^{-3})中的吸附动力学方程,发现在远离吸附平衡时,其吸附动力学方程为

$$\frac{\mathrm{d}\theta}{\mathrm{d}t} = k_1(1-\theta)c - k_{-1}\theta \qquad (7-132)$$

式中 θ——固体表面覆盖率；

c——溶液的浓度；

k_1, k_{-1}——吸附和解吸过程速率常数。

对式(7-132)积分,得

$$-\ln\left[1-\left(1+\frac{k_{-1}}{k_1 c}\right)\theta\right] = k_1 ct \qquad (7-133)$$

由上式可见,若以 $-\ln\left[1-\left(1+\frac{k_{-1}}{k_1 c}\right)\theta\right]$ 对 t 作图应为一直线,直线的斜率即为 $k_1 c$。图 7-37 表明了这一实验结果与理论方程式完全一致。但是在吸附时间更长的情况下,吸附趋于平衡,实验点与理论线发生偏离,这可能是由于吸附质在固体表面浓度增大,它们之间相互作用不能忽略之故。

3. 高聚物的吸附等温方程式

固体在高聚物溶液中吸附等温方程有时可以用 Freundlich 方程式,有时也可以用 Langmiur 方程式来描述。1953 年 R. Simha, H. L. Frisch 和 F. R. Eirich 用统计的方法从理论上推导出高聚物的等温吸附方程式,称为 SFE 吸附等温方程

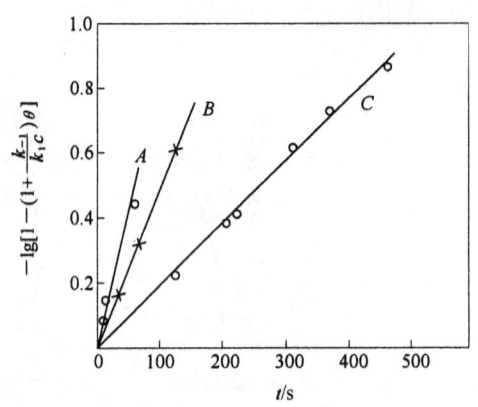

图 7-37 表面平坦活性炭在聚醋酸乙烯酯稀溶液中吸附,浓度($mol \cdot dm^{-3}$)分别为:A:11.5×10^{-5};B:5.75×10^{-5};C:2.30×10^{-5}

$$\left[\frac{\theta \exp(2K_1 \theta)}{1-\theta}\right]^{\langle \nu \rangle} = Kc \qquad (7-134)$$

式中 θ——固体表面覆盖率；

c——溶液中聚合物浓度；

K_1——相互作用参数；

K——有效等温吸附常数；

$\langle \nu \rangle$——可吸附链节的平均数。

Frisch 和 Simha 修正原来的 SFE 吸附等温方程而推导出两个新的等温方程。

$$\left(\frac{\theta}{1-\theta}\right)^{\langle \nu \rangle} = Kc \qquad (7-135)$$

$$\frac{\theta}{\langle \nu \rangle (1-\theta)^{\langle \nu \rangle}} = Kc \qquad (7-136)$$

在特殊情况下 $\langle \nu \rangle = 1$,则上述两方程还原为 Langmiur 吸附等温方程。根据方程式

(7-135)，若以 $\lg\left(\dfrac{\theta}{1-\theta}\right)$ 对 $\lg c$ 作图，则可以得一直线。该直线的斜率为 $1/\langle\nu\rangle$。从活性炭在聚异戊二烯的有机溶液吸附实验中测得低摩尔质量的聚异戊二烯(摩尔质量从 5100～18000 $g\cdot mol^{-1}$)的 $\langle\nu\rangle$ 值约为 1；而高摩尔质量的聚异戊二烯(摩尔质量约 325000 $g\cdot mol^{-1}$)的 $\langle\nu\rangle$ 值为 2.6。

SFE 吸附等温方程的推导是作过一些假设的。在弱界面力时，假设吸附链节数正比例于摩尔质量的平方根；而在界面力远大于 kT 时，吸附链节数正比例于摩尔质量。因此分子链只有少数几个链节吸附在固体表面上，分子链的其余部分形成环状或桥状而伸入到溶液中，环状的大小与摩尔质量的平方根成正比例。另外它忽略了靠近固体表面上链之间的相互作用力。因此 SFE 方程式只适用于小吸附能和小吸附链节分数(吸附链节数与分子中总链数之比)的情况。

4. 影响高聚物吸附的因素

影响高聚物吸附的因素很多，但归纳起来不外乎是吸附剂、吸附质和溶剂的性质。外界条件影响因素主要是温度。

(1) 固体吸附剂性质。影响吸附的固体吸附剂性质主要是多孔性及其表面的性质。多孔性指固体孔隙的大小及数量。较大摩尔质量的聚合物是不能进入较小孔隙中而被吸附的。所以吸附量随固体孔隙尺寸和数量的减少而减少。从活性炭在聚苯乙烯的甲乙酮溶液吸附实验中发现，聚苯乙烯的吸附量随着其摩尔质量的增大而减少。固体表面性质主要是指固体表面的极性，通常高聚物分子以其极性基团吸附在极性的固体表面上而不吸附在非极性的表面上。

(2) 吸附质的性质。影响吸附的吸附质性质主要是其摩尔质量和活性链节的数量。而摩尔质量的影响又与固体吸附剂的孔隙大小和数量有关。溶液中聚合物在无孔表面上吸附服从下面经验关系式

$$W_S = KM^a \tag{7-137}$$

式中 W_S——饱和吸附量(以每千克吸附剂所吸附聚合物的千克数表示)；

M——被吸附聚合物的摩尔质量；

K, a——常数，a 值是吸附在固-液界面上高聚物分子构型的函数。

从方程式(7-137)可见：当 $a=0$ 时，饱和吸附量与摩尔质量无关。可以理解为分子上所有链节都吸附在固体表面上，从而使整个分子平躺在固体平面上。如图 7-36c 构型；另外一种极限情况是 $a=1$，饱和吸附量正比于摩尔质量。此时聚合物分子以一端吸附在固体表面上，其余部分伸入溶液中，形成如图 7-36a 构型；中间情况是 $a=0.5$，饱和吸附量正比例于摩尔质量的平方根。此时在固体表面上聚合物分子混乱绕在一起。如图 7-36e 构型；如果吸附是多层吸附，吸附分两步进行，则吸附方程式可以写成

$$W_S = K_1 + K_2 M^a \tag{7-138}$$

式中，K_1 为来自聚合物在第一层吸附的常数，由于第一层分子平躺在固体表面上，故只有

常数项 K_1；K_2M^a 为来自线团高聚物分子在第二层上吸附。各体系的 a 值可查阅资料 (Ash S G J. Colloid Sci. 1,103(1973))。一般情况下 a 值在 0 和 1 之间，故吸附量随摩尔质量增大而增加。但是对于多孔表面固体吸附剂来说则不一定。有时较大摩尔质量的聚合物分子不能进入表面小孔隙中，从而使吸附量下降。

(3) 溶剂的性质。溶剂对吸附的影响主要表现在两个方面：一是它对聚合物的溶解度；另一是它可能优先吸附在固体表面上，从而影响到固体对聚合物的吸附。

聚合物能在好的溶剂中溶解并能伸展开来，因而具有较大的旋转半径并能占据较大空间；而在不良溶剂中则相反。如果吸附在固体表面上聚合物形状与它在溶液中的形状相同，而且吸附是单层吸附，则饱和吸附量 W_S 可表示为

$$W_S = \frac{A_S M}{\pi (\langle S^2 \rangle^{1/2})^2 N_A} \tag{7-139}$$

式中　A_S——固体比表面；

　　　N_A——Avogadro 常数；

　　　$\langle S^2 \rangle^{1/2}$——旋转半径的均方根平均值。

由此可见，饱和吸附量反比于分子线团的横截面积。聚合物在不良溶剂中的饱和吸附量较大，因为此时聚合物分子占据较小的面积。

固体在溶液中会同时吸附溶剂和溶质。当聚合物链节要吸附上去时，则已吸附在固体表面的溶剂必须从表面解吸。因此溶剂对固体的亲合力越大，则高聚物分子在固体表面吸附量越小。表 7-17 描述了一种称为 Graphon 石墨化的炭在各种不同溶剂与聚苯乙烯所组成的溶液中对聚苯乙烯饱和吸附量的影响。从表中数据可见，对聚苯乙烯溶解得越好的溶剂，能使它在溶液中尺寸增大，在吸附剂表面占据较大的面积，因而使吸附量下降。

表 7-17　25℃下，溶剂的溶解能力对聚苯乙烯在 Graphon 石墨上吸附的影响

溶　剂	$\langle S^2 \rangle^{1/2}$	分子截面积 $\times 10^{16}/m^2 \cdot$ 个$^{-1}$	饱和吸附量 $\times 10^7/kg \cdot m^{-2}$
苯	509	20.3	6.13
二甲苯	500	19.7	9.47
	491	18.9	14.4
	414	13.4	17.9
	409	13.1	17.9
环己烷	326	8.34	19.5

(4) 温度的影响。温度对聚合物吸附的影响是复杂的。有些体系的吸附量随温度升高而增加，有些则减少。温度对吸附量的影响主要有两个方面：一是温度对聚合物溶解度的影响。一般情况下，温度升高聚合物的溶解度增大，因而导致吸附量下降；另一方面温

度的影响受吸附热控制。如果吸附过程是放热的,则温度升高吸附量减少;相反,若吸附过程为吸热的,则温度升高吸附量增大。

7.5 润　　湿

7.5.1　接触角及其滞后

液体对固体的润湿程度通常可以用液-固相之间的接触角 θ 的大小来判别。当 $\theta<90°$ 时,液体对固体润湿;当 $\theta>90°$ 时,液体对固体不润湿。这两种情况下液滴在固体表面上成一定形状。当 $\theta=0°$ 时,液体对固体完全润湿,液体在固体表面上铺展。接触角 θ 的大小可以根据 Young 方程,从表面张力来求得

$$\cos\theta = \frac{\sigma_S - \sigma_{S-L}}{\sigma_L} \tag{7-140}$$

式中,σ_S、σ_L 和 σ_{S-L} 分别为固体、液体表面张力及固-液界面张力。也就是说,当它们的数值一定时,接触角的大小也一定。但是许多研究表明:当增加在干净固体表面上液滴的体积时,所测得的接触角比减少该液滴体积时所测得的接触角大。增加液滴体积时所测得的接触角称为"前进接触角"(Advancing Contact Angle),通常以 θ_A 表示;而减少液滴体积时所测得的接触角称为"后退接触角"(Receding Contact Angle),通常以 θ_R 表示。"前进接触角"与"后退接触角"之间差异的现象称为接触角滞后。

图 7-38 描述了液滴在增加体积和减少体积前后接触角的变化。图 7-38a 描述了一液滴在干净的、水平的固体表面上所具有的接触角 θ。当加入少量同样的液体到该液滴中,由于固-液接触界面的基线不变,所以液滴变高,接触角也随之增大到 θ_A,如图 7-38b 所示。相反,如果从原来的液滴中抽取出液体,则由于固-液接触界面的基线不变而导致液滴变平,接触角减小到 θ_R,如图 7-38c 所示。

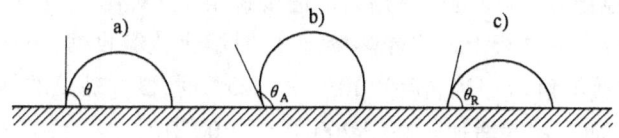

图 7-38　接触角滞后
a→b 增加液滴体积,界面基线不变,接触角增大;
a→c 减少液滴体积,界面基线不变,接触角减少

"前进接触角" θ_A 与"后退接触角" θ_R 与加入或抽出液滴中液体的数量有关。如果加入较多液体,而界面基线又维持不变,则液滴会变得更高,θ_A 变得更大。如果加入足够多液体,液滴不能维持原状,而在固体表面上铺展开。在液滴铺展开之前相应的前进接触角

称为最大前进接触角。同样"后退接触角"也有类似情况,即减少液滴中液体的量会导致 θ_R 的减小。当取出足够数量的液体,以致使液滴突然发生收缩,在其收缩之前相应的后退接触角称为最小后退接触角。它们可以在同一液滴上用下面的方法观察得到:将一液滴滴在干净的固体表面上,然后将固体表面倾斜到液滴不流动时的最大倾角 α,此时液滴在最低点处接触角即为最大前进接触角 θ_A,它必然大于液滴在最高点处的接触角——最小后退接触角 θ_R。如图 7 – 39 所示。

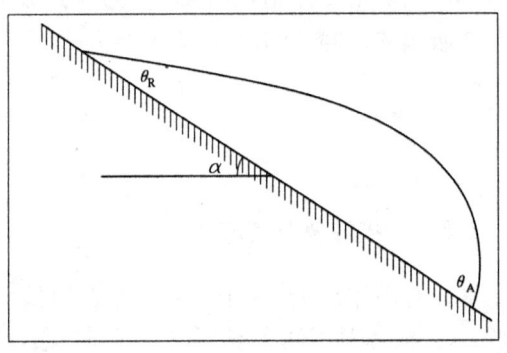

图 7 – 39　固体表面倾斜 α 角度时,液滴的形状及前进和后退接触角

若液体与空气的界面张力为 σ_{L-A},水平液滴从底到顶的垂直距离为 h,则 θ_A 与 θ_R 的关系如下

$$\sin\theta_A - \sin\theta_R = \frac{g\Delta\rho h^2}{2\sigma_{L-A}} \tag{7-141}$$

式中　　g——重力加速度;

　　　　$\Delta\rho$——液体与空气的密度差。

产生接触角滞后的主要原因有 3 个:不平衡态、固体表面的粗糙及污染。

(1)不平衡态。接触角的测定应该是在平衡态下测定。也就是说滴在固体表面上的液滴、固体及气体所组成的体系处于热力学平衡状态。但是由于某些原因,在测试过程中达不到平衡状态而出现滞后现象。例如高粘度的液体,当它滴在固体表面上就难以达到平衡态。这里举一个例子:取单一小玻璃珠放在热的铁板上,它慢慢熔化并铺展在固体局部表面上,当铺展停止时,测得的接触角为前进接触角 θ_A;对比实验则是取同种玻璃磨成粉,然后将玻璃粉放在热铁板上使它受热熔化,此时熔化玻璃收缩,当它停止收缩时,测得的接触角则为后退接触角 θ_R。当温度为 1030～1225℃时,试样玻璃的粘度为 100.0Pa·s,$\theta_A - \theta_R = 0 \sim 54°$。而当粘度增加到高于 200.0～1100.0Pa·s 时,$\theta_R = 0$,即玻璃粉熔化后不能收缩,而 $\theta_A - \theta_R = 29 \sim 132°$。表观看来,这样测定好像处于平衡状态,但实际上由于玻璃的粘度太大而无法达到真正的平衡。因而 θ_A 与 θ_R 产生差值。

(2)固体表面的粗糙。即使达到真正的平衡,固体表面的粗糙度仍会导致滞后现象的发生。图 7 – 40 作了这方面的解释。

图中描述了粗糙固体表面的一小部分——凸面部分(以阴影线表示),虚线表示理想的平面。开始时在固体表面上加入液体到 A 线,在线左边仍保持气相。此时液相与真实的固体表面(阴影线)之间夹角即为真实的接触角 θ_0。但是相对于理想平面(虚线)来说,它们之间的夹角即为表观接触角 θ_1。当进一步加入液体,固-液-气三相界面线从 a 点移到 b 点,尽管液相对固体表面的真实接触角仍为 θ_0,但是对理想平面的表观接触角已增大到 θ_2。在粗糙的固体表面上所测得的是表观接触角而不是真实的接触角 θ_0。

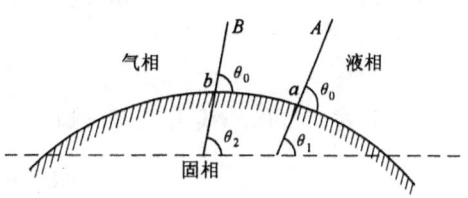

图7-40 固体表面粗糙导致接触角滞后的示意图

(3) 固体表面的污染。由于固体表面的活泼性,很易吸附外来杂质而被污染。表7-18列出了水在金表面上接触角滞后受气氛污染的影响。

表7-18 25℃时各种不同气氛下水滴在金表面上的接触角

气 氛	θ_A/度	θ_R/度
水蒸气	7±1	0
水蒸气+纯空气	6±1	0
水蒸气+苯蒸气	84±2	82
水蒸气+纯空气+苯蒸气	86±1	83±1
水蒸气+实验室空气	65	30
水蒸气+户外空气	13	0

由表中数据可见,由于气氛改变,固体表面的吸附发生变化而导致 θ_A、θ_R 的变化。固体表面的污染不但来自外来杂质,也可能由液体本身污染。如图7-39那样,当固体表面倾斜液滴发生流动,干净的固体表面被液体所覆盖,而空出来的固体表面却沾有残留的液膜。也就是说,对超前接触角 θ_A 来说,是气-液-干固体的接触角;而对后退接触角 θ_R 来说,则是气-液-湿固体的接触角,显然 θ_R 比 θ_A 小。当固体表面完全被液体所润湿时,其平衡接触角 $\theta_0 = 0$,此时 $\theta_A = \theta_R = 0$,不会出现接触角滞后。

7.5.2 润湿热

当清净的固体表面被液体所润湿时,通常会放出热量,这种热称为润湿热。润湿过程可以看作是固-气界面的消失和固-液界面的形成。因此润湿热可以表示为

$$Q = U_S - U_{S-L} \tag{7-142}$$

式中 Q——液体对固体的润湿热;
　　　U_S——被润湿的固体总表面内能;
　　　U_{S-L}——形成固-液界面的总界面内能。

考虑到方程式(7-6)，将相应的 U 值代入式(7-142)，得

$$Q = (\sigma_S - \sigma_{S-L}) - T\frac{d\sigma_S}{dT} + T\frac{d\sigma_{S-L}}{dT} \tag{7-143}$$

将方程式(7-140)代入式(7-143)，整理得

$$Q = U_L\cos\theta - T\sigma_L\frac{d\cos\theta}{dT} \tag{7-144}$$

式中 U_L——液体总表面内能。

式(7-144)也可写成

$$Q = U_L\cos\theta + T\sigma_L\sin\theta\frac{d\theta}{dT} \tag{7-145}$$

上述方程式两边的参数都可以测定。如果测得接触角、液体的表面张力及它们的温度系数，就可以求得润湿热；相反，也可以求得接触角。当接触角 θ 接近90°时，起控制 Q 作用的是方程式右边第二项。

润湿热可以用单位质量的固体被液体所润湿时放出的热量来表示。但是由于同样质量的固体其比表面是差别很大的，而比表面是影响润湿热的一个重要因素。所以近代实验常用形成单位固-液界面面积时所放出的热量来表示润湿热，其单位为 $J \cdot m^{-2}$。

影响润湿热的因素很多，主要包括：

1. 固体和液体本身的性质以及所形成固-液界面时的相互作用力

表7-19列出了一些固体和液体的润湿热数据。从表中的数据可见：极性液体对极性固体具有较大的润湿热；非极性液体对极性固体的润湿热较小。而非极性固体与极性水的润湿热远小于与有机液体的润湿热。由于润湿热是描述液体对固体的润湿程度，润湿热越大，则固体与液体的亲合力也越大，润湿程度就越好。

表7-19 25℃时一些物质的润湿热

固 体	润湿热 $Q/10^{-3} J \cdot m^{-2}$				
	H_2O	C_2H_5OH	正丁胺	CCl_4	正己烷
TiO_2(金红石)	550	400	330	240	135
Al_2O_3	400~600				100
SiO_2	400~600			270	100
$BaSO_4$	490			220	
石 墨	32	100	106		103
聚四氟乙烯	6				47

2. 固体的预处理和液体的纯度

固体的预处理是影响润湿热的重要因素之一。它可以从下面几方面来讨论。第一，

固体的细度。虽然润湿热是以单位面积比表面被润湿时所放出的热量来计算的,但是它仍然常常与固体的比表面的大小有关。例如,选用某种石英磨碎成 3 种不同比表面的试样(比表面在 $0.07 \sim 1.28 m^2 \cdot g^{-1}$ 之间),还有两种是比表面分别为 162 和 $18 m^2 \cdot g^{-1}$ 的干硅凝胶试样。测定这 5 种 SiO_2 试样在 25℃下与水的润湿热。实验结果表明:除 1 种试样以外,其余的则出现比表面越小,润湿热越大的现象。如比表面为 $0.07 m^2 \cdot g^{-1}$ 的粉碎石英,其润湿热为 $(811 \sim 892) \times 10^{-3} J \cdot m^{-2}$(这取决于其脱气温度);而比表面为 $188 m^2 \cdot g^{-1}$ 的干硅凝胶试样,润湿热为 $(162 \sim 182) \times 10^{-3} J \cdot m^{-2}$。这可能是由于硅凝胶的表面活性比粉碎晶体石英的表面活性大、吸附气体等杂质的能力强。因而在同样的脱气条件下难以达到固体表面的清洁。当然,也发现一些粉碎石英试样的比表面不影响其润湿热。第二,固体的表面处理条件。做固体润湿热的测定时,必须对固体试样表面进行处理,以除去它所吸附的杂质。处理条件不同,除去表面吸附杂质的程度不同,润湿热也就不同。例如,在 800℃下煅烧所得到的氧化钛试样分别在室温下脱气和在 500℃真空下加热脱气,两个试样与水的润湿热分别为 $520 \times 10^{-3} J \cdot m^{-2}$ 和 $1400 \times 10^{-3} J \cdot m^{-2}$。一般来说,在真空条件及较高温度下有利于除去固体表面吸附的杂质。但是如果温度过高,引起烧结,使表面活性点下降也有可能降低润湿热。第三,液体的纯度。液体中微量杂质都会明显改变润湿热。例如 TiO_2(锐钛矿)在脱水的苯中润湿热为 $150 \times 10^{-3} J \cdot m^{-2}$;在水中的润湿热则为 $520 \times 10^{-3} J \cdot m^{-2}$。如果在苯中含有 $36 \times 10^{-6} mol \cdot dm^{-3}$ 及 $180 \times 10^{-6} mol \cdot dm^{-3}$ 的水,那么润湿热将升高到 $250 \times 10^{-3} J \cdot m^{-2}$ 和 $450 \times 10^{-3} J \cdot m^{-2}$。水的数量虽然很小,但影响却很大,这是由于 TiO_2 是极性固体,而水也是极性物质,水对 TiO_2 表面的亲合力远大于苯对它的亲合力。液体中的杂质也可能是溶解于其中的气体。例如,铜粉中脱氧的水中润湿热为 $725 \times 10^{-3} J \cdot m^{-2}$,而同样试样在氧饱和的水中的润湿热则为 $1770 \times 10^{-3} J \cdot m^{-2}$。

除此以外,还要注意固体晶型的影响。如在同样脱气条件下,粒度相同的锐钛矿的润湿热比金红石的润湿热大。尽管它们的化学成分相同(TiO_2),但晶型不同,金红石比锐钛矿更为稳定,即活性较低。

3. 固体在溶液中的润湿热

如果润湿不是发生在纯液体中,而是发生在两元液体组成的溶液中,则其润湿热 Q 与两个纯液体分别对固体的润湿热 Q_1 和 Q_2 有关。假设两元液体组成的溶液为理想溶液,且发生单分子层吸附,则固体在溶液中的润湿热 Q 可表示为

$$Q = x_1 Q_1 + x_2 Q_2 \qquad (7-146)$$

式中 x_1, x_2——分别为液体 1,2 在吸附层中所占有的摩尔分数;

Q_1, Q_2——分别为纯液体 1,2 与固体的润湿热。

由于 $x_1 + x_2 = 1$,故式(7-146)可以写作

$$Q = x_1(Q_1 - Q_2) + Q_2 \qquad (7-147)$$

若以 Q 对 x_1 作图应得一直线。但是在实际溶液中往往与此发生偏差。图 7-41 描

述了石墨在庚烷(1)与十六烷(2)组成实际溶液中的润湿热与溶液组成的关系。从图中可见,Q 与 x_1 的关系并不符合式(7-147)的直线关系,但是 Q 值处在 Q_1 与 Q_2 值之间;随着温度升高,溶液润湿热下降,对纯十六烷来说也是这样,但对纯庚烷来说,则温度对其与石墨润湿热没有影响。

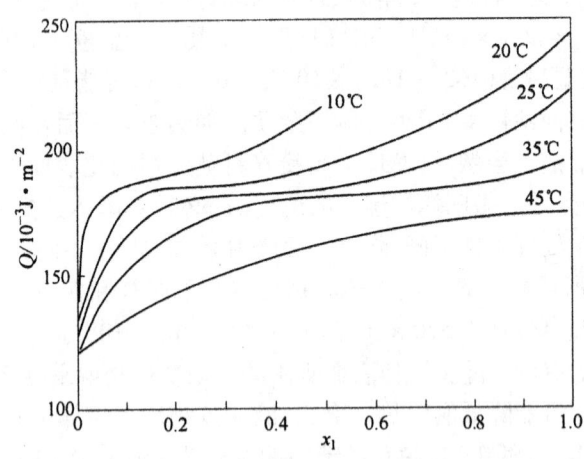

图7-41 石墨在庚烷(1)/十六烷(2)溶液中的润湿热

7.5.3 接触角的测定

测定接触角的方法很多,但基本上可以把它分为3种类型。第一种是高度测量法。它是根据液体与固体表面的润湿程度,测定在垂直的固体表面上液体升高的高度来计算其接触角的。在计算时必须知道液体的表面张力。第二种是液滴尺寸测量法。它是通过测量在固体表面上的液滴的尺寸来计算其接触角的。这种方法可以不需要知道液体的表面张力就能进行计算,其优点是试样用量可以很少。第三种是直接测量法。它是通过仪器直接测量出界面的接触角而不需要另行计算。此外还有重量法、过滤压力法等。

1. 高度测量法

高度测量法常分为两种,一种是毛细管法,另一种是 Neumann 法。毛细管法是根据液体在固体毛细管中上升的高度来确定接触角。根据方程式(7-36)

$$\cos\theta = \frac{rh\rho g}{2\sigma_{L-V}} \tag{7-148}$$

在已知固体毛细管半径 r、液体表面张力 σ 以及液体和蒸气的密度差 ρ 的条件下,测量液体在毛细管中的上升高度 h,就可以计算出接触角 θ。在实际测试过程中,要制备出一定半径的指定固体毛细管是很困难的。通常是采用两块固体平板,当它们靠到一定距离时插入液体中通过测定平板间液体上升高度来计算。计算公式可以采用式(7-59)。

$$\cos\theta = \frac{\delta h \rho g}{2\sigma_{L-V}} \qquad (7-149)$$

式中 δ——两固体平面之间的距离。

Neumann 实际上是测定表面张力的平面法,即将一块固体试样薄片垂直插入液体试样中。如果液体对固体润湿,则液体弯月面上升。如图 7-42 所示。

$$\sin\theta = 1 - \frac{\rho g h^2}{2\sigma_{L-V}} \qquad (7-150)$$

测得液体升高的高度 h,即可求得 θ 值。Neumann 的精确度较高,通常可以测准到 0.1°,而且此方法适用于测定接触角的温度系数。

2. 液滴尺寸测量法

如果取一液滴滴在固体表面上,当液滴足够小时,则它以"球缺"形状出现。设该球体半径为 R,液滴的高为 h,d 为液滴与固体接触圆面的直径。从图 7-43 可见

$$h = R(1 - \cos\theta)$$
$$d = 2R\sin\theta$$

两式相比得

$$\frac{h}{d} = \frac{R(1-\cos\theta)}{2R\sin\theta}$$
$$= \frac{1}{2}\tan\frac{\theta}{2} \qquad (7-151)$$

实验测得 h 及 d 即可用式(7-151)计算得 θ 值。

3. 直接测量法

斜板法是测接触角的一种经典方法,它的原理如图 7-44 所示。

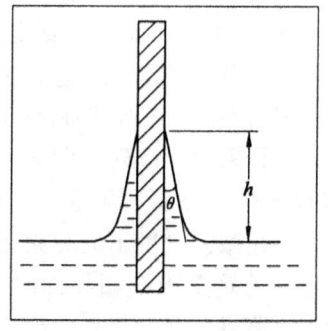

图 7-42 Neumann 测接触角

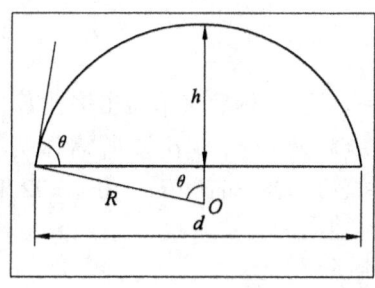

图 7-43 从液滴尺寸计算 θ 值

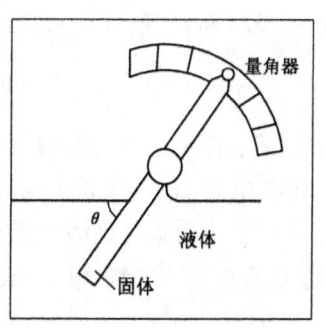

图 7-44 斜板法测 θ 值

将固体试样切成几厘米宽薄板,并插入试样液体中。转动板的位置,直到朝向板面的液体完全水平为止。此时板与水平液面的夹角即为接触角,它可以直接从量角器读出。

斜板法需要液体的量较多。如果液体的量较少时,可以将液体滴在固体表面上,然后直接用显微镜测定其接触角。或者进行摄影,然后测定其接触角。在这测定过程中,切线往往不容易作得准确。如果采用光反射法则能更好地测量 θ 值。图 7-45 说明了这一过程的原理。

当显微镜里发出的一束光照在三相点上并且垂直于液相界面时,则反射光会依原路进入显微镜。此时入射光与固

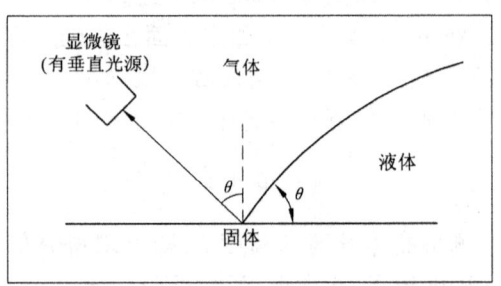

图 7-45 光反射法测定接触角

体表面垂直线之间夹角即为接触角。实验的精确度很大程度上取决于入射光束的直径。如果光束很细,测量精度会大大提高。

上面所讨论的测定接触角方法都是对平面固体而言。如果固体是粉末,则难以测定。Bartell 提出这样一种方法:将粉末压制成一个多孔的塞子。可以把塞子看作为一束平均半径为 r 的毛细管。从 Laplace 方程可得

$$\Delta p = \frac{2\sigma_{L-V}}{r}\cos\theta \tag{7-152}$$

式(7-152)表明:要将不润湿固体粉末的液体压入或者将润湿固体粉末的液体压出多孔塞必须加上一定压力,其值就是 Δp。它是可以通过实验来测定的。用同一个多孔塞,使用一种能完全润湿它的液体(或者采用与它的接触角为已知的液体)以及试样液体分别做同样实验。对完全润湿液体有

$$\Delta p' = \frac{2\sigma'_{L-V}}{r} \tag{7-153}$$

联立式(7-152)和式(7-153),则可以求出粉体的接触角

$$\cos\theta = \left(\frac{\Delta p}{\Delta p'}\right)\left(\frac{\sigma'_{L-V}}{\sigma_{L-V}}\right) \tag{7-154}$$

如测定某活性炭与水的接触角,先把试样压成一多孔塞,然后将苯压出多孔塞的毛细管,测得所需压力 $\Delta p' = 62000 \text{kg} \cdot \text{m}^{-2}$。同样实验将水压出多孔塞所需压力 $\Delta p = 120000 \text{kg} \cdot \text{m}^{-2}$。由于苯对该活性炭完全润湿,又已知 $\sigma_{苯} = 28.3 \text{mN} \cdot \text{m}^{-1}$,$\sigma_{水} = 72.1 \text{mN} \cdot \text{m}^{-1}$。将这些数据代入方程式(7-154),则得

$$\cos\theta = \frac{120000}{62000} \times \frac{28.3 \times 10^{-3}}{72.1 \times 10^{-3}} = 0.759$$

所以

$$\theta = 40°35'$$

这就是活性炭与水的接触角。

测量接触角的方法很多,但是要准确测量它却不容易。问题不是在于测量方法本身不可靠,而是在于影响接触角的因素太多、太复杂,以致很难测出代表真实情况的接触角。甚至有时难以重复实验数据,因为有些微小的因素都会对接触角产生很大的影响。

7.5.4 影响接触角的因素

1. 温度对接触角的影响

液体表面张力的下降会导致接触角 θ 的下降,而温度升高会使液体表面张力下降。因此温度升高会降低接触角。另外一个原因是,有时固-液界面会形成一些混合物。固-液相互渗透的能力越大,它们之间的接触角就越小。在极限情况下,固-液完全渗透,就不存在接触角。通常,温度越高越有利于它们的相互渗透,因而接触角越小。表 7-20 列出了一些有机液体在聚四氟乙烯新鲜表面上不同温度下的接触角。

表 7-20 不同温度下一些有机液体在新鲜聚四氟乙烯面上的 θ 值

温度 液体	20℃	30℃	40℃	50℃
正庚烷	22°	20°	18°	15°
1-氯丁烷	46°	44°	42°	40°
正丁醇	53°	51°	48°	46°

温度对接触角的影响常用接触角的温度系数 $\dfrac{d\theta}{dT}$ 表示。它表示温度升高 1 度时接触角的变化。表 7-21 列出了一些物质的接触角及其温度系数的数值。

从表 7-21 中数据可见,除 CS_2 在冰上外,所有体系的接触角温度系数都是很小的负值,而且大多在 -0.1 度·K^{-1} 左右。CS_2 在冰上具有正的较大接触角温度系数,可能是由于 CS_2 的饱和蒸气压较大,在固体冰表面上形成一层薄 CS_2 的液层。这时冰温度升高使液体 CS_2 的表面张力 σ_L 下降和冰上 CS_2 的膜压 π 上升,甚至温度对 π 的影响更甚。其结果就会导致温度升高,θ 值增大,出现 $\dfrac{d\theta}{dT}$ 为正值。

表 7-21　一些物质在 20～25℃下 θ 值及 $\dfrac{\mathrm{d}\theta}{\mathrm{d}T}$ 值

液体	$\sigma_L/\mathrm{mN \cdot m^{-1}}$	固体	θ/度	$\dfrac{\mathrm{d}\theta}{\mathrm{d}T}$/度·K^{-1}
水	72	石蜡	110	—
		聚丙烯	108	-0.02
		聚乙烯	103	-0.01
		皮	90	—
		萘	88	-0.13
		玻璃	很小	—
甲酰胺	58	聚乙烯	75	-0.01
CS$_2$	～35	冰(-10℃)	35	0.35
苯	28	石蜡	0	—
正癸烷	23	聚四氟乙烯	32	-0.12
正辛烷	21.6	聚四氟乙烯	30	-0.12

2. 气相对接触角的影响

接触角是由固-液-气三相界面张力所决定的,所以三相的性质必然会对接触角起决定性影响。气体组成对 θ 值的影响主要是它改变了固体表面的组成,有时也改变了液体表面的组成,而不是气体组分直接影响 θ 值。这一点表 7-16 的数据可证实。

3. 液相对接触角的影响

根据 Young 方程,液体表面张力的降低会减少它与固体表面的接触角。除此以外,有时固体还会被液体溶胀,这样使得固体表面性质相似于液体的性质,液体很易在固体表面上铺展,接触角降低到趋于零。如果液体是溶液,则由于溶液浓度改变而改变液相的表面张力以及由于溶质分子的吸附而改变固-液界面性质,这两个原因都会使接触角改变。如果液体中含有少量的表面活性剂,则它会在液体表面上作定向排列而大大降低液体的表面张力。另外它也会吸附在固体表面上而导致固体表面的改性。

4. 固相对接触角的影响

固体表面性质,包括固体表面的暴露基团,不同的晶面及固体表面粗糙度等对接触角均有明显的影响。

固体表面暴露出来的基团对接触角的影响按下列次序减少:

$$—CF_3 > —CF_2H > —CF_2— > —CH_3 > —CH_2—$$

例如,水在覆盖有六甲基乙烷的固体表面上的接触角 $\theta = 115 \pm 3°$,而滴在覆盖有 15、16 和 17 个(—CH$_2$—)基的环烷固体表面上的接触角 $\theta = 104.5 \pm 1°$。它们的差异是由于前者暴露面含甲基(—CH$_3$),而后者则含次甲基(—CH$_2$—)。

接触角与晶体的晶面有关。同一晶体不同的晶面,其接触角也不相同。例如,氟化锂的抛光面如平行于(100)、(110)及(111)晶面,在其相应晶面上滴入环己烷液滴,测得其接触角分别为45°、44°和26°。

接触角在很大程度上受固体表面粗糙度的影响。在固定的几何平面下,粗糙的表面比光滑的表面具有更大的真实表面积。因此 Wenzel 认为:Young 方程只适用于光滑的固体表面,对粗糙的表面必须进行校正。粗糙固体表面积比光滑固体表面积大 γ 倍, γ 即为固体表面粗糙度。如果在固体表面上的液滴向外移动,使光滑的

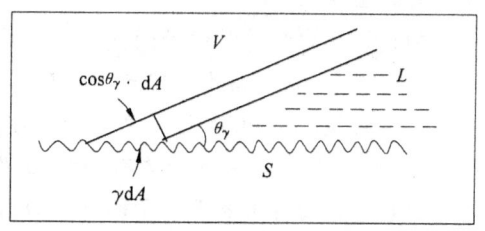

图7-46 固体表面粗糙度对接触角的影响

固体表面与液体的接触界面积增大 dA。此时相应于粗糙固体表面与液体接触面积——真实面积增大 γdA;固-气界面的真实面积减少 γdA,液-气界面的真实面积增大 $\cos\theta_\gamma \cdot dA$。如图7-46所示。当移动后的液滴处于平衡状态时,则有

$$\sigma_{S-L}\gamma dA + \sigma_{L-V}\cos\theta_\gamma dA - \sigma_{S-V}\gamma dA = 0 \qquad (7-155)$$

考虑到光滑固体表面润湿时可使用 Young 方程,则式(7-155)可写成

$$\cos\theta_\gamma = \frac{\gamma(\sigma_{S-V} - \sigma_{S-L})}{\sigma_{L-V}} = \gamma \cdot \cos\theta \qquad (7-156)$$

式中　θ_γ——粗糙固体表面的接触角;

　　　θ——光滑固体表面的接触角。

由于粗糙固体表面的表面积总大于光滑固体表面(几何平面)的表面积,故 γ 总是大于1。除非真实固体表面就是理想的光滑平面, γ 才等于1。从方程式(7-156)可见:当光滑表面的接触角小于90°时,则有 $\theta_\gamma < \theta$,粗糙表面将会导致表观接触角减少;相反,当 $\theta > 90°$ 时,则有 $\theta_\gamma > \theta$,粗糙表面会导致表观接触角增加。

固体表面也可以由复合材料组成。例如由两种细纤维织成的织物。设一种所占面积分数据为 f_1,另一种为 f_2,则有

$$\cos\theta = f_1\cos\theta_1 + f_2\cos\theta_2 \qquad (7-157)$$

式中, θ_1 和 θ_2 为液体在两种纯纤维上的接触角。如果织物为一种纤维的网状织物(例如布料),则 f_2 为纤维间的空隙面积分数,则式(7-157)可写成

$$\cos\theta = f_1\cos\theta_1 - f_2 \qquad (7-158)$$

实验证实,水在纤维织物上的接触角 θ 随 f_2 变化规律服从方程式(7-158)。

归纳与讨论

(1)本章是从物理化学的角度来讨论一些重要的界面现象。界面张力是一个非常重要的物理量,由于它的存在,而导致出现形形色色的界面现象。所以本章在7.1节花了较

大的篇幅从宏观和微观角度来讨论它。在以后的4节中分别讨论了毛细现象、表面膜以及吸附与润湿现象。

(2) Laplace 方程是对曲面两侧所产生的压力差的定量描述。一切"曲面现象",如小液滴的蒸气压上升、小晶体的熔点下降及溶解度上升、毛细力的产生、毛细管中液柱上升高度及上升速度、毛细管凝结等都是以它为基础的,因此必须对它给予足够的重视。

(3) Fowkes 提出了表面张力有加和性,即体系表面张力等于各种表面张力组分之和。这是由于表面张力是由表面分子间作用力所提供,而表面分子间作用力包含了各种类型的力。这种从微观水平来处理宏观物理量的方法,在科学中是常用的。例如在结构化学中把物质的摩尔极化度看作是由电子极化度、原子极化度和变形极化度所组成;在热力学中 Pauling 认为一个化合物分子的总键焓等于构成它的各个单独键焓之和。而这些单独键焓仅由键的类型所决定。因此很易从单独键的热焓值求得该化合物的生成热。在本章中认为有机化合物的等张比容是由其化学组分及结构基元的相应等张比容所组成的,因此可以从这些数据求出化合物的等张比容,从而求算出表面张力。

(4) 二维体系与三维体系有许多相似之处。单分子就是典型的二维体系,它也像三维体系那样有气态、液态和固态。而且比三维体系更复杂,因为它有两种液态。在二维表面膜中用膜压 π 和单个分子所占的有效面积 A 作状态参数来描述各种状态的膜,这跟三维体系用压力 p、体积 V 作状态参数一样。气膜可以通过压缩而得到固膜,只要温度在临界温度以下。气体也是这样,气膜有理想气膜,而气体有理想气体。而且它们对"理想"有同样的含义。通过这样对比,掌握单分子膜的有关知识是不难的。这种对比法在学习和研究中也是经常采用的。

(5) 一个理论的提出或者一个公式的推导,往往先采用一个模型。模型是在实际情况的基础上作一些简化处理而得到的。由此而得到的理论或公式的适用范围也应以模型的假设条件为基础。例如,以二维平面模型来研究固体表面吸附时,采用二维气膜方程。不考虑吸附分子占有的面积,推导出 Freundlich 吸附式,它显然适用于中压吸附范围;当不考虑吸附分子间的吸引力,则推导出 Langmiur 吸附式,它只适用于单分子层吸附。

(6) 表面(界面)张力 σ 与接触角 θ 是两个不同的物理量。前者描述界面上的作用力,而后者描述液滴在固体表面上的形状。它们的共同点都是由于界面层出现力场不平衡所引起的。而且接触角可由界面张力直接确定。因此影响界面张力的因素就是影响接触角的因素,某些测量表面张力的方法也可以直接用于测定接触角。

(7) 测定一个物理量,除了直接观测测量以外,还常常可以通过测量另外一个容易测定的物理量并通过它们之间存在着定量关系而计算得到。例如用毛细管法测定液体在毛细管中上升或下降的高度,就可以计算出液体表面张力或液体与毛细管的接触角。测定的精确度取决于仪器本身的精确度及计算公式的精确度。

习 题

(1) 已知苯在不同温度下的表面张力数据如下：

$\sigma/\text{mN}\cdot\text{m}^{-1}$	30.2	29.6	28.9	28.2	27.5	26.3	25.0
$T/\text{℃}$	10	15	20	25	30	40	50

求 25℃下单位面积的表面能及表面熵。

(2) 测得几种液体的毛细管升高实验数据如下：

液 体	$\Delta\rho/10^3\text{kg}\cdot\text{m}^{-3}$	$h/10^{-2}\text{m}$	$r/10^{-2}\text{m}$
水	0.9972	1.4343	0.10099
苯	0.8775	1.5425	0.043135
二氯甲烷	1.4869	1.921	0.01932

估计各种液体和表面张力。

(3) 半径为 1×10^{-3}m 的毛细管插入苯-水两液层之中，如图所示。毛细管中水柱上升 4×10^{-2}m，接触角 $\theta=40°$。水与苯密度分别为 $1.0\times10^3\text{kg}\cdot\text{m}^{-3}$ 和 $0.88\times10^3\text{kg}\cdot\text{m}^{-3}$。计算水-苯的界面张力 $\sigma_{\text{w-o}}$。

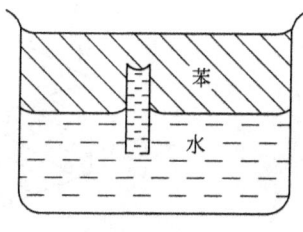

(第 3 题图)

(4) 用毛细管上升法测液体表面张力。当毛细管中液体弯月面刚好呈半球状时，证明其校正高度 $h'=\dfrac{1}{3}r$。

(5) 在一边半径为 1×10^{-3}m，另一边半径为 1×10^{-2}m 的玻璃 U 形管中加入某种液体(20℃下)，两边毛细管的液柱高度差 $\Delta h=1.9\times10^{-2}$m。已知该液体密度 $\rho=950\text{kg}\cdot\text{m}^{-3}$，求液体的表面张力。设该液体完全润湿玻璃。

(6) 滴重法测表面张力，每滴液滴的真实质量 m 等于理想质量 m_i 乘上校正系数 φ。而 φ 是 $r/V^{1/3}$ 的函数。r 为管的外半径，V 为真实液滴体积。对 $r/V^{1/3}=0.5$ 来说 $\varphi=0.65$，求：

(a) 找出 m_i 与液体表面张力的关系。

(b) 当液体的 $\sigma=26\times10^{-3}\text{N}\cdot\text{m}^{-1}$，$\rho=800\text{kg}\cdot\text{m}^{-3}$，$r/V^{1/3}=0.5$ 时，管的外径 $r=?$

(7) 将一条半径为 5×10^{-4} m 的均匀长毛细管弯曲成 S 状,一端插入表面张力为 25×10^{-3} N·m^{-1},密度为 800 kg·m^{-3} 能完全润湿它的液体中。然后在另一端加入同样的液体直到弯管中的空气压力将弯月面压下到容器液体的水平面,如图示。如果外界空气压力为 10^5 Pa,试计算或说明 p_1,p_2,p_3,p_4 和 p_5 的数值。

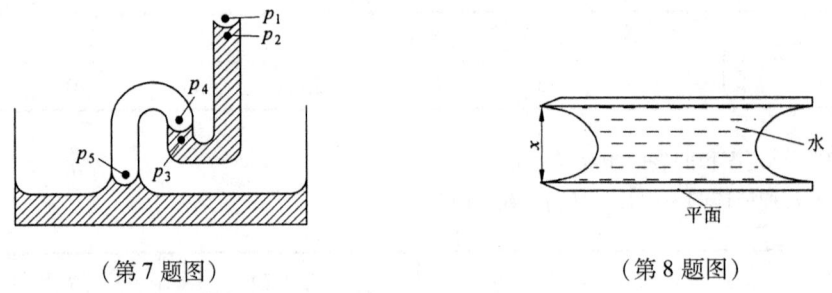

(第 7 题图)　　　　　　　　(第 8 题图)

(8) 一小水滴滴入两个平行平面之间。当水对两平面润湿时形成剖面图如图所示。要求:
(a) 推导出两平面间力的方程式。作近似处理。
(b) 当水滴体积为 2×10^{-6} m^3,$x=1\times10^{-3}$ m 时,这一粘附力为多少?

(9) 一条直径为 1×10^{-3} m,两端开口的玻璃管垂直放,并缓慢加入水($\sigma=72\times10^{-3}$ N·m^{-1}),问加到多高的水位,水滴才开始从底端滴下?

(10) 两块间隔为 1×10^{-3} m 相互平行板垂直插入与它完全润湿、密度为 1.10×10^3 kg·m^{-3} 的液体中(如图)。

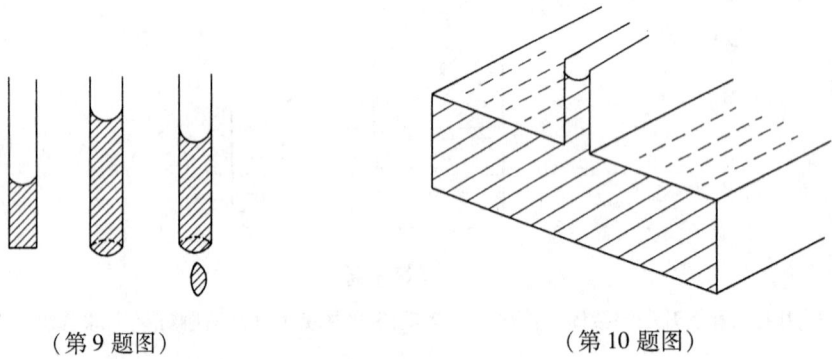

(第 9 题图)　　　　　　　　(第 10 题图)

(a) 推导出液体毛细上升公式。
(b) 若毛细上升 1.3×10^{-2} m,求该液体表面张力(不考虑端效应)。

(11) 根据下列数据,求出它们的 σ_S^d 或 σ_L^d 值:

S(固)	L(液体)	σ_{L-V}/mN·m^{-1}	σ^d/mN·m^{-1}	θ/度
在铂上十二酸	σ-溴萘	44.6	10.4(对固体)	92
石蜡	甘油	63.4	36.0(对液体)	97

(提示：$\sigma_{L-V}\cos\theta = \sigma_{S-V} - \sigma_{S-L}$)

(12) RSO_3H(强酸)水溶液的表面张力可用下式表示
$$\sigma = \sigma_0 - bc^2$$
式中，c 为浓度(mol·dm^{-3})。温度为25℃。试推导出吸附膜的状态方程，即找出 π 与 A 之间的关系。

(13) 在25℃下，测得十二烷基苯磺酸钠水溶液的表面张力与浓度的关系如下：

c/mol·m^{-3}	0	1.0	2.0	3.0	4.0	5.0	6.0	7.0	8.0
σ/mN·m^{-1}	72.7	67.9	62.3	56.7	52.2	48.8	45.6	42.8	40.5

计算在浓度为 2.0, 4.0 和 6.0 mol·m^{-3} 时：
(a) 吸附膜的膜压；
(b) 表面过剩浓度；
(c) 每个吸附分子所占据的平均面积。

(14) 在20℃下，测得水在石蜡面上的接触角为105°，计算它们的铺展系数。已知水在20℃时的表面张力为 72.75×10^{-3} N·m^{-1}。

(15) 测得25℃下，某蛋白质在 0.01 mol·dm^{-3} HCl 溶液上膜压的数据如下：

$A_S/10^6$ m^2·kg^{-1}	4.0	5.0	6.0	7.5	10.0
$\pi/10^{-3}$ N·m^{-1}	0.28	0.16	0.105	0.06	0.035

计算该蛋白质的摩尔质量。A_S 为比表面面积。

(16) 在20℃下，测得庚醇在水面上铺展系数 $S_{A/B}$ 为 36.9×10^{-3} N·m^{-1}。已知水的表面张力 $\sigma_A = 72.8 \times 10^{-3}$ N·m^{-1}，庚醇的表面张力 $\sigma_B = 26.1 \times 10^{-3}$ N·m^{-1}，求它们的界面张力 σ_{A-B}。并与式(7-24)计算值相比较。设庚醇的 $\sigma^d = \sigma$，而水的 $\sigma^d = 21.8 \times 10^{-3}$ N·m^{-1}。

(17) 如果膜方程为 $\pi A = 3kT$。根据 Gidds 吸附方程，表面张力随浓度的变化如何？

(18) 如下图所示为正庚醇在水面上形成液镜，α 和 β 角分别为 67° 和 16°。被庚醇所饱和的水的表面张力 $\sigma_{A(B)} = 28.8 \times 10^{-3}$ N·m^{-1}，两液体界面张力 $\sigma_{A-B} = 7.7 \times 10^{-3}$ N·m^{-1}，正庚醇的表面张力 $\sigma_{B(A)} = 26.8 \times 10^{-3}$ N·m^{-1}。

(a) 求图中 γ 角的大小；

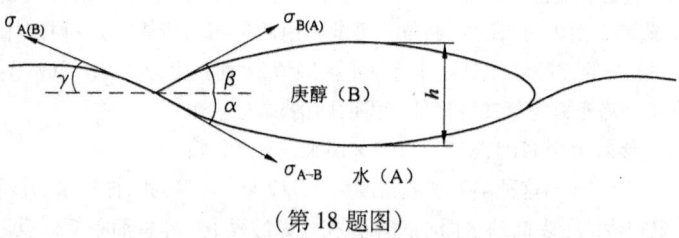

(第18题图)

(b) 若液镜的厚度 h 按 $h^2 = \dfrac{2S\rho_A}{g\rho_B \Delta\rho}$ 计算,则庚醇液镜多厚?所需数据可自查物化手册。

(19) 测得 20℃下,某多糖类化合物的单分子膜数据如下:

$c/10^{-3}\text{g} \cdot \text{m}^{-2}$	0.06	0.09	0.11	0.14	0.17	0.23
$\pi/10^{-6}\text{N} \cdot \text{m}^{-1}$	10.3	16.4	20.4	25.9	34.3	50.0

计算该化合物的摩尔质量。

(20) 研究 N_2 在炭墨上的吸附过程中发现:在 90K 和 77K 下,在实现同一吸附量(V/V_m)所需要的压力比(p_{90K}/p_{77K})是不相同的。它们的关系如下:

N_2 的吸附量 V/V_m	0.4	0.8	1.2
p_{90K}/p_{77K}	14.3	17.4	7.8

计算在各个相应吸附量时的吸附热,并讨论所得结果。

(21) N_2 气在无孔的 Fe 表面上吸附。当 $\theta = 0.5$ 时,在 77K 下测得 $p/p^* = 0.21$;而在 90K 下测得 $p/p^* = 0.20$,求其等量吸附热 Q_i,并说明吸附态的 N_2 更接近于气态还是更接近于液态?N_2 的正常沸点为 77K,蒸发热为 5.6 kJ·mol^{-1}。N_2 的饱和蒸气压与温度关系如下:$\lg p^* = -\dfrac{339.8}{T} + 7.71057 - 0.0056286T$,式中,$p^*$ 的单位为 Pa。

(22) 计算 25℃下正辛烷在聚四氟乙烯上的润湿热。已知,25℃下 $\theta = 32°$,$\dfrac{d\theta}{dT} = -0.12° \cdot \text{℃}^{-1}$,有关正辛烷数据可从表 7-2 查知。

(23) 测得将水(以 W 表示)压入重晶石矿物(设对水完全润湿)以取代其中空气所需压力为 $1.02 \times 10^4 \text{N} \cdot \text{m}^{-2}$;而将溴化萘(以 A 表示)压入其中以取代空气所需压力为 $5.7 \times 10^2 \text{N} \cdot \text{m}^{-2}$;又以溴化萘压入其中以取代水所需压力为 $5.2 \times 10^3 \text{N} \cdot \text{m}^{-2}$。已知 $\sigma_W = 72.1 \text{mN} \cdot \text{m}^{-1}$,$\sigma_A = 44 \text{mN} \cdot \text{m}^{-1}$,$\sigma_{W-A} = 46 \text{mN} \cdot \text{m}^{-1}$,求:

(a) 重晶石的毛细管半径。

(b) 溴化萘-重晶石以及重晶石-水-溴化萘的接触角。

(24) 在 25℃下,测得水在单晶萘上接触角为 80°,$\dfrac{d\theta}{dT} = -0.13$ 度·K^{-1}。计算萘(其比表面为 $10^4 \text{m}^2 \cdot \text{kg}^{-1}$)浸入水中的润湿热(kJ·kg^{-1})。如果需要的话可以查阅表 7-2 有关数据。

(25) 用 Bartell 法测定固体粉末的接触角。实验采用两种不同液体,第一种液体对固体完全润湿,表面张力为 50 mN·m^{-1};第二种液体对固体有一定接触角,表面张力为 70 mN·m^{-1},把第一种液体压入固体粉末的多孔塞中所需压力为第二种液体所需的两倍,求接触角。

(26) 羊毛对水的接触角为 120°,密度为 $1.3 \times 10^3 \text{kg} \cdot \text{m}^{-3}$,求:

(a) 用直径为 2×10^{-5} m 的这种羊毛织成密度为 $8 \times 10^2 \text{kg} \cdot \text{m}^{-3}$ 的织物对水的接触角。

(b) 这种纤维织物能承受多高的水而不漏水?在计算过程中可作些简单的假设。

参 考 文 献

1. Jaycock M J and Parfitt G D. Chemistry of Interfaces. John Wiley & Sons, New York, 1981.
2. Adamson A R. Physical Chemistry of Surface. John Wiley & Sons, New York and London, 1976.
3. Areyard R and Haydon D A. An Introduction to the Principles of Surface Chemistry. Cambridge at the University Press, 1973.
4. Somorjai G A. Principles of Surface Chemistry. Prentice-Hall, New Jersey, 1972.
5. Bikerman J J. Physical Surfaces. Academic Press, New York and London, 1970.
6. Osipow L I. Surface Chemistry: Theory and Industrial Applications. New York, 1972.
7. Tatsuo Sato and Richard Ruch. Stabilization of Colloid Dispersions by polymer Adorption. New York and Basel, 1980.
8. 北京大学化学系胶体化学教研室. 胶体与界面化学实验. 北京大学出版社, 1993.

8 乳状液和泡沫

内 容 提 要

乳状液和泡沫都是一相以比较低的分散度分散于另一相中所形成的分散体系。所不同的是乳状液是一液相分散于另一液相中,而泡沫则是气相分散于液相中的浓分散体系。分散度较低和稳定性较差是它们的共同特征。它们在性质上极为相似。研究它们的性质、稳定机理及如何增加或破坏它们的稳定性是本章讨论的主要内容。

8.1 乳状液的稳定

乳状液是一种稳定性不太大且分散度比溶胶的分散度低的分散体系。它是由两种不互溶或部分互溶的液体所构成,其中一种以小液滴的形式分散于另一种液体中,液滴的大小通常为 $10^{-7} \sim 10^{-5}$ m 范围,比溶胶粒子大。故往往可以在显微镜下看到。

如果将两个互不相溶的液体(如苯和水)放在一起并用力摇动一段时间,它们便会形成乳状液。但是若静置一会,就发现它们迅速分成两层液相。可见两个互不相溶的液相形成乳状液是不稳定的。但是如果在它们之中加入第三组分,就会得到较为稳定的乳状液。例如在苯-水系中加入少量的皂液,所得到的乳状液分层极为缓慢。这种外加的、能使乳状液变得较为稳定的添加物,通常称为"乳化剂"。为何少量的乳化剂能起到稳定乳状液的作用? 科学工作者从不同的角度提出了不同的乳状液稳定理论。

8.1.1 定向楔理论

这是 1929 年 W. D. Harkins 早期提出来的乳状液稳定理论。他认为在界面上乳化剂的密度最大,且乳化剂分子横截面较大的一端定向地指向分散介质。这完全是从几何学的概念出发的。因为大截面的部分在小液滴的外面,从几何空间结构来说比它在里面更为合适。图 8-1 描述了一价金属皂液及二价金属皂液的乳化机理。由于一价金属皂类横截面积的极性端(即金属离子部分)比非极性端大;而高价金属离子的皂类却相反,极性端的横截面比非极性端的小。横截面大的一端定向排列在液滴界面的外面,而小的一端在界面内面。这样的排布空间阻碍最小而结构最致密,从能量角度来说是符合能量最低原则的,因而形成的乳状液相对稳定。根据"同性相亲"原则,极性端必与极性物(水)

相亲;而非极性端必与非极性物(油)相亲。所以当非极性端指向分散相时必形成油/水型(常以O/W型表示)乳状液(如图8-1a);相反,当非极性端指向分散介质时必形成水/油型(以W/O表示)乳状液(如图8-1b)。由此可见,碱金属皂类乳化剂宜于形成O/W型乳状液,而碱土金属或高价金属离子皂类的乳化剂则宜于形成W/O乳状液。

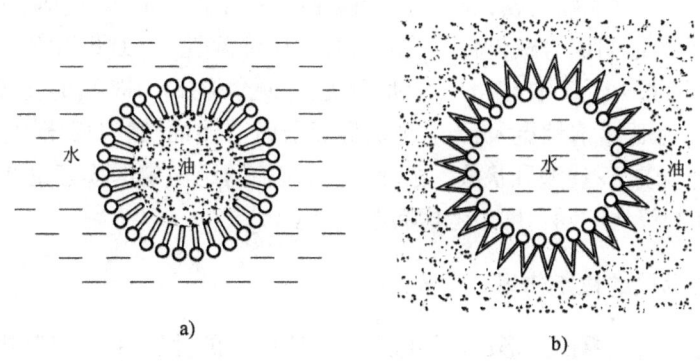

图8-1　a)一价金属离子皂液作乳化剂形成O/W乳状液
　　　　b)二价金属离子皂液作乳化剂形成W/O乳状液

在实际情况中有不少实例是符合这种理论的。而且当碱金属皂类乳化剂被碱土金属皂类乳化剂取代后,乳状液会从O/W型转变成W/O型。但是也发现不少不符合这一理论的实例。例如银皂是一价金属离子皂类,但它却是W/O型乳状液的乳化剂。因为这一理论只从空间几何结构来考虑乳化液的稳定性,而实际上影响乳状液的稳定性是多方面的。

8.1.2　界面张力理论

这种理论认为界面张力是影响乳状液稳定性的主要原因。因为乳状液的形成必然导致表面积增加,界面能增大,这是它不稳定的来源,要增加其稳定性可减少其界面张力,使总的界面能下降。例如,在20℃时油酸对水的界面张力为 $2.29 \times 10^{-2} \mathrm{N} \cdot \mathrm{m}^{-1}$。若 $10^{-5} \mathrm{m}^3$ 的油酸乳化成半径为 10^{-7} m 小液滴,则其表面积增加 $300 \mathrm{m}^2$。相应的界面能增加6.87J,这就成了乳状液的位能。也就是说,一旦形成那样的乳状液,其位能要高出6.87J。但是如果加入2%适当皂液,就可以将界面张力降低到 $0.2 \times 10^{-2} \mathrm{N} \cdot \mathrm{m}^{-1}$,这时界面能从6.87J降低到0.6J。这样乳状液便处于相对稳定的状态。

由于表面活性剂是能够降低界面张力的,因此它是良好的乳化剂。凡能降低界面张力的添加物都有利于乳状液的形成及稳定。在研究一系列的同族脂肪酸作乳化剂的效应时也证明了这一点是正确的。随着碳链的增长,界面张力的降低逐渐增大,乳化效应也逐渐增强,形成较高稳定性的乳状液。另外由于长碳链在吸附层内相互作用,使膜层具有足够的机械强度,这是乳状液稳定的另一重要原因。

W. D. Bancroft 和 G. H. A. Clowes 认为,当加入乳化剂后由于吸附,在界面处出现乳化剂的膜,它具有一定的厚度,膜两边界面张力的相对大小对乳状液的类型和稳定性是很重要的。设膜与油的界面张力为 σ_{F-O},而膜与水的界面张力为 σ_{F-W},当 $\sigma_{F-O} > \sigma_{F-W}$ 时,则会形成 O/W 型乳状液;而当 $\sigma_{F-W} > \sigma_{F-W}$ 时,会形成 W/O 型乳状液。膜总是向高界面张力的那一面弯去,使它成为内相,因为这样可以减少这个面的面积,使体系的能量降低,形成稳定的乳状液。他们认为碱金属皂类的水溶性比油溶性大,因此当它吸附在界面层时会使水-膜的界面张力低于油-膜的界面张力,这样便会形成 O/W 型的乳状液;相反,高价金属皂类的油溶性比水溶性更大,当它形成界面层时会使油-膜界面张力低于水-膜的界面张力,这样便形成 W/O 型乳状液。由此可见,这种理论与定向楔理论在这一问题上所得结论是一致的,仅从不同角度来考虑问题而已。

8.1.3 界面膜的稳定作用

乳化剂加入后,在界面处形成一层吸附膜。吸附膜的性质,特别是其机械强度对乳状液的稳定性起着很大作用。因为它阻碍两个液滴碰撞而变大——粗化。膜的强度与乳化剂分子的吸附能力有密切关系。因为乳状液破坏过程必然首先粗化,即液滴变大,比表面减少,其结果必然将已被吸附在界面的部分乳化剂脱附出来。如果乳化剂在界面上吸附能力很强,则它的逆过程——脱附必然困难。所以形成的吸附膜越牢固,乳状液也越稳定。

如果使用适当的混合乳化剂有可能形成更致密的吸附膜,甚至形成带电膜。如果在乳状液中加入一些水溶性的乳化剂,而油溶性的乳化剂又能与它在界面上发生作用,便形成更致密的吸附膜。图 8-2a 描述了水溶性乳化剂十六烷基磺酸钠与等量油溶性乳化剂异辛皙烯醇相互作用形成一层坚韧的界面膜的情况。而且由于十六烷基磺酸钠是水溶性的,在水中电离出 Na^+ 和十六烷基磺酸根负离子,使乳胶粒子带负电荷。图 8-2b 改用油溶性的乳化剂为油醇。由于油醇具有双键结构,其空间效应必然导致它们形成疏松的混合膜,因此乳化效应也很差。图 8-2c 是十六醇和油酸钠形成的混合膜,由于膜不是很致密,因此形成的乳状液也不很稳定。

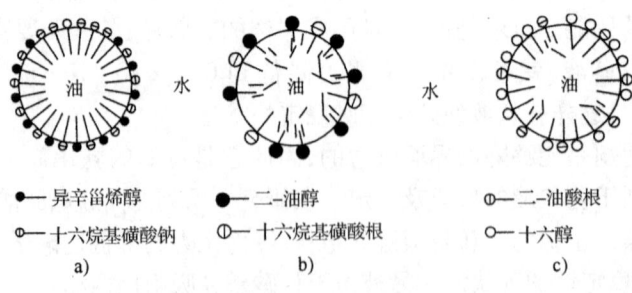

图 8-2 形成各种混合膜的示意图

8.1.4 乳状液稳定的电效应

当乳化剂为非表面活性物质时,电效应往往起到重要作用,特别是 O/W 型乳状液。由于离解、吸附或者液滴与分散介质间的接触摩擦都有可能导致液滴带电。带电的液滴靠近时产生排斥力,导致它难以聚结,因而也就提高了它的稳定性。

V. D. Temple 计算界面两侧的离子分布,所得的电位曲线如图 8-3 所示。从图可见,乳状液的双电层不同于固-液界面的双电层结构。当无电解质表面活性剂存在时,油-水界面双电层如图 8-3a 所示。$\Delta\psi$ 表示两液相间的接触电位差;ψ_0 表示界面电位。从图可见,虽然界面两侧的电位差 $\Delta\psi$ 很大,但是界面电位 ψ_0 却很小,所以液滴能相互靠拢而发生聚沉。当有电解质表面活性剂存在时,会使液滴带电。因为通常正、负离子在油、水两相中的溶解度不相同。正离子在水中溶解度比负离子大,因而在水中带正电荷,而在油中带负电荷。在乳状液中,O/W 型的多带负电荷,而 W/O 型的多带正电荷就是这一道理。表面活性剂在水中电离,活性剂离子吸附在界面上并定向排列,以带电端指向水相,这样便将反号离子吸引过来形成扩散双电层,具有较高的 ψ_0 值及较厚的双电层,足以使乳状液稳定。图 8-3b 为此时的电位分布曲线。如果在上面的乳状液中加入大量的电解质盐,则由于水相中反号离子的浓度增大,一方面会压缩双电层,使其厚度减薄;另一方面它会进入表面活性剂的吸附层中,而导致形成一层很薄的等电位层。图 8-3c 描述了此时的电位分布曲线。尽管 $\Delta\psi$ 值不变,但 ψ_0 减小,双电层的厚度也减薄,因而乳状液的稳定性下降。

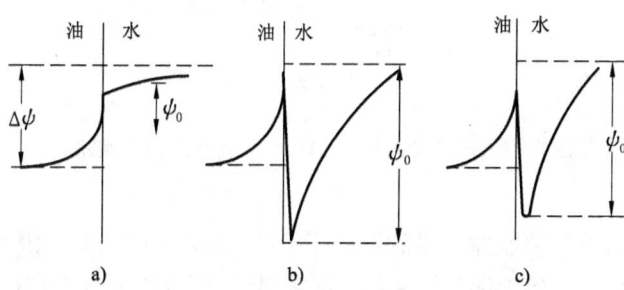

图 8-3 乳状液中油-水界面的双电层
a) 不存在电解质表面活性剂时
b) 有电解质表面活性剂时
c) 有表面活性剂及大量盐存在时

乳状液的电稳定作用也可以用 DLVO 理论来解释。不管是 O/W 型或 W/O 型乳状液,都可以把它们相应看作溶胶,用 DLVO 理论的斥力位能及吸力位能公式来确定乳状液的位能曲线。图 8-4 描述了不同 ψ_0 及不同大小液滴下 O/W 型乳状液的位能曲线。O/W 型乳状液与溶胶极为相似,因为分散介质都是高介电常数的水。从图中可见,表面

电位 ψ_0 越大,液滴的直径越大,其位垒也越大。在位能曲线上都呈现出第二最小值,它在较远的距离处出现。如果第二最小值只有几个 kT 大小,则液滴很易在此发生絮凝,但不发生粗化,很容易通过热运动或者搅拌而重新分散。

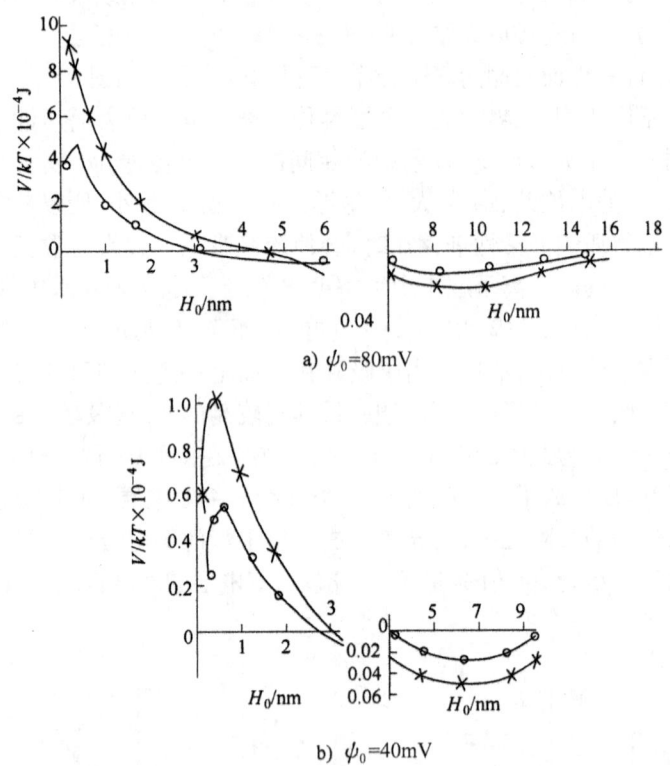

图 8-4　不同 ψ_0 及 $\bar{d}$ 下 O/W 型乳状液的位能曲线
○线——$\bar{d}=3\times 10^{-6}$m　　×线——$\bar{d}=6\times 10^{-6}$m

W/O 型的乳状液的位能曲线显然不同于 O/W 型的位能曲线。因为其分散介质是介电常数很低的油相。由于电解质在油中溶解度很低,所以扩散双电层的厚度较厚,$1/\kappa$ 值可达 10^{-6}m 的数量级,因而斥力位能随距离极缓慢地减少。Albers 和 Overbeek 研究了水在苯中(即 W/O 型)的乳状液,并采用 Verwey 和 Overbeek 的乳状液斥力位能公式

$$V_R = \beta\varepsilon a^2 \psi_0^2 e^{2\kappa a} \frac{e^{-\kappa H}}{H} \tag{8-1}$$

式中　H——两球粒中心距;
　　　a——液滴(球粒)半径;
　　　κ——德拜参数;
　　　ε——介电常数;

β——校正因素,在 0.6～1.0 之间。为了简化可取 $\beta=1.0$。

在扩散双电层很厚的情况下,即 $1/\kappa$ 很大时,式(8-1)可简化为

$$V_R = \frac{\varepsilon a^2 \psi_0^2}{H} \tag{8-2}$$

若以式(8-2)及两球形粒子吸力位能方程式作出斥力位能、吸力位能及总位能的曲线,则如图 8-5 所示。

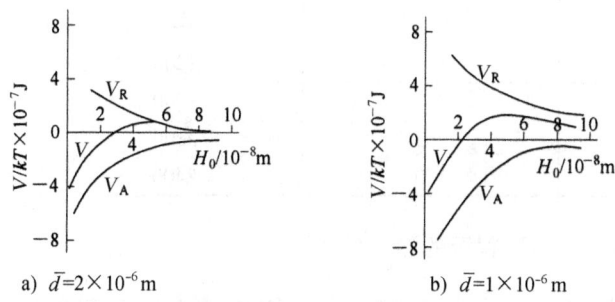

a) $\bar{d}=2\times 10^{-6}$ m　　　b) $\bar{d}=1\times 10^{-6}$ m

图 8-5　在不同液滴直径下 W/O 型乳状液的斥力、吸力及总位能曲线

从图可见,W/O 型乳状液的 V_R 线较平坦,因而使总位能曲线也较平缓,不出现第二最小值。而且在较大的距离范围内都保持着斥力位能占优势。

另外还要注意到乳状液中的液滴一般都较粗,所以重力对其稳定性的影响必须予以考虑。粒子半径为 a 的液滴所受到的重力 f_g 为

$$f_g = \frac{4}{3}\pi a^3 g(\rho_1 - \rho_2) \tag{8-3}$$

式中　g——重力加速度;

　　　ρ_1,ρ_2——分别为液滴及分散介质的密度。

f_g 成为乳状液聚沉破坏的因素,而与它相对抗的是斥力 f_r。根据式(8-1),相应斥力为

$$f_r = -\frac{dV_R}{dH} = \varepsilon a^2 \psi_0^2 e^{2\kappa a} \frac{e^{-\kappa H}}{H}\left(\kappa + \frac{1}{H}\right) \tag{8-4}$$

f_r 的最大值 f_{rmax} 应该是在 $H=2a$ 处,因为此时 H 达到最小值。

$$f_{rmax} = \frac{\varepsilon \psi_0^2}{4}(1+2\kappa a) \tag{8-5}$$

由此可见,f_{rmax} 是随 a、κ 及 ψ_0 而变化的;而 f_g 则只随 a 而变化。表 8-1 列出了在不同 a、κ 值下 f_{rmax} 与 f_g 值。计算时取 $\rho_{水}=1.00\times 10^3$ kg·m^{-3},$\rho_{苯}=0.88\times 10^3$ kg·m^{-3},$\varepsilon_r=2.3$,$\psi_0=80$ mV。从表中数据可见,在大 a 值及低 κ 值情况下,f_g 完全可以超过 f_{rmax},导致 W/O 型乳状液的聚沉。所以对抗重力聚沉的条件可选取为

$$\left(\frac{dV_R}{dH}\right)_{H=2a+H_0} \geq f_g \tag{8-6}$$

式中 H_0——两粒子表面间的最短距离。

表8-1 不同 a、κ 值下的最大斥力 $f_{r\,max}$ 和重力 f_g 值

$a/10^{-6}$m	$\kappa/10^{-6}$m^{-1}	$f_{r\,max}/10^{-15}$N	$f_g/10^{-15}$N
1	0.1	480	5
1	0.3	640	5
1	1.0	1200	5
10	0.1	1200	5000
10	0.3	2800	5000
10	1.0	8400	5000

8.1.5 固体微粒对乳状液的稳定效应

人们早已知道分布在乳状液界面上的固体微粒能够起到稳定乳状液的作用，Schulman 通过测定矿物粒子、水和烃之间的接触角证明当其接触角接近 90°时，所得乳状液最稳定。而形成稳定乳状液的类型则取决于其接触角大于还是小于 90°。当 θ 略大于 90°时，利于形成 W/O 型乳状液；相反，θ 略小于 90°时，则有利于形成 O/W 型乳状液。随着 θ 的变化，固体微粒会从一相转移到另一相中去。如图 8-6 所示。

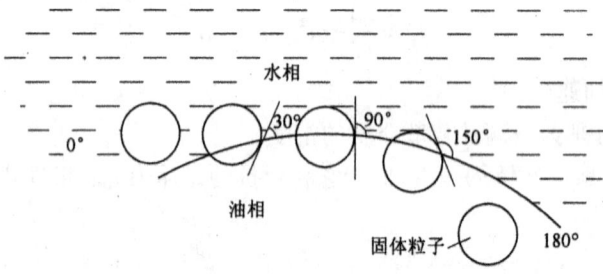

图 8-6 固体粒子接触角及其在界面的分布情况

注意，图中所示的接触角实为固相与两个不混溶液相的接触角。通常把固-液的接触角 θ_{sl} 理解为固-液-气的接触角，以 θ_{sla} 表示。当空气相被油相所代替时，就形成两液相接触角 θ_{swO}，它可以由固-水及固-油的接触角（θ_{sW} 和 θ_{sO}）求得。根据 Young 方程式，对固-水-油体系来说，有

$$\sigma_{sO} - \sigma_{sW} = \sigma_{WO}\cos\theta_{swO} \tag{8-7}$$

从式(8-7)可见：当 $\sigma_{sW} < \sigma_{sO}$ 时，$\cos\theta_{swO}$ 为正值，即 $\theta_{swO} < 90°$，固体粒子大部分在水相中；相反，当 $\sigma_{sO} < \sigma_{sW}$ 时，$\cos\theta_{swO}$ 为负值，即 $\theta_{swO} > 90°$，固体粒子大部分在油相中；当 σ_{sO}

$=\sigma_{sW}$ 时，$\cos\theta_{sWO}=0$，即 $\theta_{sWO}=90°$，固体粒子浓集界面，同时为水相和油相所润湿。如图 8-7 所示，要使更多的固体粒子处在界面层中才能形成致密的膜，利于乳状液的稳定，因此 θ_{sWO} 必须接近 90°，此时若 θ_{sWO} 稍大于 90°，即说明固体粒子更亲油而形成 W/O 型乳状液，如图 8-7a 所示；相反，若 θ_{sWO} 接近 90° 而稍小于它，则固体粒子更亲水而形成 O/W 型乳状液，如图 8-7b 所示。这就是"优先润湿理论"，显然与 Schulman 的实验观察结果是一致的。

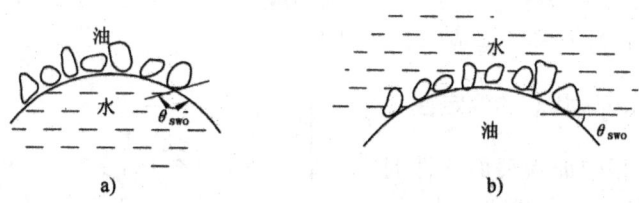

图 8-7　固体微粒使乳状液稳定机理
a) $\theta_{sWO}>90°$，粒子优先被油润湿形成 W/O 型乳状液
b) $\theta_{sWO}<90°$，粒子优先被水润湿形成 O/W 型乳状液

许多实例已证实了这种稳定机理，如炭黑作为固体稳定剂会形成 W/O 型乳状液；而 Al_2O_3 微粒则会形成 O/W 型乳状液。但是如果固体粒子被表面活性剂改性——改变其亲水亲油性质，也会使它改变乳化性能。例如，$BaSO_4$ 微粒吸附十二烷基硫酸钠，就成为 W/O 型的乳化剂，因其 $\theta_{sWO}\approx 120°$；而如果它吸附月桂酸钠，则成为 O/W 型乳化剂，因其 $\theta_{sWO}\approx 60°$。

这种"优先润湿理论"也可以用来解释其他非固体粉末乳化剂的情况。如皂类乳化剂中碱金属皂类之所以有利于 O/W 型乳状液的形成是因为它的亲水性比亲油性更大；而重金属皂类则相反，亲油性比亲水性更大，故有利于 W/O 型乳状液的形成。对于亲水的化合物，随着它烃链的增长，接触角增大，有利于促使乳状液从 O/W 型转变成 W/O 型。

此外，乳状液的稳定性还取决于固体粒子形成固体膜的牢固程度。一个粒子从界面转移到对它更为润湿的另一相所耗费的能量为

$$W=\pi a^2 \sigma_{OW}(1-\cos\theta)^2 \qquad (8-8)$$

式中，a 为固体粒子半径；θ 为固体粒子在油-水界面上的接触角。注意不是 θ_{sWO}，而是图 8-8 所示的角度 θ_{WsO}。式(8-8)表明在其他条件固定的情况下，θ_{WsO} 值越小于 90°，则 W 值越小。式(8-8)中得到的两者之间的相对关系已由图 8-8 所描述。

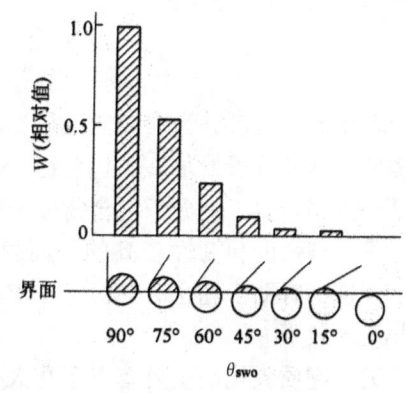

图 8-8　将吸附在界面上的粒子移到一相中所耗费的能量与其接触角关系

从图可见，$\theta = 75°$时的 W 值等于 $\theta = 90°$时的 $1/2$；而当 $\theta = 30°$时，W 值几乎为零。这一能量耗费越大，则吸附在界面上的固体粒子越难转移到另一相中去。亦即界面上形成的固体膜越牢固，相应的乳状液越稳定。因为固体膜即能起到机械作用、阻碍粒子间液膜变薄，同时又能起到阻止弯月面的移动。表面光滑的固体球粒显然是不适合的，而像黏土那样的片状粒子却能起到很好的作用，因为它一方面产生机械摩擦阻力，另一方面由于粒子间距离减少，产生更大的毛细管力，这样形成界面的固体粒子层更牢固、更致密。此外还要求粒子尺寸要比液滴的尺寸小得多。例如液滴半径为 10^{-6}m 时，则固体粒子半径为 10^{-8}m 数量级，这样才有利于形成牢固的界面膜。

8.1.6 液晶与乳状液的稳定性

在油、水两液相中加入表面活性剂作为乳化剂，随着表面活性剂的加入，当其浓度增大到一定程度时就会析出第三相——液晶相。它的结构和力学性质都处于液体和晶体之间，是介晶相。图 8-9 是油-水-表面活性剂三元相图的两种典型结构。一种是胶团结构，另一种类型是液晶结构。它分为层状或长圆柱状。在油为分散介质时，则表面活性剂分子的非极性烃链向外；反之，在水为分散介质时，则以极性基向外，形成长程有序的液晶结构。

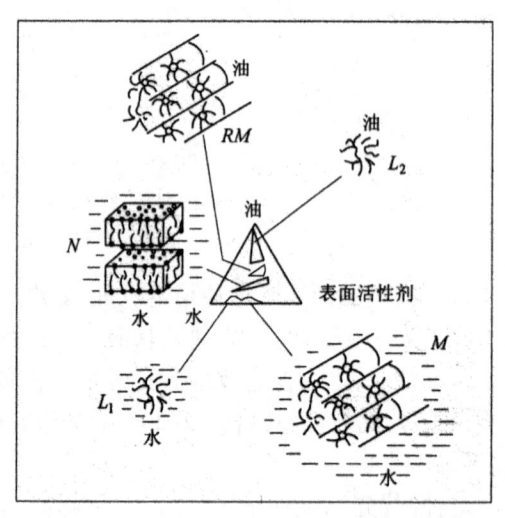

图 8-9 油-水-表面活性剂三元相图的典型结构

8.2 乳化剂的选择

乳化剂一般可分为表面活性剂类乳化剂、高分子类乳化剂、天然物质乳化剂等。高分子类乳化剂是分子量很高的化合物，有天然的，如动、植物胶；有合成的，如聚乙烯醇、羧甲基纤维素等。由于高分子化合物分子量太高，无法显著降低界面张力，但它在液滴界面上能形成机械强度和韧性较高的界面膜。同时，高分子化合物能提高 O/W 乳状液的水相粘度。这都有助于乳状液的稳定。使用高分子乳化剂时要注意用量必须适当，否则会起到相反的效果。

天然物质乳化剂主要有以下几大类：海藻胶类（如藻蛋白酸钠）、磷脂类（如卵磷脂）、缁类（如羊毛脂）和水溶性树脂类（如瓜尔胶、阿拉伯胶）。一般来说它们的乳化效果较差，所以经常和其他乳化剂混合使用。

表面活性剂是乳化效果好、应用最广泛的乳化剂。它能按照乳状液性质的需要进行设计和合成。但是,并不是所有表面活性剂都可以作为乳化剂,选择作为乳化剂的表面活性剂要符合下列条件:①必须具有良好的表面活性,降低油-水界面张力。②吸附在界面上的表面活性剂分子之间或与其他吸附分子之间存在着侧向相互吸引力,从而形成凝聚膜。对 O/W 型乳状液来说,要求界面膜上表面活性剂的亲油基(烃链)具有强烈的侧向相互吸引力,而对 W/O 型乳状液,则要求亲水基具有更强侧向相互吸引力。③油溶性较强的乳化剂形成 W/O 型乳状液,而水溶性较强的乳化剂形成 O/W 型乳状液。④采用油溶性较强与水溶性较强的表面活性剂混合物通常会比采用单一表面活性剂具有更好的乳化效果,形成乳状液更稳定。⑤若油相的极性较强,则采用亲水性较强的乳化剂;相反,油相的非极性较强,则采用亲油性较强的乳化剂。⑥对微乳状液形成来说,用非离子型表面活性剂与阴离子型表面活性剂复配可以在用量较少的情况下制得微乳状液。选择非离子型表面活性剂应该是其相转换温度 PIT 值在实验温度附近,选择双方的 HLB 值较接近,而且要求亲水基比亲油基大些更好。

表面活性剂的化学结构与乳化作用之间的关系具体表现于表面活性剂的一些性质参数对乳化作用的影响。而这些性质参数主要有 HLB、PIT 及化合物的有机性和无机性数值,下面就这三个性质参数与乳化作用的关系进行讨论。

8.2.1 HLB 值与乳化作用的关系

HLB 值反映了表面活性剂的亲水、亲油性。HLB 值越大,亲水性越强,有利于形成 O/W 型乳状液;HLB 值越小,亲油性越强,有利于形成 W/O 型乳状液。要形成 O/W 或 W/O 型乳状液要求 HLB 值是有一定范围。

但是对于一个实际乳化体系来说,还与油相的性质有关,因为水相是固定的,而油相可以有各式各样。要形成 O/W 型或 W/O 型乳状液,根据不同的油相要求不同的 HLB 值。只有选择出表面活性剂的 HLB 值与油相要求的 HLB 值一致才能起到乳化作用,表 8-2 列出了乳化各种油相所需要之 HLB 值。

表 8-2 乳化各种油相所需要的 HLB 值

油 相	W/O 型乳状液	O/W 型乳状液	油 相	W/O 型乳状液	O/W 型乳状液
苯乙酮	—	14	貂油	—	9
苯甲酮	—	14	硝基苯	—	13
酸(二聚体)	—	14	苯基氰	—	14
异-硬脂酸	—	15～16	溴代苯	—	13
月桂酸	—	16	硬脂酸丁酯	—	11
亚油酸	—	16	四氯化碳	—	16
油酸	—	17	巴西棕榈蜡	—	15

续表

油 相	W/O型乳状液	O/W型乳状液	油 相	W/O型乳状液	O/W型乳状液
蓖麻酸	—	16	蓖麻油	—	14
鲸蜡醇	—	16	地 蜡	—	8
癸 醇	—	15	氯化石蜡烃	—	12～14
十六醇	—	11～12	氯代苯	—	13
异-癸醇	—	14	椰子油	—	6
月桂醇	—	14	环己烷	—	15
油 醇	—	14	十氢化萘	—	15
硬脂酰醇	7	15～16	乙酸癸酯	—	11
十三醇	—	14	二月基胺	—	14
Arlamol E	—	7	邻苯二甲酸二异辛酯	—	13
蜂 蜡	—	9	二异丙基苯	—	15
苯	—	15	壬基苯酚	—	14
二甲基硅	—	9	邻二氯代苯	—	13
乙基苯胺	—	13	棕榈油	—	7
苯甲酸乙酯	—	13	石 蜡	4	10
葑 酮	—	12	凡士林	4	7～8
十四酸异丙酯	—	12	石脑油	—	14
十六酸异丙酯	—	12	松 油	—	16
煤 油	6	12	聚乙烯石蜡	—	15
羊毛脂(无水)	8	12	丙烯四聚物	—	14
猪 油	—	5	菜籽油	—	7
月桂酸胺	—	12	红花油	—	7
鲱 油	—	12	豆 油	—	6
甲基-苯基硅	—	7	苯乙烯	—	15
甲基硅	—	11	动物脂	—	6
矿物油(芳香油)	4	12	甲 苯	—	15
矿物油(烷烃油)	4	10	三氯三氟乙烷	—	14
矿油精	—	14	亚磷酸三甲苯酯	—	17
二甲苯	—	14	2,4,5T除草剂	—	10～11
汽 油	7	—	乐 果	—	13～16
滴滴涕	—	10	1059	—	11～13
六六六	—	14	稻瘟净	—	12～14

关于一些表面活性剂的HLB值已在表6-3中列出。使用混合表面活性剂的HLB值可近似用加和法计算。至于油相若为混合油，则其所需HLB值也可以以同表面活性剂一样的加和法计算。实际上加和可能是非线性的，尤其是当油相的化学性质有显著差异时更是如此。

通过表面活性剂的HLB值来选择乳化剂虽然是粗略的，但却是可行的，它能通过比较表面活性剂与某种油相要求的HLB值，确定可能形成W/O型或O/W型乳状液的乳化剂。但却不能预测乳化效率（需要乳化剂的浓度）和乳化能力（乳状液的稳定性），而且它忽略了温度的影响。单一表面活性剂有可能在不同温度下既可形成O/W型，也可形成W/O型乳状液，因此，提出了用PIT方法选择乳化剂。

8.2.2 PIT值与乳化作用的关系

以HLB法选择乳化剂的缺点之一是它没有考虑大多数用作乳化剂的表面活性剂的HLB值随温度的变化。在离子型表面活性剂作乳化剂时，高温下易形成O/W型乳状液，低温下易形成W/O型乳状液。在非离子表面活性剂中则相反，在高温下易形成W/O型乳状液，在低温下可转型成O/W型乳状液。当温度升高，非离子表面活性剂的亲水基团（聚氧乙烯链）的水化度下降，HLB值及PIT值都减少，故呈现出W/O型乳化剂性质。PIT是乳化体系的实测值，与HLB不同，它除了与表面活性剂本身结构有关外还与油相和水相化学性质有关。因此，即使是同样的乳化剂，PIT也随油的种类而变化。在PIT时，形成的乳状液液滴虽小，但稳定性未必好。通常O/W型乳状液是在低于PIT 20～60℃，而W/O型乳状液是在高于PIT 10～40℃时最稳定。因此，制备稳定乳状液采用的方法是：在低于PIT 2～4℃的温度下制备乳状液，然后将它冷却到低于PIT 20～60℃（O/W型乳状液）或加热到高于PIT 10～40℃（W/O型乳状液）温度下贮存。因为，在PIT附近乳状液滴较细，但不稳定。迅速将它转移到稳定区的温度，可防止细液滴聚结。

测定体系PIT的方法可以将等质量的油、水两相及3%～5%表面活性剂混合，在不同温度下加热、振荡，然后找出乳状液从O/W型转变成W/O型时的温度，此即为PIT值。当油相含多种组分时，其乳状液PIT可用单个组成分的乳状液的PIT乘上体积分数的加和值近似求得。

8.2.3 有机性及无机性数值与乳化作用的关系

(1) 有机概念图。可以认为有机化合物是由非极性部分及极性部分所组成。非极性部分称有机性部分，是亲油的；极性部分称无机性部分，是亲水的。它们亲油及亲水程度以数字表示，称为有机性值（O值）及无机性值（I值）。烃链越长，含碳数越多，亲油性越强，O值越大；而极性越大的化合物，I值越大。将有机化合物的有机性和无机性定量地表示出来，并以无机性为纵坐标，有机性为横坐标，按化合物的有机性和无机性数值在图上标出，这就构成了有机概念图，如图8-10所示。

化合物的有机性按基团对化合物的沸点影响数值大小来确定。含碳数不同的同系物，每增加一个次甲基，沸点大体升高20℃。由于氢原子很小，可不考虑其影响，故认为每个碳原子的有机值为20。无机性数值大小以衍生物沸点与烷烃沸点的差异来确定。例如，戊醇比戊烷的沸点升高100℃，则可认为—OH的 I 值为100；戊酸比戊烷的沸点升高约150℃，则—COOH的 I 值为150；戊醛比戊烷的沸点升高约为65℃，则—CHO 的 I 值为65。各基团的有机性和无机性值列入表8－3中。

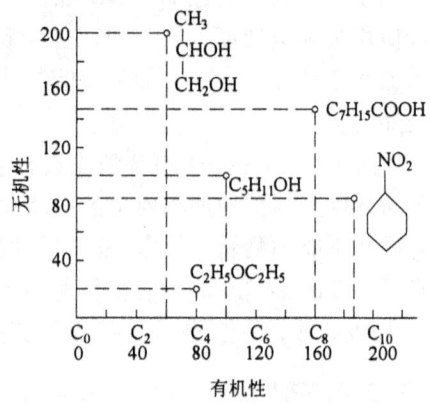

图8－10 有机概念图

表8－3 基团的有机性和无机性值表

无机性基	数值	有机性兼无机性基	数值	
			有机性	无机性
轻金属(盐)	500 以上	R_4Bi—OH	80	250
重金属(盐)，胺及 NH_4 盐	400 以上	R_4Sb—OH	60	250
—AsO_3H_2 ，>AsO_2H	300	R_4As—OH	40	250
—SO_2—NH—CO—，—N=N—NH_2	260	R_4P—OH	20	250
>$\overset{+}{N}$—OH，—SO_3H，—NH—SO_2—NH—	250	—OSO_3H	20	220
—CO—NH—NH—CO—NH—CO—	250	>SO_2	40	170
>S—OH，—CO—NH—CO—NH—	240	>SO	40	140
—SO_2—NH—	240	—CSSH	100	80
—CS—NH—*，—CO—NH—CO* —	230	—SCN	90	80
=N—OH，—NH—CO—NH—*	220	—CSOH，—COSH	80	80
=N—NH—*，—CO—NH—NH_7	210	—NCS	90	75
—CO—NH—*	200	—NO_2	70	70
≡N→O	170	—Bi<	80	70
—COOH	150	—Sb<	60	70
内酯环	120	—As<，—CN	40	70
—CO—O—CO—	110	—P<	20	70
蒽核、菲核	105	—O{CH₂—CH₂—O}CH₂—⁺	30	60

续表

无机性基	数值	有机性兼无机性基	数值 有机性	数值 无机性
—OH	100	—CSSφ	130	50
>Hg（共价结合）	95	—CSOφ，—COSφ	80	50
—NH—NH—，—O，CO—O—	80	—NO	50	50
		—O—NO$_2$	60	50
—N<（—NH$_2$，—NHφ，Nφ$_2$）	70	—NC	40	40
>CO	65	—Sb=Sb—	90	30
—COOφ，萘核，喹啉核	60	—As=As—	60	30
>C=NH	50	—P=P—，—NCO	30	30
—O—O—	40	—O—NO，—SH，—S—	40	20
—N=N—	30	—I	80	10
—O—	20	—Br	60	10
苯核（一般芳香单环）	15	=S	50	10
环（非芳香单环）	10	—Cl	40	10
		—F	5	5
叁键	3	Iso 分枝** >—	-10	0
双键	2	Tert 分枝** >—	-20	0

注：*适用于非环部分；**适用于末端部分；+适用于[ ]内部分。（摘自"化学通报"1988 年第 2 期 20 页）

（2）乳化剂的选择。在油（I 值为零）与水的有机概念图上形成 90°角。将此角三等分，30°角线为 B 线，即 W/O 型线；60°角线为 A 线，即 O/W 型线。如图 8-11 所示。乳化剂的 I/O 值在 B 线附近，能形成 W/O 型乳状液，称它为 B 型乳化剂；若乳化剂的 I/O 值在 A 线附近，形成 O/W 型乳状液，称为 A 型乳化剂。例如对液体石蜡和水体系，若采用油酸钠（$I/O = 652/360 = 1.81, \alpha = 61°4'$）作乳化剂，则应为 A 型乳化剂；若以单硬脂酸甘油酯（$I/O = 260/420 = 0.62, \alpha = 31°45'$）作乳化剂，则应为 B 型乳化剂。它们的油水相范围不一样，A 型（O/W 型）乳状液从 O 值线到 A 线之间为油相，在这范围内乳化剂为油相乳化剂。而 A 线到 I 值线之间为水相，在这范围内的乳化剂为水相乳化剂。B 型（W/O 型）乳状液则从 O 值线到 B 线之间为油相，相应为油相乳化剂；而 B 线到 I 值线之间为水相，相应为水相乳化剂。若采用多种复合乳化剂，而 B 线附近的乳化剂多，即使 A 线附近也有，仍为 B 型乳状液；反之为 A 型乳状液。

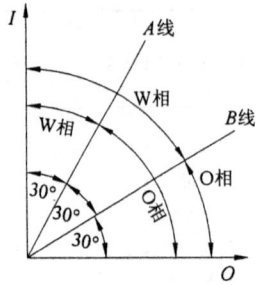 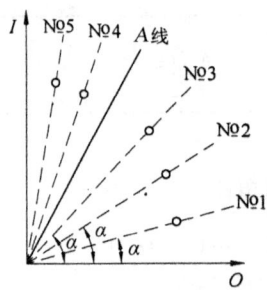

图 8-11　A、B 线及它们的油、水相　　　图 8-12　A 型乳化时油相乳化剂比例确定

（3）乳化剂用量比例确定。油相和水相乳化剂均可按相的 α 角进行等间隔的选择。例如，在 A 型乳化剂中选用三种油性乳化剂，№1 的 α 角应在 15°左右；№2 的 α 角应在 30°左右；№3 的 α 角应在 45°左右，但它们的用量成倍地增加，即乳化剂用量比为：№1：№2：№3 = 1：2：4，如图 8-12 所示。若油相乳化剂总用量为 7% 时，则№1 乳化剂用量为 1%，№2 的为 2%，№3 的为 4%。水相乳化剂也可同样选择比例。

（4）乳化剂加入总量的确定。由于 A 型和 B 型不同，油相量和水相量也不同，因而油相及水相乳化剂的量也不一样。可以固定一相的乳化剂来推算另一相的乳化剂。通常以相大的乳化剂量来推算相少的乳化剂量。例如，若油相量大于水相量，以油相量的 1/10 作为油相乳化剂，则水相乳化剂总用量 W_1 为：

$$W_1 = \frac{x}{10y}(-x + \sqrt{x^2 + y^2}) \tag{8-9}$$

当油相量少于水相量时，假定水相乳化剂量为水相量的 1/10，则油相乳化剂总用量 W_2 为

$$W_2 = \frac{x}{10y}(-y + \sqrt{x^2 + y^2}) \tag{8-10}$$

上两式中 x 为油相量百分数；y 为水相量的百分数。

8.3　乳状液的转换

乳状液中任何一种液体都可以作为分散介质，也可以作为分散相，这是乳状液的特性。但是形成何种类型的乳状液，除受两液体本身性质的影响外，还受乳化剂的性质、浓度以及外界条件如温度等的影响。当改变这些条件时会使乳状液从一种类型转变成另一种类型，这就是乳状液的转换。

8.3.1　乳状液的转换机理

乳状液的转换机理可由图 8-13 来描述。乳状液为 O/W 型，它是以胆甾醇和十六烷

基硫酸钠作混合乳化剂的。由于它能形成致密的混合膜及带上负电荷,因而形成稳定的 O/W 型乳状液,如图 8-13a 所示。如果加入高价阳离子如 Ba^{2+},Ca^{2+} 到该乳状液中,则它会中和油滴界面的负电荷。由于界面上电荷减少或消失,液滴间的范德华吸引力相对增大,使液滴靠拢。这样一方面将界面之间的水挤压出来;另一方面又将各界面空间的水包围起来,形成中间为水滴,四周被油滴所包围的复杂结构的团粒,如图 8-13b 所示。当油滴进一步粗化而连结起来形成连续相时,水相则形成不规则的液滴,并进一步变成小液珠,这样乳状液便由 O/W 型转变为 W/O 型,如图 8-13c 所示。

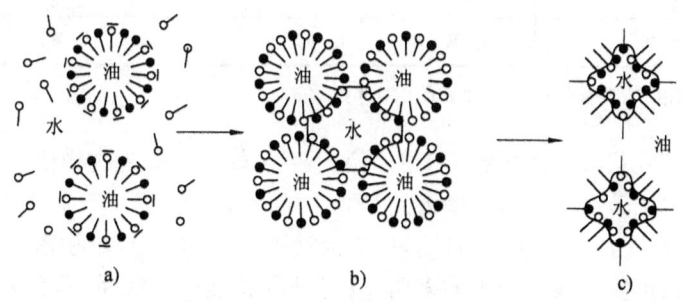

图 8-13 O/W 乳状液转换 W/O 型的机理
a) 被胆甾醇及十六烷基硫酸钠形成混合膜及带负电荷所稳定的 O/W 型乳状液
b) 加入高价正离子后,界面电荷被中和而形成复杂结构的粒团
c) 油液滴粗化而形成新连续相,水则形成不规则形状,转化完成

8.3.2 相体积比率与乳状液转换的关系

乳状液中分散相与分散介质的相对体积与乳状液的类型有密切关系。当它们的相对体积发生变化时,乳状液可能从一种形式转变成为另一种形式。W. V. Ostwald 提出的"相对体积理论"就是讨论它们之间的相互关系。这一理论纯粹是从立体几何的空间概念出发。

当等径的刚体小球堆积在一起时,有两种最紧密的堆积形式:棱锥形及四面体形。如图 8-14 所示。

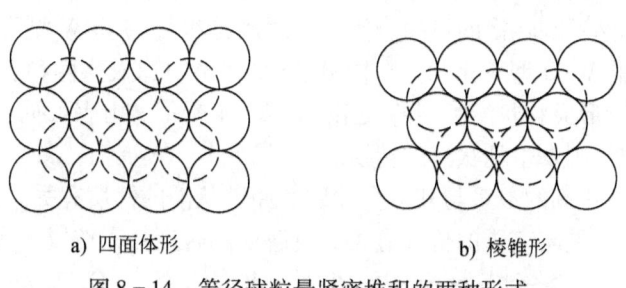

a) 四面体形　　　　　　　　b) 棱锥形

图 8-14 等径球粒最紧密堆积的两种形式

这两种最紧密堆积的相对密度同样为 74.02%，即分散相相对体积为 74.02%，而分散介质占余下的 25.98%，此时分散相达到最紧密堆积的程度。如果分散相的相对体积大于 74.02%，那么分散相只有相互粘结、破坏，最后变成连续相，这就发生乳状液的转换。据此，发生乳状液转换的条件是它们的体积比为 26/74，但是实际情况并非完全如此。因为实际上液滴不是刚性球粒，并不需要达到最紧密堆积才发生粘结。例如：苯-硬脂酸钠水溶液所形成的乳状液在 25℃下体积比率与乳状液类型的关系如下：

体积比率(V_W/V_O)*	95/5	75/25	50/50	25/75	5/95
乳状液类型	O/W	O/W	W/O	W/O	W/O

注：*V_W——水相的相对体积；V_O——油相的相对体积。

由此可见，该乳状液在体积比为 1 的情况下发生转换。另外在橄榄油-氢氧化钠水溶液的乳状液中，发生转换的体积比率大约是 0.1，而不是 26/74。产生这些偏差的原因是实际情况并不符合上述两个假设条件。一是液滴不是刚体，只要堆积密度发生变化，它就会随之发生变形，可能形成不规则的多面体；另外乳状液中液滴也不可能是等径球粒，它往往是由许多大小不同的液滴所组成，而这种不同大小球粒的堆积将会得到更高的堆积密度。因此乳状液的相对体积比率完全有可能小于 26/74 而不发生转换。尽管乳状液发生转换时的相对体积比率并不都为 26/74，有些高有些低。但是可以肯定：当相对体积比率变化到一定程度时，是极有利于转换发生的。

8.3.3 对抗性乳化剂与乳状液转换的关系

从乳状液稳定的定向楔理论可知，单价金属离子皂类对稳定 O/W 型乳状液有利；而高价金属离子皂类则对稳定 W/O 型乳状液有利。所以，若在 O/W 型乳状液中加入适量的高价金属离子皂类作对抗性乳化剂，取代已被吸附在膜上的单价金属离子皂类，这样便会使它转变为 W/O 型乳状液。例如 O/W 型酪蛋白乳状液加入 Al、Fe 或 Ti 盐可以使它转换成 W/O 型乳状液。

要使乳状液发生转换，除了考虑加入适当种类的对抗性乳化剂以外，还要考虑加入适当的数量，否则仍达不到转换的目的。例如卵磷脂是很好的 O/W 型乳状液的乳化剂，而胆甾醇则是很好的 W/O 型乳化剂。在橄榄油-水体系中加入这两种乳化剂的混合物，则它们的质量比与所形成乳状液类型的关系如表 8-4 所示。由表可见，当卵磷脂与胆甾醇的比值等于 8.0 时，则发生乳状液的转换。

加入对抗性乳化剂的数量与其本身性质及原乳状液的性质有关。如果对抗性乳化剂为电解质，则所加入量与离子的价数有关。电解质的转换能力按以下次序减小

$$Al^{3+} > Cr^{2+} > Ni^{2+} > Pb^{2+} > Ba^{2+} > Sr^{2+}, Ca^{2+}, Mg^{2+}$$

表8-4 卵磷脂-胆甾醇混合乳化剂对橄榄油-水乳状液转换的影响

卵磷脂/胆甾醇	乳状液的类型	卵磷脂/胆甾醇	乳状液的类型
19.4	O/W 型	6.0	W/O 型
10.0	O/W 型	4.1	W/O 型
8.0	不能确定	2.1	W/O 型

有一点要提出的是,要使 O/W 型乳状液转换成 W/O 型乳状液,并不一定都要加入高价电解质。例如苯/水乳状液在 $0.3\,mol \cdot dm^{-3}$ 的油酸钠溶液下发生破坏,然后在 $0.25 \sim 0.5\,mol \cdot dm^{-3}$ 的 NaCl 溶液或 1-1 型电解质溶液下发生转换。

8.3.4 乳状液转换的温度效应

乳状液的转换显然是受温度影响的。当温度升高(或者降低)时可以使乳状液发生转换,此时的温度称为"相转换温度"PIT。例如以钠皂为乳化剂的水/苯型乳状液,升高温度可以使它转换成苯/水型乳状液,当然同时要摇动。如果将所得的苯/水型乳状液冷却保持大约 30min,则也会发生转换。转换温度随着乳化剂的浓度增加而升高。图 8-15 描述了由离子型表面活性剂硬脂酸钠及软脂酸钠所稳定的乳状液的 PIT 与乳化剂浓度曲线。

图中曲线的右下方为 W/O 型乳状液的稳定存在区;曲线的左上方为 O/W 型乳状液的稳定存在区。从曲线形状可见,当乳化剂的浓度很低时,PIT 对浓度极为敏感,但在高浓度下,PIT 几乎不随浓度而变化,并且发现曲线接近水平时的温度相当于表面活性剂的 Krafft 温度 T_K。低于这一温度时,增加表面活性剂的浓度只能导致沉淀的析出,而不能导致胶团的形成。达到这一温度而浓度超过临界胶团浓度时,胶团化开始发生。由于此时

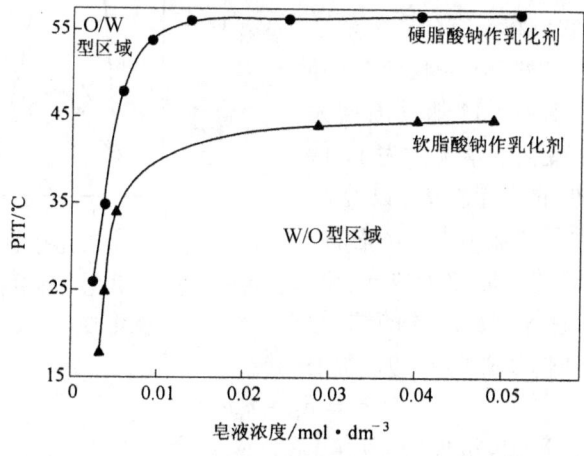

图 8-15 水/苯乳状液的 PIT 与乳化剂浓度的关系曲线

胶团的浓度直线增加,而表面活性剂离子的浓度却变化不大,所以导致 PIT 值接近恒定。对于非离子型,如聚氧乙烯型的表面活性剂,情况有些不同。由于它在水中的溶解是靠聚氧乙烯基与水形成氢键而发生,随着温度升高,这一氢键被削弱,因而溶解度反而下降。所以,对于聚氧乙烯非离子型表面活性剂所制得乳状液随温度升高会由 O/W 型乳状液转变成 W/O 型乳状液。相对于图 8-15 上面(高温)为 W/O 型区域,下面(低温)为 O/W 型区域。

PIT 值与乳状液的稳定性是直接相关的。最大的 PIT 值会得到最好的乳状液稳定性。因此根据体系的 PIT 值,选择一定合适乳化剂的浓度,就可以达到乳状液转换的目的。

8.4 乳状液的去乳化作用

乳状液的破坏称作"去乳化作用"。这一基本过程是液滴的聚结粗化过程,它可分为两步进行。第一步絮凝过程。液滴聚集成团但没有完全失去它原来各自独立的属性,它往往是可逆的。由于聚集体的形成,乳状液的粘度会明显增加。第二步是聚结过程。此时聚集体结合而形成更大的液滴,这一过程是不可逆的并且导致液滴数量的减小,到最后完全分层。

去乳化作用的速率由絮凝速率及聚结速率中的慢者来决定。在很稀的 O/W 型乳状液中,絮凝速率比聚结速率小,因而絮凝速率起控制作用。增加 O/W 型乳状液中油相的浓度,聚结速率缓慢地增加,而絮凝速率却迅速增大,以致在高浓度的乳状液中,聚结速率成为控制速率。而在其中某一浓度范围,这两个速率同时控制,它们将具有同一数量级。

随着去乳化作用的进行,乳状液中的液滴数逐渐减少,而液滴的尺寸却逐渐增大。图 8-16 描述了这种变化的情况。为了讨论粒子数目随时间减少的定量关系,设经过 t 时间的去乳化作用后乳状液中剩下的总粒子数为 n,其中包括未聚结的原粒子数 n_1 和在聚结体中的粒子数(它等于聚结体的粒子数 n_v 乘上每个聚结体中平均粒子数 m)。故有

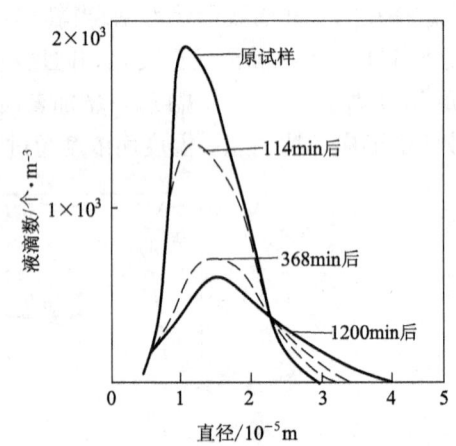

图 8-16 去乳化过程中液滴大小分布随时间变化的关系曲线

$$n = n_1 + n_v m \tag{8-11}$$

根据 Smoluchowski 的聚沉理论,则有

$$n_1 = \frac{n_0}{1 + k_0 n_0 t} \tag{8-12}$$

$$n_v = \frac{k_0 n_0^2 t}{(1 + k_0 n_0 t)^2} \tag{8-13}$$

式中 n_0——在 $t=0$ 时的粒子数,即原粒子数;

k_0——絮凝速度常数,$k_0 = 16\pi Da$,其中 D 为扩散系数,a 为液滴半径。

通常 k_0 值为 $10^{-17}\,\mathrm{m \cdot s^{-1}}$ 左右。k_0 值越大,体系越易发生絮凝。在聚结体中的粒子数 m 的变化速率 $\dfrac{dm}{dt}$ 受两个因素影响:一个是由于絮凝作用使未聚结的粒子进入聚结体而增加 $\dfrac{dm}{dt}$ 值,这一过程的速率为 $k_0 n_0$;另一个是由于聚结体内粒子粗化使粒子数减少。可以认为聚结体内粒子的聚结速率比例于聚结体内粒子接触点的数目。如果聚结为链状聚结,则接触点数为 $(m-1)$。因此聚结速率为 $K(m-1)$,其中 K 为聚结速度常数。由此得

$$\frac{dm}{dt} = k_0 n_0 - K(m-1) \tag{8-14}$$

当 $t=0$ 时,$m=2$(因为最小要两个粒子才能形成聚结体),在这一边界条件下积分式(8-14),得

$$m = \frac{k_0 n_0}{K} + \left(1 - \frac{k_0 n_0}{K}\right)\exp(-Kt) \tag{8-15}$$

将式(8-12)、式(8-13)及式(8-15)代入式(8-11),得

$$n = \frac{n_0}{1 + k_0 n_0 t} + \frac{k_0 n_0^2 t}{(1 + k_0 n_0 t)^2}\left[\frac{k_0 n_0}{K} + \left(1 - \frac{k_0 n_0}{K}\right)e^{-Kt}\right] \tag{8-16}$$

方程式(8-16)描述了去乳化作用过程中,乳状液中总粒子数 n 与时间 t 的关系。方程式右边第一项相当于把聚结体看作是均相体系的粒子数,这就是经典的 Smoluchowski 的处理方法,与方程式(5-94)完全一致。所以只考虑乳状液絮凝过程时的方程式为

$$n = \frac{n_0}{1 + k_0 n_0 t} \tag{8-17}$$

方程式(8-16)中右边第二项表示考虑到聚结体也是由粒子所组成时所加进去的粒子数。下面应用方程式(8-16)讨论几种不同浓度的乳状液发生去乳化作用的情况。

8.4.1 浓乳状液发生去乳化作用

由于乳状液的浓度很大,因而絮凝速度很快而相对的聚结速度很慢。即絮凝速度常数 k_0 远大于聚结速度常数 K,故有 $\dfrac{k_0 n_0}{K} \gg 1$。考虑到这一条件,方程式(8-16)可简化为

$$n = \frac{n_0}{1 + k_0 n_0 t} + \frac{k_0 n_0^2 t}{(1 + k_0 n_0 t)^2}\left[\frac{k_0 n_0}{K}(1 - e^{-Kt})\right] \tag{8-18}$$

另外因乳状液的浓度大,故有 $k_0 n_0 t \gg 1$。方程式(8-18)可进一步简化为

$$n = \frac{1}{k_0 t} + \frac{1}{k_0 t}\Big[\frac{k_0 n_0}{K}(1 - e^{-Kt})\Big] \approx \frac{n_0}{Kt}(1 - e^{-Kt}) \qquad (8-19)$$

由此式可见,n 与 K 有关而与 k_0 无关,即此时去乳化过程的速度只取决于聚结速度,聚结过程为控制过程。当聚结速率足够小,而去乳化作用的时间并非太长时,有

$$1 - e^{-Kt} \approx Kt$$

故式(8-19)可写成

$$n = n_0$$

这表明在高浓度乳状液中,若不发生聚结,体系的粒子数不会发生变化。

8.4.2 极稀乳状液发生去乳化作用

由于乳状液很稀,故絮凝速度很慢,相对的聚结速度快,即 k_0 值小而 K 值大。故有 $\frac{k_0 n_0}{K} \ll 1$。又若聚结进行足够长时间以后,则有 $Kt \gg 1$。考虑到这两个条件,则方程式(8-16)可简化为方程式(8-17),也可以写成另一种形式

$$\frac{1}{n} - \frac{1}{n_0} = k_0 t \qquad (8-20)$$

由此式可见,n 与 k_0 有关而与 K 无关,即过程为絮凝速度所控制。若以 $\frac{1}{n}$ 对 t 作图可得一直线,直线的斜率为 k_0,截距为 $\frac{1}{n_0}$。从而可求得絮凝速度常数 k_0 及乳状液的原始浓度 n_0。

图 8-17 描述了被磺基琥珀酸二酯钠盐所稳定的乳状液(同一原始浓度 n_0),在加入不同浓度的电解质 NaCl 后(具有不同的絮凝速度常数 k_0)得到的 $\frac{1}{n}$-t 直线。它们在 $t = 0$ 处交于一点。

8.4.3 中等浓度乳状液的去乳化作用

在中等浓度的乳状液去乳化过程中,絮凝和聚结都以一定速度进行,即过程由絮凝和聚结共同控制。可用方程式(8-16)来描述。但是在去乳化作用开始时,由于时间很短,$Kt \ll 1$,故有 $e^{-Kt} \approx 1 - Kt$,所以方程式(8-16)可简化为

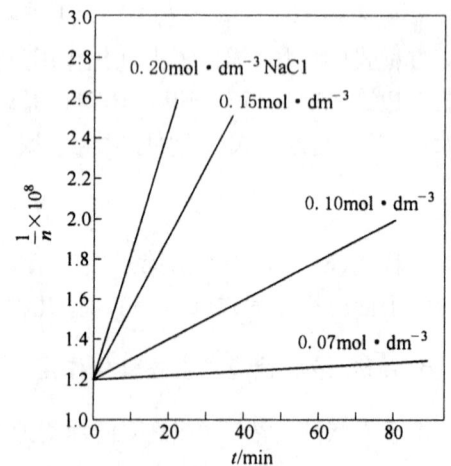

图 8-17 被磺基琥珀酸二酯钠盐所稳定的乳状液加入不同浓度 NaCl 时粒子浓度的倒数与时间的关系

$$n = n_0 - \frac{k_0 n_0^2 t^2 K}{(1+k_0 n_0 t)^2} = n_0\left(1 - \frac{Kt}{1+k_0 n_0 t} + \frac{Kt}{(1+k_0 n_0 t)^2}\right) \quad (8-21)$$

由方程式可见，右边第一项为常数 n_0，而第二项为负值，第三项为正值，且分子、分母都出现 t，故 n 受 t 的影响是极微小的。

去乳化作用进行了一段相当长的时间以后，$Kt \gg 1$。此时方程式(8-16)可写成

$$n = \frac{n_0}{1+k_0 n_0 t} + \frac{k_0 n_0^2 t}{(1+k_0 n_0 t)^2}\left(\frac{k_0 n_0}{K}\right)$$

因为 $k_0 n_0 \gg 1$，故可进一步简化为

$$n = \left(\frac{1}{k_0} + \frac{n_0}{K}\right)\frac{1}{t} \quad (8-22)$$

据此，在一定 n_0 值下，$\frac{1}{n}$ 对 t 作图呈一直线。而在中等长短的时间范围内，$\frac{1}{n}$ 对 t 作图呈曲线。因此在全部时间范围内 $\frac{1}{n}$ 与 t 的关系服从式(8-16)。根据此式，以 $\frac{1}{n}$ 对 t 作图，得到图 8-18。从图可见，在 t 较大的情况下，$\frac{1}{n}$ 对 t 作图呈直线关系。且 n_0 值越小，呈直线关系的时间就越短。

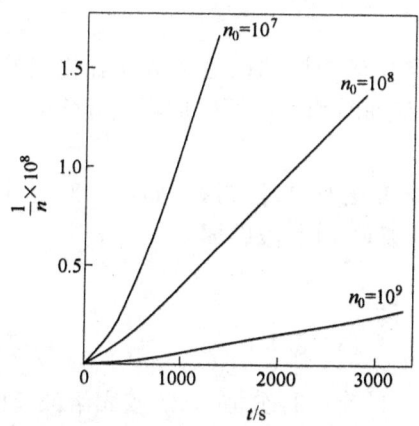
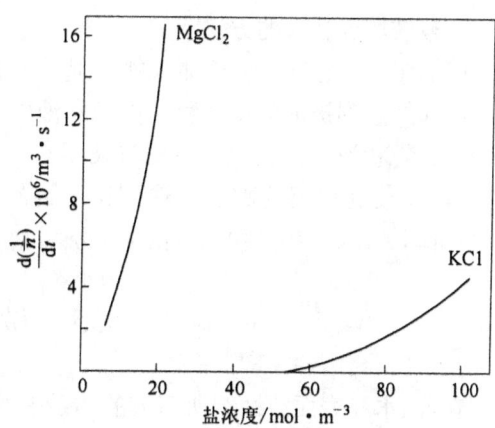

图 8-18　按方程式(8-22)计算不同 n_0 值下的 $1/n - t$ 曲线

图 8-19　电解质对乳状液粒子浓度减小速率的影响

乳状液的去乳化作用与乳状液的转换是极为密切的。乳状液的转换首先是原乳状液的破坏，然后是新乳状液的形成。去乳化作用实际上是转换的第一步，因此乳状液的去乳化作用可采用乳状液转换的一切方法。仅控制到旧相液滴已破坏而新相液滴还未形成的临界点时即停止。加入电解质是实现去乳化作用常用的一种方法。随着电解质的加入，去乳化速度增大。图 8-19 描述了一种被磺基琥珀酸二乙酯钠盐的乳化剂所稳定的乳状

液,加入电解质后对粒子浓度减小速度$\left(以 \frac{d(1/n)}{dt} 表示\right)$的影响情况。通常观察到的结果与 Schulze-Hardy 规则相符合。高价电解质对粒子浓度减小速度的影响更大;电解质浓度增大,粒子减小的速度也更大。图 8-19 说明了电解质浓度越大,$\frac{d(1/n)}{dt}$ 值越大,即 k_0 值越大,絮凝速度越快。

其实,电解质的加入既影响了絮凝速度也影响了聚结速度。

表 8-5 列出了 1-1 型电解质对乳状液的 k_0、K 值的影响。

表 8-5　电解质对 O/W 型乳状液的絮凝及聚结速度常数的影响

乳 化 剂	电解质	$k_0 \times 10^5/m^3 \cdot s^{-1}$	$K \times 10^3/s^{-1}$
磺基琥珀酸二酯钠盐			
0.0035mol·dm^{-3}	0.070mol·dm^{-3} NaCl	1	0.5
0.0007mol·dm^{-3}	0.070mol·dm^{-3} KCl	30	0.6
磺基琥珀酸二乙酯钠盐	0.075mol·dm^{-3} NaCl	5	0.1
	0.100mol·dm^{-3} KCl	30	2

一般破坏乳状液的方法有:

(1)消除乳化剂。通常加入能与乳化剂起化学反应的试剂以达到消除乳化剂的目的。例如加酸到被油酸钠所稳定的乳状液中,则酸与油酸钠反应而生成不具乳化能力的油酸。当乳状液失去乳化剂后便被破坏。

(2)促使乳化膜的破裂。达到这一目的有化学方法及物理方法。如加入对抗性试剂、高价离子盐、加热、离心、过滤等方法可使乳化膜破裂,乳状液破坏。

8.5　微乳状液

在油、水和表面活性剂所组成的体系中通常碰到的有 3 种分散形式:胶团溶液、乳状液和微乳状液。表面活性剂溶液达到一定浓度后则形成胶团。胶团粒子虽然已经达到胶体粒子的大小并呈现出很多溶胶的性质,但是就它本质来说是热力学稳定体系,是处于平衡状态的。乳状液有时也称"宏乳状液",以区别于"微乳状液"。宏乳状液的液滴较大,通常在 500～10000nm 之间,呈乳浊白色不透明状。因为可见光的波长为 400～800nm 之间,这正好在乳状液滴大小范围,因而产生漫反射。乳状液是热力学不稳定的多分散体系,是处于不平衡状态的,静置后会分层。而微乳状液的液滴比乳状液的要小而比胶团要大,通常在 10～100nm 的范围,胶团大小不超过 10nm。由于其液滴尺寸比可见光的波长短,故呈透明或近乎透明状。微乳状液的稳定性很高,长时间放置不会分层,而且还能自动乳化,因此有人认为微乳状液是平衡体系。从粒子的大小来说,微乳状液是介于乳状液和胶团溶液之间的。如果在乳状液中加入更多量的表面活性剂,并加入适量的辅助剂,就能使它转变为微乳状液。另外,如果在浓的胶团溶液中加入一定数量的油及辅助剂,也可以使胶团溶液变成微乳状液。故有人把它称为"胶团乳状液"。图8-20描述了从胶团经过微乳状液变成宏乳状液的情况。

当表面活性剂水溶液的浓度大于cmc值时,就会形成胶团。此时,若加入油,则其分子会进入胶团中被表面活性剂分子的非极性端所包围,而呈现出"增溶作用"。如图8-20a所示。随着这一过程的进行,进入胶团中的油量增加,使胶团溶胀而变成小油滴——微乳状液滴。如图8-20b、c所示。过程继续进行,变成宏乳状液滴,如图8-20d所示。注意图中粒子的尺寸是不按比例的,从d到a是逐渐放大的图形。与此同时,Overbeek还估计出各种不同大小液滴上表面活性剂的数量。表8-6列出了在离子型表面活性剂稳定的W/O微乳状液中,液滴表面及体相表面活性离子的数目。

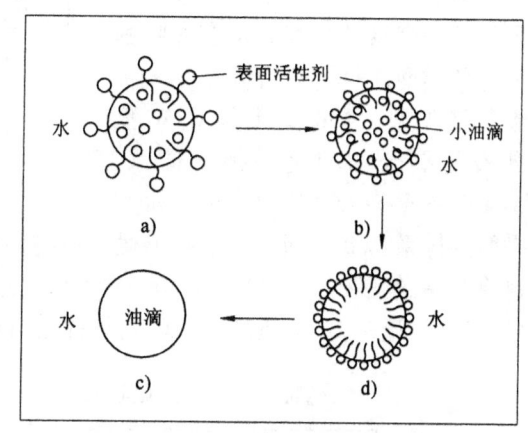

图8-20 从胶团a溶胀转变成微乳状液滴b、c到最后变成乳状液d的过程
(图中液滴的大小是不按比例的)

表8-6 液滴半径a与其表面及体相中表面活性剂离子数N_s、N_b之间的关系

图8-20中状态	a/nm	N_s/个	N_b/个
a	0.7	1.2×10^0	1×10^{-3}
b	3.0	2.25×10^2	1×10^{-1}
c	30.0	2.25×10^4	7×10^1
d	300.0	2.25×10^6	7×10^4

微乳液也可分为不同的类型,除了O/W和W/O型外,还有双连续型,而且有单相和多相之分。O/W和W/O型结构已有实验表明是球形,以小液滴分散在另一种液体中,球的半径为10～50nm。这种模式是受通常乳状液结构影响。但微乳液面临一个不可忽视的事实,即存在超低界面张力,界面张力低达10^{-2}mN·m^{-1},甚至为负值。界面张力如此之低,以致一般分子热运动都足以使界面产生涨落波动,因此,人们对微乳液结构的认识有了变化,界面张力并不是主要的,当然结构单元也并非固定不变。至于双连续型结构有

各种模式,例如,Friberg 提出是无序的层状结构,而 Scriven 认为是立方液晶,见图 8-21。以后又有各种模型出现,像 TP 模型、ACRS 模型等等。但一致认为不要拘泥于某一固定模式,而应注重于各种因素的影响。也有人将其分为 4 种类型,图 8-22 示出了这 4 种微乳状液类型。Winsor Ⅰ 是 O/W 型微乳液与剩余油相呈平衡的体系,Winsor Ⅱ 是 W/O 型微乳液与剩余水相

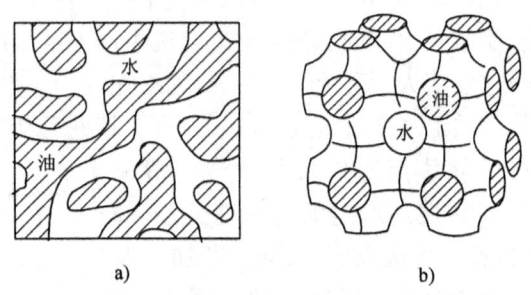

图 8-21 两种完全不同的双连续结构
a) 无序结构　b) 有序立方体系

呈平衡的体系,Winsor Ⅲ 是双连续型微乳液与剩余水相及剩余油相呈平衡的体系,所以有时也将此种微乳液称为中相微乳液,而将前两者分别称为下相和上相微乳液。均匀的单相微乳液,无论是 O/W 还是 W/O 型,统称为 Winsor Ⅳ。

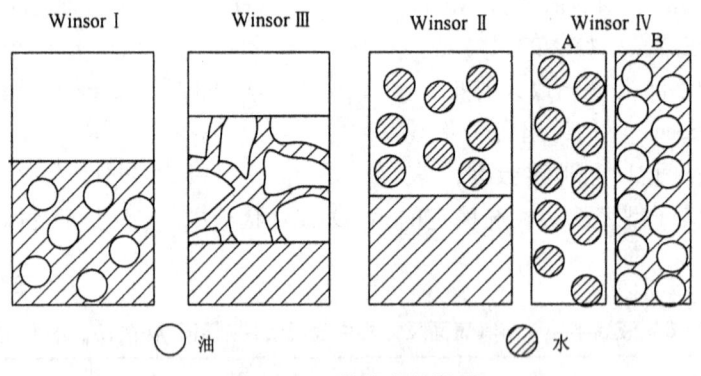

图 8-22 微乳液的类型

要形成微乳状液除了要在油-水体系中加入较大量的乳化剂以外,还需要加入一些助乳化剂。若以离子型表面活性剂作乳化剂时,助乳化剂选用憎水型,如带有中等链长的醇类。例如在十二烷烃-水体系中加入作乳化剂用的油酸盐及作助乳化剂用的十六烷基醇,则形成 O/W 型的微乳状液。其结构如图 8-23 所示。

作为乳化剂的油酸盐是离子型表面活性剂,它在水中离解出正离子,而带负电荷的油酸根吸附在界面上,带负电端插入水中,烃链长 2.5nm,截面积 0.2nm^2,这样便构成界面层厚度为 2.5nm 的微乳状液滴。不同大小的液滴,界面层所占体积百分数是不相同的。表 8-7 列出了它们之间的关系。

微乳状液是由水、油、乳化剂和助乳化剂所组成的,在它们的一定组成区域内才能形成微乳状液。因此可以用正四面体的四元相图来描述微乳状液出现的区域。但为方便起见,也可以用其投影图来描述,即在一定助乳化剂条件下以水、油和乳化剂的三元相图来

描述。Prince 提出了如图 8-24 所示的假想平衡相图。

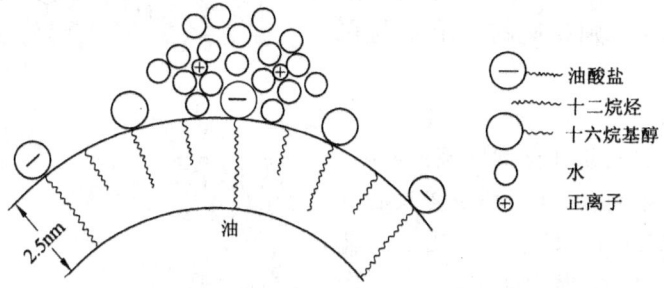

图 8-23　被油酸盐及十六烷基醇稳定的十二烷烃/水微乳状液滴的结构示意图

表 8-7　不同大小的微乳状液滴界面层所占体积百分数

微乳状液滴的直径/nm	界面层占体积/%	微乳状液滴的直径/nm	界面层占体积/%
100	14	25	49
75	19	10	88
50	27		

从图可见,在水-油-乳化剂三元体系中都有可能形成胶团溶液(包括水溶性及油溶性),乳状液和微乳状液(包括 O/W 型及 W/O 型)。微乳状液也像普通乳状液那样具有 O/W 型和 W/O 型,而且在一定条件下,如改变温度或加入对抗性试剂,都可能发生转换。例如 W/O 型微乳状液在一定条件下先转变成被油包围的水柱,进而变成油溶性的表面活性剂夹层,在夹层中间为水相。最后转变成 O/W 型微乳状液,整个转换过程可用图 8-25 来描述。

关于微乳状液的形成,除了上述的胶团溶胀理论以外,还有 J. H. Schulman 等人提出的负表面张力理论。他从实验测定 KCl 水溶液-苯-油酸钾(乳化剂)体系逐渐加入正己醇(助

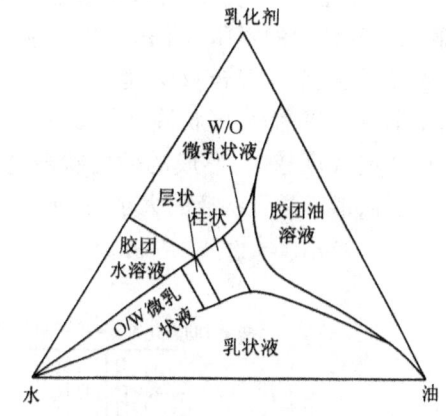

图 8-24　Prince 假想的能显示出胶团溶液、乳状液和微乳状液存在区域的水-油-乳化剂三元平衡相图

乳化剂)时界面张力的变化。发现随着正己醇的加入,界面张力逐渐下降并趋于零。看其下降趋势可越过零线变为负值,但负界面张力不能稳定存在,当体系趋于平衡时,液滴变小以扩大界面面积,使负界面张力消除,结果微乳状液自发形成。

微乳状液的"混合膜理论"更进一步说明它的形成机理。如果在油-水界面中加入乳

化剂,则在界面上形成一层单分子膜。若油-水的界面张力为 σ_{0-w},加入乳化剂后体系界面张力降为 σ_1,则相应的膜压 π 与它们的关系为

$$\sigma_1 = \sigma_{0-w} - \pi \qquad (8-23)$$

如果进一步加入助乳化剂到该体系中,则界面膜是由乳化剂、助乳化剂及掺有油所组成的混合膜,如图 8-23 所示。由于助乳化剂的加入使得油-水界面张力从 σ_{0-w} 降低到 $(\sigma_{0-w})_a$,而使混合膜压大大提高。例如在石蜡油-水界面加入醇后使 $\sigma_{0-w} = 50\mathrm{mN \cdot m^{-1}}$ 降低到 $(\sigma_{0-w})_a = 15\mathrm{mN \cdot m^{-1}}$,而在钠皂的活性剂中加入醇后,膜压从 $15\mathrm{mN \cdot m^{-1}}$ 增加到 $35\mathrm{mN \cdot m^{-1}}$。由式(8-23)可见,

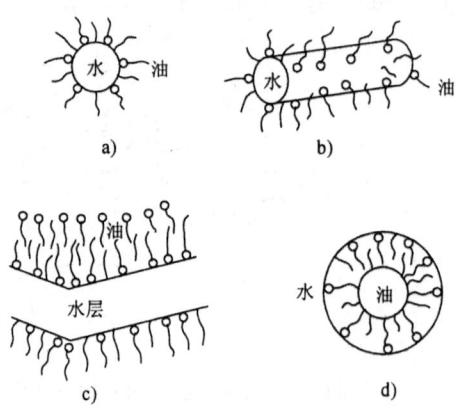

图 8-25 微乳状液转换机理
a)W/O 型微乳状液;b)被油包围的水柱;
c)油溶性表面活性剂夹层;d)O/W 型微乳状液
图中 ～～ 表示表面活性剂;～～ 表示助乳化剂

由于 σ_{0-w} 减小及 π 值增大,最后会导致 σ_1 减小并变成负值。因而界面面积自发增大,分散度增加,形成稳定的微乳状液。

形成微乳状液的类型及液滴的大小与混合界面层两边的界面张力的相对大小有关。图 8-26 描述了微乳状液形成时混合双层膜弯曲的机理,图中 π'_w 和 π'_o 表示平面混合双层膜水边和油边的膜压,而 π_w 和 π_o 则表示弯曲混合双层膜水边和油边的膜压。由于 $\pi'_w \neq \pi'_o$,故在平面混合双层膜中产生压力梯度为 π_G,它由 π'_w 和 π'_o 确定。当 $\pi'_o < \pi'_w$ 时,则形成 O/W 型微乳状液,混合双层膜的弯曲程度由 $(\sigma_{0-w})_a - \pi_G$ 决定。这一差值越大,则弯曲程度越大,形成的微乳状液越小;相反,当 $\pi'_o > \pi'_w$ 时,则形成 W/O 型微乳状液。同样,形成微乳状液的大小由 $(\sigma_{0-w})_a - \pi_G$ 来决定。

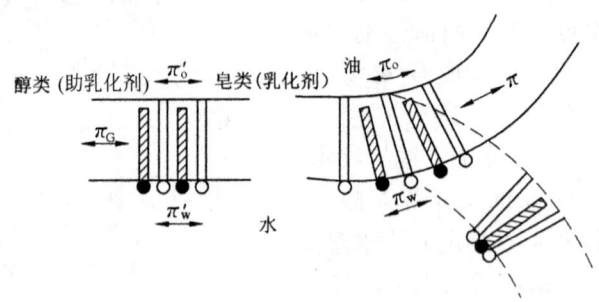

图 8-26 微乳状液形成时混合双层膜弯曲机理说明

8.6 泡沫的形成及其结构

泡沫和乳状液都同属较粗的分散体系,所不同的是:

(1)乳状液以液体为分散相,而泡沫则以气体为分散相。

(2)泡沫中气体分散相的体积远大于乳状液中液体分散相的体积。泡沫是由许许多多悬浮在液相中而不破裂的小气泡所组成。小气泡的半径一般在 10^{-7} m 以上,气泡之间被一层薄的液膜分隔开。当然也可能是固体粉末吸附在气-液界面上而形成多相泡沫。

(3)乳状液的转换是从一种形式的乳状液转变成另一种形式的乳状液,但泡沫的转换则是从泡沫变成气溶胶。

尽管如此,泡沫与乳状液仍然有着许多共同的地方。如稳定机理有许多是共同的。它们都是热力学上不稳定体系,要得到相对稳定的分散体系都要加入第三组分。一般好的乳化剂往往也是好的泡沫稳定剂或起泡剂;破坏乳状液的方法也可用于破坏泡沫。

8.6.1 泡沫的形成

泡沫的形成可以用分散法,也可以用凝聚法。前者是一种常用方法,它是将气体通过一定细孔径的毛细管引入液体中来产生泡沫。

当单个气泡在毛细管中形成时,受到两种力的作用。一种是气泡所受到的浮力 f_1,其大小为

$$f_1 = \frac{4}{3}\pi R^3 g\rho \tag{8-24}$$

式中　R——所形成气泡的半径;

　　　g——重力加速度;

　　　ρ——液体的密度,严格来说应为液、气之间的密度差。

另一种力是在毛细管上形成的气泡所受到的表面张力 f_2,它是阻碍气泡离开毛细管的力。其大小可近似写成

$$f_2 = 2\pi r\sigma \tag{8-25}$$

式中　r——毛细管半径;

　　　σ——液体表面张力。

当两种作用力相等时,即 $f_1 = f_2$ 时,则有

$$R^3 = \frac{3r\sigma}{2g\rho} \tag{8-26}$$

式(8-26)表示气泡刚能离开毛细管时的半径,称为临界半径。这就是说,只有半径大于式(8-26)中求得的 R 值时,它才有可能形成泡沫中的气泡。形成气泡的大小取决于 r、ρ 和 σ。但是,这只是在极缓慢气流的情况下才是正确的。如果气流速度很大,亦即

形成气泡的频率很高时,方程式(8-26)就变得不准确了。此时气泡大小除与 r、ρ 和 σ 有关以外,还受气体的流速以及液体粘度的影响。流速的影响有两个方面:一方面液体受到高速气流的强烈搅动,使气泡未达到临界大小时已被扯脱,因而气泡较小;另一方面由于气泡脱离毛细管口时,必须先进行泡颈收缩,此过程十分缓慢。而且液体粘度越大,收缩所耗费的时间越长。此时,速度很大的气流继续进入气泡,最后使气泡比临界值的气泡大。这种效应称为"粘度效应"。

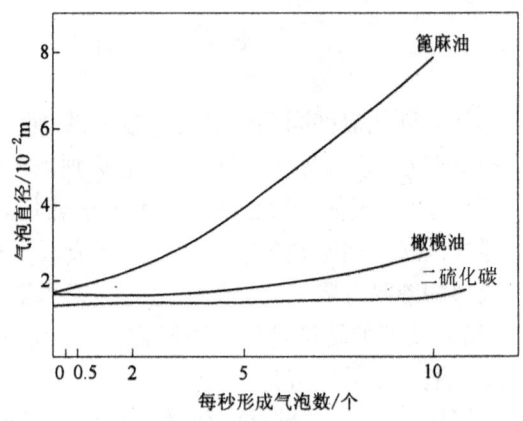

图 8-27 在某些液体中形成气泡的直径及其频率之间的关系

如果每秒钟产生 n 个气泡,则气流的体积流速为 $n \cdot \frac{4}{3}\pi R^3$。形成气泡半径 R 随流速或形成气泡的频率而发生变化。它们之间的关系如图 8-27 所示。

从图中可见,对于不同的液体来说,形成气泡的频率对气泡直径的影响是不相同的。这主要取决于液体的粘度。蓖麻油的粘度为 $0.95\text{Pa} \cdot \text{s}$,橄榄油为 $0.084\text{Pa} \cdot \text{s}$,二硫化碳为 $0.00035\text{Pa} \cdot \text{s}$。粘度越大,这一影响就越大。

8.6.2 泡沫的结构

当许许多多的单个气泡形成并相互聚结在一起时,便形成了泡沫。如果两个气泡聚结在一起,则它们之间存在一薄液膜。如图 8-28 所示。

因为每个气泡的压力差都可以用 Laplace 方程式来表示,若气泡为半径等于 R 的球体,则有 $\Delta p = \frac{2\sigma}{R}$。若半径分别为 R_1 和 R_2 的气泡相互接触,则接触界面之间的压力差为

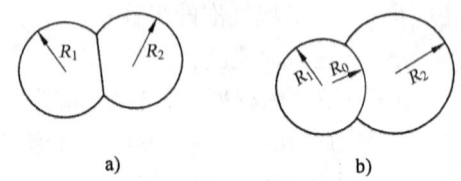

图 8-28 两气泡接触时的相互变形
a) 两气泡半径相同
b) 两气泡半径不相同

$$p_1 - p_2 = 4\sigma \left(\frac{1}{R_1} - \frac{1}{R_2} \right) \qquad (8-27)$$

方程式(8-27)之所以乘上 4 而不是乘上 2,是因为考虑到它内、外两个面的表面张力的结果。另一方面,当考虑到两气泡接触面的曲率半径为 R_0 时,则同样可得到曲面两边的压力差为

$$p_1 - p_2 = 4\sigma \frac{1}{R_0} \qquad (8-28)$$

由于式(8-27)与式(8-28)都是指两气泡接触界面处的压力差,故它们相等,即

$$\frac{1}{R_0} = \frac{1}{R_1} - \frac{1}{R_2} \qquad (8-29)$$

如果 $R_1 = R_2$,即两气泡的半径相等,则得 $R_0 = \infty$,这就意味着两气泡接触的界面为一平面。如图 8-28a 所示。如果 $R_1 \neq R_2$,则由于界面两边力的不平衡,界面必呈曲面状。小气泡内压力必然比大气泡内的压力大,故界面凹向小气泡,如图 8-28b 所示。在特殊情况下 $R_2 = 2R_1$,此时得 $R_0 = R_2$。

当3个气泡聚结在一起时,它们之间形成三角样状液膜。这一液膜区称为 Plateau 边界,简称 PB 区。如图 8-29a 所示,图 8-29b 为其放大图。

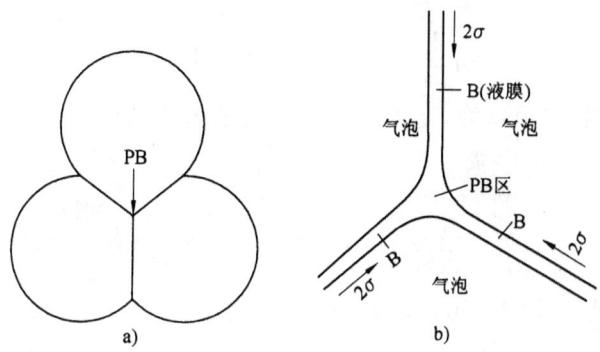

图 8-29　3 个气泡接触时的变形及 Plateau 边界的形成

从图可见:①如果 3 个气泡的大小相同,则其交界面之间互成 120°的交角,这是因为在每一个交界面上都具有相同的界面张力。按力的平衡原理,3 个大小相同的力作用在一点上必成 120°交角。②在 PB 区(3 气泡接触处)的曲率较正常界面(两个气泡接触面)的曲率大。这就意味着此处存在着较大的压力差。由于这一压力差的存在,使得正常界面的液体向着 PB 区方向流动而导致液膜减薄,泡沫的稳定性下降。这就是泡沫膜的液体"渗出作用"。

8.7　泡沫的渗出作用

在一般情况下,泡沫膜中液体的渗出作用是由两个原因引起的:

(1)重力作用。膜中液体在重力作用下从液膜分离出来向下流集。同时使得液膜厚度从上到下增加。

(2)在 PB 区由于曲面压力差的作用,使膜中液体流向 PB 区。如果水液膜高度为 h,那么在重力作用下产生的压力为 $9.81 \times 10^3 h (\mathrm{N} \cdot \mathrm{m}^{-2})$,而在 PB 区内,曲率半径为 R_1 和

R_2 的曲面所产生的压力差为 $\sigma\left(\dfrac{1}{R_1}+\dfrac{1}{R_2}\right)$。若 $R_1 \gg R_2$，则可简化为 $\dfrac{\sigma}{R_2}$。PB 区内的曲率半径 R_2 依赖于气泡的大小。大多数液体的表面张力都大于 $3\times10^{-2}\mathrm{N\cdot m^{-1}}$，因此在 PB 区内压力差多为 $\dfrac{3.0\times10^{-2}}{R_2}(\mathrm{Pa})$ 以上，所以只有当 $R_2<\dfrac{3\times10^{-6}}{h}(\mathrm{m})$ 时，第二个因素在渗出作用中才起主要作用。当然，如果液膜是水平放置，那么液体渗出纯粹是第二个因素起作用。

进一步观察单一液膜的渗出现象时就会发现，液膜中液体在重力作用下流动的速度是不相同的，如图 8-30 所示。膜内液体在中间的流速最快，而边缘的流速最慢，流动过程出现速度梯度。渗出过程相应于液体的粘性流动。其流动方程可写成

$$f = \eta \frac{\mathrm{d}v}{\mathrm{d}x} \qquad (8-30)$$

式中，f 为作用在液膜间距离为 $\mathrm{d}x$，并使其产生速度为 $\mathrm{d}v$ 的单位面积上的力。线速度 $\dfrac{\mathrm{d}v}{\mathrm{d}x}$ 为

$$\frac{\mathrm{d}v}{\mathrm{d}x} = \frac{2v_{最大}}{\delta} \qquad (8-31)$$

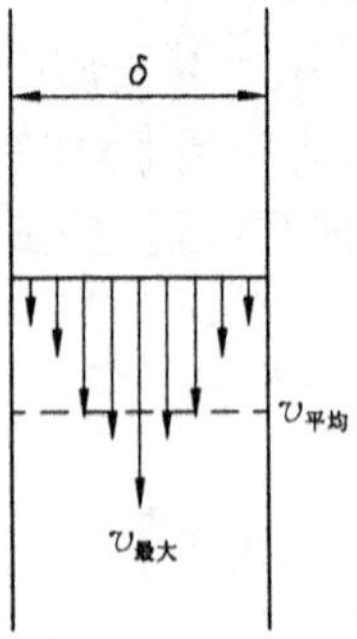

图 8-30 膜内液体渗出速度

将式(8-31)代入式(8-30)，得

$$f = \frac{2\eta v_{最大}}{\delta} \qquad (8-32)$$

式中，$v_{最大}$ 为液膜中心处最大流速，而平均流速 $v_{平均}$ 可用最大和最小流速的平均值求得。而此时最小流速为零，故有

$$v_{平均} = \frac{1}{2}v_{最大} \qquad (8-33)$$

将式(8-32)中 $v_{最大}$ 值代入式(8-33)中，可得

$$v_{平均} = \frac{\delta f}{4\eta} \qquad (8-34)$$

f 值可近似等于厚度为 $\dfrac{1}{2}\delta$，面积为 $1\mathrm{m}^2$ 液膜的重力，即

$$f = \rho g \frac{\delta}{2} \qquad (8-35)$$

式中，ρ 为液体的密度。将式(8-35)代入式(8-34)，可得

$$v_{平均} = \frac{\rho g \delta^2}{8\eta} \qquad (8-36)$$

由此可见，液膜中液体渗出平均速度受液体的粘度、密度及液膜厚度的影响。在室温

下水膜渗出的平均速度为

$$v_{平均} = 1.2 \times 10^6 \delta^2 (\mathrm{m \cdot s^{-1}}) \tag{8-37}$$

如果膜厚为 10^{-6} m,则液体向下流动的平均速度大约为 10^{-6} m·s^{-1}。此时渗出过程已极为缓慢。

至于水平的液膜,渗出过程是由 PB 区中产生的负压所致。从图 8-29 可见,在 PB 区界面是凹向气泡一侧的,气泡中气体压力较 PB 区界面内液体的压力大。但是在 B 处,正常液膜成平面状,即 B 处液体的压力等于泡内气体压力,这样便导致液体向 PB 区流动,这就是"负压效应"。液体从界面液膜 B 处排走的速度除了与液体的粘度成反比外,还与它们之间的压力差成正比。而影响这一压力差有 3 个因素:

(1) 气泡间的范德华吸引力,它促使液膜变薄。
(2) 当气泡带电时双电层重叠所产生的排斥力,它阻碍液膜变薄。
(3) 毛细管力,它促使液膜变薄。

随着渗出过程的进行,这些力的大小也在发生变化。根据力的平衡,最后不是形成一平衡厚度的液膜,就是液膜不断减薄,以破裂而告终。加入短链的脂肪酸或醇类所形成的泡沫是不稳定的,因为它们只能延缓渗出作用,而不能停止它的进行,最后只能导致气泡的完全破裂;但是加入皂类、合成洗涤剂、蛋白质等,则可形成亚稳定的泡沫。因为它最终阻止渗出过程进行而建立起一定厚度的平衡膜。

8.8 泡沫的稳定及其影响因素

泡沫的稳定性除了取决于渗出作用外,还取决于膜的抗破坏能力。加入皂类、表面活性剂所形成的泡沫的稳定性主要来源于 Gibbs-Marangoni 表面弹性效应。

根据 Gibbs 理论,液膜的弹性 E 是相当重要的性质。它被定义为每个粒子增加表面积 A 时表面张力的增加值,即

$$E = 2A \frac{\mathrm{d}\sigma}{\mathrm{d}A} \tag{8-38}$$

它亦可以用另一种形式表示

$$E = 4(\Gamma_2')^2 \left(\frac{\mathrm{d}\mu_2}{\mathrm{d}m_2}\right) \tag{8-39}$$

式中 Γ_2'——组分 2 在液面上的过剩浓度;

μ_2——组分 2 的化学位;

m_2——组分 2 在单位面积膜上的数量;

E——液膜的弹性,表面液膜受到冲击时调整其表面张力的能力。

Gibbs 吸附量 Γ_2' 越大,形成的泡沫越稳定。对于纯液体来说,$\Gamma_2' = 0$,故有 $E = 0$。所以纯液体不能形成稳定的泡沫。当加入表面活性剂后,使 Γ_2' 增加,E 值增大,而能形成较

稳定的泡沫。当气泡的液膜受到冲击而减薄时,伴随着表面积的增加,表面活性剂的表面过剩浓度下降,表面张力增大,这就产生表面张力梯度。在这一张力梯度作用下,液体流回减薄处,从而起到自动修复作用。这就是"Gibbs 效应"。另外由于新表面形成后,表面活性分子扩散到新表面上使它恢复原来的状态是需要一定时间的。当表面活性分子来不及扩散到新表面上时,高表面张力的新表面处于不稳定状态,很容易恢复原状,这就增加了泡沫的稳定性。这种效应称为"Marangoni 效应"。总之,形成新表面时,表面活性剂分子一时难以扩散到新表面上,而表面张力升高,这样给泡沫提供的稳定效应称为 Gibbs – Marangoni 效应。如果表面活性剂分子扩散得极快,那么这一效应减弱。通常发现较浓的表面活性剂溶液制得泡沫的稳定性差,原因就是表面活性剂浓度较大,扩散速度也较快,因而 Gibbs-Marangoni 效应减弱。所以在选择起泡沫剂时必须先选表面吸附缓慢(毫秒数量级)的表面活性剂。

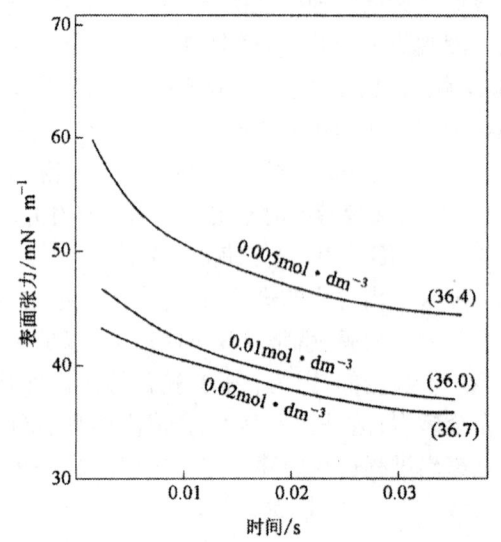

图 8 – 31 20℃时,不同浓度的十二烷基硫酸钠溶液表面张力与陈化时间的关系曲线

Marangoni 效应可以从表面张力随表面的陈化时间而减小的实验得到证实。图 8-31 描述了十二烷基硫酸钠溶液在 20℃下的表面张力与陈化时间的关系。图中括号内的数据为平衡表面张力。

从图可见,十二烷基硫酸钠溶液浓度越大,表面张力曲线越低,曲线都具有相同的形状以及近似下降速率。这就意味着浓溶液容易达到其平衡表面张力,即其 Marangoni 效应较弱,形成泡沫的稳定性较差。

Plateau 提出了另一种泡沫稳定理论。他认为泡沫的破坏主要来自两种力:表面张力和重力。这两种力所起作用的相对大小取决于表面能与重力能的比值。设气泡半径为 R,液膜厚为 δ,它远小于 R 值。当表面积减小 $8\pi R^2$ 时,相应的表面内能减小值 ΔV_s 为 $8\pi R\sigma$。与此相应的气泡所具有液体体积为 $4\pi R^2\delta$,相应重力能的减小值 ΔV_g 为 $4\pi R^2\delta\rho g$,因此

$$\frac{\Delta V_s}{\Delta V_g} = \frac{2\sigma}{R\delta\rho g} \tag{8-40}$$

式中　ρ——液、气间密度差;
　　　g——重力加速度。

在一般情况下,取 $\sigma = 3 \times 10^{-2} \mathrm{N} \cdot \mathrm{m}^{-1}$,$R = 1 \times 10^{-3} \mathrm{m}$,$\delta = 10^{-6} \mathrm{m}$,$\rho = 10^3 \mathrm{kg} \cdot \mathrm{m}^{-3}$,

$g = 9.81 \mathrm{m \cdot s^{-2}}$,将这些数据代入式(8-40),求得 $\frac{\Delta V_s}{\Delta V_g} = 6000$。由此可见,表面张力在通常情况下破坏作用比重力起的破坏作用更大。Plateau 认为:表面张力起到破坏泡沫的作用,而表面粘度则起到延缓的作用。因此泡沫的生存时间随着表面粘度 η_s 对表面张力 σ 的比值的增加而增大,即增加液膜表面粘度,减小表面张力将对提高泡沫的稳定性有利。这一点从表8-8的实验数据可见。从表中数据还可以看到,正离子稳定泡沫的顺序为:$Li^+ < Na^+ < K^+ < Cs^+$。另外也可以找到负离子对泡沫的稳定顺序:$I^- < OH^- < NO_3^- < CO_3^{2-} < SiO_2^{2-} < Cl^-$,但是它们的影响差异比正离子小得多。

表8-8 各种一价正离子对0.1%月桂酸钠溶液泡沫稳定性及其他性质的影响

离子浓度 $\times 10^5 / \mathrm{kg \cdot m^{-3}}$	Li^+	Na^+	K^+	Cs^+
	3.37	3.37	3.37	3.37
表面张力 $\times 10^3 / \mathrm{N \cdot m^{-1}}$	48.6	48.2	44.6	41.0
表面粘度 $\times 10^4 / \mathrm{Pa \cdot s}$	—	1.5	2.0	2.0
半生存期/s	20	26	40	>3600

表面膜的性质,特别是其机械强度对泡沫的稳定性起着很大的作用。因此凡能增加表面粘度的表面活性剂都会增加其稳定性。而形成固态膜泡沫的稳定性比形成液态膜泡沫的稳定性更大。因为泡沫破坏首先是表面膜减薄,而固体膜的减薄更困难。所以加入适当的固体粉末,让它吸附在界面上也能增加泡沫的稳定性。这时便形成固-液-气三相泡沫。固体粉末对泡沫的稳定原理与对乳状液的稳定原理相同,只是把气相代替油相而已。固体粒子对水的润湿性能及其大小对稳定泡沫的能力有很大的影响。中等润湿程度的固体粉末(即中等接触角大小)具有最好的稳定效果。如果接触角太大,即固体粉末对水的润湿能力差,固体粒子浸入水中的部分太小,容易形成很薄的界面膜,这样对稳定泡沫不利。相反,如果接触角太大,即固体粉末对水的润湿能力很强,粒子完全被吸入水中,这样当液膜减薄时它会随液体而流走,故也不能起到很好的保护作用。而固体粒子太大和太小对稳定均不利,因为粒子太大,在重力作用下容易发生下沉,使膜不稳定;而粒子太小,则形成的膜太薄,稳定性也差。当使用适当的接触角及适当大小的固体粉末时,它能吸附在气泡界面上,形成稳定的膜,阻止气泡粗化。如图8-32所示。

归纳起来,影响泡沫的形成及其稳定因素主要由两方面决定,即膜中液体渗出速率和膜的性质(包括膜的

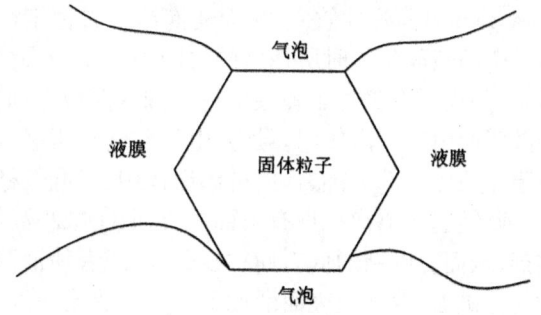

图8-32 固体粒子阻碍两气泡的粗化

弹性、液体和膜的粘度及液体的表面张力等)。具体影响如下:

(1)液体的表面张力。随着泡沫的形成产生了巨大的界面,因而处于不稳定状态。在巨大的界面存在下要降低其界面能则必须在溶液中加入一些物质以降低其界面张力。这样不但使泡沫易于形成,而且也使已形成的泡沫比较稳定。因此降低液体界面张力是形成稳定泡沫的必要条件。

(2)液体粘度及表面粘度。从方程式(8-36)可见,液体粘度的提高会减慢液膜中液体渗出的平均速率,使液膜不容易变薄。另一方面,较高的液体粘度会减慢表面活性剂分子的扩散速度,提高了 Marangoni 效应,对稳定泡沫有利。而提高表面粘度会促使牢固的表面膜的形成,增加泡沫的稳定性。加入保护胶体或固体粉末,它们可以浓集于界面上或定向排列,或互相交织而提高膜的机械强度。这都有利于形成稳定的泡沫。

8.9 消 泡

消泡通常包含防止泡沫的形成和消除已形成的泡沫。消泡的方法可分为物理消泡法和化学消泡法。前者如改变温度、改变压力(如抽真空)、搅拌、离心、过滤、高频声波及射线辐照等;而后者则往往加入一些化学物质以抵消起泡剂的作用,破坏起泡及稳泡条件。故凡是能够防止泡沫的形成及能破坏已形成泡沫的物质都称为消泡剂。常用的消泡剂有聚酰胺,如硬脂酸三酰胺有很好的消泡效果;另外聚硅氧烷、高级醇(如辛醇、庚醇、壬醇等)、脂肪酸、醚等也是良好的消泡剂。在不同的场合下可使用不同的消泡剂,例如皂类的泡沫可以加入少量的醚、醇溶液来破坏;粗糖中蛋白或树胶物的泡沫是极其稳定的,可以加入少量乙醚使之完全破坏。

不同的消泡剂在不同的场合下有不同的消泡机理。例如,磷酸三丁酯的消泡作用是降低溶液的粘度,因而增加液体渗出速度;甲基异丁基甲醇则可以置换出原来的泡沫稳定剂而吸附在界面上,使泡沫失去稳定剂而丧失其稳定性。在许多情况下,消泡剂的分子附着在界面膜上,使表面张力局部降低,导致膜上面的力不平衡而破坏。例如锅炉中使用消泡剂六次甲基苯二胺的消泡机理就是这样。一些消泡剂的加入会减小或消除 Gibbs-Marangoni 表面弹性效应,从而使泡沫失去稳定性。例如油酸钠溶液泡沫,新表面要回复到平衡的表面张力时所耗费的时间为 30ms。如果加入磷酸三丁酯,则这一时间会减小到 10ms,因而使它失去了弹性效应。加入高级醇到蛋白质的泡沫中会使蛋白质液膜发生絮凝破坏而引起消泡作用。加入电解质则会压缩双电层而减小粒子之间的排斥力或减小表面膜与液体内部氢键力,促进渗出作用,降低其稳定性。

归纳起来消泡机理有下面几方面:①减小液体粘度;②取代界面上的起泡剂或泡沫稳定剂,从而得到新的低表面粘度界面,或者使液膜产生的局部表面张力下降,出现力的不均匀而破裂;③加促表面活性剂分子的吸附速度,缩短新表面回复到平衡表面张力所需的时间,以消除 Gibbs-Marangoni 效应。

归纳与讨论

（1）乳状液和泡沫虽然有着各自的特点，但也有着许多共同之处。
① 都是比胶体的分散度低一个数量级的粗分散体系。
② 体系稳定理论的本质基本上是相同的。如界面的张力、膜的机械强度、液体及表面膜的粘度、固体粉末的作用等对它们的稳定都有着共同的影响。
③ 它们都是热力学不稳定体系。要它们相对稳定存在必须加入第三种物质作为稳定剂。
④ 去乳化作用和消泡作用的本质也是共同的。例如，将乳化剂或起泡剂消除或置换，以物理或化学方法将乳化膜或泡沫液膜破坏都可以同样达到去乳化和消泡的目的。

（2）乳化和去乳化、起泡和消泡是对立的两个方面。降低体系的表面张力是乳化和起泡的必要条件，形成较牢固的表面膜是其充分条件。相反，去乳化和消泡的本质是破坏已形成的表面膜。

（3）（宏）乳状液与微乳状液的区别。

性 质	（宏）乳状液	微乳状液
粒子大小	500～10000nm	10～100nm
多相性	多相分散体系	可以认为是均相体系
分散性	多分散性	较好的单分散性
对光的作用	乳浊不透明	透明或近乎透明
稳定性	热力学不稳定或动力学稳定，不能自发形成	热力学或动力学都稳定，能自发形成

（4）乳状液滴虽然比胶体粒子大一个数量级，属粗分散体系，但是它们仍有许多相似之处，也可以用胶体体系的一些理论处理粗分散体系。例如，若乳状液是靠静电斥力稳定的，它可以用 DLVO 理论来处理；去乳化作用可以用 Smoluchowski 的聚沉理论来处理，都可得到较满意的结果。

习 题

（1）简单讨论为何两种纯的不互溶的液体不能形成稳定的乳状液。
（2）试证明等径刚球最紧密堆积的相对体积为 0.74。
（3）假设在某油-水-表面活性剂体系中，不管形成 O/W 型乳状液还是 W/O 型乳状液，液滴的直径都为 1×10^{-6} m。当乳状液发生转换时，Gibbs 函数的变化为 8.36×10^5 kJ·m^{-2}。求水膜与油膜界面张力之差，设相对体积 ϕ 为 0.5。
（4）根据定向楔理论，油酸钠是 O/W 型乳化剂，若由它所组成乳状液的液滴直径为 1×10^{-6} m，单分

子液膜厚为 10^{-8} m,且油酸钠的极性基横截面积为 $0.45\,\text{nm}^2$,求其烃链分子的横截面积。

(5) 在固体粉末作乳化剂的乳状液中,单个油滴直径为 10^{-5} m,外面被 10000 个紧靠的固体小球粒所包围。外相为水相,油-水的界面张力为 $4.0\times10^{-3}\,\text{N}\cdot\text{m}^{-1}$,固-油和固-水的界面张力差,即,$\sigma_{s-o}-\sigma_{s-w}=3.5\times10^{-3}\,\text{N}\cdot\text{m}^{-1}$,求:

(a) 均匀固体球粒的直径。

(b) 油-水-固体的接触角 θ_{sWO}。

(c) 将粒子从油滴中分离出来得到被水包围的油滴及被水包围的固体粒子时所耗费的功。

(6) 使用 70% Tween 60(HLB=14.9) 和 30% Span 65(HLB=2.1) 作混合乳化剂对某乳状液能起到最好的乳化效果。现若改用十二烷基硫酸钠和十六醇作混合乳化剂,问:

(a) 十二烷基硫酸钠和十六醇各自的 HLB 值为多少?

(b) 要使同一乳状液能得到最好的乳化效果,估计它们各自占有的百分数为多少?

(7) HLB 值为 6 的表面活性剂能形成很好的 W/O 型乳状液。现用两种乳化剂混合使用,其一为 10% 的十六醇,问必须选择 HLB 值为多少的另一乳化剂?

(8) 当两个直径分别为 1.25×10^{-3} m 和 4.10×10^{-3} m 的肥皂泡相互接触而形成一个共同的界面时,问这界面的凹向及其曲率半径为多少?

(9) 试从方程式(8-38)推导出方程式(8-39)。并说明当表面活性剂在溶液中的浓度约为 cmc 浓度时,表面活性剂膜的弹性是大还是小?

(10) 测得某极稀的乳状液在加入二价电解质以后,粒子数与时间的关系数据如下:

t/min	1	2	3	4	5	6	7	8
$n\times10^{-6}/\text{个}$	6.7	6.3	5.9	5.6	5.3	5.0	4.8	4.6

求其絮凝速度常数 k_0 及该乳状液的原始浓度 n_0 值。

参考文献

1　Becher P. Emulsions - Theory and Practice. A. C. S. Monograplv 162, Reinhold, 1965.
2　Sherman P. Emulsion Science. Academic Press, 1968.
3　Prince L M. Microemulsions - Theory and Practice. Academic Press, 1977.
4　Robb I D et al. Microemulsions. N Y Plenum, 1982.
5　Bikerman J J. Foam, Reinhold, N Y, 1953.
6　Attwood D et al. Surfactant Systems: their Chemistry, Pharmacy and Biology. Chepman and Hall Ltd, 1983.
7　Vold R D. Colloid and Interface Chemistry. Addison - Wesley Publishing Company, Inc., 1983.
8　Dickinson E and Stainsby G. Colloids in Food. Applied Science Publishers, 1982.

9 流变学基础

内 容 提 要

流变学(Rheology)是研究物质在外力作用下发生形变和流动的科学。它研究剪切应力、切变速率以及时间三者之间的关系。

研究在外力作用下物体发生形变是本章第一部分内容。通常作用力以剪切应力表示,形变则以切变速率表示。第二部分内容是研究液体、胶体或悬浮液在外力作用下的流动。讨论液体的粘度及其测定、悬浮液的粘度定律及其影响因素,以及粘度与高聚物摩尔质量的关系。

9.1 流 型

流体,特别是胶体和悬浮液的流变行为一般都很复杂,不可能用一个简单的公式来作统一的描述。这是因为流体的流变性不仅与流体中单个粒子有关,而且还涉及到粒子与粒子之间、粒子与溶剂之间的相互作用。单个分子或粒子可以以化学键性质的力,也可以以范德华性质的力联结起来。如果是粒子,特别是对称性很差的粒子也可能以简单的机械形式纠缠在一起,当然也可能是以上几种形式作用力同时存在。由于这一复杂性,所以在研究流体的流变性时按照剪切应力 f 与切变速率 D 的关系,分成各种类型——流型来进行讨论。

9.1.1 流型简介

流型是根据剪切应力 f 与切变速率 D 之间的关系来区分的。它们之间的关系有多种形式,最基本的有 3 种,其他可以通过这 3 种基本形式组合得到。

第一种类型:剪切应力 f 与切变速率 D 成正比

$$f = \eta D \tag{9-1}$$

这就是牛顿定律。式中,η 为比例系数,称粘度系数,简称粘度。凡符合这一规律的流体称为理想流体或牛顿型流体,简称 N-流型。其特点是剪切应力消除以后,形变不再复原。若以 D 对 f 作图,得其流型曲线为一过原点的直线。牛顿流型的机械模型可以用充满液体的圆柱活塞来描述,如图 9-1a 所示。

第二种类型：物体在外力作用下发生变形,而当外力消除后变形消失,物体回复到原状,这种变形称为弹性变形。它服从胡克(Hooke)定律。凡符合这一规律的物体称为理想弹性体或称胡克型物体,简称 H-流型。它的机械模型可用一弹簧来描述,如图 9-1b所示。

第三种类型：在小于一定值的应力的作用下,物体呈现出完全刚性,但应力超过一定值以后,物体极易流动。故其 $D-f$ 流型曲线为距原点一定距离的垂直线。这一引起物体流动的最低应力称为流动极限值或称屈服值(yield value),这种物体称为理想塑性体或称 St. Venan 型物体,简称 S-流型。其机械模型可以用物体在底板上滑动来描述,如图 9-1c 所示。

这 3 种理想流型的并联(以 ▎符号表示)或串联(以 ▬ 符号表示)就可以得到各种流型模式。Maxwell 型(以 M 表示)可以由胡克型串联牛顿型而得,即 M = H▬N,如图 9-1d 所示。当按箭头方向加外力时,弹簧很快伸长而活塞还来不及移动,这样便使体系处于应力不平衡状态。经过一定时间以后,内应力完全消失,这一时间称为松弛时间,这种形变称为松弛形变。其特点是当外应力取消后,弹簧即回复原状,而活塞却保持流动后的位置;另外一个特点是在短时间作用下呈现出弹性体,而在长时间缓慢的应力作用下则以粘性起主要作用。

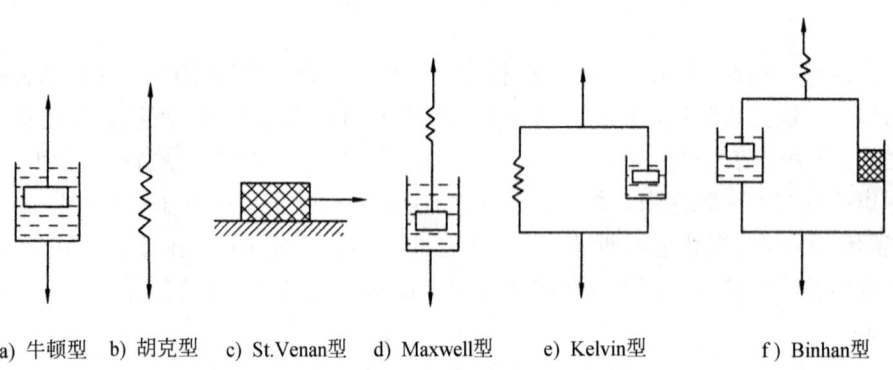

a) 牛顿型　b) 胡克型　c) St.Venan型　d) Maxwell型　e) Kelvin型　f) Binhan型

图 9-1　几种流型的机械模型及其结合情况

胡克型与牛顿型并联,则得到 Kelvin 型(以 K 表示),即 K = H▎N,如图 9-1e 所示。若按图箭头加上外力,开始变形较快,以后逐渐变慢到某一数值则停止。外力消失后,体系部分回复原状。这种变形称为蠕变。

M 型和 K 型流型都是由弹性型和牛顿型所组成,因而称为"粘弹性体",它兼而具有粘性体及弹性体的特征。当它受到外力作用时,物体的某些部分发生变形而进入新的不平衡位置,从而将能量以弹性形式贮存起来;另外一部分则流动进入新的平衡位置,以热、摩擦等形式消耗掉一部分能量。如果外力撤消,则只有前者将贮存能量重新放出而达到部分复原。图 9-2 是典型粘弹性体蠕变和复原曲线。

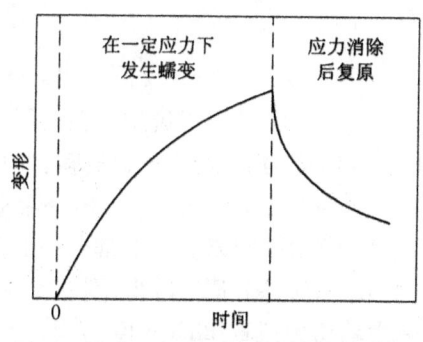

图9-2 典型粘弹性体蠕变和复原曲线

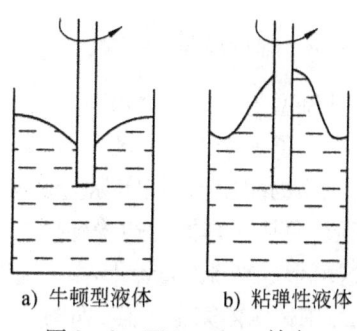

a) 牛顿型液体　　b) 粘弹性液体

图9-3 Weissenberg效应

粘弹性体的另一个特征是其流动发生在与外力成直角的方向上,这种效应称为Weissenberg效应,图9-3描述了这种效应。当转轴在牛顿型液体中缓慢旋转时,液体向外,靠近旋转棒处的液面下陷,如图9-3a所示。当发生在粘弹性液体中,则液体向里靠拢旋转轴,而导致液面上升,如图9-3b所示。这是由于粘弹性液体沿圆周作剪切运动时,中心切速最大。由于液体的弹性作用,拉得越紧,产生张力也越大,所以中心的张力也增大,从而迫使液体向中心移动,产生"爬杆现象"。

除了以上弹、粘性结合以外,也有其他许多结合的形式。例如Binhan型就是由3种基本型所组成,即

$$B = H - (N \mid S)$$

如图9-1f所示。这种物体在剪切应力小于屈服值时为弹性体,超过屈服值以后变为粘性流体。

上述介绍的几种流动型是由3种基本流型经机械组合而得到的,是理想的情况,而实际情况则更为复杂,难以用这种机械组合的方式得到。图9-4列出了最常见和最重要的几种流型的流动曲线。

从图可见,牛顿流型的切变速率与剪切应力成直线关系。除此以外的流型都称为非牛顿型,其$D-f$图呈曲线关系。

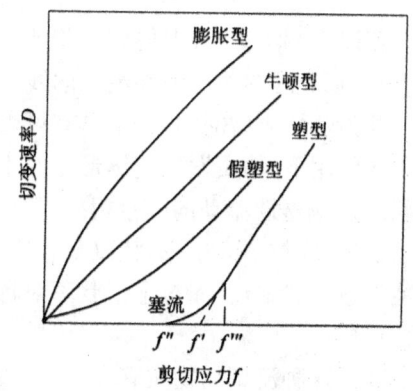

图9-4 4种基本流型的流动曲线

9.1.2 牛顿流型

只要对物体加上外力,不管如何微小,均会引起流动。在一定温度下,切变速率D和剪切应力f成正比,即符合牛顿粘性流动定律方程式(9-1),其流型曲线为一过原点的直线,直线的斜率为$1/\eta$。这种流型有两个特征:①一旦受外力作用立即流动;②粘度与剪切应力的大小无关。属于这种流型的有纯物质(如甘油、水等)、油类(除高粘性油外)、溶

液(特别是低分子物质的溶液)以及稀分散体系。

9.1.3 塑性流型

这种流型与Binhan型相似。只是前者是实际流型而后者是理想流型。在实际的塑性流型中多了一个"塞流区",即理想状态下加上外剪切应力f'物体开始流动,此即为Binhan流型的屈服值,但实际上只需要加上应力f''即已发生流动。此时并非全部物体都发生变形,而是在容器的边缘地区产生变形,产生滑动,带动中间未变形的部分一起向前移动,这就形成塞流(plug flow)。随着剪切应力的增大,塞流部分逐渐减少,到f'''以后,流动形式与牛顿流体完全一样,如图9-4所示。f'称为动切力或称Binhan值;f''称为静切力,表示体系开始流动时的切力;f'''称为层流切力,表示粒子间的结构完全拆散时的切力。

显示出塑性流动的体系一般都会出现粒子与粒子之间形成一定结构的现象,这是由于粒子不对称性、水化及ζ-电位减弱等使得部分粒子吸力占优势而导致形成疏松而有弹性的网状结构,体系在流动变形之前必须在一定程度先拆散粒子间的结构,使粒子发生相对运动,这就是体系存在着屈服值的原因。当体系流动时,由于粒子间的吸引依然存在,结构的拆散和重新形成在流动时可以同时发生,在切变速率不太高的情况下,由于结构重新形成的速度随拆散程度而增加,在流动中可以达到速度相等的稳定态。因此体系具有一个近似稳定的塑性粘度η_p。塑性流型的流变方程式可写成

$$f - f' = \eta_p D \tag{9-2}$$

若以D对f作图,则得到一根水平的折线,转折点在f'处,此即为Binhan型流动曲线,即无塞流区的理想塑性流动曲线。

凡为塑性流型的物质,都具有可塑性。所谓可塑性是指:"在超过引起流动所需剪切应力的作用下,物质发生连续形变而不破裂;但当剪切应力低于它时,则物质永远保持其原状。"影响塑性流动的因素很多,但归根结底是网状结构的形成。而这完全取决于固体粒子的浓度、粒子大小、形状以及它们之间的吸引力。显然,有足够浓度的固体粒子才有可能形成网状结构,而粒子形状不对称性增大,以及粒子间吸引力的增大都有利于网状结构的形成。

属于这种流型的物质有泥浆、油漆、油墨、沥青等。图9-7曲线1为球粘土的流动曲线,可见它属塑性体。

9.1.4 假塑流型

这类流型曲线如图9-4所示,它有两个特点:①曲线过原点,即只要稍微加上应力就发生流动;②随着剪切应力的增大,切变速率以越来越大的速度增加,即流动曲线的斜率$\dfrac{dD}{df}$越来越大。这就意味着该体系随着切变速率的增大其粘度越来越小。这种现象称为"剪切稀化现象"。

这类流型的流变方程式可写成

$$f^n = \eta^* D \tag{9-3}$$

式中 η^*——物体的表观粘度,而非真正粘度;

n——常数。

若以 $\lg D - \lg f$ 作图,则应得一直线,其斜率为 n,当 $n > 1$ 时,则有

$$\frac{d^2 D}{df^2} = \frac{1}{\eta^*} n(n-1) f^{n-2} > 0$$

所以,$D-f$ 流型曲线为凹向上的曲线。随着 D 值的增大,$\frac{dD}{df}$ 值也增大,这种情况就属于假塑流型;当 $n < 1$ 时,则有 $\frac{d^2 D}{df^2} < 0$,故 $D-f$ 流动曲线为凹向下的曲线。$\frac{dD}{df}$ 值随着 D 增大而减小。这种流型属于下面将要讨论的膨胀型流型;当 $n = 1$ 时,则有 $f = \eta D$,此时 η 为真粘度,式(9-3)还原为牛顿粘度公式(9-1)。由此可见,n 值可作为牛顿型与非牛顿型的区别。n 值越偏离 1,则其非牛顿行为越显著。

产生假塑流型的主要原因往往是该体系的分散相是亲液的,会发生明显的溶剂化。这些溶剂化的粒子在剪切应力的作用下会遭到破坏,已溶剂化的液体会部分地被分离出来,使原来粒子的体积相应减少,流动时阻力减少,表观粘度降低。另外如果粒子是不对称性的,则在剪切应力作用下,粒子会呈现出不同程度的定向,也会使其流动时阻力减少。而且随剪切应力的增大,这种效应也随之增加,使表观粘度降低得更甚,流动曲线变得更陡。有时絮凝了的溶胶也呈假塑性流型,因为在剪切应力作用下,絮凝物的结构会被剪切力所拆散,因而表观粘度下降,直到结构完全被拆散为止。

属于这种流型的有高浓度的小粒子分散体系、长链分子高聚物溶液、淀粉糊、乳浊液

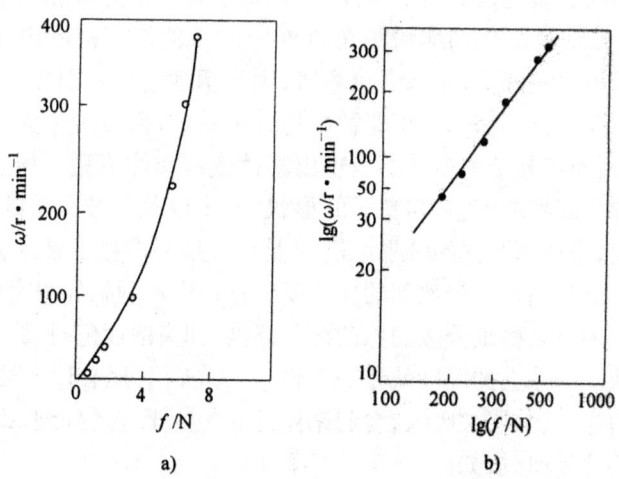

图 9-5 甲基纤维素的假塑流动曲线 a 及其对数流动曲线 b

等。例如甲基纤维素溶液就属于这种流型。若以转筒式粘度计测得在剪切应力(以扭转力 f 表示)作用下的切变速率(以转筒的转速 ω 表示),则发现它们之间的关系服从式(9-3)。若以 $\omega-f$ 作图,则得图 9-5a 的假塑性流动曲线。曲线呈现出过原点及凹向上的特征;若以 $\lg\omega-\lg f$ 作图,则得一直线,该直线斜率 $n>1$。

9.1.5 膨胀流型

膨胀流型曲线也是过原点的,但是它与假塑型相反,曲线是凹向下的,即 $\dfrac{dD}{df}$ 随着切变速率的增加而减小。具有这种流型的物体搅拌时表观粘度增大,而搅拌停止以后粘度反而减少,又恢复到原来的流动性,这种现象称为"剪切稠化现象"。其流变方程式也可以用式(9-3)表示,只是 $n<1$。

Reynolds 对膨胀性作了如下的解释。他认为膨胀型体系在静止状态时,粒子按规则排列,因而粒子间所占的空隙体积最小。搅动引起粒子的重排,打乱了原来的整齐排列,产生混乱的空间结构,因而增大了空隙体积,出现了所谓扩张效应。该效应的结果会将悬浮液中的分散介质包围在内,自由流动的液体减少,阻力增大,表观粘度增大。膨胀型物质搅拌前后结构的变化如图 9-6 所示。

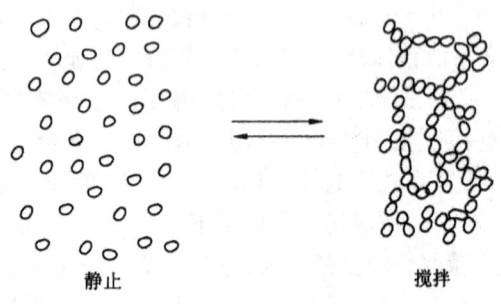

图 9-6 膨胀型物质搅拌前后结构的变化

膨胀型物质一般要满足以下两个条件:一是要求有一定分散相浓度。体系并非在所有浓度范围内都呈膨胀性。例如淀粉糊在 40%~50% 的浓度范围内表现出明显的膨胀流型;浓度较低时,为牛顿流型;而浓度较高时,则为塑性流型。因为分散相浓度太小时,粒子距离太远,搅拌时要形成图 9-6 那种结构是困难的;而浓度太大时,粒子距离太近,以致接触,搅拌时反而将其结构拆散而呈现出塑性或假塑性流型。体系呈现出膨胀性所需要的最低浓度称为临界浓度,它与粒子的形状、大小以及分散介质的性质等因素有关。粒子形状越不对称,呈现膨胀性的临界浓度越低。二是要求粒子必须分散,而不能聚结。所以往往需要加入分散剂。而分散剂的性质及数量均影响到临界浓度值。

属于这种流型的有某些细分散固体的浓悬浮液,如高浓度色料、淀粉浆料、氧化铝、石英砂等的水悬浮液。海滩上的湿砂就是一个例子。湿砂上原来有一层薄薄的水层,当脚踏上去时湿砂受力作用,水层被吸入,看起来湿砂立刻变干。此外细 Al_2O_3 的稀盐酸溶液也具有膨胀流型的流动曲线,如图 9-7 曲线 2 所示。

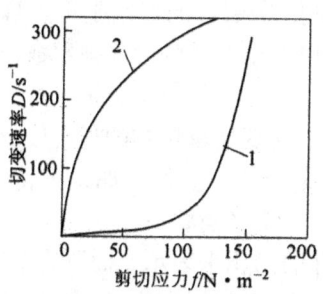
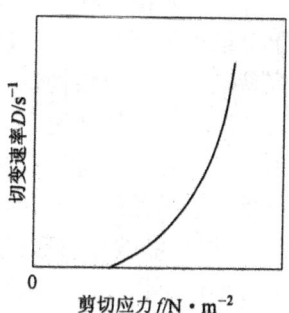

图9-7　塑性型与膨胀型流动曲线实例
　　1—球粘土的塑性型流动曲线；
　　2—Al_2O_3（$<5\times10^{-6}$m）的稀盐酸
　　　　溶液的膨胀型流动曲线

图9-8　触变型流动曲线

9.1.6　触变性

除了上述4种常见的流型外,还有一种和塑性流型联系起来的有重要意义的触变流型。其流动曲线如图9-8所示。触变型的流动曲线的形状相似于假塑性型的流动曲线,随着切变速率的增大,表观粘度下降。它们的不同之处是触变型流动曲线往往不像假塑型那样是从零点开始,而是从某一剪切应力开始,这一点它却像塑性流型。触变流型的另一特点是剪切力作用时间的长短对体系流变性质有影响。也就是说它涉及时间因素,这是前面4种流型所没有的。根据流变性与时间的相互关系,可分为两种类型：

(1) 触变性(thixotropy)。在一定切变速率下,剪切应力随时间而减小。具有触变性的体系在搅拌时成为流体,而静置后它慢慢变稠直至胶凝,而且这一过程可以反复可逆进行。

(2) 震凝性(rheopexy)。在一定切变速率下,剪切应力随时间而增大。它与触变性相反,体系在震动下会失去流动性而变成凝胶。这里主要讨论前者。

触变性的产生是与体系的内部结构相关的。搅动或震动时,结构可能会遭到破坏。但静置后结构又自动复原。当然这只有外力超过结构的破坏力时才会发生,所以其流动曲线不是从零点开始,而是从屈服点开始。图9-9是高岭石的触变结构示意图。因为高岭石粒子是呈六角片状结构,当它们以棱-面或者棱-棱相互作用而形成三维网络结构时,会将大量的自由水包裹在网络空隙之中而稠化。一旦搅动,这种结构遭到破坏,自由水被释放出来,其流动性又得到恢复。

图9-9　高岭石的触变
　　　结构示意图

触变性的产生也可以用图5-9DLVO理论的位能曲线来描述。当体系的位能曲线上出现第二最小值时,则粒子间产生一定的吸力位能。这是由于粒子表面溶剂化减弱或 ζ-电位降低使它们之间的斥力减小之故。但是第二最小值不是太深,吸力位能也不太大,此时所引起的聚结是可逆聚沉,所形成的结构容易破坏。一旦结构遭到破坏,则束缚介质以自由介质的形式被释放出来,所以体系的表观粘度不断随切变速率的增加而减小。结构破坏以后,粒子必须经过一定时间,才能移动到一定的几何位置以形成新的结构。这样,在切变速率增加的过程中,结构恢复的速度总是落后于拆散的速度,因而体系处于一个不平衡状态。但是如果维持该切变速率一定时间,则结构的破坏与形成达到平衡,它们处于一个平衡状态。

体系的触变性可以用转筒粘度计测定触变滞后环的面积来表示。而测定触变滞后环有两种不同的方法:一种是连续增加转筒的转速 ω(相当于剪切应力 f)并同时测定扭丝的转角 θ(相当于切变速率 D),然后将相应数据作出上行的流动曲线 ABC。此时由于转速不断提高,粒子结构重新形成速度始终落后于结构的破坏速度,体系处于非平衡状态。当达到某一极大转速后,再逐渐降低转速,由于已破坏的结构来不及重新形成,剪切应力只用于使体系流动,所以下行线 CA 成直线下降,而形成了如图 9-10 所示的 $ABCA$ 滞后环,这就是切速滞后环,是由切变速率改变所引起的。另一种是达到最大转速 C 点后维持恒定的切变速率,则所需剪切应力将沿 CD 线减少而达到平衡值 D,再降低切变速率可得下行线 DA,这就是平衡态所得到的滞后环 $ABCDA$,亦称时间滞后环,如图 9-10 所示。滞后环面积的大小通常用来描述体系的触变性。如果结构恢复的时间很长,则滞后环的面积很大,这种体系具有高的触变性;如果结构恢复的时间极短,则上行线与下行线合一,不出现滞后环,此时体系呈纯粹的塑性流型而没有触变性。用此法测定触变性实际上只能得到一个相对的数值,因为滞后环的大小与人为因素及仪器构造等外界因素有关。只有在它们都固定的情况下,滞后环的面积才能真正量度体系的触变性。

图 9-11 是一个实例:球黏土在碱性分散介质中的触变滞后环。环的面积很小,可见其触变性也很低。

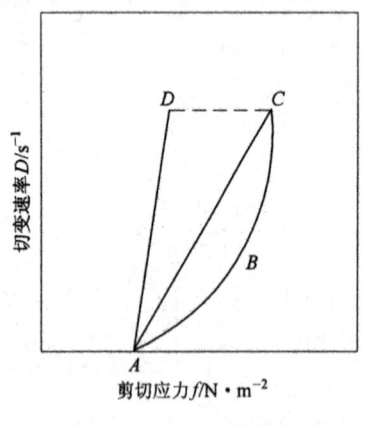

图 9-10 触变滞后环

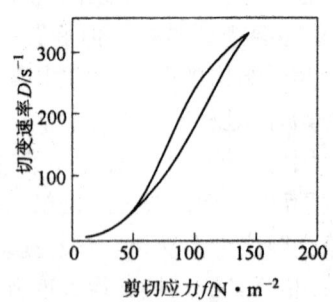

图 9-11 球黏土在碱性分散介质中的滞后回线

影响触变性的因素有：

(1)体系的浓度。因为触变性的产生是要形成网状的空间结构的，所以只有在一定高的浓度下，粒子才能达到互相接触，才可能形成一定的空间结构。

(2)体系中固体粒子的大小及形状。较细的粒子、形状越不对称的粒子，越有利于形成空间网状结构，即越易显出触变性。如图 9-9 片状的高岭石粒子可以形成"卡片状的空间结构"。有时一种单独固体悬浮液无触变性，而固体粉末的混合物则呈现出触变性。例如单独石英粉在水中无触变性，但是加入极细的 Al_2O_3 粉则呈现出触变性。

(3)电解质。在溶胶中加入电解质，使其 ζ-电位降低到略高于临界 ζ-电位时，溶胶虽未达到聚沉，但粒子间的斥力已很小，容易相互吸引而形成空间网状结构，呈现出触变性。

(4)温度。温度升高，粒子布朗运动加剧，形成空间网状结构变得困难。

触变性的问题是十分复杂的，目前还没有成熟的理论，但是它在实际生产、科研中又具有十分重要的意义。

9.2 粘度及其测定

9.2.1 粘度

当液体流动时，液体内部分子间会产生摩擦力，称为内摩擦力。因此可以认为粘度是液体流动时所表现出来的内摩擦。

假设流体以层流流经一条截面均匀的管，则可以把在管中流动的液体看作是由许多层所组成的。而与管壁相接触的一层液体是不流动的，因为它吸附在管壁上。与它邻近的一层以极慢的速度流动，紧接着相邻的一层以稍大的速度流动，所有这些假想的无数平行液层的流速构成了如图 9-12a 所示的流动速度曲线。

从图可见，不同流型的物质具有不同的流速曲线。Binhan 型物质具有平顶型的流速曲线。流速的变化随着与管壁距离的增加而变缓慢，并且很快达到最大值。假塑型物质

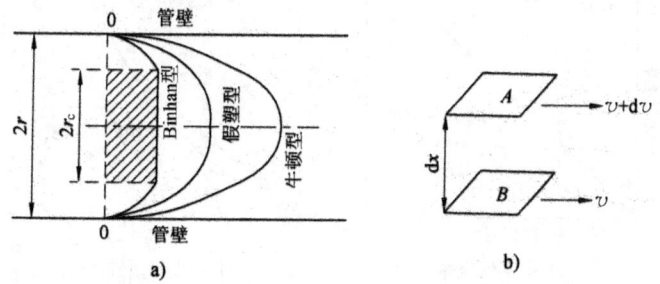

图 9-12 a)层流液体在圆柱中各种流型的速度分布；b)液体的层流

具有较平的流速曲线。牛顿型液体则具有较尖的、抛物线型的流速曲线。设相邻两液层的面积为 A，层间距为 $\mathrm{d}x$，速度差为 $\mathrm{d}v$，如图 9-12b 所示，则两液层间的速度梯度为 $\dfrac{\mathrm{d}v}{\mathrm{d}x}$，这就是切变速率。当外加在液体上的力为 F 时，相应的速度梯度为 $\dfrac{\mathrm{d}v}{\mathrm{d}x}$，所产生的内摩擦力为 $\eta A \dfrac{\mathrm{d}v}{\mathrm{d}x}$。在稳态流动的情况下，$F$ 与内摩擦力相等，故有

$$F = \eta A \dfrac{\mathrm{d}v}{\mathrm{d}x} \tag{9-4}$$

式中　η——内摩擦系数，即粘度（系数）。

式（9-4）也可写成

$$f = \dfrac{F}{A} = \eta \dfrac{\mathrm{d}v}{\mathrm{d}x} \tag{9-5}$$

式中　f——剪切应力。

可见式（9-5）与式（9-1）完全等同，这就是牛顿粘性流动定律。凡服从这一定律的液体均称为牛顿流体，这种液体的粘度称为牛顿粘度。粘度可以表示为单位剪切速率时的剪切应力，即 $\eta = \dfrac{f}{(\mathrm{d}v/\mathrm{d}x)}$。对于牛顿型液体来说，在一定温度下它是一个常数，即不随 f 或 $\left(\dfrac{\mathrm{d}v}{\mathrm{d}x}\right)$ 的变化而变化。而对于非牛顿型液体来说，在一定温度下，它不是一个常数，而是随 f 或 $\left(\dfrac{\mathrm{d}v}{\mathrm{d}x}\right)$ 的变化而变化的，它们的比值称为表观粘度。无论是牛顿粘度或表观粘度，其物理意义都表示流层面积为 $1\mathrm{m}^2$ 的两平行面，相距为 $1\mathrm{m}$，若使它们产生 $1\mathrm{m \cdot s^{-1}}$ 的相对速度，所需要的力恰好为 $1\mathrm{N}$，则此物质具有的粘度为 $1\mathrm{Pa \cdot s}$（即 $1\mathrm{N \cdot s \cdot m^{-2}}$）。除了用粘度来描述物质的流动性能外，也有用"流动度"来描述的。对于牛顿型液体来说，粘度与流动度互为倒数，如图 9-13a 所示。而对非牛顿型液体来说，它们不是互为倒数，如图 9-13b 所示。

胶体或悬浮液的流动情况要比纯液体的流动情况复杂。因为此时在液体中有固体粒

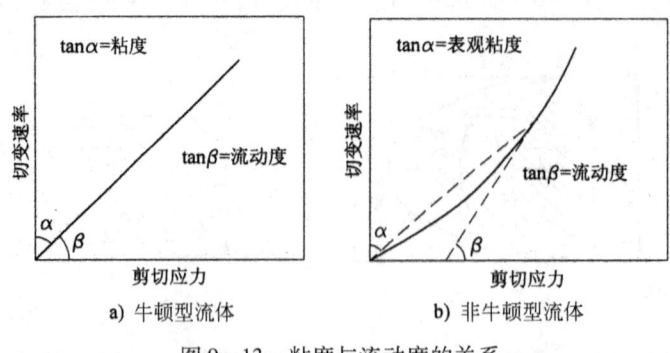

图 9-13　粘度与流动度的关系

子存在,不但液体本身有内摩擦力,而且液体与粒子间也会产生摩擦力。可见,这种体系中的粘度会增大,它们之间的作用情况可由图9-14所示。

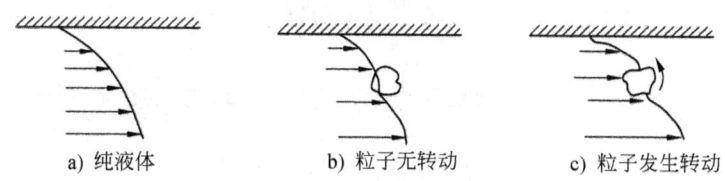

a) 纯液体　　　　b) 粒子无转动　　　c) 粒子发生转动

图9-14　纯液体及悬浮液体系的流动情况

当液体中存在着粒子时,流动出现两种情况:一是粒子受到均匀力的作用,只向前移动而不发生转动,因此速度梯度减少,如图9-14b所示。根据式(9-5),切变速率减少必然导致粘度的增加。另一种情况是在液体中的粒子受到不同大小的力的作用,发生旋转,如图9-14c所示。这样,液体流动的能量有一部分贮存于粒子之中,同样会导致切变速率的降低,粘度增大;当然,如果粒子的浓度增大,这种阻力将会增大。甚至达到一定浓度时,还产生了粒子与粒子之间碰撞的阻力,这时影响粘度的变化更为复杂。

9.2.2　毛细管粘度计

1. 液体在圆柱形管中的流动

假设液体在半径为 r,长度为 l 的圆柱形管中流动,在流动过程中符合下面几点假设:①液体不可压缩;②液体在管内流动为层流,亦即其雷诺准数 $Re = \dfrac{2rv\rho}{\eta} < 1400 \sim 2000$,$\rho$、$\eta$ 分别为液体的密度和粘度,v 为液体流速;③液体的流线平行于管的中心轴;④液体是稳态流动;⑤液体充分润湿管壁,以使液体在管壁上没有滑动。当液体受到压力 p 作用在管内稳态流动时,则有

$$2\pi y l f = \pi y^2 p \tag{9-6}$$

简化整理后得

$$f = \left(\frac{p}{2l}\right) y \tag{9-7}$$

式中　f——与管轴心距离为 y 处液层的剪切应力。

若离中心轴距离为 y 处液体流速为 $v(y)$,而在 $y + \mathrm{d}y$ 处液体流速减少了 $\mathrm{d}v$,则速度梯度 $D = \dfrac{\mathrm{d}v}{\mathrm{d}y}$。且 D 应为 f 的函数,对任意型液体可以写成

$$D = -\frac{\mathrm{d}v}{\mathrm{d}y} = \psi(f) \tag{9-8}$$

在这一速度梯度下,单位时间内流出液体的体积为

$$Q = \int_0^r 2\pi y v(y) \mathrm{d}y = |\pi y^2 v|_0^r - \int_0^r \pi y^2 \frac{\mathrm{d}v}{\mathrm{d}y} \mathrm{d}y \tag{9-9}$$

因为液体在管壁上没有滑动,故式(9-9)右边第一项为零。将式(9-8)代入式(9-9),并将积分变量 y 转变为 f,则得

$$Q = \frac{\pi r^3}{f_r^3} \int_0^{f_r} \psi(f) f^2 \mathrm{d}f \tag{9-10}$$

式中 $f_r = \dfrac{p}{2l} r$,即在管壁处液层的剪切应力。将式(9-10)对 f_r 微分,则得

$$\psi(f_r) = 3Q^* + f_r \left(\frac{\mathrm{d}Q^*}{\mathrm{d}f_r} \right) \tag{9-11}$$

式中,$Q^* = \dfrac{Q}{\pi r^3}$ 称为折合体积流量。由此可见,液体的体积流量 Q 仅与管壁的剪切应力 f_r 有关。式(9-10)表示了任何流型的液体的体积流速关系式。对于具体流型来说,只要找出 $\psi(f)$ 值代入式(9-10)进行积分,即可求得 Q。

另外,为了求得其线性流速 v,可将式(9-7)微分并代入式(9-8),得

$$\mathrm{d}v = -\frac{2l}{p} \psi(f) \mathrm{d}f \tag{9-12}$$

当 $y = r$ 时,$v = 0$,上式定积分,得

$$v = -\frac{2l}{p} \int_{f_r}^{f} \psi(f) \mathrm{d}f = \frac{r}{f_r} \int_{f}^{f_r} \psi(f) \mathrm{d}f \tag{9-13}$$

2. 牛顿型液体的流动

对牛顿型液体来说,它应服从牛顿粘性定律

$$\psi(f) = \frac{f}{\eta} \tag{9-14}$$

将式(9-14)代入式(9-10)进行积分,得

$$Q = \frac{\pi p r^4}{8 \eta l} \tag{9-15}$$

如果将式(9-14)代入式(9-13)进行积分,并考虑到式(9-7),则得

$$v = \frac{p}{4 \eta l} (r^2 - y^2) \tag{9-16}$$

式(9-16)与式(4-75)完全一样,式(9-15)和式(9-16)称为 Poiseulle 方程式,它是毛细管法测定液体粘度的基础。若将毛细管两端的压力差,即液体的静压力 $p = \rho g h$ 代入式(9-15),并把 $Q = V/t$ 代入,则得

$$\eta = \frac{\pi h \rho g r^4 t}{8 l V} = k \rho t \tag{9-17}$$

式中　V——t 时间内液体流出的体积;

　　　k——粘度计常数,它可以用已知粘度和密度的标准液体测定。

毛细管粘度测定液体粘度比较简单,精确度一般可达 0.01%～0.1%,但必须恒温。因为温度改变 1K,通常粘度改变 3%,所以测定过程中只要恒温到 ±0.1K 即可。为了获

得更精确的结果,必须进行"末端校正"和"动能校正"。所谓末端校正是考虑毛细管末端流速变化所引起的误差。因为在毛细管末端有较大的容积,且流层不完全平行于中心轴,所以液体靠近毛细管末端的轴线速度小于毛细管中间位置的速度。因此可以认为末端效应相当于毛细管的有效长度从 l 增加到 $(l+\Delta l)$,而 Δl 即为末端校正项。通常它可以写成 $\Delta l = nr$,式中,r 为毛细管半径,n 为常数,但各有不同的估计数值。按 Rayleigh 估计 $n = 0.824$;按 Scheader 估计 $n = 0.805$;按 Bond 估计 $n = 0.566$。而当毛细管的 $l/r \gg 1$ 时,末端效应可以忽略。

动能校正是毛细管粘度计的主要校正项,特别是在流速较大的情况下。因为促使液体流动的压力不仅用于克服粘性流动的阻力,而且还用于增大液体的动能。所以有效压力比外加压力小。若外加压力为 p,设液体在毛细管中的平均流速为 $\bar{v} = \dfrac{V}{\pi r^2 t}$,由于它所耗费的压力为 $m\rho\bar{v}^2$,则有效压力为

$$p - m\rho\bar{v}^2 = p - \frac{m\rho V^2}{\pi^2 r^4 t^2} \qquad (9-18)$$

将有效压力代替式(9-15)中的压力,考虑到 $Q = V/t$,则得

$$\eta = \frac{\pi r^4 p t}{8 l V} - \frac{m\rho V}{8\pi l t} \qquad (9-19)$$

这是动能校正式。式中,m 为动能系数。通常 m 值可取 1.12。若以比密粘度 η/ρ 表示,则式(9-19)可进一步简化为

$$\frac{\eta}{\rho} = At - \frac{B}{t} \qquad (9-20)$$

式中,A,B 为仪器常数。通常它可以用两种以上的标准液体,测定同温度下的流出时间,即可按式(9-20)求出仪器常数 A 和 B。这样便可以使用该仪器测定试样的粘度。

当同时考虑末端校正和动能校正时,Poiseulle 方程式可以写成

$$\eta = \frac{\pi r^4 p t}{8 V (l + nr)} - \frac{m\rho V}{8\pi (l + nr) t} \qquad (9-21)$$

3. Binhan 型流动

对 Binhan 型的物质应符合下面两个方程

$$\psi(f) = \begin{cases} 0 & (f \leq f') \\ \dfrac{f - f'}{\eta_p} & (f > f') \end{cases} \qquad (9-22)$$

式中　f'——屈服应力;
　　　η_p——塑性粘度。

将式(9-22)代入式(9-10),有两种情况。

第一种情况,当 $f_r \leq f'$,亦即 $p \leq \dfrac{2l}{r} f'$ 时,$\psi(f) = 0$,代入式(9-10)积分得 $Q = 0$。即此

时液体不流动。

第二种情况，当 $f_r > f'$，即 $p > \dfrac{2l}{r}f'$ 时，$\psi(f) = \dfrac{f-f'}{\eta_p}$ 代入式(9-10)积分得

$$Q^* = \dfrac{1}{\eta_p}\left(\dfrac{f_r}{4} - \dfrac{f'}{3} + \dfrac{(f')^4}{12f_r^3}\right) \quad (9-23)$$

由于 $f_r > f'$，故式(9-23)右边第三项可以忽略。此时若以 Q^* 对 f_r 作图，则得图 9-15 曲线，曲线从 $f_r = f'$ 时开始上升。从直线的斜率为 $\dfrac{1}{4\eta_p}$ 可以求得 η_p；屈服应力 f' 可以从直线部分的延长线与横坐标的交点处获得，因为此时 $Q^* = 0$，从式(9-23)可得：$f_r = \dfrac{4}{3}f'$。式(9-23)式也可以表示为 Q 与 p 之间的关系式

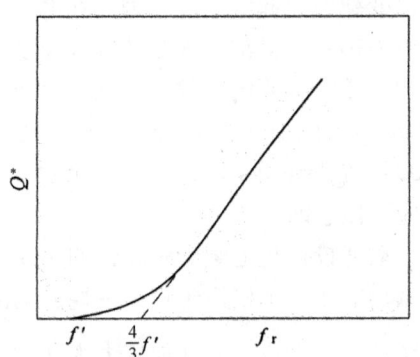

图 9-15　Binhan 型物质在圆柱形管道流动时的 Q^*-f_r 关系曲线

$$Q = \dfrac{\pi r^4}{8\eta_p l}\left[p - \dfrac{4}{3}\times\dfrac{2lf'}{r} + \dfrac{1}{3}\left(\dfrac{2lf'}{r}\right)^4\dfrac{1}{p^3}\right] \quad (9-24)$$

这就是 Buckingham-Reiner 方程。当 $f' = 0$ 时，它便还原为 Poiseuille 方程式。

如果将 Binhan 型流变方程代入式(9-13)，则可求得速度分布。当 $f_r > f'$ 时，Binhan 物体开始发生流动，其流动曲线如图 9-12 所示。它分为两个流动区：第一个区是当 $0 \leqslant y < r_c$ 时，出现塞流区，r_c 称为塞流半径。第二个区是当 $r_c \leqslant y < r$ 时出现的层流区。分别在这两个条件下将 Binhan 型流变方程式代入式(9-13)并进行积分得

$$v = \dfrac{p}{4\eta_p l}(r - r_c)^2 \quad (y < r_c) \quad (9-25)$$

$$v = \dfrac{p(r^2 - y^2)}{4\eta_p l} - \dfrac{f'(r-y)}{\eta_p} \quad (y \geqslant r_c) \quad (9-26)$$

根据上面两个方程式，以 v 对 y 作图，得图 9-12 Binhan 型流动曲线。在 $y = 0 \sim r_c$ 内层区，式(9-25)表明 v 与 y 无关，即呈现塞流；在 $y = r_c \sim r$ 外层区，式(9-26)表明 v 随 y 而变化，呈现层流。

4. 假塑型的流动

假塑型物质的流变方程为式(9-4)，它可写成

$$\psi(f) = \dfrac{f^n}{\eta^*} \quad (n > 1) \quad (9-27)$$

将式(9-27)代入式(9-10)并进行积分，考虑到 $f_r = \dfrac{p}{2l}r$，则有

$$Q = \dfrac{\pi p^n r^{n+3}}{2^n(n+3)\eta^* l^n} \quad (9-28)$$

如果 $n=1$，则式(9-28)还原为 Poiseulle 方程式。若要求其速度分布，则可将式(9-27)代入式(9-13)，同样可得

$$v = \frac{p^n(r^{n+1} - y^{n+1})}{2^n(n+1)l^n} \tag{9-29}$$

若以 v 对 y 作图，则得图 9-12 所示假塑型的流动曲线，可见它处在宾汉型和牛顿型流动曲线之间。

9.2.3 同轴转筒粘度计

1. 液体在转筒粘度计中的运动

同轴转筒粘度计的结构示意图如图 9-16 所示。它分别由两个同心轴的转筒——内转筒和外转筒所组成。其中一个为从动转筒，可以用扭力丝测定它所产生的扭力矩；另一个为主动转筒，可用变速马达带动旋转。试液放入两转筒的空间。当外转筒以恒定的角速度 Ω 旋转时，因液体具有一定粘度，内转筒也在同方向旋转，但由于扭力丝作用将它扭回。当它们达到平衡时，内转筒不再转动。扭丝的扭转角 θ 与液体粘度及其他因素有关，通过测定 Ω、θ 等参数，可以测定液体的粘度。为了简化讨论的问题，特作如下几点假设：①液体不可压缩；②液体运动为层流；③液体的流线面为同轴的圆柱面；④液体在筒内是稳态流动；⑤转筒和液体无相对运动；⑥液体在垂直于轴心的每层平面上的运动是相同的。③、⑥假设表明已忽略了离心力效应及末端效应。

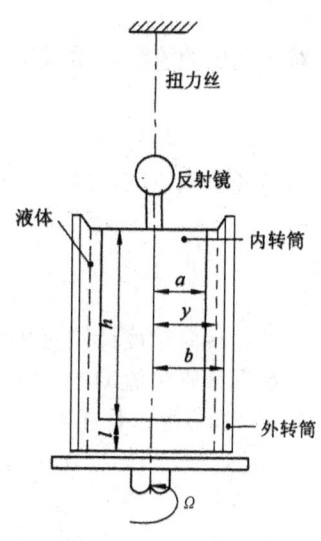

图 9-16 同轴转筒粘度计

在半径为 y 处的液面层所具有的表面积为 $2\pi yh$，若此处所具有的剪切应力为 f，则所产生的扭力矩 M 为

$$M = 2\pi y^2 hf \tag{9-30}$$

如果以 f_a 表示 $y=a$ 处的剪切应力，以 f_b 表示 $y=b$ 处的剪切应力，则式(9-30)可以写成

$$M = 2\pi a^2 h f_a = 2\pi b^2 h f_b \tag{9-31}$$

当外转筒以恒定角速度 Ω 转动时，在半径为 y 处液体转动的角速度为 ω，剪切速率 D 应为

$$D = y\left(\frac{d\omega}{dy}\right) = y\left(\frac{d\omega}{df}\right)\left(\frac{df}{dy}\right) \tag{9-32}$$

式中 $\frac{df}{dy}$ 值可以直接从式(9-30)中求得

$$\frac{df}{dy} = -\frac{2f}{y} \tag{9-33}$$

将式(9-33)代入式(9-32),并考虑到 $\psi(f) = D$,则得

$$\psi(f) = -2f\frac{d\omega}{df} \tag{9-34}$$

当 $y = a$ 时,$\omega = 0$;而当 $y = b$ 时,$\omega = \Omega$。在上述边界条件下积分式(9-34),得

$$\omega = \frac{1}{2}\int_f^{f_a} \frac{\psi(f)}{f}df$$

或者

$$\Omega = \frac{1}{2}\int_{f_b}^{f_a} \frac{\psi(f)}{f}df \tag{9-35}$$

对于具体的流型物质来说,可以由其流变方程确定 $\psi(f)$ 值,从而找出 Ω 与粘度的关系式。

2. 牛顿型液体的运动

将牛顿型液体的流变方程式(9-14)代入式(9-35)进行积分,并考虑到式(9-31),则得

$$\Omega = \frac{M}{4\pi h\eta}\left(\frac{1}{a^2} - \frac{1}{b^2}\right) \tag{9-36}$$

这就是转筒粘度计测定牛顿型液体粘度的基本公式,称为 Margulies 方程式,与牛顿型液体在毛细管中流动的 Poiseulle 方程式相对应。

式(9-36)可以写成另一种形式

$$M = 4\pi h\left(\frac{a^2 \cdot b^2}{b^2 - a^2}\right)\eta\Omega = K'\eta\Omega \tag{9-37}$$

式中常数 $K' = 4\pi h\left(\frac{a^2 \cdot b^2}{b^2 - a^2}\right)$,而扭力矩 M 可以通过扭丝的扭转角 θ 来测定,因为

$$M = k\theta \tag{9-38}$$

式中　k——扭丝的扭力常数。

将式(9-38)代入式(9-37),得

$$\theta = K\eta\Omega \tag{9-39}$$

式中,$K = K'/k$,称为仪器常数。通常用已知粘度的标准液体在一定 Ω 下测定 θ 值,即可求得仪器常数 K,然后用此粘度计再测试未知粘度的试样。

像毛细管粘度计那样,转筒粘度计也要进行末端校正。因为液体不但对内筒的侧面施以力矩,同时还对筒的底面起作用,所以末端效应就相当于增加了内转筒浸入液体中的有效深度,使原来的 h 变为 $(h + \Delta h)$。此时对于图9-16那样的同轴转筒粘度计来说,式(9-37)可以写成

$$M = 4\pi(h + \Delta h)\left(\frac{a^2 \cdot b^2}{b^2 - a^2}\right)\eta\Omega = K'\eta\Omega \tag{9-40}$$

在用已知粘度液体校正时,末端效应已包括在仪器常数 K' 内。末端校正项 Δh 通常可以由实验获得。实验测定在外转筒一定角速度 Ω 下,内转筒浸入的不同深度 h 及相应的扭转角 θ,然后以 $\dfrac{M}{\Omega}$ 对 h 作图,得一直线,如图 9-17 所示。从而可以求得 Δh 值。它受 a、b、h、l 等几何参数的影响。

3. Binhan 型物质的流动

Binhan 型物质在同轴转筒粘度计中的流动行为可以分为 3 种情况(注意:以外筒转动为讨论基础)。

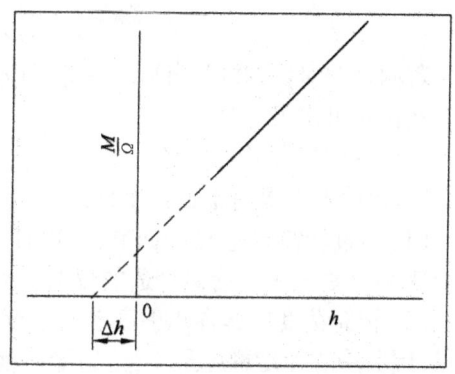

图 9-17 同轴转筒末端校正 Δh 项的测定

第一,$f_b < f'$,即外转筒表面处的剪切应力小于屈服应力,物质不流动,各流线层的 ω 为零。

第二,$f_a < f' < f_b$,外转筒表面处的剪切应力大于屈服应力,因而物质开始流动;而内转筒表面处的剪切应力小于屈服应力,物质不能流动。由此可见,在内外圆管之间的液体是从运动到静止。靠近外转筒区为层流区,而靠近内转筒区为塞流区,中间有一分界面。分界面到轴心距离 r_c 称为塞流半径。由式(9-30)可得

$$r_c = \left(\dfrac{M}{2\pi h f'}\right)^{1/2} \tag{9-41}$$

当 $y < r_c$ 时,不会发生流动,落入塞流区。若将式(9-22)代入式(9-34),并在下述边界条件:$y = r_c$ 时,$f = f'$,$\omega = 0$;$y = b$ 时,$f = f_b$,$\omega = \Omega$ 下进行定积分,得

$$\Omega = \dfrac{1}{2\eta_p}\left(f' - f_b - f'\ln\dfrac{f'}{f_b}\right) \tag{9-42}$$

第三,$f_a > f'$,此时液体在内转筒表面处也流动。在两筒间全部液体都呈层流状态。将式(9-22)代入式(9-35)进行积分,得

$$\Omega = \dfrac{1}{2\eta_p}\left(f_a - f_b - f'\ln\dfrac{f_a}{f_b}\right) \tag{9-43}$$

若将式(9-31)代入式(9-43),则得

$$\Omega = \dfrac{M}{4\pi h \eta_p}\left(\dfrac{1}{a^2} - \dfrac{1}{b^2}\right) - \dfrac{f'}{\eta_p}\ln\dfrac{b}{a} \tag{9-44}$$

这就是 Binhan 型物质在转筒粘度计中的基本公式,称为 Reiner-Riwlin 方程式。当 $f' = 0$ 时,方程式(9-44)转变成式(9-36),即牛顿型物体的 Margulies 方程式。

4. 假塑型物质的流动

将假塑型的流变方程式(9-27)代入式(9-35)进行积分,并考虑到式(9-31),得

$$\Omega = \frac{[(1/a^{2n}) - (1/b^{2n})]M^n}{2n(2\pi h)^n \eta^*} \tag{9-45}$$

若两边取对数,并以 $\lg\Omega\text{-}\lg M$ 作图,应得一直线,从直线的斜率可求得 n 值,从直线的斜率及截距可求得 η^* 值。

转筒粘度计的样式是多种多样的,应用范围也很广,特别适用于粗分散物系。与毛细管粘度计比较,它具有下面两个优点:

(1)通过转筒转速 Ω 的调节,可以任意改变切变速率。因此它是研究剪切应力 f 与切变速率 D 之间关系的最合适的仪器。此种研究对于体系流型的探讨具有重要意义。

(2)转筒粘度计具有几乎恒定的速度梯度(在一定转速下),而毛细管粘度计不具此优点,因其中心速度梯度最小,而边缘速度梯度最大。

9.2.4 锥-面粘度计

锥-面粘度计如图9-18所示。它是由一个固定的底板平面和在它上面的一个可转动的圆锥体所组成。或者相反,底面旋转,锥体固定。圆锥体只有其顶点与底平面接触。锥-面间的夹角 φ 很小,通常在 $0.5°\sim 3°$ 之间。试液填充于锥-面之间的狭缝中。由于 φ 很小,故狭缝的平均距离也很小。可以认为在不同半径 r 处的切变速率 D 具有相同的数值。设狭缝中液体 A 点的半径为 r,其线速率 $v=\Omega r$。而其间隙宽度为 $r\tan\varphi$。故 A 点的切变速率为

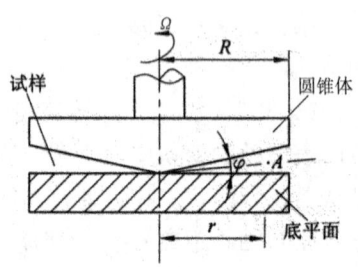

图9-18 锥-面粘度计

$$D = \frac{\Omega r}{r\tan\varphi} = \frac{\Omega}{\tan\varphi} \tag{9-46}$$

从式(9-46)可见,切变速率 D 实际上与半径 r 无关。这一点与前面介绍的两种粘度计不同。由于 φ 很小,故 $\tan\varphi\approx\varphi$,则式(9-46)可以近似写成

$$D = \frac{\Omega}{\varphi} \tag{9-47}$$

因为切变速率是剪切应力的函数,且可以用通式 $D=\phi(f)$ 表示,而 D 与 r 无关,故 f 也与 r 无关,所以扭力矩可以写成

$$M = 2\pi f\int_0^R r^2 dr = \frac{2}{3}\pi R^3 f \tag{9-48}$$

对牛顿型液体来说,其流变方程为 $f=\eta D$,将式(9-47)中的 D 值代入,得

$$f = \eta\frac{\Omega}{\varphi} \tag{9-49}$$

将式(9-49)代入式(9-48),得

$$M = \frac{2\pi R^3}{3\varphi}\eta\Omega = K\eta\Omega \tag{9-50}$$

式中　K——仪器常数。

将式(9-50)与转筒粘度计的式(9-37)比较,发现它们极为相似,只是仪器常数不同。同样,对于锥-面粘度计来说,也可以先用已知粘度的标准液测定仪器常数,然后用它来测定试样,只要测得旋转锥不同角速度 Ω 下的扭力矩 M,则可通过式(9-50)求得试样的 η 值。也可以用 $\dfrac{\Omega}{\varphi}$ 对 $\dfrac{3M}{2\pi R^3}$ 作图而直接得到流变曲线。它是研究非牛顿型液体的比较理想的仪器。

9.3　胶体、悬浮液的粘度

胶体、悬浮液的流动情况比纯液体的流动情况要复杂,因为它除了液体以外还有分散的固体颗粒,而它们之间都会发生相互作用。其粘度不仅受分散介质本身性质的影响,还受粒子性质包括几何形状、大小、分散性、溶剂化程度等等的影响。研究胶体、悬浮液的粘度及固体粒子对粘度的影响是本节的主要内容。

9.3.1　Einstein 粘度定律

Einstein 粘度定律解决了单分散度的球形粒子之间无相互作用时稀悬浮液的粘度与浓度之间的定量关系。

1906 年,Einstein 根据液体力学理论推导出粘度方程

$$\eta/\eta_0 = 1 + 2.5\phi \tag{9-51}$$

式中　η——悬浮液的粘度;
　　　η_0——分散介质的粘度;
　　　ϕ——体系中分散相所占的体积分数。

这一方程的适用条件是:
(1)体系的密度和粘度为常数;
(2)体系流动时速度缓慢,以保证层流状态;
(3)体系足够稀,以保证粒子之间的相互作用可以忽略;
(4)粒子为均一大小的刚性球粒,为分散介质所润湿,比分散介质的分子大得多,而比粘度计的尺寸小得多。这样可以把液体介质看作是连续的,而又可忽略粒子受壁面的影响。

对较浓的悬浮液,方程式(9-51)可以写成

$$\eta/\eta_0 = 1 + k_1\phi + k_2\phi^2 + \cdots \tag{9-52}$$

对球形粒子 $k_1=2.5$,k_2 值由 Simha 推出为 14.1。显然,在低浓度下,式(9-52)还原为式(9-51)。Einstein 粘度定律不仅给出了正确的结果,而且还给出了处理这一类问题的正确模型。图 9-19 描述了不同物质、不同大小的球粒(而对同一种物质来说,球粒大小是均一的)悬浮液的粘度。虽然不同物质及各自的球粒尺寸不相同,但它们都基本落

在 Einstein 粘度方程式的直线上,只是体积浓度仅限于 10% 以内。若其浓度超过 10%,则发生明显的偏差。因为在高浓度下,粒子与粒子之间的相互作用不容忽略。此时必须使用方程式(9-52)来描述。图 9-20 中 C 曲线为均一大小球粒的粘度曲线;曲线 B 为不均一大小球粒的粘度方程曲线;曲线 A 为 Einstein 粘度方程曲线。由此可见,在同样均一大小球粒的悬浮液中,在高浓度下的粘度与 Einstein 方程偏差很大,相对粘度随浓度急剧上升。这是由于方程式(9-52)中高次项起作用之故。所以 Einstein 粘度方程是理想情况下的方程,而实际上影响悬浮液粘度的因素是很多的,必须给予逐项校正。

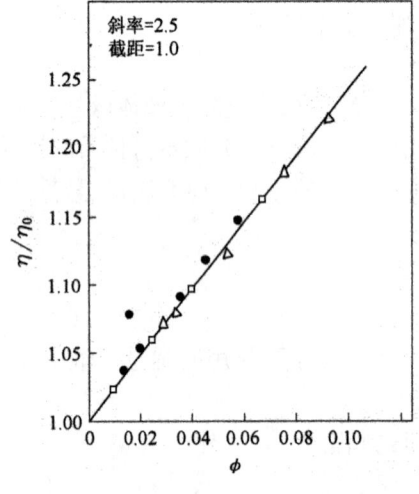
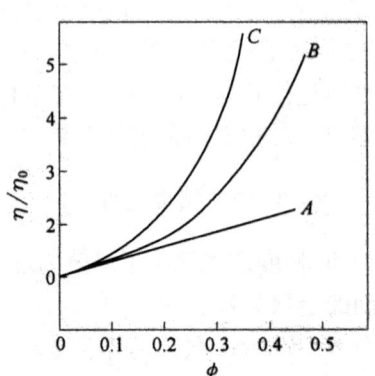

图 9-19 各种不同物质、不同大小的球粒悬浮液的粘度
△——玻璃球,$a = 8.0 \times 10^{-4}$ m
●——真菌,$a = 4.0 \times 10^{-6}$ m
□——酶,$a = 2.5 \times 10^{-6}$ m

图 9-20 悬浮液体粘度曲线
A——Einstein 粘度方程曲线
B——不同大小球粒的粘度
C——均一大小球粒的粘度

9.3.2 粒子形状对粘度的影响

如图 9-14c 所示,当悬浮液流动时,固体粒子既有平移运动,也有旋转运动。粒子的存在会阻碍介质的运动,亦即增加分散介质的粘度。当粒子的形状不同时,对运动所产生的阻力也有很大的差异。例如,在相同的固体体积情况下,非球形粒子具有更大的"有效水力体积",因而阻力更大,悬浮液的粘度也较大。图 9-21 描述了具有相同体积、但形状不同的固体粒子所产生的"有效水力体积"是不相同的。

对于粒子为任意形状的稀分散体系,可采用 Einstein 方程式来描述。此时有

$$\eta/\eta_0 = 1 + K\phi \tag{9-53}$$

式中,K 为形状系数。粒子的形状不同,则形状系数值不同。表 9-1 列出了一些不同形

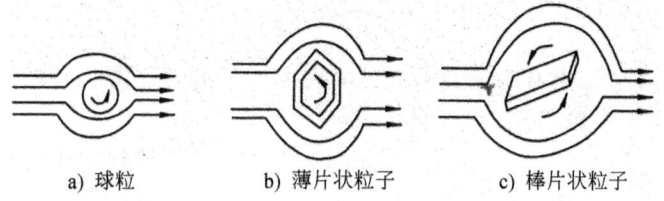

a) 球粒　　　　b) 薄片状粒子　　　c) 棒片状粒子

图 9-21　粒子形状对有效水力体积的影响

状粒子的 K 值。从表中的数据可见，粒子越不对称，其形状系数越大。

表 9-1　不同形状粒子的 K 值

粒子形状	球形	椭圆状 长轴/短轴 = 4	层片状 长/厚 = 12.5	棒　状 长×宽×高 = 20×6×3
形状系数 K	2.5	4.8	53	80

此外 Simha 提出了一个相当令人满意的非球形粒子悬浮液的粘度公式，即

$$[\eta] = \frac{14}{15} + \frac{(a/b)^2}{15\left(\ln\frac{2a}{b} - \lambda\right)} + \frac{(a/b)^2}{5\left(\ln\frac{2a}{b} - \lambda + 1\right)} \qquad (9-54)$$

式中，$[\eta]$ 为特性粘度。$[\eta] \equiv \lim_{c \to 0} \frac{\eta/\eta_0 - 1}{c} = \lim_{c \to 0} \frac{\eta_{sp}}{c}$，其中，$\eta_{sp} = \eta/\eta_0 - 1$ 为增比粘度；η_{sp}/c 为比浓粘度；a/b 为非球形粒子的轴比率，a 为长轴，b 为短轴；λ 为与形状有关的系数，当粒子形状为椭球时，$\lambda = 1.5$；当粒子形状为圆棒状时，$\lambda = 1.8$。

图 9-22 描述了具有不同轴比率的烟草斑纹病毒（TMV）溶液的粘度图。TMV 粒子的形状为长棒形，棒长/直径 = a/b。从图可见，在一定的轴比率下，$\eta/\eta_0 - \phi$ 成直线关系。轴比率不同，直线的斜率不同，直线方程符合式 (9-53)，直线的斜率为 K 值。随着 a/b 值增大，斜率（K 值）也随之增大。这是因为 a/b 值的增大，形状系数也增大，其有效水力体积相应增加，因而粘度变大。

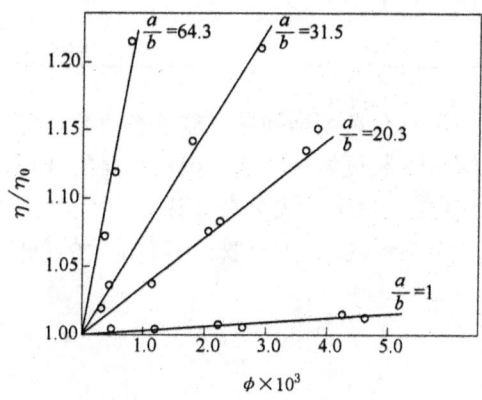

图 9-22　不同轴比率的 TMV 溶液粘度图

9.3.3 粒子大小及其多分散性对粘度的影响

图9-23描述了聚甲基丙烯酸甲酯不同大小粒子的悬浮液相对粘度与浓度的关系。从图可见,在同一体积浓度下,粒子的平均直径越小,相应悬浮液的粘度越大,偏离Einstein粘度方程越远。出现此现象的主要原因有:

第一,在一定体积浓度下,粒子越细,则粒子数越多,粒子间平均距离越小,如表9-2所示。粒子间距离减小意味着任何两个粒子进入相互吸引区的机会迅速增加,位移困难,粘度增大。

第二,由于粒子水化作用,使每个粒子表面形成一层水化膜。因而粒子呈现出来的体积——有效体积比原来粒子的真实体积要大。随着分散度的增加,粒子变小,粒子数增多,其总的有效体积增大,如表9-2所示。结果导致粒子移动阻力增大,粘度增加。

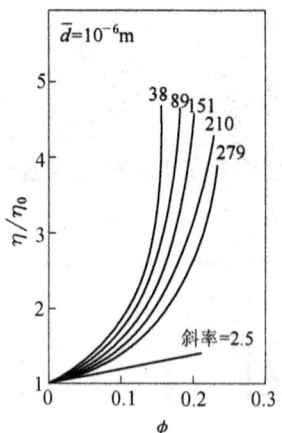

图9-23 不同直径的聚甲基丙烯酸甲酯粒子悬浮液的粘度曲线

表9-2 粒子尺寸对粒子间平均距离及相对容积的影响

粒子直径/10^{-6}m	粒子间平均距离/nm	$\dfrac{\text{有效容积}}{\text{粒子真实体积}}$ = 相对容积
10	920	1.012
1	92	1.12
0.1	9.2	2.74
0.01	0.92	12.5

第三,分散度增加导致粒子表面溶剂化所需的总溶剂量增加,自由溶剂量减小,移动阻力增大,粘度增加。这一点从下面的计算看得更清楚。假设粒子的溶剂化程度与粒子大小无关。以V代表分散相未溶剂化时的体积,h为溶剂化层的厚度,a为粒子真实半径,n为粒子数,V_1为分散相溶剂化后的总体积(包括真正固体粒子体积和溶剂化层液体体积),则

$$V = \frac{4}{3}\pi a^3 n \tag{9-55}$$

$$V_1 = \frac{4}{3}\pi(a+h)^3 n \approx \frac{4}{3}\pi(a^3 + 3a^2 h)n \tag{9-56}$$

式(9-56)之所以成立,是因为$h \ll a$而忽略了h的高次方项。将式(9-56)与式

(9-55)相比较,得

$$\frac{V_1}{V} = 1 + \frac{3h}{a} \quad (9-57)$$

从式(9-57)可见,粒子半径越小,V_1 越大。运动阻力越大,粘度也随之增加。

Einstein 粘度方程式只适用于低浓度单分数度的球形粒子,而对多分散度的体系来说,它是由各种不同大小的粒子所组成。而对每一种大小的球形粒子,Einstein 方程都是适用的。假设多分散体系中每种大小粒子的体积分数为 ϕ_i。随着体积分数的微量增加 $d\phi_i$,相应伴随着粘度增大 $d\eta$,其值可由 Einstein 方程式确定

$$d\eta = 2.5\eta d\phi_i \quad (9-58)$$

如果以体系中所有球粒总体积分数 Φ 来表示 $d\phi_i$,则有

$$d\phi_i = \frac{d\Phi}{1-\Phi} \quad (9-59)$$

将式(9-59)代入式(9-58),得

$$d\eta = 2.5\eta \frac{d\Phi}{1-\Phi} \quad (9-60)$$

在 $\Phi = 0$ 时,$\eta = \eta_0$ 的极限条件下对式(9-60)积分,得

$$\ln\frac{\eta}{\eta_0} = -2.5\ln(1-\Phi) \quad (9-61)$$

或者

$$\eta/\eta_0 = (1-\Phi)^{-2.5} \quad (9-62)$$

这就是多分散度悬浮液的粘度方程式,其正确性已由图 9-24 中的曲线所证实。图中直线为单分散度的 Einstein 方程所得;曲线则按式(9-62)作图所得。图中小圆圈是实验点。由此可见:体积分数高达 0.4 时,多分散度体系的实验值仍与式(9-62)求得的理论值相符;另外还可见到多分散度体系的粘度比单分散度的高。这一点,由方程式(9-62)与式(9-51)的比较也可得到,因为 $\phi < 1$。

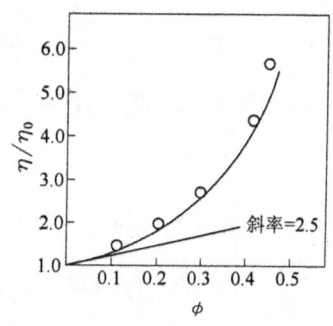

图 9-24 多分散度对粘度的影响

9.3.4 粒子溶剂化和不对称性的影响

在 Einstein 粘度方程式中,分散相的体积分数 ϕ 是指分散相在分散介质中的真实体积分数。如果它不发生溶剂化,则就是粒子本身的体积分数,称为"干体积分数",以 ϕ_1 表示。但是,事实上粒子在分散介质中往往发生溶剂化作用。这时粒子的体积分数包括干体积分数和由于溶剂化所增加的体积分数,称为"湿体积分数",以 ϕ_2 表示。

在稀悬浮液中粒子发生溶剂化作用时,溶剂部分分子被粒子吸引而形成溶剂化层。这部分溶剂分子已不属于溶剂所有,而属于粒子所有。溶剂中失去这部分的分子并不会

影响溶剂的浓度,因为稀溶液中溶剂量很大。但是,这部分溶剂化的分子却大大地影响到粒子的大小。溶剂化后粒子的体积分数 ϕ_2 可以通过下面两个溶剂化模型来解决。

第一,假设溶剂化仅发生在固体球粒的表面上。溶剂化粒子体积等于干体积 V_1 与溶剂化层的体积 V'_1 的代数和,即

$$V_2 = V_1 + V'_1 \tag{9-63}$$

而溶剂化层的体积正比例于分散相的比表面积 $A_s (\mathrm{m}^2 \cdot \mathrm{kg}^{-1})$,故式(9-63)可写成

$$V_2 = V_1 + A_s m_2 \Delta r \tag{9-64}$$

式中　m_2——分散相的质量;

　　　Δr——溶剂化层厚度。

由于粒子为球形粒子,设其半径为 a,密度为 ρ_2,则比表面积可表示为

$$A_s = \frac{A}{m_2} = \frac{4\pi a^2 \cdot n}{\frac{4}{3}\pi a^3 n \rho_2} = \frac{3}{\rho_2 a} \tag{9-65}$$

式中　n——悬浮液中总的粒子数。

将式(9-65)代入式(9-64),得

$$V_2 = V_1 + \frac{3}{\rho_2 a} m_2 \Delta r = V_1 \left(1 + \frac{3\Delta r}{a}\right) \tag{9-66}$$

体系的总体积除以式(9-66)的两边,得

$$\phi_2 = \left(1 + \frac{3\Delta r}{a}\right) \phi_1 \tag{9-67}$$

从式(9-67)可见,由于固体粒子表面的溶剂化导致其体积分数增大,增大的倍数为 $\left(1 + \frac{3\Delta r}{a}\right)$。憎液溶胶就属于这种类型,因其溶剂化只发生在固体粒子的表面。

第二,假设溶剂化在整个球形粒子中均匀发生,也就是说溶剂化不仅发生在表面,而且深入到粒子内部,而粒子的湿体积仍为其干体积和溶剂化贡献体积的代数和,则

$$V_2 = V_1 + V'_1 = V_1 \left(1 + \frac{V'_1}{V_1}\right) = V_1 \left[1 + \left(\frac{m'_1}{m_2}\right)\left(\frac{\rho_2}{\rho_1}\right)\right] \tag{9-68}$$

式中　m'_1——溶剂化作用消耗溶剂的质量;

　　　m_2——分散相的质量;

　　　ρ_2, ρ_1——分别为分散介质与分散相的密度。假设溶剂化了的溶剂与自由溶剂的密度相同。

用体系的总体积除式(9-68)两边,得

$$\phi_2 = \left[1 + \left(\frac{m'_1}{m_2}\right)\left(\frac{\rho_2}{\rho_1}\right)\right] \phi_1 \tag{9-69}$$

由此可见,当整个粒子发生溶剂化时也导致其体积增大,增大的倍数为

$1 + \left(\dfrac{m_1'}{m_2}\right)\left(\dfrac{\rho_2}{\rho_1}\right)$。高聚物分子就属于这种类型。

不管哪种溶剂模型,粒子溶剂化后其体积都增大,粘度也随之增大。表 9-3 列出了一些物质溶剂化后的湿体积与干体积之比。

表 9-3 某些物质的湿体积与干体积之比值

物 质	V_2/V_1	物 质	V_2/V_1
蔗糖在水中	1.6	黏土在水中	9
硫磺在水中	1.2	淀粉在水中	20
稀橡胶乳	1.0	硝化纤维在醋酸乙酯中	80
藤黄在水中	1.25	橡胶在苯中	300~500

实际粒子溶剂化的情况可能比这两种模型更为复杂,但是这两种模型代表了两种极限情况。前者如果溶剂化层的厚度不因粒子大小而异,则粒子越细,其湿体积分数越大;但对于后者如果 $\dfrac{m_1'}{m_2}$ 不变的话,则粒子大小的改变并不会影响到粒子湿体积分数。

对于憎液溶胶,考虑到溶剂化的校正,则 Einstein 方程可写成

$$\eta/\eta_0 = 1 + 2.5\phi_2 = 1 + 2.5\left(1 + \dfrac{3\Delta r}{a}\right)\phi_1 \qquad (9-70)$$

从式(9-70)可见,随着分散度的增加,粒子尺寸减小,粘度增大,这一影响有时是相当大的。例如取图 9-23 中数据 $\bar{d} = 38 \times 10^{-6}$ m 粒子大小的悬浮液,其特性粘度 $[\eta] = 5.8$,则式(9-70)可写成

$$5.8 = 2.5 \times \left(1 + \dfrac{3\Delta r}{a}\right)$$

因为 $[\eta] = \dfrac{(\eta/\eta_0) - 1}{\phi_1}$,取 $a = 19 \times 10^{-6}$ m,则得 $\Delta r = 8.36 \times 10^{-6}$ m,可见其水化层是相当厚的。如果其粘度的偏差只来源于粒子的溶剂化,则由它所导致的偏差为 $3\dfrac{\Delta r}{a} = 1.32$,即粒子的溶剂化导致其粘度产生 132% 的偏差。当然,事实上溶剂化不会是唯一的影响因素。

粒子的不对称性对粘度也有很大的影响。这一点已在粒子形状的影响

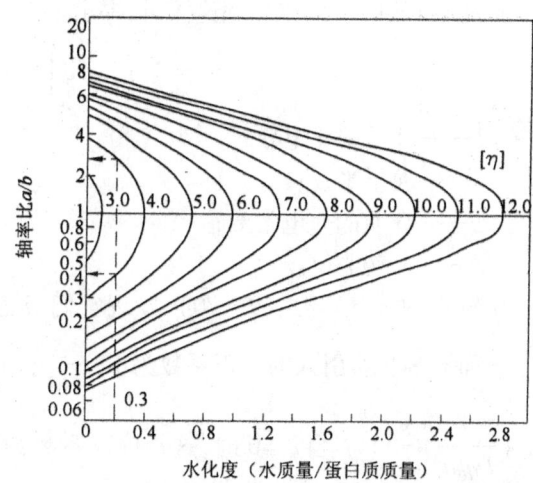

图 9-25 蛋白质水溶液特性粘度与轴比率及水化度之间的关系

中讨论过。Oncley 同时考虑了粒子对称性和溶剂化的影响,并应用到蛋白质体系中。它以表示不对称性的轴比率 a/b,粒子水化度(单位质量蛋白质所含水量)以及体系的特性粘度作图,得到图 9-25 的一组曲线。这组曲线称为等粘曲线。每条曲线代表在同一特性粘度 $[\eta]$ 下,轴比率与水化度的相互关系。在横坐标为零处的纵坐标各点表示粒子不对称性对特性粘度的影响;而在纵坐标为 1 处的横坐标各点(即各曲线的峰值处)表示溶剂化效应对体系特性粘度的影响。图中任何离开 $a/b=1$ 及水化度为零的位置都表示这两个因素共同影响着特性粘度的情况。只要知道 3 个参数中的两个,就可以求出第三个。

图中还表示出必然有两个不同轴比率的粒子具有相同的水化度和特性粘度。例如轴比率为 2.5 和 0.4 的粒子具有同样的水化度 0.3,其特性粘度同样为 4.0。表面上看来 $a/b=2.5$ 的粒子为偏长形椭球体,而 $a/b=0.4$ 的粒子为偏平形椭球体,但实际上这两个粒子的形状完全相同,仅仅是放置的位置不同,显示出来的效应完全一样。

9.3.5 粒子所带电荷的影响——电粘效应

前面所讨论的都是粒子不带电的情况,而憎液溶胶的胶粒往往是带电的。剪切由带电胶粒所组成的体系,就需要额外的力以克服粒子表面电荷与双电层内反号离子之间的相互作用,这就导致粘度的增加。这种由于粒子带电而导致其悬浮液粘度上升的现象称为"电粘现象"。

电粘现象除了上述原因引起粘度升高以外,还由于带电粒子吸引水化的反号离子和极性水分子,使其有效体积增大,移动时的阻力增大;另外,当带电胶粒流经毛细管时产生流动电位,而这一流动电位反过来产生一电渗压以抗拒它的流动,这样也会导致其粘度的增大。

Smoluckowski 对此作过理论探讨,提出了下面的定量公式

$$\eta/\eta_0 = 1 + 2.5\phi \left[1 + \frac{1}{L\eta_0 a^2} \left(\frac{\varepsilon\zeta}{2\pi} \right)^2 \right] \tag{9-71}$$

式中 L——体系的比电导;

a——粒子半径;

ε——介质的介电常数;

ζ——电动电位。

比较式(9-71)与式(9-70),发现它们极为相似,只是它们的校正系数不同。粒子由于表面溶剂化所引入的校正系数为 $1+\frac{3\Delta r}{a}$;而粒子由于带电导致粘度变化的校正系数为 $1+\frac{1}{L\eta_0 a^2}\left(\frac{\varepsilon\zeta}{2\pi}\right)^2$。当 $\zeta=0$ 时,这一校正系数为 1,也就不存在电粘效应。只有当 $\zeta \neq 0$ 时,电粘效应才呈现出来。而且这一影响随粒子半径的增大而减小。Kruyt 做了一个用电解质聚沉琼脂溶胶的实验,证明了这一点。因为琼脂粒子是带负电荷的,采用不同价数的正离子为聚沉离子。在这一聚沉过程中琼脂溶胶增比粘度的变化如图 9-26 所示。从图

可见：

（1）随着电解质浓度增加，增比粘度下降，这与式(9-71)所得结果是一致的。因为电解质浓度增加，溶胶的 ζ-电位下降而比电导增大，这样都会导致粘度下降。

（2）高价的反号离子具有更强的降低粘度的能力。这一点与高价离子具有更强的聚沉能力是一致的。高价离子能使 ζ-电位降低得更快，因而使其粘度降低得更快。

（3）不管是哪种离子，当其加入量使得 ζ-电位为零时，则再加入电解质其粘度都不变。图中出现了一水平线。

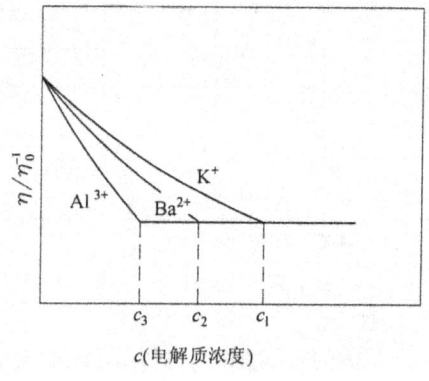

图9-26 琼脂溶胶的增比粘度与不同价数电解质浓度的关系示意图

对于链状的高聚物，除了上述的影响因素以外，更重要的是双电层的性质。带电量的多少会影响到链的形状，因而也影响到溶液的粘度。在低离子强度下，挠曲链的各个部分双电层斥力具有相当长的作用范围，使链伸张开来，具有较大的有效水力体积，粘度也随之增大。但是在高离子强度下，双电层斥力的作用范围减小，会导致线状链本身粘结而呈卷曲状。这样会降低其有效水力体积，粘度也随之降低。图5-34中聚丙烯酰胺水解度对分子链电荷密度及分子形状的影响也可说明这一问题。

9.3.6 溶剂及温度效应

溶剂常常会影响到分散相的分散度及溶剂化程度。一般对于憎液溶胶来说，这种影响是不明显的，但对于高聚物溶液来说，这一影响较大。因为良好的溶剂能够使高聚物充分分散，分子也充分伸展开来，而且有较高的溶剂化程度。其结果使得"水力半径"增大，粒子的有效体积增加，因而粘度也增大。但对不良溶剂，高聚物难以分散，高分子呈卷曲状，且溶剂化程度也较低。其结果是水力半径较小，有效体积也较小，因而粘度降低。表9-4描述了聚苯乙烯在不同温度及溶剂下的增比粘度。

甲苯对聚苯乙烯是良好的溶剂，而醇类则是不良溶剂。所以随着溶剂中醇类的加入，溶液的粘度下降，这一点从表9-4中的数据也可以得到证实。另外，从表中数据还可以看到：对良好溶剂来说，温度升高，粘度下降；对不良溶剂来说，温度升高，粘度增大。出现这种情况的原因显然是温度具有两种不同效应的结果。一是温度升高，分子的热运动及布朗运动加剧，分子或粒子间吸引力相对减小，同时溶剂化程度也随之下降，这样都会导致粘度下降；二是温度升高通常会增加其溶解度，因而粘度增大。对良好溶剂来说，第一个因素起主要作用，因而温度升高粘度下降；但对不良溶剂来说，第二个因素起主要作用，因而温度升高粘度增大。

表9-4 聚苯乙烯在不同温度及溶剂下的增比粘度

溶 剂	温 度	
	25℃	60℃
甲苯	0.370	0.350
甲苯+10%甲醇	0.320	0.317
甲苯+20%甲醇	0.160	0.185
甲苯+10%戊醇	0.336	0.340
甲苯+30%戊醇	0.170	0.210

对于不缔合的低分子溶液来说，温度对其粘度的影响可用 Andrade 式表示

$$\eta = Ae^{\frac{B}{RT}} \tag{9-72}$$

式中 A,B——对一定体系来说为常数；

R——摩尔气体常数。

实验测定不同温度下的粘度，并以 $\ln\eta - \frac{1}{T}$ 作图得一直线，从该直线的截距和斜率可以求得 A、B 值，从而确定温度对粘度影响的关系式。

9.4 高聚物溶液的粘度及其摩尔质量

高聚物溶液的粘度除了受溶剂性质影响以外，还受高聚物摩尔质量的影响。若能确定它们之间的关系，就可以通过粘度的测定来确定高聚物的摩尔质量。

通常情况下，粘度对粒子的大小并不敏感，而对粒子的形状及溶剂化程度却十分敏感。因此只有在粒子的形状和溶剂化程度随粒子大小而发生变化的体系中，通过测定粘度来确定粒子的大小才有可能。高聚物溶液就符合这种条件，因为它大部分是链团状化合物，随着摩尔质量的变化，它可以发生不同程度的卷曲，结果形成不同的形状。而且在卷曲过程中会将部分溶剂包入其中，而使其自由溶剂量减小，粘度增大。

1930 年 Staudinger 开拓了这个领域的研究，指出线形高聚物的特性粘度随其摩尔质量的增加而增大。高聚物分子的形状决定了它们之间存在的定量关系。而高聚物分子的形状是十分复杂的，这里只讨论两种最简单的模型。

第一种模型，自由伸展模型。这种模型认为高聚物的链节基本上能够伸展开来。自由伸展线型分子的有效水力体积要比其实际的体积大得多。若高聚物的链长为 l，则其有效水力体积 $\overline{V}_2$ 等于 $\pi\left(\dfrac{l}{2}\right)^2$ 乘上链的横截面积。若高聚物分子的链长正比例于其摩尔质量 M，则有

$$\overline{V}_2 \propto M_2^2 \tag{9-73}$$

式中，$\bar{V}_2$ 为高聚物的摩尔有效水力体积，它比高聚物的摩尔体积大。也就是说高聚物呈现出来的体积比其真正体积大。在使用 Einstein 粘度方程式时，体积分数应以有效水力体积分数 ϕ_2 代替。

设高聚物溶液的浓度 c_2 以单位体积溶液中高聚物的质量来表示。对稀溶液来说，溶剂的摩尔数 n_1 远大于高聚物的摩尔数 n_2，故有

$$c_2 = \frac{n_2 M_2}{n_1 \bar{V}_1 + n_2 \bar{V}_2} \approx \frac{n_2 M_2}{n_1 \bar{V}_1} \tag{9-74}$$

式中　$\bar{V}_1$——溶剂的偏摩尔体积。

按体积分数的定义，则聚合物的体积分数 ϕ_2 可以写成

$$\phi_2 = \frac{n_2 \bar{V}_2}{n_1 \bar{V}_1} \approx \frac{\bar{V}_2}{\bar{V}_1} x_2 \tag{9-75}$$

因为对稀溶液来说，$x_2 \approx \dfrac{n_2}{n_1}$。将式(9-75)代入式(9-74)，得

$$c_2 = \frac{M_2}{\bar{V}_2} \phi_2 \tag{9-76}$$

将式(9-76)中的 ϕ_2 值代入 Einstein 粘度方程式(9-51)，整理得

$$[\eta] = \frac{\eta/\eta_0 - 1}{c_2} = 2.5 \frac{\bar{V}_2}{M_2} \tag{9-77}$$

考虑到式(9-73)得

$$[\eta] \propto M_2 \tag{9-78}$$

可见，对于这种形状的高聚物来说，溶液的特性粘度正比例于高聚物的摩尔质量。

第二种模型，不能伸展模型。高聚物分子的链呈牢固而混乱的卷曲团状。团内包含了部分溶剂。若把混乱的卷曲团看作为球形，半径为 a，则其摩尔体积等于其摩尔有效水力体积

$$\bar{V}_2 = \frac{4}{3} \pi a^3 \cdot N_A \tag{9-79}$$

式中，N_A 为 Avogadro 常数。将式(9-79)代入式(9-77)，得

$$[\eta] \propto \frac{a^3}{M_2} \tag{9-80}$$

此外，可以证明高聚物卷曲团的投影面积 πa^2 正比例于其摩尔质量 M_2，即

$$a \propto M_2^{1/2} \tag{9-81}$$

将式(9-81)代入式(9-80)中，则得

$$[\eta] \propto M_2^{1/2} \tag{9-82}$$

可见,对这种形状分子来说,溶液的特性粘度正比例于高聚物摩尔质量的二分之一次方。

事实上高聚物分子既不会是第一种情况,完全伸展开来,也不会是第二种情况,完全卷曲起来成为一个牢固的球体,而是处于这两种情况的中间状态。可以推想其粘度与摩尔质量的关系也应处于式(9-78)和式(9-82)之间,故可表示为

$$[\eta] = KM_2^\alpha \tag{9-83}$$

这就是 Staudinger 方程式。式中 K、α 为体系的特征常数,取决于高聚物及溶剂的性质,可近似看作与其摩尔质量无关。α 值与高聚物分子链的构型有关,一般在 0.5~1 之间。在良好溶剂中,高聚物分子伸展得较好,$\alpha > 0.5$;在不良溶剂中,高聚物分子卷成线团状,$\alpha = 0.5$。表 9-5 列出一些高聚物溶液的 K、α 值。

表 9-5 一些高聚物溶液的 K、α 值(25℃)

高聚物	溶 剂	$K \times 10^5/m^3 \cdot kg^{-1}$	α
醋酸纤维	丙酮	1.49	0.82
聚苯乙烯	甲苯	3.70	0.62
	甲乙酮	3.90	0.58
	苯	0.95	0.74
聚甲基丙烯酸甲酯	苯	0.94	0.76
聚氯乙烯	环己酮	0.11	1.00
天然橡胶	甲苯	5.0	0.67
聚异丁烯	苯	10.7	0.50
聚乙烯醇(30℃)	水	5.9	0.67

聚氯乙烯在环己酮中线形分子为典型的第一类型分子;而聚异丁烯在苯中的分子为典型的第二类型分子。其余的 $\alpha = 0.5 \sim 1$,分子形状处于这两者之中。

若已知体系的 K、α 值,只要测得特性粘度 $[\eta]$,就可以利用方程式(9-83)求得高聚物的摩尔质量 M_2。特性粘度 $[\eta] = \lim\limits_{c \to 0} \dfrac{\eta_{sp}}{c}$,只要在不同浓度 c 下测定相应的增比粘度 η_{sp},然后以 η_{sp}/c 对 c 作图得一直线,把直线外推至 $c = 0$ 处,求得的截距即为 $[\eta]$ 值。图 9-27 描述了蟹血清蛋白的 (η_{sp}/c)-c 图,并外推至 $c = 0$ 处,求得 $[\eta] = 4.8 \times 10^{-2} m^3 \cdot kg^{-1}$。

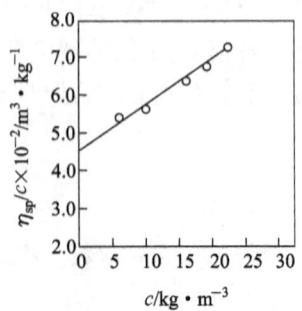

图 9-27 蟹血清蛋白的特性粘度曲线

粘度法测摩尔质量是个经验性的、相对的方法,它必须靠其他直接方法,如光散射等测出该体系的 K、α 常数,才能用它计算摩尔质量。用粘度法测得的摩尔质量称为"粘均

摩尔质量"$\overline{M}_\eta$,它处于数均摩尔质量$\overline{M}_n$和质均摩尔质量$\overline{M}_m$之间,即$\overline{M}_n < \overline{M}_\eta < \overline{M}_m$。当$\alpha = 1$时,$\overline{M}_\eta = \overline{M}_m$。而且在一定摩尔质量分布范围内的高聚物溶液中,$\overline{M}_\eta/\overline{M}_m$和$\overline{M}_n/\overline{M}_\eta$之比值不随摩尔质量而变,因此同样可以应用式(9-83)由特性粘度求数均摩尔质量$\overline{M}_n$或质均摩尔质量$\overline{M}_m$,只是常数K不同而已。

归纳与讨论

(1)流变学是研究物体在外应力作用下的形变规律。它涉及的面远超出液体的范围。严格说来,所有材料甚至金属材料在外力作用下都会发生形变,而这一形变对材料的性能影响是很大的。流变学的研究基础是剪切应力和切变速率的相互关系。它们间的关系决定了体系所属的流型。它们的比值通称为粘度(包括表观粘度、塑性粘度等)。因此研究各种流型和粘度就是本章的中心内容。

(2)研究流变学一般有两种途径,一种是用数学方法建立起一些数学式来描述流变性而不追究其内在原因;另一种是将观察到的力学行为与物体的内部结构联系起来。本章采用第二种途径。所谓力学行为是研究它们的剪切应力与切变速率的关系,而各种流型的内部结构是很复杂的,但可以通过机械模型来描述。并选用牛顿粘性流型、胡克弹性流型和理想塑性流型作为3种基本流型,它们的组合构成了各种各样的流型。这样使各种流型变得更形象化。

(3)本章介绍了两种化繁为简的处理复杂问题的方法。第一种方法是把一个复杂的问题按理想化的条件处理,然后将实际因素逐个考虑进去。例如悬浮液粘度与其浓度关系是较复杂的。若粒子为刚性均一的球粒,粒子间不发生相互作用,流动为层流等理想化条件下得到 Einstein 粘度方程,然后将粒子大小、形状、分散度、溶剂化、粒子所带电荷等等分别考虑进去,引入相应的校正项;第二种方法是先讨论复杂问题的上极限和下极限的情况,然后推导出在这两极限之间的正常情况。例如讨论高聚物溶液粘度与摩尔质量关系时,分子构型的影响是复杂的,但采用两种极限构型来处理,这样就使问题大大简化了。

(4)来自同一本质而不同现象的理论方程式往往是很相似的。例如研究液体在外力作用下的流动情况与研究液体在自身热运动(布朗运动和扩散)作用下运动的情况是极为相似的。如牛顿粘性定律与扩散定律就是这样:

	牛顿粘性定律	扩散定律
一阶微分式	$f = \eta \dfrac{dv}{dx}$	$J = D \dfrac{dc}{dx}$
二阶微分式	$\dfrac{\partial E}{\partial t} = \eta \dfrac{d^2 v}{dx^2}$	$\dfrac{\partial c}{\partial t} = D \dfrac{d^2 c}{dx^2}$

式中,$\dfrac{\partial E}{\partial t}$为液体流动时单位时间内能量的变化。它可以作为定义粘度的基准。由此可见,η与D相对应。粘度表示在外力作用下速度梯度对应力的影响;而扩散系数表示在浓

差推力作用下,浓度梯度对扩散通量的影响。

另外,如果将描述粒子不对称性和水化度对摩擦系数的影响的图 2-11 与描述不对称性和水化度对特性粘度的影响的图 9-25 作一比较,就会发现它们十分吻合。这是由于粘度的本质就是内摩擦。

习　题

(1) 在放有某液体的同轴转筒粘度计中,测得相应的转速和扭矩值如下:

转　速	1	2	4
扭　矩	5	6.5	9.5

问该液体属于下列情况的哪一种?

(a) 牛顿型;

(b) 塑性型;

(c) Binhan 型;

(d) 有固定流动度;

(e) 上面所有 4 种情况。

(2) 某体系的流型可以由牛顿型和 Maxwell 型并联得到。试写出该体系的流变学方程,并画出切变速率与剪切应力关系的示意图。

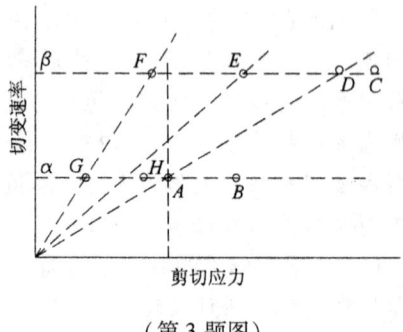

(第 3 题图)

又若对该体系加上固定的压力,其切变速率的变化情况应属于下列中的哪一种?

(a) 逐渐减小到一固定值;

(b) 逐渐增加到一固定值;

(c) 逐渐减小到零;

(d) 维持常数。

(3) 某体系具有触变性。在切变速率为 α 值的情况下,经长期剪切以后,其流变状态可用 A 点描述。此后切变速率增加到 β 值,然后再降回到 α 值处。问在这一过程中,图中哪些点会处在流变状态中?

(4) 相同密度的粒子组成 4 个体系的性质如下:

性　质＼试　样	A	B	C	D
粒子量	10^4	10^5	3×10^4	5×10^3
轴比率	1	3	3	2
溶剂化/$kg \cdot kg^{-1}$	2	0	2	1

试问哪一种试样具有最大的特性粘度? 并解释之。

(5) 如果某一体系的比浓粘度 $\frac{\eta_{sp}}{c}$ 为 1, 问该体系的粘度 η 与浓度 c 的关系曲线应为右图中的哪一条?

(6) 溶剂的相对粘度为 0.300。当溶液浓度为 0.001(体积浓度)时,其相对粘度为 0.301;而当浓度增加一倍时,相对粘度为 0.302。求该体系的特征粘度。

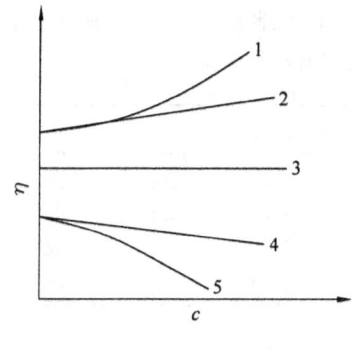

(第 5 题图)

(7) 用锥面粘度计测得石英和聚苯乙烯在邻苯二甲酸二辛酯中的体积分数为 0.35 时的切变速率 D 和剪切应力 f 如下:

石英	$f \times 10^2 / N \cdot m^{-2}$	2.2	1.4	1.0	0.50	0.25
	D/s^{-1}	500	325	235	125	60
聚苯乙烯	$f \times 10^2 / N \cdot m^{-2}$	1.6	0.80	0.55	0.25	
	D/s^{-1}	500	235	160	100	

(a) 利用这些数据作 D-f 图。并确定哪种试样为牛顿型流型,哪种为非牛顿型流型。
(b) 求出牛顿型试样的粘度及流动度;求出非牛顿型试样在切变速率为 $235s^{-1}$ 时的粘度及流动度。
(c) 所得结果是否与事实(它们的轴比率接近 1,但聚苯乙烯的分散度比石英的小)相符? 解释之。

(8) 设半径为 20nm 且能溶剂化的粒子在体积分数为 0.25 的胶体溶液中粘度为 50.5×10^{-4} Pa·s。若在同一种溶剂下采用不发生溶剂化的粒子组成同一体积分数的溶剂,测得其粘度为 36.7×10^{-4} Pa·s。求球形粒子溶剂化层的厚度。假设溶剂化仅在粒子表面上发生。

(9) 测得聚甲基丙烯酸甲酯球粒在苯液中的相对粘度与浓度(体积分数)关系的数据如下:

ϕ	0.050	0.035	0.028	0.014	0.010
η/η_0	2.15	1.61	1.41	1.18	1.12

计算这些球粒的特性粘度 $[\eta]$。

(10) 具有不同直径的聚苯乙烯球粒在苯甲基醇中浓度与增比粘度的数据为:

$d_1 = 0.382 \times 10^{-6}$ m	ϕ	0.013	0.030	0.059	0.075
	η_{sp}	0.036	0.086	0.178	0.233
$d_2 = 0.433 \times 10^{-6}$ m	ϕ	0.02	0.04	0.08	
	η_{sp}	0.056	0.116	0.251	

计算这两种球粒的特性粘度 $[\eta]$，并与 Einstein 方程式相比较。

(11) 用毛细管粘度计测得牛血清蛋白在二氧杂环己烷-盐酸溶液中的流出时间(每个浓度测 3 次)与浓度的数据如下：

$c/\text{kg} \cdot \text{m}^{-3}$	流出时间/s		
0.00	398.1	398.2	398.2
4.17	439.3	439.1	439.1
6.85	467.6	467.6	467.5
8.44	485.8	485.8	485.7

计算该试样的特性粘度 $[\eta]$。

(12) 一种球形无溶剂化蛋白质粒子半径为 2.5nm，它的二聚体是一种圆棒状粒子，长 10nm，体积与两个单体一样。计算其二聚体的特性粘度 $[\eta]$。

(13) 在 25℃ 下，测溶于丙酮中的醋酯纤维素的摩尔质量 M，浓度 c 和增比粘度 η_{sp} 的数据如下表。求 Staudinger 方程中的常数 K、α。

$M/\text{g} \cdot \text{mol}^{-1}$	$c/\text{kg} \cdot \text{m}^{-3}$	η_{sp}	$M/\text{g} \cdot \text{mol}^{-1}$	$c/\text{kg} \cdot \text{m}^{-3}$	η_{sp}
130000	0.94	0.289	76000	1.18	0.247
	2.73	0.990		3.35	0.890
	5.46	2.770		7.75	2.70
86000	1.14	0.286	61000	1.38	0.239
	3.51	1.10		2.75	0.520
	7.03	3.12		4.28	0.880

(14) 将硝酸纤维素各馏分(不同的摩尔质量)溶于丙酮中，在 25℃ 下测得其特性粘度 $[\eta]$ 如下：

$M/\text{kg} \cdot \text{mol}^{-1}$	77	89	273	360	400	640	846	1550	2510	2640
$[\eta]/\text{m}^3 \cdot \text{kg}^{-1}$	0.123	0.145	0.354	0.550	0.650	1.06	1.49	3.03	3.10	3.63

计算 Staudinger 方程式中的常数 K、α。

(15) 测得硝酸纤维素在丙酮液溶中的相对粘度(外推至切变速率为零处)的数据如下：

η/η_0	1.45	1.53	1.67	1.89	2.32	3.41
$c/\text{kg} \cdot \text{m}^{-3}$	0.151	0.176	0.212	0.264	0.352	0.528

使用这些数据和上题求得的 K、α 值，计算其摩尔质量。

(16) 25℃ 下，将尼龙-66 放在 90% 甲酸溶液中，得到两个不同摩尔质量馏分的比浓粘度 η_{sp}/c 与浓度 c 的数据如下：

第一馏分

c/kg·m^{-3}	7.44	5.27	3.68	1.64
$\dfrac{\eta_{sp}}{c}$/m^3·kg^{-1}	0.0485	0.0471	0.0458	0.045

第二馏分

c/kg·m^{-3}	7.42	6.40	5.37	4.56	3.32	2.25
$\dfrac{\eta_{sp}}{c}$/m^3·kg^{-1}	0.0897	0.0892	0.0886	0.0876	0.0864	0.0847

(a)计算这两个聚合物的特性粘度。
(b)计算这两个聚合物的摩尔质量。已知 $\alpha = 0.72$, $K = 11 \times 10^{-5}$ m^3·kg^{-1}。
(17)在25℃下用奥氏粘度计(毛细管粘度计)测得聚苯乙烯的甲苯溶液的流出时间与浓度关系如下表：

浓度/kg·m^{-3}	0	4.0	8.0	12.0
流出时间/s	31.7	38.3	45.0	51.9

(a)若溶液密度恒定，求聚苯乙烯试样的摩尔质量。已知 $K = 3.7 \times 10^{-5}$ m^3·kg^{-1}, $\alpha = 0.62$。
(b)比较同一试样分别由粘度、渗透压及光散射测得的摩尔质量大小。
(18)根据 J. D. Ferry 提出的低剪切速率下聚合物的流动行为服从经验方程式：$\phi(f) = \dfrac{f}{\eta}\left(1 + \dfrac{f}{G}\right)$，其中，$G$ 为内剪切模量(常数)。
试求：
(a)在半径为 r 的毛细管粘度计中的体积流速 V。
(b)在同轴转筒粘度计中，当内、外转筒表面层的剪切应力分别为 f_a 及 f_b 时，求其外转筒的角速度 Ω。

参 考 文 献

1　Vold R D and Vold M J. Colloid and Interface Chemistry. Addison – Wesley Publishing Company, Inc., 1983.
2　Hiemeny P C. Principles of Colloid and Surface Chemistry. Marcel Dekker Inc., 1977.
3　Shaw D J. Introduction to Colloid and Surface Chemistry. Cox & Wyman Ltd, 1978.
4　Eirich F R. Rhealogy: Theory and Applications. Volume 3, Academic Press, 1960.
5　Goodwin J W. Colloidal Dispersions. Henry Ling Ltd, 1982.
6　Alexander A E and Johnson P. Colloid Science. Oxford University Press, 1949.
7　Mysels K J. Introduction to Colloid Chemistry. Interseience, 1959.
8　Mill C C. Rheology of Disperse Systems. Pergamon Press, 1959.
9　Dickinson E and Stamsby G. Colloids in Food. Applied Science Publishers Ltd, 1982.